The International Council on Systems Engineering

システムズエンジニアリング ハンドブック 第4版

Systems Engineering Handbook, 4th Edition

David D. Walden
Garry J. Roedler
Kevin J. Forsberg
R. Douglas Hamelin
Thomas M. Shortell

編　西村秀和　監訳

慶應義塾大学出版会

"Systems Engineering Handbook, 4/E"
Copyright © 2015 by INCOSE. All rights reserved.
Published by John Wiley & Sons, Inc., Hoboken, New Jersey
Published simultaneously in Canada

Translation copyright © 2019 Keio University Press, Inc.,
Tokyo, Japan

This translation published under license
through Japan UNI Agency, Inc., Tokyo

序文

　システムズエンジニアリングに関する国際協議会（INCOSE）システムズエンジニアリングハンドブック（SEH）の目的は，システムズエンジニアが実行する主要なプロセスのアクティビティを記述することである。意図する対象者は，システムズエンジニアリングの専門家である。本書で用いるシステムズエンジニアは，新しいシステムズエンジニア，システムズエンジニアリングを実行する必要がある製品エンジニアまたは他の分野のエンジニア，あるいは重宝に利用できる参照先を必要としている経験豊富なシステムズエンジニアを意味する。

　本ハンドブックの記述は，要求される遂行能力とライフサイクルを考慮した設計を行う状況で，各システムズエンジニアリングプロセスのアクティビティに必要なものを示している。いくつかのプロジェクトでは，あるアクティビティはかなり形式的でない形で遂行される場合があり，他のプロジェクトでは，形式的な構成統制のもとでの暫定的な製品を伴って形式的に遂行される場合がある。本書は，すべての状況の中で必要となる，または適切となるものとして，いかなるレベルの形式をも提唱するものではない。システムズエンジニアリングプロセスのアクティビティを遂行する中で適切な形式の度合は，以下によって決定される。

1. 何が行われているのかについてのコミュニケーションの必要性（プロジェクトチームのメンバー間，組織間，または将来の活動をサポートする時間にわたって）
2. 不確実性のレベル
3. 複雑さの度合
4. 人々の福祉に対する重大さ

　要求されるコミュニケーションの範囲がせまく（少人数でプロジェクトライフサイクルが短い），手戻りのコストが低い，より小規模なプロジェクトでは，システムズエンジニアリングのアクティビティはかなり形式的ではない形で実施され，したがって低コストで済む。より大規模なプロジェクトでは，要求されるコミュニケーションの範囲が広く（複数の地理的な場所および組織にまたがり，長いライフサイクルに及ぶ多くのチーム），失敗または手戻りのコストが高いため，形式的なことの強化はプロジェクト機会の達成およびプロジェクトリスクの軽減に役立つ。

　プロジェクト環境では，プロジェクト目標を達成するために必要な作業は「範囲内」とみなされる。他のすべての作業は「範囲外」とみなされる。すべてのプロジェクトで，「思考すること」はつねに「範囲内」にある。本ハンドブックに記載されているシステムズエンジニアリングプロセスの，よく考えられたテーラリングと賢明な適用は，一方でプロジェクトの技術とビジネスの目標を見失うリスクと，他方でプロセスが麻痺することとの間で適切なバランスをとるために不可欠である。第8章では，そのバランスを達成するためのテーラリングガイドラインを示す。

SEH V4 の承認
・Kevin Forsberg，ESEP，INCOSE 知識マネジメントワーキンググループ議長
・Garry Roedler，ESEP，INCOSE 知識マネジメントワーキンググループ共同議長
・William Miller，INCOSE テクニカルディレクター（2013-2014 年）
・Paul Schreinemakers，INCOSE テクニカルディレクター（2015-2016 年）
・Quoc Do，INCOSE テクニカルレビュー担当副ディレクター
・Kenneth Zemrowski，ESEP，INCOSE 技術的情報担当副ディレクター

訳者序文

　システムズエンジニアリングを国際的に普及させることを目的に活動を続ける INCOSE が発行する『Systems Engineering Handbook 4th Ed.』(以下，原著)を翻訳する機会に恵まれたことは，たいへん光栄なことと受け止めている。訳者が所属する慶應義塾大学大学院システムデザイン・マネジメント(SDM)研究科では，システムズエンジニアリングを基本とするコア科目(必修)として，「SA&I (System Architecting and Integration)」と「V&V (Verification and Validation)」の講義があり，そこではシステムズエンジニアリングハンドブックをもとに講義を行っている。

　翻訳に取り組んだ原著は，ISO/IEC/IEEE 15288 の 2015 年の改訂に伴って Vers. 3 から大きく変わったため，それまでに用意した講義資料を修正する必要が生じた。システムズエンジニアリングプロセスの技術プロセスの中では，ビジネスまたはミッション分析プロセス，設計定義プロセス，システム分析プロセスが追加された。この他，利害関係者要求定義プロセスは利害関係者ニーズおよび要求定義プロセスに，要求分析プロセスはシステム要求定義プロセスに，アーキテクチャ設計プロセスはアーキテクチャ定義プロセスに，それぞれ名称が変更されていることも興味深い。

　Vers. 3 に初めて出合ったのは今から 12 年ほど前のことで，その印象は一言，「文字ばかり」であった。数式や図がとても少なく，ひたすら英文を読むほかに，システムズエンジニアリングを理解する術はなかった。これではとてもとても手に負えないという印象が強かった。しかし幸いにも，2008 年の夏には，システムズモデリング言語 SysML の書籍『A Practical Guide to SysML』(文献) が発行された。そして，2008 年の秋から開始したモデルベースシステムズエンジニアリングの基礎を講義する科目を一緒に担当した Laurent Balmelli 特別招聘教授(元 IBM Watson 研究所)からは，システムモデルを通じてコンセプトからアーキテクチャに至るプロセスを学ぶことができた。さらに，プリウス開発を手がけられた佐々木正一教授(2014 年退職)からは，ともに担当したシステムインテグレーション(SA&I の前身)の準備期間に，実践的な知識を多々ご教授いただいた。こうした"偶然"がなければ，原著の翻訳の機会はなかった。

　システムズエンジニアリングの実践には言うまでもなく，幅広く深いエンジニアリング知識を必要とする。エンジニアリング経験が豊富な方々との共同研究やさまざまな会話の中で訳者が気づいたことは，原著は優れた「実践的なガイド」であることである。なぜならば，原著に書かれていることに，エンジニアの方々の多くが腹落ちできるからである。名前こそハンドブックとなっているが，その中身は通常のハンドブックとは異なり，テーラリングすることで実用的に役立つことがたくさん記述された，優れた実践的なガイドである。

　翻訳作業には相当の労力を費やした。2017 年 5 月に SysML ツールを展開する企業のシンポジウムに参加した際に，原著のエディターである David D. Walden 氏(Sysnovation, LLC, ESEP)と話をする機会があった。原著の日本語翻訳を手がけている話をしたところ，「今年中に出版せよ」とのこと。本気で返答に困っていたところ，「冗談だよ」と言ってくださった。しかし，それからあっという間に 2 年近くが経過してしまった。言い訳がましいが，原著は 2 段組の 300 ページにも及ぶ分量である。訳者が一人ではとうていやり遂げられるものではなかった。このため，たびたび原稿の提出が遅れ，編集者の浦山毅氏には多大な迷惑をおかけしてしまった。この場を借りてお詫び申し上げたい。

　当初の翻訳作業にあたっては，SDM 研究科の附属 SDM 研究所研究員や学生らとの勉強会を兼ねた形

で，下訳を手伝ってもらったことにまずは感謝申し上げたい。その後，本格的な翻訳作業に入ってからは，特に新谷勝利氏（SDM研究所研究員），河野文昭氏（株式会社アドヴィックス）にはご専門の領域から的確な支援を頂戴した。また，手嶋高明氏（SDM研究科博士課程在籍）の指示のもと，修士課程に在籍した鈴木健太郎君，三浦遙夏君，小湊翔太君には語句の統一や図と本文の用語の整合をとるなど細やかなサポートをしてもらった。ここに翻訳にご協力くださった皆さんへ熱く御礼を申し上げる次第である。

2019年1月24日

西村秀和

目次

序文　iii
訳者の序文　iv
INCOSE からの注意　ix

第 1 章　システムズエンジニアリングハンドブックのスコープ ―― 1

1.1　目的　1
1.2　適用範囲　1
1.3　内容　1
1.4　フォーマット　3
1.5　頻出用語の定義　4

第 2 章　システムズエンジニアリングの概要 ―― 5

2.1　はじめに　5
2.2　システムの定義および概念　5
2.3　システム「内部」の階層　6
2.4　複数のシステムから構成されるシステム（SoS）の定義　8
2.5　有効にするシステム　10
2.6　システムズエンジニアリングの定義　11
2.7　システムズエンジニアリングの起源および進化　12
2.8　システムズエンジニアリングの利用および価値　14
2.9　システム科学とシステム思考　16
2.10　システムズエンジニアリングリーダーシップ　22
2.11　システムズエンジニアリングの専門職人材開発　23

第 3 章　一般的なライフサイクルステージ ―― 26

3.1　はじめに　26
3.2　ライフサイクルの特性　26
3.3　ライフサイクルステージ　28
3.4　ライフサイクルアプローチ　33
3.5　組織，プロジェクト，およびチームにとって最善のこと　39
3.6　ケーススタディの紹介　40

第 4 章　技術プロセス ―― 48

4.1　ビジネスまたはミッション分析プロセス　50
4.2　利害関係者ニーズおよび要求定義プロセス　53

4.3 システム要求定義プロセス *58*
4.4 アーキテクチャ定義プロセス *65*
4.5 設計定義プロセス *72*
4.6 システム分析プロセス *75*
4.7 実装プロセス *78*
4.8 統合プロセス *80*
4.9 検証プロセス *84*
4.10 移行プロセス *89*
4.11 妥当性確認プロセス *90*
4.12 運用プロセス *96*
4.13 保守プロセス *97*
4.14 廃棄プロセス *102*

第5章 技術マネジメントプロセス — *105*

5.1 プロジェクト計画プロセス *105*
5.2 プロジェクトアセスメントおよび統制プロセス *109*
5.3 意志決定マネジメントプロセス *111*
5.4 リスクマネジメントプロセス *115*
5.5 構成管理プロセス *125*
5.6 情報マネジメントプロセス *130*
5.7 測定プロセス *132*
5.8 品質保証プロセス *137*

第6章 合意プロセス — *141*

6.1 取得プロセス *142*
6.2 供給プロセス *144*

第7章 組織のプロジェクトを有効にするプロセス — *147*

7.1 ライフサイクルモデルマネジメントプロセス *147*
7.2 インフラストラクチャマネジメントプロセス *152*
7.3 ポートフォリオマネジメントプロセス *154*
7.4 人的資源マネジメントプロセス *156*
7.5 品質管理プロセス *158*
7.6 知識マネジメントプロセス *161*

第8章 システムズエンジニアリングのテーラリングプロセスおよび適用 — *165*

8.1 テーラリングプロセス *166*
8.2 特定の製品セクタまたは領域適用のためのテーラリング *168*
8.3 プロダクトラインマネジメントのためのシステムズエンジニアリングの適用 *173*

8.4　サービスに対するシステムズエンジニアリングの適用　175
8.5　エンタープライズに対するシステムズエンジニアリングの適用　179
8.6　VSME に対するシステムズエンジニアリングの適用　182

第9章　横断的なシステムズエンジニアリング手法　184

9.1　モデリングおよびシミュレーション　184
9.2　モデルベースシステムズエンジニアリング　193
9.3　機能ベースのシステムズエンジニアリング手法　195
9.4　オブジェクト指向システムズエンジニアリング手法　197
9.5　プロトタイピング　201
9.6　インタフェース管理　202
9.7　統合製品およびプロセスの開発　204
9.8　リーンシステムズエンジニアリング　209
9.9　アジャイルシステムズエンジニアリング　213

第10章　専門エンジニアリング活動　217

10.1　コスト妥当性/費用対効果/ライフサイクルコスト分析　217
10.2　電磁両立性（EMC）　225
10.3　環境エンジニアリング/影響分析　227
10.4　相互運用性分析　228
10.5　ロジスティクスエンジニアリング　228
10.6　製造および生産可能性分析　232
10.7　質量プロパティエンジニアリング　232
10.8　信頼性，可用性，および保守性　233
10.9　レジリエンスエンジニアリング　236
10.10　システム安全のエンジニアリング　239
10.11　システムセキュリティのエンジニアリング　242
10.12　トレーニングニーズの分析　245
10.13　ユーザビリティ分析/HSI　246
10.14　バリューエンジニアリング　251

付録

A　参考文献　255
B　頭字語　268
C　用語と定義　273
D　システムズエンジニアリングプロセスの N^2 ダイアグラム　277
E　入力/出力記述　278

索引　289

INCOSEからの注意

　システムズエンジニアリングに関する国際協議会（INCOSE）の技術成果物である本書は，INCOSE知識マネジメントワーキンググループによって準備された。INCOSEの技術製品としてのリリースのためにINCOSEの承認を受けている。

　INCOSEの著作権（©2015）には以下の制限がある。

　著者による使用： 著者は，以下の文書に記載されていることを除いて，INCOSEの技術資料としてクレジットを付し，著作を自由に使用する完全な権利をもつ。抽出する際には情報源へのクレジットを付け許可される。

　INCOSE内部での使用： INCOSEのメンバーによる本書またはその一部の複製および使用，そしてINCOSEで使用するための本書の二次的著作物の作成は，INCOSEおよび当初の著者に帰属するものとし，実際には，この複製権の告知がすべての複製物および二次的著作物に含まれている場合に限る。ISO/IEC/IEEE 15288およびISO/IEC TR 24748-1からの内容は許可を得て使用されているため，この文書全体の一部として以外に複製することはできない。

　INCOSE外部での使用： この文書は，INCOSE以外の第三者に共有または配布することはできない。INCOSEとの他の正式な契約による範囲を除き，この文書の全部または一部の複製，または本文書の外部および/または商業的使用のための二次的著作物の作成許可の依頼は認められない。INCOSE Administrative Office, 7670 Opportunity Road, Suite 220, San Diego, CA 92111-2222, USAで承認された場合を除き，コピー，スキャン，再タイピング，または他の形式の複製，あるいは全ページまたはもととなる文書の内容の使用は禁止されている。

　電子版の使用： 本書のすべての電子版（例えば，電子書籍，PDF）は，個人的な専門的使用のみに限定され，一般的な使用のためにINCOSE提供以外のサーバに保管することはできない。これらの資料をさらに使用するには，INCOSE Administrative Officeから書面による承認を得る必要がある。

　INCOSE法人諮問委員会の使用： INCOSEは，INCOSE法人諮問委員会（CAB：Corporate Advisory Board）のメンバー組織に，法人所属の者が使用できるように，法人の内部サーバに本書の電子（PDF）版を載せる許可を与えている。前述のとおり外部使用の制限が課される。内部目的のためのCAB組織による本書の追加的な使用はINCOSE CAB-100の方針で許可される。

　注意： 本書のハードコピー版は最新のものではない場合がある。現在承認されているバージョンは，常にINCOSEのウェブサイト"Product Area"に掲載された電子バージョンである。

　一般的な引用ガイドライン： このハンドブックへの参照に際しては，次のような様式で，正式に承認された形に適切に調整する必要がある。

- INCOSE (2015). Systems Engineering Handbook: A Guide for System Life Cycle Process and Activities (4th ed.). D. D. Walden, G. J. Roedler, K. J. Forsberg, R. D. Hamelin, and T. M. Shortell (Eds.). San Diego, CA: International Council on Systems Engineering. Published by John Wiley & Sons, Inc.

第 1 章

システムズエンジニアリングハンドブックのスコープ

1.1 目的

本ハンドブックは，学生および実践を行うプロフェッショナルのためにシステムズエンジニアリング（SE）の学問分野および実践を定義し，内容および実践に関してシステムズエンジニアリング分野を理解するために信頼できる参考資料を提供するものである。

1.2 適用範囲

本ハンドブックは，ビジネスおよびサービスに加え，人のつくるシステムおよび製品を含む広範に適用する領域にわたってその有用性を保証するため，ISO/IEC/IEEE 15288：2015「システムおよびソフトウェアエンジニアリング—システムライフサイクルプロセス」（以降 ISO/IEC/IEEE 15288 と呼ぶ）と整合させている。

ISO/IEC/IEEE 15288 は，汎用的な最上位のプロセス記述と要求を提供する国際標準規格であり，一方，本ハンドブックは，プロセスを実行するために必要な実践およびアクティビティについて，さらに詳しく述べている。組織またはプロジェクトで本ハンドブックを適用する前に，すでに組織で用いられている現行の方針，手順，および標準規格との矛盾を解消するため，第 8 章のテーラリングガイドラインを用いることを推奨する。本ハンドブック中のプロセスおよびアクティビティは，いかなる国内外の，または地域の法規あるいは規制にも代替するものではない。

本ハンドブックは，「システムズエンジニアリング知識体系」（Guide to the Systems Engineering Body of Knowledge）（SEBoK, 2014）（以降 SEBoK と呼ぶ）とも実践可能な範囲で整合している。多くの箇所で本ハンドブックは読者に対して，最新かつより精査された一連の参考文献を含め，関連トピックのより詳細におよぶ範囲に対して SEBoK を提示している。

自身のライフサイクルプロセスを規定する際に ISO/IEC/IEEE 15288 または SEBoK の原則に従わない組織（民間企業の多くがこれに含まれる）にとって，本ハンドブックは，適切に選択および適用すれば，システムズエンジニアリングコミュニティ全体に寄与することが証明済みで新規領域に大きな価値をもたらしうる，実践およびメソッドに関する参考文献として役に立つ。8.2 節では，選ばれた製品部門および領域の中でシステムズエンジニアリングを適用する際の，最上位のガイダンスを提供する。

1.3 内容

この章では，本ハンドブックの目的およびスコープを定義する。第 2 章は，システムライフサイクルを通じて，システムズエンジニアリングを用いることの目標および価値の概要を提供する。第 3 章では，コンセプト，開発，生産，利用，サポート，および廃棄の 6 ステージからなる，有益なライフサイクルモデルについて記述する。

ISO/IEC/IEEE 15288 は，システムズエンジニアリングをサポートする 4 つのプロセスグループを特定している。これらプロセスグループの一つ一つが各章のテーマとなっている。これらプロセスを示した概要を図 1.1 に示す。

・技術プロセス（第 4 章）は，ビジネスまたはミッション分析，利害関係者ニーズおよび要求定義，システム要求定義，アーキテクチャ定義，

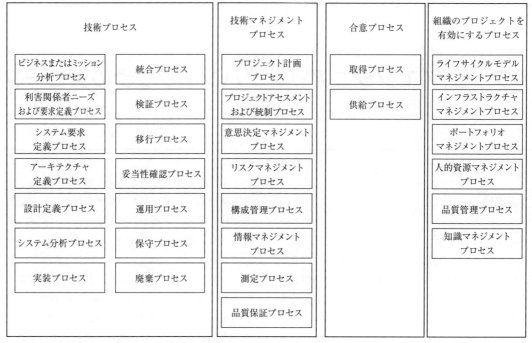

図1.1 ISO/IEC/IEEE 15288のシステムライフサイクルプロセス。この図は，ISOに代わってANSIの許可を得て，ISO/IEC/IEEE 15288：2015のp.17の図4から抜粋したものである。

設計定義，システム分析，実装，統合，検証，移行，妥当性確認，運用，保守，および廃棄を含む。
- 技術マネジメントプロセス（第5章）は，プロジェクト計画，プロジェクトアセスメントおよび統制，意思決定マネジメント，リスクマネジメント，構成管理，情報マネジメント，測定，および品質保証を含む。
- 合意プロセス（第6章）は，取得および供給を含む。
- 組織のプロジェクトを有効にするプロセス（第7章）は，ライフサイクルモデルマネジメント，インフラストラクチャマネジメント，ポートフォリオマネジメント，人的資源マネジメント，品質管理，および知識マネジメントを含む。

このハンドブックは，図1.1に列記したプロセスグループの他に，追加の章を提供している。

- システムズエンジニアリングのテーラリングプロセスおよび適用（第8章）では，システムズエンジニアリングプロセスをどれだけの規模で適応させるか，そしてこれらのプロセスをいかに種々の用途で適用するかについての情報が取り扱われている。すべてのプロセスが普遍的に適用できるわけではない。本資料からの選択は慎重に行うことが推奨される。進捗を軽視しプロセスのみを信頼してしまうと，システムの納品には至らない。
- 横断的なシステムズエンジニアリング手法（第9章）では，システムズエンジニアリングの反復的および再帰的な性質のさまざまな側面を反映し，すべてのプロセスを横断して適用することのできるメソッドに対して深く洞察を行う。
- 専門エンジニアリング活動（第10章）は，実践的な情報を含み，システムズエンジニアは，専門エンジニアリングのトピックを理解し正しく認識することができる。

付録Aは，このハンドブックで引用された参考文献のリストを記載している。付録BおよびCはそれぞれ，略語リストおよびシステムズエンジニアリングに関する用語と定義の専門用語集を提供している。付録Dは，共有された入力または出力という形で依存性がどこに存在するのかを表す，システムズエン

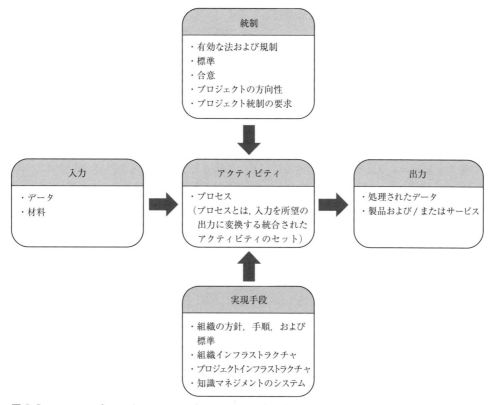

図 1.2 システムズエンジニアリングプロセスの IPO 図の例。INCOSE SEH の元図は Shortell および Walden により作成された。INCOSE の利用条件の記載に従い利用のこと。

ジニアリングプロセスの N^2 ダイアグラムを提供する。付録 E は，各システムズエンジニアリングプロセスに対し特定された入力/出力のマスターリストを提供する。

1.4 フォーマット

第 4〜7 章では，ISO/IEC/IEEE 15288 に記載されているシステムライフサイクルプロセスを記述する際，共通のフォーマットを適用した。各プロセスは，重要な入力，プロセスのアクティビティ，および結果の出力を示す，入力-プロセス-出力（IPO）図によって図解されている。図 1.2 に例を示す。このハンドブック全体にわたり，各 IPO 図は，システムズエンジニアリングプロセスが実行されうる「ある」方法を表現しているが，しかし，必ずしも「この」方法で実行しなければならないということではない。重要な点は，システムズエンジニアリングプロセスが出す「結果」は「文書」に記録されることが多いが，「文書」は出力として認識されるという理由だけから作成されるのではないということである。読者には，所与のプロセスを理解する際，図と文章の組合せで提供された完全な情報を検討することが推奨される。これを図のみに頼るべきではない。

これらプロセスの考察の際，次に箇条書きされた構造を使うことで，整合性がとれる。

- プロセス概要
- 目的
- 説明
- 入力/出力
- プロセスアクティビティ
- プロセスの詳細

ISO/IEC/IEEE 15288 との整合性を保証するため，当該標準規格の各プロセスの目的を，本書に記述するプロセスごとにそのまま引用した。入力および出力は，これらが関連づけられている各 IPO 図中で，名称ごとに列記されている。すべての入力および出

力の完全なリストは，各々に対する説明とともに，付録Eに記載されている。

プロセスアクティビティのタイトルは，各節に列記されており，同様にISO/IEC/IEEE 15288と整合している。一部のケースでは，システムズエンジニアリングプロセスの適用による業界のベストプラクティスおよび進化に関して要約した情報を提供するため，追加の項目を含めた。

図1.2に示した統制および実現手段は，本書に記述されたすべてのプロセスに影響を与え，IPO図または各プロセスの記述に関連づけられた入力リストに繰り返し記載しない。通常IPO図には，統制および実現手段を含めないが，これらはハンドブックの他の部分でIPO図に繰り返されないため，このハンドブックではIPO図と呼ぶことにする。統制および実現手段の説明は，付録Eに掲載されている。

1.5 頻出用語の定義

プロジェクトでシステムズエンジニアの第一の，そして最も重要な責任の一つは，システムおよびその要素，機能，運用，および関連するプロセスに関する，明快で曖昧さのないコミュニケーションおよび定義をサポートする，分類と命名の方法および専門用語を確立することである。さらに，世界の至るところでシステムズエンジニアリング分野の進歩を促進するため，一般的メソッドおよび専門用語について共通の定義および理解を確立することは結果的には共通のプロセスをサポートすることになるため，きわめて重要である。より多くのシステムズエンジニアが共通の専門用語を受け入れて，これを用いるようになれば，システムズエンジニアリングは，コミュニケーション，理解，そして最終的には生産性の向上を経験することになるだろう。

本書中で用いられる用語の専門用語集（付録C参照）は，ISO/IEC/IEEE 15288，ISO/IEC/IEEE 24765システムおよびソフトウェアエンジニアリング—用語（2010），ならびにSE VOCAB（2013）の定義に基づいている。

第2章

システムズエンジニアリングの概要

2.1 はじめに

　この章では，いくつかの重要な定義からはじめ，システムズエンジニアリング（SE）分野の概要，その起源についての簡単な概説，およびシステムズエンジニアリングを適用する価値に関する考察を示す。同時に，その他の概念，例えば，システム科学，システム思考，システムズエンジニアリングリーダーシップ，システムズエンジニアリング倫理，および専門職人材開発についても紹介されている。

2.2 システムの定義および概念

　システムの概念は一般に，まず西洋哲学，そしてその後は科学に遡ることができるが，一方，最もシステムズエンジニアに馴染み深い概念といえば，しばしば，相互作用する「部分」からなる「全体」としてシステムをとらえた Ludwig von Bertalanffy（1950, 1968）に遡る。本ハンドブックで提供されるISO/IEC/IEEE の定義は，この概念から得られたものである。

2.2.1 システムの一般的な概念

　ISO/IEC/IEEE 15288 および本ハンドブックで取り扱われるシステムは，次のとおりである。

> ［5.2.1］…ユーザおよびその他の利害関係者の利益のため，定義された環境で，製品またはサービスを提供するために人工的につくられ，そして利用されるもの。

本書および付録Cで述べられた定義は，実世界の中にあるシステムを指している。システムの概念は，実際のシステムについて共有された「心的表象」としてみなす必要がある。システムズエンジニアは常に，実世界にあるシステムと，システム表現を区別しなければならない。INCOSE および ISO/IEC/IEEE は，システムについてのこの観点から次のように定義している。

> …定義された目的を達成する，要素，サブシステム，またはアセンブリが統合されたひとまとまり。これら要素には，製品（ハードウェア，ソフトウェア，ファームウェア），プロセス，人，情報，技術，設備，サービス，およびその他のサポート要素が含まれる。（INCOSE）

> ［4.1.46］…一つ以上の定められた目的を達成するために編成された，相互作用する要素の組合せ。（ISO/IEC/IEEE 15288）

したがって，本ハンドブック全体での専門用語の用法は，システムが相互作用を行う部分からなる目的をもった全体であるという根本的な観念を明確に詳細にしたものとなっている。

　システムの外部からのビューは，明確にシステムに属さないがシステムと相互作用する要素を取り入れなければならない。この一連の要素は，「運用環境」または「コンテキスト」と呼ばれ，システムのユーザ（またはオペレーター）を含めることができる。

　システムの内部および外部からのビューは，「システム境界」という概念のもとになる。実のところ，システム境界は，システム自身と，そのより広範なコンテキスト（運用環境を含む）との間の「境界線」である。これが，何がシステムに属し，何が属さないかを定義する。システム境界と，環境と相互作用する要素の一部とを混同すべきではない。

　システムの「機能性」は一般的に，システムとその運用環境，特にユーザとの相互作用の見地から表現される。システムを，相互作用する要素の統合された組合せとしてみなす場合，システムの機能性は，個々の要素と環境的要素の相互作用のみから派

生するのではなく，これらの相互作用が，システム要素の編成（相互関係）によってどのように影響を受けたかにも由来する。これは，ISO/IEC/IEEE 42010（2011）が次のように定義する，システムアーキテクチャの概念につながるものである。

> システム要素とその関係性の中で具体化された，ある環境中の基本概念または特性であり，システムを設計し進化させるその原則である。

この定義は，システムの内部および外部からのビューの両方を論じるものであり，システムの定義からの概念を共有するものである。

2.2.2　システム概念に関係する科学専門用語

一般的に「エンジニアリング」は，物事を効果的かつ効率的に行わせて，生活の品質を向上させるためのサービス，システム，デバイス，機械，構造，プロセス，および製品をつくり，そして維持する実践とみなすことができる。商業的価値のある，実践的なエンジニアリング解決策を供給するうえで科学が要求する実験の再現性は不可欠である。エンジニアリング一般，特にシステムズエンジニアリングは，科学の専門用語および概念から大きな影響を受けている。

システム（またはシステム要素）の「属性」は，システム（またはシステム要素）の観測可能な特性またはプロパティである。例えば，航空機の種々の属性の中では，対気速度がある。属性は，変数によって記号として表現される。特に，「変数」は属性を識別する記号または名称である。各変数は領域をもち，測定可能であることもあれば測定不可能であることもある。「測定」とは特定の条件下で対象システム（SOI）が相互作用する観察システムのプロセスの成果である。成果としての測定は，変数への「値」の割り当てである。システムは，その属性に割り当てられた値が有意の期間にわたって，不変または一定であり続ける場合，ある一つの「状態」にある（Kaposi and Myers, 2001）。システムズエンジニアリングおよびソフトウェアエンジニアリングでは，「システム要素」（例えばソフトウェアのオブジェクト）は，属性に加え，「プロセス」（例えば操作）をもつ。これらは，「実行していない」または「実行している」の2つの論理値をもつ。したがってシステム状態を完全に記述するには，属性およびプロセスの両方に対し割り当てられるべき値を必要とする。システムの「動的振る舞い」は，システム状態の時間的な進展である。「創発的な振る舞い」とは，個別のシステム要素の振る舞いのみでは理解することのできないシステムの振る舞いである。

問題解決に用いられる重要な概念は，「ブラックボックス／ホワイトボックス」のシステム表現である。ブラックボックス表現は，システムの外部からのビュー（属性）に基づいている。ホワイトボックス表現は，システムの内部のビュー（属性および要素の構造）に基づいている。さらに，この2者間の関係性についての理解がなければならない。すなわち，システムは，システムの（外的な）属性，その内的な属性および構造，そして科学法則に支配されるこれらの間の相互の関係性によって表現される。

2.2.3　一般的なシステム方法論

Yourdon（1989）および Wymore（1993）のような，システムズエンジニアリングおよびソフトウェアエンジニアリングの先駆者たちは，システムの外的表現および内的表現の間の関連性を追求する探究を長年にわたり行い，その結果，システムの動的な振る舞いの理解およびマネジメントに規律および正確さをもたらした。端的にいえば，彼らは，もし動的振る舞いのフロー（システム状態の進展）を，システムの構成要素の状態のフローの中に一貫性をもってマッピングすることができれば，創発的な振る舞いをよりよく理解およびマネジメントできると考えたのである。

Klir（1991）は，一般的なシステム方法論をもって，エンジニアリングおよび科学のシステムという概念を補完した。彼は，一般的な問題解決は，ある問題を解決するために抽象化および解釈を選択的に用いるという原則に頼るものと考えた。彼は，その方法論は，システム探究（すなわち，ある現実的側面の表現）およびシステム定義（すなわち，目的をもった人工的オブジェクトの表現）の両方に用いることができると考えた。

2.3　システム「内部」の階層

ISO/IEC/IEEE に関する専門用語の用法では，

2.3 システム「内部」の階層

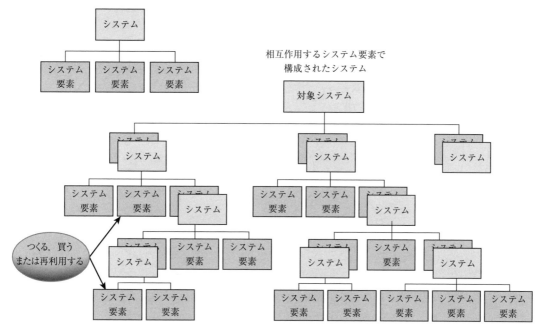

図2.1 システム中の階層。この図は ISO/IEC/IEEE 15288：2015 の p.1 の図1 および p.12 の図2 を編集したものであり、ANSI を通じて ISO の許可を得ている。

「システム要素」は「原子的」（すなわち，これ以上分解されない）であり，あるいは，「それ自体がシステム」（すなわち，より下位のシステム要素に分解される）になりうる。システム要素を「統合する」ことは，要素を「編成すること」がその「相互作用」に及ぼす効果と，その効果がどのようにシステムの「目的」達成を可能にするかということの間の関係を確立しなければならない。

システム定義の課題の一つは，各システム要素および要素間の相互関係を定義するのにどのレベルの詳細さが必要であるかを理解することである。対象システム（SOI）は実世界にあるので，この課題への対応は領域固有である。要求を把握し，実世界の解決策の定義を，確信をもって規定するためにブラックボックス表現（外部からのビュー）のみを必要とするシステム要素は，原子的であるとみなすことができる。要素をつくる，買う，または再利用するという意思決定は，要素をこれ以上規定する必要なしに確信をもって行うことができる。これは，システム内部の階層という概念につながる。

システムの要素およびその相互関係を定義する一つのアプローチは，これらの相互作用および相互関係の詳細を隠すことにより，異なるシステム要素をまとめた一式を，システム全体との関係性からのみ特定することである。これを，システムの区分（システムを区分けする）という。各要素は，原子的でもありえ，または一つのシステム自体としてみなせるほどに，はるかに高いレベルであることもある。図2.1 に示すとおり，どのレベルでも，要素は，より上位のレベルのシステムに従属した要素のサブセットにグループ化される。このように，システム内部の階層は，区分という関連を用いた，システム構造の編成の表現である。

ISO/IEC/IEEE 15288 に記述されたシステム階層の概念は，以下のとおりである。

> [5.2.2] システムライフサイクルプロセスは相互作用する一式のシステム要素から構成されるシステムに関連づけて記述される。そこに実装できる各システム要素はそれぞれに規定された要求を満たす。

システム内部の階層を定義するわざは，明確かつ簡潔に統制範囲を定義することと，確信をもって実装することのできるまとまった一式のシステム要素に対象システム（SOI）の構造を分解することとの間で，バランスをとるシステムズエンジニアの能力に依存している。Urwick (1956) は有効な解決法とし

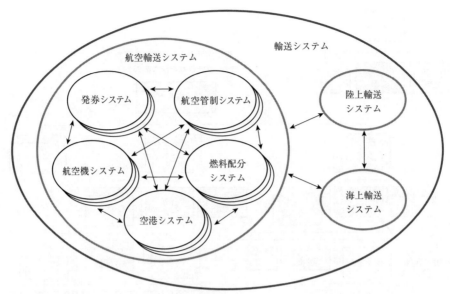

図 2.2 複数のシステムから構成される輸送システム内の，それらのシステム，および複数のシステムから構成されるシステム（SoS）の例。Judith Dahmann の許可を得て転載。

て，階層の各レベルに対して，それより下位の要素を 7±2 以下に抑えることを示唆している。他の研究者により，この方法が有用であることが見い出されている（Miller, 1956）。下位要素があまりに少ない設計レベルは，明確な設計のアクティビティを行っていない可能性がある。この場合には，設計および検証の両方のアクティビティに，冗長性が含まれることがある。実際には，階層の命名法および深さを，対象とするシステムとコミュニティの複雑性に合致するよう調整することができる．また，する必要がある。

2.4 複数のシステムから構成されるシステム（SoS）の定義

「複数のシステムから構成されるシステム（SoS；system of systems）」とは，対象システム（SOI）のうち，その要素が管理上および/または運用上で独立したシステムであるものをいう。これらの，相互運用する，および/または統合された構成システムの集団は，通常，個々のシステムだけでは達成できないような成果を生む。SoS はそれ自体が一つのシステムであるため，システムズエンジニアは，これを一つのシステムとして対処するか，または SoS として対処するかを，いずれの観点が特定の問題に対してより適切であるかによって選択してよい。

以下の特性は，特定の対象システム（SOI）を，SoS と理解したほうがよいかどうかを判断する際，有用となる（Maier, 1998）。

・構成システムの運用上の独立性
・構成システムの管理上の独立性
・地理的な分布
・創発的な振る舞い
・進化的な発展プロセス

図 2.2 は，SoS の概念を図解している。航空輸送システムは，乗客輸送を裏で支えるセキュリティシステムおよびファイナンシャルシステムのような他のシステムと連動し，多数の航空機，空港，航空管制，および発券システムからなる SoS である。同様に陸上および海上輸送についても SoS が存在し，結局これらはすべて，輸送システム（この場合 SoS）全体の一部である。

通常，SoS は，しばしば前述の Maier の特性から生じる，複雑な振る舞いを見せる。「複雑性（complexity）」と，「入り組んだ（complicated）」とは本質的に異なる。車のシステムのような入り組んだ（complicated）システムは，多数の部分の間の相互作用が，固定された関係で支配されている。この場合，技術，時間，およびコストの問題について，合

理的で信用に値する予測が可能である。航空輸送システムのような複雑な（complex）システムでは，部分間の相互作用は，自己組織を呈する。そこでは局所的な相互作用が，新規の非局所的な創発パターンを生む。入り組んだ（complicated）システムはしばしば，振る舞いが変化した際に複雑（complex）になることがある。しかしごく少数の部分からなるシステムであっても，ときには驚くような複雑性（complexity）を見せることがある。

　入り組んだ（complicated）システムを理解する最良の方法は，それを理解できるような単純な部分になるまで再帰的に分解し，そのうえで全体を理解するために，部分を再度組み立てることである。しかしながらこのアプローチは，複雑な（complex）システムを理解するのには役立たない。なぜならわれわれが注意を払う創発特性は，部分を個別に調べたときには，消滅してしまうからである。調査と適応の繰り返しを通じてコンテキストの中で全体を理解するためには，根本的に異なるアプローチが必要となる。結果として，システムズエンジニアリングには，入り組み具合（complicatedness）を分類するための線形に手順を踏んだメソッド（「体系的（systematic）アクティビティ」）と，複雑性（complexity）を活かすための全体的かつ非線形な反復的メソッド（SoSを取り扱う際に常に必要とされる，「全体的（systemic）」またはシステム思考および分析）とのバランスが必要とされる。対象物を別々に分解することと，それらをコンテキスト内で保持することの間での綱引きは，システムズエンジニアリングプロセス全体を通じて動的にやりくりしなければならない。

　次の課題はすべて，SoSのエンジニアリングに影響を与える（Dahmann, 2014）。

1. 「SoSの統括者」：SoSでは，各構成システムが，利害関係者，ユーザ，ビジネスプロセス，および開発アプローチに対応する，「ローカルオーナー」をもっている。結果として，システム全体を統括する唯一の統括者のもとに置かれた従来の多くのシステムズエンジニアリングで想定される組織構造タイプは，ほとんどのSoSで見られない。SoSの中で，システムズエンジニアリングは，分野横断的な分析と構成システムの構成および統合をよりどころとしている。このことは，これらの構成システムが全体としての目的（個々の構成システムの目的とは一致することもあれば一致しないこともある）に向かって協調して機能するための合意のとれた共通の目的と動機に依存する。

2. 「リーダーシップ」：統括者と資金が共通でないということが，SoSにとっての課題として認識され，多数の組織からなるSoS環境でリーダーシップをとる課題がこれに関連する。このようなリーダーシップの問題は，システムズエンジニアリングで構造的な統制が欠けていて，その代わりに影響力および動機づけといった統一性と方向性を与えることが必要とされる場合に気づく。

3. 「構成システムの観点」：SoSは一般的に，あるいは少なくとも部分的に，稼働中のシステムから構成されており，これらはしばしば他の目的のために開発されたものであって，現在新しい目的をもった新規または別個の用途に適用するため，活用されているものである。これが，SoSのシステムズエンジニアリングが直面する重大な問題の根本である。すなわち，SoSに対して特定されたシステムがSoSをサポートする程度以上のことはできないという事実から起こる問題に，どのように技術的に取り組むかということが根本にある。こういった制限は，あるシステムをSoSに組み込む際の初期の取り組みで影響を与えることがあり，他のユーザに対して，これらが今後もSoSと互換性をもつとはシステムとして確約できないことがある。さらに，各システムは開発された後に異なる環境で動作するため，特定のシステムのコンテキストがSoSのコンテキストと異なった場合，一つのシステムがSoSに供給するサービスまたはデータを解釈するうえで，ミスマッチがあるかもしれないというリスクがある。

4. 「能力および要求」：従来（また理想的には），システムズエンジニアリングプロセスは，明快で完全な一連のユーザ要求から始まり，この要求に合致するシステムを開発するための規律あるアプローチを提供する。一般的に，SoSは，それぞれが要求をもつ多数の独立したシステムから構成され，より広い能力を発揮する目的に向けて機能する。うまくいく場合，各構成システムが自身のローカルな要求を満たすとSoSに求められる能力は満たされていく。しかし多くの場合，SoSのニーズは，構成システム

に対する要求と整合しないことがある．この場合，SoS のシステムズエンジニアリングは，構成システムを変更するか，または SoS に他のシステムを追加するかのいずれかによって，このニーズを満たす代わりのアプローチを特定する必要がある．実際のところこれは，SoS がユーザとして振る舞い，新規の要求を引き受けるようシステムに求めていることになる．

5. 「自律性，相互依存性，および創発」：SoS の構成システムの独立性は，SoS のシステムズエンジニアリングが直面している数々の技術的課題の原因となっている．構成システムと他の構成システムの間の相互依存性に加え，構成システムは SoS から独立して変化しつづけることがある．このことは，SoS の複雑性（complexity）を増し，SoS レベルのシステムズエンジニアリングにさらなる課題を投げかける．特に，このようなダイナミクスは，SoS レベルで想定外の影響を起こすことがあり，たとえ構成システムの振る舞いがよく理解されていたとしても，SoS の中で予期しない，または予知できない振る舞いにつながることがある．

6. 「試験，妥当性確認，および学習」：SoS が一般的に，SoS から独立した構成システムで構成されるという事実は，SoS の全体を通した試験を行うにあたって問題となる．なぜならこの試験は，一般的に複数のシステムとともに行われるためである．まず，SoS レベルの期待値およびその期待値の指標について明確な理解がない場合，注意を必要とする分野を判定するための基礎として，遂行能力のレベルをアセスメントするか，または SoS の能力および限界をユーザに保証するのは，非常に困難となる．SoS の目的および基準について明確な理解があったとしても，従来の意味での試験をすることは困難である．SoS のコンテキストによっては，SoS の試験のための財源または統括者の不在に直面しかねない．しばしば構成システムの開発サイクルは，そのオーナーのニーズおよび現行のユーザ基盤に縛られる．同期していない開発サイクル下にある多数の構成システムに関して，従来行われている全体を通した試験を SoS 全体にわたって行う方法を探すことは，不可能とまではいかなくても困難である．また，SoS の多くは大規模かつ多様で，構成システムに変更があるたびに全体を通した試験を行ったとすれば，支払えないほどのコストがかかる．多くの場合，SoS の遂行能力の適格な指標は，実際の運用から収集したデータから，またはモデリング，シミュレーション，および分析に基づく推定を得るほかはない．それでも，こういった課題を抱えつつ，SoS のシステムズエンジニアリングチームは，SoS の運用および遂行を継続できるようにしておかなければならない．

7. 「SoS の原則」：SoS は比較的新しい分野であり，結果として，SoS 特有の問題に対してシステム思考を拡張することに，あまり注意が払われてこなかった．一般に SoS へ適用する分野横断的な原則を特定し明確に記述し，これら原則の適用実施例をつくる努力が必要とされる．SoS 環境に移り，組織内あるいは組織間の SoS に関する知識の伝達の問題に携わることになった平均的なシステムズエンジニアには，学ぶことが非常に多くある．

これらの一般的なシステムズエンジニアリングの課題の他にも，今日の環境では，SoS は，セキュリティの観点からの特有の課題を有している．これは，構成システムのインタフェースの関係が非同期に再構成され拡張され，そしてしばしば多種多様な出所からの市販品（COTS）の要素が含まれるからである．セキュリティの脆弱性は，個別の構成システムが個々では十分に安全だったとしても，SoS の構成全体から創発的な現象として起こる．

本節で述べた SoS の課題には，本ハンドブックに全体的，非直線的，および反復的な手段で記述され，系統的な側面および手続き的な側面の両方を兼ね備えたシステムズエンジニアリングアプローチが必要とされる．

2.5　有効にするシステム

有効にするシステムは，対象システムのライフサイクルのアクティビティを促進するシステムである．有効にするシステムは，運用環境の直接的要素ではないが，一つ以上のライフサイクルステージ中に対象システムに必要とされるサービスを提供する．有効にするシステムの例には，共同開発システム，生産システム，ロジスティクスサポートシステムなどが含まれる．これらは，一つ以上のライフサ

2.6 システムズエンジニアリングの定義   11

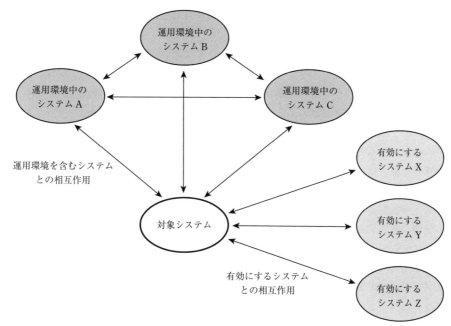

図 2.3 対象システム，その運用環境，および有効にするシステム。この図は，ANSI を通じ ISO からの許可を得て，ISO/IEC/IEEE 15288：2015 の p.13 の図 3 から抜粋したものである。

イクルステージ中で，対象システム（SOI）の進展を可能にする。有効にするシステムと対象システムとの間の関係には，両システム間に相互作用がある場合，または単に必要とするサービスを必要なときに対象システムが受け取る場合がある。図2.3 は，運用環境中の対象システム，有効にするシステム，および他のシステムの関連性を示している。

対象システムのライフサイクルステージ中には，適切な有効にするシステムおよび対象システムを同時に考慮することが必要とされる。頻繁に起こるのが，有効にするシステムは必要になったときに入手できると想定され，対象システムの開発で考慮されないという事態である。これは，対象システム（SOI）のライフサイクルを通じた進展にとって重大な問題につながることがある。

2.6 システムズエンジニアリングの定義

システムズエンジニアリングとは，観点，プロセス，および専門職であり，これら3つの代表的な定義によって説明される。

システムズエンジニアリングは，システムを成功裏に実現するための，学際的なアプローチおよび手段である。システムズエンジニアリングでは次のことに重点を置く。顧客のニーズおよび必要とされる機能性を開発サイクル初期に定義し，要求を文書化し，そのうえで設計，総合しシステムの妥当性確認に進むことである。そこでは，運用，コストおよびスケジュール，遂行能力，トレーニングおよびサポート，テスト，製造，および廃棄といった問題すべてを検討する。システムズエンジニアリングは，すべての分野および専門グループをチームの取組みに統合し，コンセプトから，生産，運用へとつながる構造化された開発プロセスを形づくる。システムズエンジニアリングは，ユーザのニーズを満たす品質の製品を提供するという目標に向かって，すべての顧客のビジネスおよび技術の両方のニーズを考慮する。（INCOSE, 2004）

システムズエンジニアリングは，ある実世界のシステムをトップダウン型で総合し，開発し，そして運用を行う反復的プロセスであり，そのシステムに対してあらゆる要求をほぼ最適な形で満足する。（Eisner, 2008）

システムズエンジニアリングは，部分ではなく全体（システム）の設計および応用を中心とした専門分野である。これには，すべての様相およびすべての変数を考慮し，社会的側面を技術的側面に関連づけてシステム全体の中の問題を検討することを含む。（FAA, 2006）

これらの引用から，学際的，反復的，社会技術的，および全体性といったキーワードが浮かび上がる。

システムズエンジニアリングの観点は，システム思考に基づいている。システム思考（2.9.2項参照）は現実に関する他に存在しない観点であり，全体に関しての気づきと，全体の中で部分がどのように相互に関連するのかに関する気づきを鮮明にする観点である。システムをシステム要素の組合せとみなす場合，システム思考では，全体（システム）を最重要と認識し，そして，システム要素から全体への相互関係性という関連を最重要と認識する。システム思考は，発見，学習，診断，および対話によって起こり，これらはシステムをよりよく理解，定義し，システムと協調するための実世界についてのセンシング，モデリング，および協議につながる。システム思考をする者は，システムがどのようにして毎日の生活というより大きなコンテキストに合致し，システムがどのように振る舞い，そしてどのようにそれらを管理するかを知っている。

システムズエンジニアリングプロセスは，発見，学習，および継続的改善をサポートする反復的方法論をもつ。プロセスを展開していくと，システムズエンジニアは，システムに対して規定された要求とシステムの創発特性との関係を洞察できるようになる。したがって，システムの創発特性への洞察は，システム要素間の相互関係と，それらシステム要素と全体（システム）との関連を理解することから得られる。あるシステム変数が他の変数の原因および結果にもなるという因果関係のループにより，ごく単純なシステムでさえも，想定外の予測不可能な創発特性をもつ可能性がある。2.4節で論じたように，複雑性はこの問題をより悪化させてしまう。そのため，望ましくない結果を最小限に留めることはシステムズエンジニアリングプロセスの目的の一つである。これは，システムズエンジニアが調整を行い関連する分野にわたる専門家を引き込み，貢献してもらうことによって達成可能である。

システムズエンジニアリングには技術およびマネジメントに関するプロセスが含まれ，そしてこれら2つのプロセスはともに，正しい意思決定に依存している。システムのライフサイクルの初期に行われる意思決定は，その結果はかならずしも明確に理解されていないものの，システムのその後に多大な影響を及ぼす可能性がある。このような問題を詳しく調査し，適切なタイミングで重大な意思決定を行うことが，システムズエンジニアの任務である。システムズエンジニアの役割は多様であり，Sheard の「システムズエンジニアリングの12の役割（Twelve Systems Engineering roles）」（1996）には，これらのさまざまな役割の説明がある。

2.7　システムズエンジニアリングの起源および進化

システムズエンジニアリングの近代的起源は，1930年に遡ることができる。その後，次々と，他のプログラムおよび追従者が現れてきた（Hughes, 1998）。表2.1および表2.2（Martin, 1996）は，システムズエンジニアリングの起源および標準規格中の重要なことを一覧にしたものである。現行の主要なシステムズエンジニアリング標準およびガイドは表2.3に列挙している。

表2.1　学術分野としてのシステムズエンジニアリングの起源の中での重要年

1937	英国の分野横断チームによる防衛システムの分析
1939-1945	Bell 研究所による NIKE ミサイルプロジェクト開発のサポート
1951-1980	マサチューセッツ工科大学（MIT）による SAGE 防空システムの定義および管理
1954	RAND 研究所による用語「システムズエンジニアリング」の採用の推奨
1956	RAND 研究所によるシステム分析の考案
1962	Hall 著『システムズエンジニアリング方法論（A Methodology for Systems Engineering）』の出版
1969	Jay Forrester による都市システムモデリング（MIT）
1990	National Council on Systems Engineering（NCOSE）の設立
1995	国際的な観点を取り入れた NCOSE からの INCOSE の発足
2008	ISO，IEC，IEEE，INCOSE，PSM，およびその他の全体によるシステムズエンジニアリングコンセプトの調和による ISO/IEC/IEEE 15288：2008 の発行

2.7 システムズエンジニアリングの起源および進化

2002年の国際標準 ISO/IEC 15288 の導入とともに，システムズエンジニアリングという専門分野は，2つまたはそれ以上の組織（供給者および取得者）の間で取り扱われる製品およびサービスの作成に対する合意を結ぶのに望ましいメカニズムとして正式に認識された。しかし，この単純な記述でさえも，しばしば請負業者および下請け業者の煩雑なクモの巣のような状態で混乱した様相を見せる。なぜなら大部分のシステムのコンテキストは，今日，ある「複数のシステムから構成されるシステム（SoS）」

表 2.2 システムズエンジニアリング標準規格の起源に関する重要年

1969	Mil-Std 499
1979	米陸軍フィールドマニュアル 770-78
1994	Perryの覚書による軍需品供給契約者に対する商業慣行に従う勧告。Mil-Std 499 に代わる EIA 632 IS（暫定規格）および IEEE 1220（試行版）の発行
1998	EIA 632 のリリース
1999	IEEE 1220 のリリース
2002	ISO/IEC 15288 のリリース，2003年 IEEE による採択
2012	2012 システムズエンジニアリング知識体系ガイド（Guide to the Systems Engineering Body of Knowledge）（SEBoK）のリリース

表 2.3 現行の主要システムズエンジニアリング標準およびガイド

ISO/IEC/IEEE 15288	システムおよびソフトウェアエンジニアリング—システムライフサイクルプロセス
ANSI/EIA-632	エンジニアリングシステムのためのプロセス
ISO/IEC/IEEE 26702	システムズエンジニアリング—システムズエンジニアリングプロセスの適用およびマネジメント（IEEE 1220™ の代替）
SEBoK	システムズエンジニアリング知識体系ガイド
ISO/IEC TR 24748	システムおよびソフトウェアエンジニアリング—ライフサイクルマネジメント，パート1：ライフサイクルマネジメントに関するガイド，パート2：ISO/IEC 15288 適用のガイド（システムライフサイクルプロセス）
ISO/IEC/IEEE 24765	システムおよびソフトウェアエンジニアリング—用語
ISO/IEC/IEEE 29148	システムおよびソフトウェアエンジニアリング—ライフサイクルプロセス—要求エンジニアリング
ISO/IEC/IEEE 42010	システムおよびソフトウェアエンジニアリング—アーキテクチャの記述（IEEE 1471 を代替）
ISO 10303-233	産業オートメーションシステムおよびその統合—製品データの表現および交換—パート233 アプリケーションプロトコル：システムズエンジニアリング
OMG SysML™	オブジェクトマネジメントグループ（OMG）システムズモデリング言語（SysML™）
CMMI-DEV v1.3	開発のための能力成熟度モデル統合（CMMI®）
ISO/IEC 15504-6	情報技術—プロセスアセスメント—パート6：模範的システムライフサイクルプロセスアセスメントモデル
ISO/IEC/IEEE 15289	システムおよびソフトウェアエンジニアリング—システムおよびソフトウェアライフサイクルの情報成果物（文書）の内容
ISO/IEC/IEEE 15939	システムおよびソフトウェアエンジニアリング—測定プロセス
ISO/IEC/IEEE 16085	システムおよびソフトウェアエンジニアリング—ライフサイクルプロセス—リスクマネジメント
ISO/IEC/IEEE 16326	システムおよびソフトウェアエンジニアリング—ライフサイクルプロセス—プロジェクトマネジメント
ISO/IEC/IEEE 24748-4	ライフサイクルマネジメント—パート4：システムズエンジニアリング計画
ISO 31000	リスクマネジメント—原則およびガイドライン
TechAmerica/ANSI EIA-649-B	構成管理のための国家コンセンサス標準
ANSI/AIAA G-043A-2012e	ANSI/AIAA 運用コンセプト文書の準備ガイド
ISO/IEC/IEEE 15026	システムおよびソフトウェアアシュアランス—パート1，概念および用語，パート2，アシュアランスケース，パート4，ライフサイクル中のアシュアランス

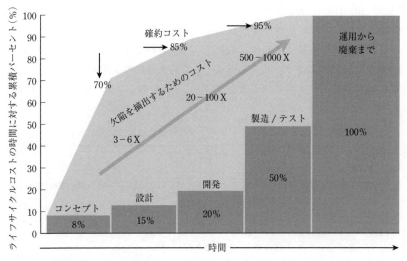

図 2.4 時間に対する，確約したライフサイクルコスト。DAU の許可を得て転載。

の一部だからである（2.4 節参照）。

2.8 システムズエンジニアリングの利用および価値

プロジェクトではすでに古くから，システムズエンジニアリングは，複雑性および変化をマネジメントするための効果的な方法としてみなされてきた。製品，サービス，および社会では，複雑性および変化がともに増加しつづけているため，新規のシステム，または複雑システムに対する改修に関連するリスクの削減は，継続してシステムズエンジニアの最優先するべき目標である。これを図2.4に示す。Defense Acquisition University による報告のとおり，米国国防総省（DoD）のプロジェクトで実施された統計分析に基づくもので，時間軸に対するパーセンテージは，時間の経過に沿って発生した，実際のライフサイクルコスト（LCC）を表している（DAU, 1993）。例えば，新規システムのコンセプトステージの平均は，総ライフサイクルコストの8％である。「確約コスト」の曲線は，プロジェクトの意思決定により約束されたライフサイクルコストの額を表しており，実コスト20％が発生したとき，総ライフサイクルコストの80％がすでに確約済みとなっていることを示している。曲線の下の斜め矢印は，まちがいがあってもライフサイクルの初期にそれを取り除けば，それほど高くつかないということを暗に示し

ている。

図2.4 はまた，正しい情報および分析の恩恵なしに早く意思決定を行ってしまった場合の結果を示している。システムズエンジニアリングは，コンセプトの探索時の取り組みを拡大し，適切な検討を経ない性急な確約を行うリスクを削減する。現代の製品開発に関連するさまざまなライフサイクルステージの実施は，直線的に見えても，実際の適用では再帰的である。それでもなお，ライフサイクルを通じた不適格な意思決定の結果は変わらない。

システムズエンジニアリングの必要性を動機づける他の要因は，複雑性が，革新に対し常に増大しつづける影響力をもつことである。新発明のビッグバン的導入を意味する新製品はごく少ない。むしろ，今日の市場での製品およびサービスの大部分は，徐々に行われた改善の成果である。このことは，今日の製品およびサービスのライフサイクルがより長くなり，そして不確実性の増加にさらされているということを意味する。システムズエンジニアリングプロセスを正しく定義することは，この21世紀に競争上の優位性を確立および維持するにあたり，きわめて重要となる。

図2.5 に示すように，技術の開発および市場への浸透は，過去140年の間に4倍以上のスピードで加速してきた。この製品例では，市場浸透率25％を達成するのに必要とする時間は，約50年から12年未満にまで減少している。平均では，プロトタイプの

2.8 システムズエンジニアリングの利用および価値

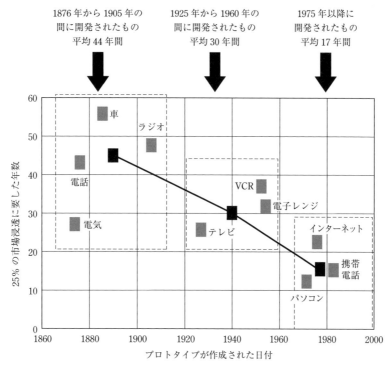

図 2.5 過去 140 年にわたる技術の加速。INCOSE SEH の元図は Michael Krueger により作成された。INCOSE の利用条件の記載に従い利用のこと。

開発から市場浸透率 25% までの時間は、44 年から 17 年に減少している。

2 つの研究が、有効性および投資利益率（ROI）の観点から、システムズエンジニアリングの価値を示している。これらの研究の主旨は次のとおりである。

2.8.1 システムズエンジニアリングの有効性

米国国防産業協会（NDIA）、米国電気電子学会（IEEE）、およびカーネギーメロン大学ソフトウェアエンジニアリング研究所による 2012 年の研究は、148 件の開発プロジェクトを調査し、これらプロジェクトのシステムズエンジニアリングアクティビティの適用とプロジェクト実績の間に、明確かつ有意な関係を見い出した。これを図 2.6 に示し、次に説明する（Elm and Goldenson, 2012）。

一番左の長柱は、これらプロジェクトに低レベルのシステムズエンジニアリング専門知識および能力を配した場合を表し、特定のシステムズエンジニアリングによってつくられた製品を量および品質で計測して表している。予算、スケジュール、および技術要求の満足度で計測した場合、これらプロジェクトの中で、わずかに 15% が高レベルのプロジェクト実績を得ているが、52% が低レベルのプロジェクト実績にとどまる。左から 2 番目は、これらのプロジェクトに妥当なレベルのシステムズエンジニアリング専門知識および能力を配した場合を表している。24% が高レベルのプロジェクト実績を得ており、低レベルのプロジェクト実績となったのは 29% のみである。左から 3 番目は、これらのプロジェクトに高レベルのシステムズエンジニアリング専門知識および能力を配した場合を表している。これらのプロジェクトに関しては、高いレベルのプロジェクト実績となる割合は、大幅に向上し 57% となる。一方、低レベルの実績にとどまるプロジェクトは 20% まで減少した。

2.8.2 システムズエンジニアリングの投資利益率（ROI）

システムズエンジニアリングアクティビティの ROI を定量化するため、定量的研究プロジェクトが Eric Honour および南オーストラリア大学（University of South Australia）により行われた（Honour,

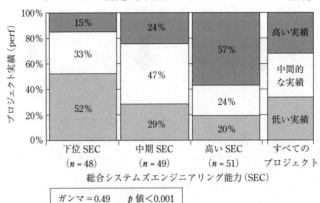

図2.6　プロジェクト実績とシステムズエンジニアリング能力の比較。Elm and Goldenson（2012）より。Joseph Elm の許可を得て転載。

2013）。このプロジェクトでは，43カ所の調査ポイントおよび48件の詳細な聞き取りからデータを集めた。各ポイントは各々のシステム開発プロジェクトの結果全体を表している。プロジェクトには，多種多様な領域，規模，および達成レベルのものがあった。図2.7は，コスト遵守度（上の図）およびスケジュール（下の図）によってシステムズエンジニアリングの取り組みを総合的に比較している。両図は，システムズエンジニアリングの取り組みはプログラムの成功に有意で定量化できる影響を与え，相関係数が80％にも上ることを示している。両図中では，プロジェクト内でシステムズエンジニアリングのパーセンテージを上げるにつれてより高い成功率が得られ，これが最適レベルにまで至ると，それ以上のシステムズエンジニアリングの取り組みを行うことによって逆にプロジェクト実績が下がっている。

調査結果からは，正規化されたプログラムに対するシステムズエンジニアリングの取り組みの最適レベルは，プログラム総コストの14％であることが示された。一方，実際に聞き取りを行ったプログラムの，平均的なシステムズエンジニアリングの取り組みの数値は7％にすぎない。このことは，プログラムが一般的に，システムズエンジニアリングの取り組みの最適レベルの半分程度で運用されることを示している。いずれのプログラムでも，その最適レベルは，プログラム特性にあわせて調整することによって予測でき，そのレベルはプログラム総コストの8〜19％で分布する。

プロジェクトにシステムズエンジニアリングアクティビティを追加することによるROIは表2.4に示されており，これは，すでに実施されているシステムズエンジニアリングアクティビティのレベルに依存して変動する。もしプロジェクトがいかなるシステムズエンジニアリングアクティビティをも用いていないのであれば，その場合，追加システムズエンジニアリングのROIは7：1となる。追加のシステムズエンジニアリングの1コスト単位につき，プロジェクトの総コストは7コスト単位で減少する。聞き取りの行われたプログラムのうち平均的なものでは，追加のシステムズエンジニアリングの取り組みによるROIは3.5：1となった。

2.9　システム科学とシステム思考

本節では，システム科学とシステム思考の性質についてまとめる。本節ではまた，これらがシステムズエンジニアリングとどのように関連しているかについて記述する。

2.9.1　システム科学

システム科学は，複数の学術分野および適用範囲を横断する複雑性のパターンを特定し，探究し，そして理解することを目標に，あらゆるシステムの側面へ研究をまとめる。システム科学とは，要素のタイプまたは適用にかかわらず，あらゆるタイプのシステム（例えば，自然界，社会，およびエンジニア

2.9 システム科学とシステム思考

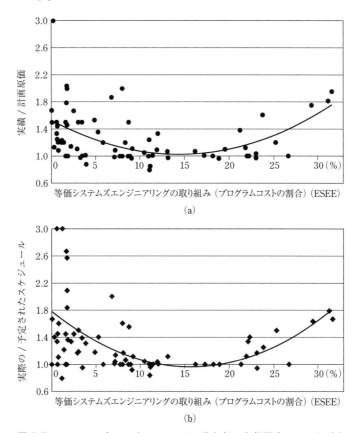

図 2.7 システムズエンジニアリングの取り組みと相関するコスト（a）およびスケジュール（b）の超過。Honour（2013）より。Eric Honour の許可を得て転載。

表 2.4 システムズエンジニアリングの投資利益率（ROI）

現在のシステムズエンジニアリングの取り組み（プログラムコストの割合%）	コスト超過の平均（%）	システムズエンジニアリングの追加による取り組みの ROI（システムズエンジニアリングの追加コストあたりの削減コスト）
0	53	7.0
5	24	4.6
7.2（すべてのプログラムの中央値）	15	3.5
10	7	2.1
15	3	−0.3
20	10	−2.8

Honour（2013）より。Eric Honour の許可を得て転載。

リング）に対し適用可能な理論の基礎を形づくる学際的基盤の発展を目指すものである。

さらに，システム科学は，システムズエンジニアリングのための共通言語および知的基盤そして「システムズアプローチ」の実践者が利用できる実践的なシステム概念，原則，パターン，およびツールを提供する際の助けとなる。複雑な問題を解決するシステムズアプローチの統合には，システム科学，システム思考，およびシステムズエンジニアリングの要素を組み合わせる必要がある。このように，システム科学は，従来の科学専門分野を統一するメタ専門分野のための基盤の役割を果たす。

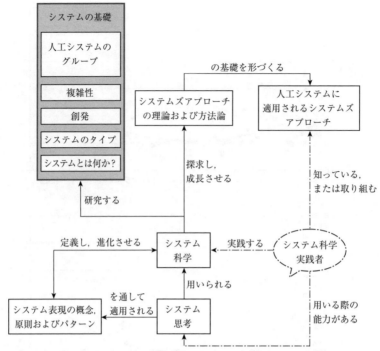

図 2.8 システム科学を取り巻く状況。SEBoK（2014）より。BKCASE Editorial Board の許可を得て転載。

本節に記載する情報は，SEBoK 第 2 部のシステム科学の記述からの抜粋である（SEBoK, 2014）。図 2.8 は，システム科学，システム思考，および一般のシステムズアプローチが人工システムに適用された場合の，これらの間の関係を示している。

システム科学は，システムに関するテーマを共有する広範なソースからアイデアをまとめる統合的な専門分野である。現在，システム科学で使用されているいくつかの基本的な概念には，過去数世紀にわたって他の専門分野に存在してきたものもあるが，その一方で，同様に，最近わずか 40 年間に独自に出現した基本的な概念もある（Flood and Carson, 1993）。

システム科学は，「システムの科学」であると同時に「科学へのシステムズアプローチ」であり，通常，本質的に還元主義的な他分野の科学のそれとは対照的な理論およびメソッドを対象とする。還元主義的アプローチは，これが適切である場合には，単純さを求め，分離および孤立化のメソッドを用いることで，大きな成功を収めてきた。しかしながら，これらのメソッドが適切でない場合，システム科学は，編成された複雑性のパターンを特定するために，関係づけること，および状況に当てはめることを頼りにする。

システム，組織，および複雑性の性質に関する問題は，現代に特有なものではない。John Warfield（2006）の言によれば，

> 実際のところ，システムの文献中に現れるキーアイデアを支える重要な概念はいずれも，古代およびその後に続く時代の文献の中で見つけることができる。

しかしながら，20 世紀中頃までは，「システムの科学」自体で組織および複雑性の問題に対する科学的なアプローチへの必要性が増大することはなく，そしてそれを行う可能性もなかった。

生物学者の Ludwig von Bertalanffy は，「オープンシステム理論」（Bertalanffy, 1950）に基づき，幅広く適用可能な科学的研究アプローチを論じ，開発した最初の人である。彼は，科学での分析的手順の限界という観点から，システム研究の科学的必要性を説明した。こうした限界は，物質または概念のいずれの面でも，全体は部分に分解でき，そして部分から再構築することができるというアイデアに基づいている。

これは，「古典的な」科学の基本原則であり，例えば分離可能な因果連鎖への分解，または科学のさまざまな分野での「原子的」単位の追求など，さまざまな分野にわたる．

システム科学の研究は，古典的科学に特有の限界として最も顕著である，創発を取り扱う方法の欠如を補完しようとしている．システム科学がここまで発展し，これからも発展しつづけるのは，実践との密接な関係によるものであり，両者はともに成長し，学びあっている．新しい「システムズアプローチ」の補完的な，または範囲の重複した問題については，さまざまな取り組みが行われ長年にわたり進歩してきた．

- サイバネティクス（Ashby, 1956；Wiener, 1948）
- オープンシステムおよび一般システム理論（Bertalanffy, 1950, 1968；Flood, 1999）
- オペレーションズリサーチ（Churchman ら，1950）
- ハードおよびソフトシステム思考（Checkland, 1998；Lewin, 1958）
- 組織サイバネティクス（Beer, 1959；Flood, 1999）
- クリティカルシステム思考（Jackson, 1989）
- システムダイナミクス（Forrester, 1961；Senge, 1990）
- システムズエンジニアリング（Hall, 1962）
- システム分析（Ryan, 2008）
- サービス科学およびサービスシステムズエンジニアリング（Katzan, 2008）

「モデル指向システムズエンジニアリング科学」（Hybertson, 2009）では，システムに対する従来の観点と複雑なシステムズエンジニアリングの観点からのより広い比較の視点から，分析手順および統合システム概念との対比が，より幅広く論じられている．

2.9.2 システム思考

システムによる対応が必要とされる問題または機会のある状況の深みのある分析を行う際に利用できる知識およびスキルを成長させることは，システムズエンジニアとしてきわめて重要である．先にも記載したように，システム科学は，こうした知識の発展に貢献してきた．しかし，20世紀の間に，深みのある分析を行うための数多くのアプローチが「システム思考」の名のもとに生まれた．システム思考のまわりに正確な境界を引き，これをシステム科学と区別することは困難であるが，多数のシステム思考方法およびツールが定評を得て，学際的な状況の中で成功裏に利用されてきた．

2.9.2.1 システムダイナミクス

MITのJay Forresterは，DYNAMOシミュレーション言語を開発し，複雑なシステムを分析する一般的な方法が，さまざまな専門分野で使用できることを見い出した（1961）．Forresterの教え子数名が，このアイデアをより精巧にして方法論およびツールとし，分析のための有用な基礎を提供した．Peter Sengeは，自身の有名な著作「学習する組織（原題 The Fifth Discipline）」（1990）をもって，システム思考を専門分野として確立した．彼はまた，システムダイナミクスを図的に表現する手段として，LINK，LOOP，およびDELAYを表現する言語を開発した．2つの基本ループ（成長と限界）に基づき，さまざまな状況を記述するための，いわゆる原型が開発された．別の学生，Barry Richmondは，市販のシミュレーション言語であるSTELLAとiTHINKにストックとフローのメカニズムを加えることによって，その原型をさらに発展させた．

2.9.2.2 ソフトシステムおよびアクション研究

Peter Checkland（1975）は，古典的なエンジニアリングアプローチを複雑な問題に対して用いた場合，システムに影響する多数のソフト要因（態度，実践，手順など）により破綻をきたすことを見い出した．彼はまた，改善への道は，代替モデルの開発および分析を通じて得られるにちがいないことを見い出した．一連の行動は，分析，考察，および対話に基づいて計画され，そして実行され，その結果は，さらなる分析のためのフィードバックとして認められる．John Boardmanは，Checklandの成果に触発され，Systemigramsと呼ばれるツールでサポートするソフトシステムズアプローチの一種を開発した（Boardman and Sauser, 2008）．

2.9.2.3 パターンの発見

システム思考の中心となるのは，パターンの発見である．パターンは，一連の問題，解決策，またはシステム中にある類似性の表現である．原型のところで述べたように，システム思考は，一連の問題およびそれに対応する解決策の中の共通事項を，多様なタイプのパターンの形でとらえ，そして役立てる．

システムズエンジニアは，パターンから得られた一般的な情報を用いて，特定のシステムの問題を理解し，特定のシステム解決策を策定する。その例を次に述べるが，これに限るものではない。

- アダプターのようなソフトウェア設計パターン
- 階層アーキテクチャおよびシングルサインオンのようなシステムアーキテクチャパターン
- 環状道路，歩行者道路，およびフードコートのようなコミュニティまたは都市の設計パターン
- 耐故障設計およびロールベースアクセス制御のようなセキュリティおよび安全のパターン
- 出版-購読型のような相互作用パターン
- 吊り橋パターンのような領域固有のパターン

パターンカテゴリーは，領域の分類，標準，テンプレート，アーキテクチャの型，参照アーキテクチャ，プロダクトライン，抽象データ型，およびクラス階層中のクラスを含む。

他にも重要なパターンカテゴリーがあり，複雑かつ反直感的なシステムと関係している。一つの例は「問題の転嫁」である。複雑なシステムで問題が出現した場合，長期的な解決策を練るのに時間をとることなく，迅速で短期的な解決を行うという直感的な反応をとってしまう。このアプローチに伴う問題はしばしば，迅速な解決が最初は成功してしまうことによって真の解決策の策定の機会が減ってしまうといった，短期的処置と長期的解決策の間でのトレードオフがあることである。このパターンは，あるプロジェクトの中で，システムズエンジニア，プロジェクトマネジャー，専門分野のエンジニアリングコミュニティ，およびその他利害関係者の間の，典型的な短期的/長期的優先順位の葛藤に現れる。問題の転嫁は，一連の「システム原型」の一つであり，効果的なシステムズエンジニアリングに対する多くの阻害要因の裏にある，潜在的なシステムの病理を例証する一種のパターン（ときに失敗パターンまたはアンチパターンと呼ばれる）である。これらのパターンの気づきと理解は，自身の組織にシステムズアプローチを根づかせ，これらの課題に立ち向かうために積極的な行動をとろうとしている人々にとって重要である。他の事例および参照は，「システム思考のパターン（Patterns of Systems Thinking）」（SEBoK, 2014）に記載されている。

2.9.2.4 システム思考実践者の習慣

数多くの貢献者により導入されたシステム思考の側面は他にもいくつか存在するが，次のリストは，最も重要なシステム思考の実践者の特性である（Waters財団，2013）。

- 大局的に理解するよう努める。
- システム中の要素が，パターンおよび傾向を生じつつ，時の経過とともにどのように変化するのかを観察する。
- システムの構造（要素およびその相互作用）が振る舞いを生むということを認識する。
- 複雑な因果関係の循環的性質を特定する。
- 憶測を表面化し，テストする。
- 理解を向上させるため，観点を変える。
- 課題を十分に検討し，早急に結論を出したいという衝動に抵抗する。
- メンタルモデルが，どのように現在および未来の現実に影響するかを検討する。
- システム構造の理解を用いて，影響力を与えるアクションを特定する。
- アクションの，短期的および長期的な結果の両方を検討する。
- 意図しない結果がどこで創発するかを見つける。
- 因果関係を探す際に，遅延の影響を認識する。
- 結果を確認し，必要であればアクションを変更する「逐次近似法」を行う。

「システムのやり方で」考え，行動する人々は，研究と実践の両方を成功裏に行うために不可欠である（Lawson, 2010）。システム研究で成果を出すには，システム思考を研究対象のトピックに適用するだけでなく，研究の立案および実施を行う方法へのシステム思考アプローチもまた考慮するべきである。また，研究に含めるメンバーについては，システムの実践について少なくともよく知っており，さらに理想的には，自身が展開する理論の実践的適用に関与している人を含めることが有益であろう。

システム思考の「規律」のより詳しい記述は，SEBoK（2014）第2編，および有名なウェブサイト「Systems Thinking World」を参照されたい（Bellinger, 2013）。

2.9.3 システムズエンジニアのための考慮

Sillitto（2012）は，システムズエンジニアリング実践者にすぐに役立つように編集した，システム科学およびシステム思考に由来する有用な概念の概説を提供している。システムズエンジニアが関与することになるシステムというものは，たいがい次のようなプロパティをもっている。

1. 非常に広い「コンテキスト」または環境の中にシステムが存在する。
- コンテキストには，「運用環境」，「脅威のある環境」，および「資源のある環境」が含まれている（Hitchens, 2003）。
- コンテキストには，協調するシステムおよび競合するシステムを含む可能性もある。
2. システムは，互いに相互作用し，より広いコンテキストと相互作用する複数の部分からできている。
- 部分とは，ハードウェア，ソフトウェア，情報，サービス，人，組織，プロセス，サービスなどのいずれでも，または全体でもありうる。
- 相互作用は，情報，エネルギー，および資源の交換を含むことがある。
3. システムは，個々の部分に帰することができない，システム全体のプロパティであるシステムレベルのプロパティ（「創発特性」）をもつ。
- 創発特性は，システム全体の構造（部分および部分どうしの関係）とその環境との相互作用に依存する。
- この構造は，意図的および意図的でない形のいずれでも，部分の機能，振る舞いおよび性能と，システムの環境との相互作用を決定する。
4. システムは，次の事項を有している。
- ライフサイクル
- 機能。Hitchensによれば「運用—実行可能性の保持—資源管理」または「観察—方向づけ—意思決定—行動」（Hitchens, 2003）として特徴づけられうる。
- 次の内容を含む構造
    - 境界。静的または動的であることもあり，また，物質的または概念的であることもある。
    - 一連の「部分」
    - システムの部分どうしおよび境界（インタフェース）をまたいだ一連の関係および潜在的な相互作用
- 振る舞い。状態の変化，そして情報，エネルギー，および資源の交換を含む。
- ある環境条件およびシステム状態の中での機能および振る舞いと関連する性能特性
5. システムは，自身が配置された（環境に組み込まれた）際，その環境に対し変化し，かつ適応する。
6. システムは，時定数の変動する種々のフィードバックループを含むため，因果関係はただちに明らかにできるものではなく，または容易に判定できるものではないことがある。

システムズエンジニアが遭遇するであろう，「ときどき，真であることがある」といった付加的プロパティは次のとおりである。

1. システムは，人間の意図とは関係なく存在することがある。
2. システムは，一つまたは複数のより広い「包含システム」の一部であることがある。
3. システムは，自己維持，自己組織化，および動的に進展することがある（このようなシステムは「複雑な適応システム」を含む）。
4. システムは，「アフォーダンス」，すなわち「何かを行う能力を与える」ことにより，相互作用の可能性を提供する特徴（Norman, 1990）を呈することがある。
- アフォーダンスは，計画しているか否かにかかわらず，相互作用を導く。例えば，飛行機を離着陸させる滑走路のアフォーダンスは，同時に，それを自動車が横切るという意図しないアフォーダンスの可能性につながり，これによって飛行機の進路が妨害され，望ましくない創発的なシステム全体の振る舞いにつながることがある。
5. システムには次の場合がある。
- 自身のコンテキストから明確に境界線が引かれ，区別されている（ソーラーシステム，地球，飛行機，列車，自動車，船，人）。
- コンテキストに密接に結びつけられている，または組み込まれている（橋，街，滑走路，人間の循環器系，インターネット）。

- 流動的かつ動的に構成されている（クラブ，チーム，社交グループ，エコシステム，雁の群れ，およびインターネット）。
6. システムは，技術的（設計には一つまたは多数の専門分野を必要とする），社会的，生態学的，環境的であることがある。またはそのいずれか，あるいはすべてを混合したものであることがある。

これらのリストは，システムズエンジニアがより広いコンテキストで対象システム（SOI）について考える必要性をわかりやすくし，システムズエンジニアが，システムの目的にとって重要なプロパティ，および意図しない望ましくない結果を発生させるかもしれないプロパティの両方を確実に理解できるようにするものである。

2.10 システムズエンジニアリングリーダーシップ

本ハンドブック中の多くのプロセスは，マネジメント（例えば，意思決定マネジメント，リスクマネジメント，ポートフォリオマネジメント，知識マネジメント）について正しく論じたものであり，これらはすべて，システムズエンジニアリングプロセスの重要な側面である。一方でリーダーシップも，システムズエンジニアにとって同様に重要なトピックである。「リーダーシップ論（What Leaders Really Do）」（J.P. Kotter, 2001）と題された論文では，「リーダーシップはマネジメントとは異なるが，しかし，それは多くの人が考えるような理由によってではない」と述べられている。Kotter は，リーダーとマネジャーの間の，重要な相違点を次のように定義している。

- 「変化に対応する」対「複雑性に対応する」
- 「方向性を定める」対「立案と予算管理を行う」
- 「人を同じ方向に向かわせる」対「組織化と人材確保を行う」
- 「人を動機づける」対「統制と問題解決を行う」

よく引き合いに出される Peter Drucker の言葉を引用すれば，「マネジャーは，事を正しく行う。リーダーは，正しいことを行う」。これをシステムズエンジニアリングの検証および妥当性確認プロセスの形式的ではない定義と比較してみる。「検証は，システムを正しく構築したことを保証する。妥当性確認は，あなたが正しいシステムを構築したことを保証する」。システム開発にとっては，検証および妥当性確認のいずれもが重要である。同様に，システムズエンジニアおよびそのチームにとっては，マネジメントとリーダーシップのいずれもが重要である。プロジェクトのさまざまなフェーズで，リーダーシップのさまざまな側面が重要視される。

特にシステムズエンジニアにとって重要なリーダーシップの側面には次のものがある。

- ビジョンと進路を定めるため，意思決定およびアクションの長期的な含意を見通し，戦略的に考えること。
- 「大局的に」見ること。
- 組織のビジョンを見通しまたはとらえ，そしてそれを伝達すること（システムズエンジニアは，特定のリーダーをサポートして働くこともある。またはときに，ビジョンを「見通す」のはリーダーの特権ではないこともある）。
- 今日の「現状」から明日の「あるべき姿」への転換を定義すること。
- 問題についてのあいまいな記述を，チームが明確で精確な解決策を導くうえでの課題に変換する。
- 利害関係者（顧客も含む）と協調し，利害関係者のチームに対するビューポイント，およびチームの利害関係者に対するビューポイントを表現すること。
- エンジニアリングの取り組みのすべてが，顧客のビジネスまたはミッションのニーズに直接結びつくことを保証することによって，顧客価値を最大化すること。
- 調和のとれたチームのための環境を確立する一方で，多様性による潜在的利益を活用するよう努めること（学際的チームの中で，文化的およびコミュニケーション上の相違を橋渡しすることを含む）。
- すべてのレベルで社会通念にとらわれないこと。
- 対立をうまく取り扱い，アイデアや代替案をめぐっての健全な対立を促進すること。

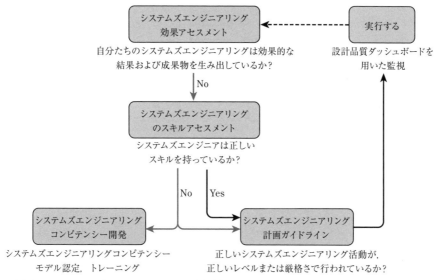

図2.9 システムズエンジニアリングの最適化システム。Chris Ungerの許可を得て転載。

・意思決定を助けること。
・優秀さを求め，それを有効にすること。

リーダーシップは，システムズエンジニアにとっての一つの機会でもあり，きわめて重要な責任でもある。システムズエンジニアリングリーダーは，コンテキスト，境界，相互関係，および適用範囲を考慮したシステムのビューをもたなければならない。システムズエンジニアリングリーダーは，問題と，そのコンテキストおよび環境の全体的理解を通じて，よりよい解決策を生み出す。システムズエンジニアリングリーダーは，先を見越した方法で，意図しない結果のリスクを強調する。システムズエンジニアリングリーダーは，何度も「価格とコスト」から「価値とROI」の会話へともっていく必要がある。システムズエンジニアリングリーダーは，システムとシステムを開発するチームの両方で求められる適応性，俊敏性，およびレジリエンスのモデルとなる必要がある。すなわち，システムズエンジニアリングリーダーは，より広範なシステムビューで物事を見るため，「家で一番良い席」を占めるということである（Long, 2013）。

2.11 システムズエンジニアリングの専門職人材開発

効率的および高い費用対効果で差別化した製品を市場に届けるためには，組織は，製品全体の能力にいかなる不足があるかを知る必要がある。個人は，自身の効率を高めるスキルが何かということを知り，そのスキルを開発し，そして自身のスキルのレベルを示し，そして伝えるための基準をもつことが必要である。システムズエンジニアリングの成果を最適化するためのシステムの全容を図2.9に示す。

多くの能力開発の中で特にシステムズエンジニアリング能力の開発は，経験および実務トレーニングによって達成される。通常，70％は経験を通じて達成され，20％はメンタリングを通じ，そしてわずか10％が，トレーニングを通じて達成される（Lombardo and Eichinger, 1996）。トレーニングで基本概念の理解を得ると同時に，メンターは能力開発途上にあるシステムズエンジニアが実践的経験から適切な教訓を吸収することを手助けする。図2.10のモデルは，どのようにシステムズエンジニアリングの能力開発が個人に対し作用するかを示している（認定を目指す，または自身の上司との能力開発検討において）。

INCOSEは，システムズエンジニアリングコンピ

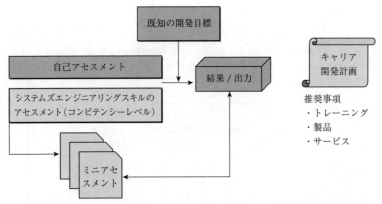

図 2.10 専門職人材開発システム。Chris Unger の許可を得て転載。

テンシーフレームワークを，INCOSE 英国支部の作業に基づき開発した。このフレームワークを用いることにより，従業員は，自身のスキルを分析し，アセスメントで発見された不足を埋めるためにどのようなトレーニング，コーチング，または新規職務割り当てが必要かを判断することができる（INCOSE UK, 2010）。フレームワークでは，3つのクラスのコンピテンシーを定義し，各クラスに該当するコンピテンシーをまとめている。そのクラスとは，システム思考，全体的ライフサイクルビュー，およびシステムズエンジニアリングマネジメントである。フレームワークでは，4つのスキルレベル，初心者，監督下で実践が可能な者，実践者，および専門家を定義している。フレームワークは，組織のニーズにあわせてテーラリング可能である。

2.11.1 システムズエンジニアリングの専門職倫理

特に，システムズエンジニアリングのような職業ではプログラムをより早く，またはより低コストで遂行するよう，常にプレッシャーが存在する。INCOSE 倫理規定で次のように述べられている。

> システムズエンジニアリングの実践は，大きな社会的および環境上の利益をもたらしうる。ただし，意図しないかつ望ましくない影響が考慮され，そして緩和される必要がある。

リーダーおよび専門職としてのシステムズエンジニアの役割の一部は，どのような場合に受け入れられないようなリスクまたはトレードオフが発生するのか，またこれがどのように重要な利害関係者に影響を及ぼすかを知り，そして必要であれば，顧客，コミュニティ，および専門職を守る勇気をもつことである。INCOSE 倫理規定には，システムズエンジニアリング専門職が自身の仕事および日々の生活に倫理の実践的適用をする際の助けとなる，「基本原則」，「社会および公共インフラストラクチャに対する基本的義務」，および「実践のルール」についての節がある（INCOSE, 2006）。

2.11.2 プロフェッショナル認定

INCOSE は，世界中のシステムズエンジニアの知識および経験を認定する形式的メソッドを提供するため，複数レベルのシステムズエンジニアリングプロフェッショナル認定プログラムを提示している。3つのレベルの認定がINCOSE を通じ取得可能である。

- Associate Systems Engineering Professional（ASEP）：応募者は，知識試験に合格する必要がある。
- Certified Systems Engineering Professional（CSEP）：少なくとも5年の実践的システムズエンジニアリング経験，技術系学位（システムズエンジニアリング経験の追加年数をもって技術系学位に代えることが可能），3名の専門職からの候補者の経験年数を証明する人物保証，および知識試験に合格することを必要とする。
- Expert Systems Engineering Professional（ESEP）：少なくとも25年の実践的システムズ

エンジニアリング経験，最低5年の専門職リーダーシップ実績，技術系の学位（システムズエンジニアリング経験の追加年数をもって技術系学位に代えることが可能），および少なくとも直近10年の経験を証明する，3名の専門職からの人物保証を必要とする。ESEPの認定は，審査委員会のレビューおよび承認に基づいて行われる。

システムズエンジニアリングプロフェッショナル認定に対する要求についての詳細は，INCOSEのウェブサイト http://www.INCOSE.org/ で入手できる。

第3章

一般的なライフサイクルステージ

3.1 はじめに

　正式に定義されていないとしても，すべての人工のシステムにはライフサイクルがある。ライフサイクルは，システムあるいは製造された製品といったものが通る一連のステージとして定義できる。環境問題の意識が高まる中で，どんな対象システム（SOI）のライフサイクルも，開発，生産，利用，およびサポートステージを考慮するだけでなく，システムの廃止および廃棄が生じる，システムが退くステージにも，早い段階で焦点を当てる必要がある。妥当なコストかつ有用な方法で後のステージのニーズに合わせて，適切なトレードオフ分析を行い，そして決定を下すために，特にコンセプトおよび開発の初期のステージでその後のそれぞれのステージのニーズを考慮しなけばならない。

　システムズエンジニアの役割は，対象システム（SOI）のライフサイクル全体を取り入れることである。システムズエンジニアは，領域の専門家が適切に関与し，すべての有利な機会を追求し，そして著しいリスクがすべて特定され緩和されることを保証することで，要求定義から設計，構築，統合，検証，運用を経て最終的にシステムを運用しなくなるまで解決策の策定を全体として調整する。システムズエンジニアは，プロジェクトマネジャーと緊密に協力し，特定のプロジェクトのニーズを満たすために，重要な意思決定のゲートを含めて一般的なライフサイクルをテーラリングする。ISO/IEC/IEEE 15288によると，次のとおりである。

> [5.4.2] ライフサイクルはシステムの性質，目的，利用状況，および現状によって異なる。

　システムライフサイクルを定義する目的は，ライフサイクル全体に対して秩序があり，そして効率的な方法で利害関係者のニーズを満たすための枠組みを確立することである。これには通常，ライフサイクルステージを定義し，そしてあるステージから次のステージへ移る準備ができているか否かを決めるための意思決定ゲートを用いる。ステージを飛ばし，そして"時間のかかる"意思決定ゲートをなくしてしまうことは，リスク（コスト，スケジュール，および性能に関する）を大幅に増加させることになる。そして2.8節で述べたように，システムズエンジニアリングの取り組みのレベルを下げることと同様に技術開発に悪影響を及ぼしてしまう。

　システムズエンジニアリング（SE）のタスクは，通常，ライフサイクルのはじめの部分に集中している。しかしながら，産業界も政府機関も，システムライフ全体にわたってシステムズエンジニアリングが必要であることを認識している。生産に入る，あるいは運用に至り，製品あるいはサービスの修正または変更がしばしば生じる。したがって，システムズエンジニアリングはすべてのライフサイクルステージにわたって重要なものとなる。例えば，利用およびサポートステージ中にシステムズエンジニアリングでは，性能分析，インタフェース監視，障害分析，ロジスティクス分析，追跡，管理など，現在進行中のシステムの運用およびサポートにとって不可欠なことを実行する。

3.2 ライフサイクルの特性

3.2.1 ライフサイクルの3つの側面

　すべてのシステムライフサイクルは，ビジネス（ビジネスケース），予算（資金），および技術（製品）を含む複数の面からなる。システムズエンジニアは，ビジネスケースおよび資金の制約と合致した

技術的な解決策をつくる。システムの完全性には，これら3つの側面でバランスがとれていて，そしてすべての意思決定ゲートのレビューで，3つの側面に均等に重点が置かれていることを必要とする。例えば，モトローラのイリジウムプロジェクトが1980年代の終わりにスタートしたとき，衛星をベースとした携帯電話のコンセプトは一つの突破口となり，そして明らかに市場を占有すると考えられた。その後十数年にわたって，技術レビューは大成功を収める技術的解決策であることを保証した。実際に，イリジウムプロジェクトは，21世紀の最初の10年間に，破産裁判所を通じてすべての資産（全投資の2%）を売却せざるをえなかった元のチームを除くすべての者にとってよい投機的事業であることを証明している。元のチームは最初のビジネスケースを本質的に変えた競合および変化していく消費者のパターンを見失っていた。図3.1は，エンジニアが見失いがちな重要な2つのパラメータを強調している，すなわち，○で示した損益分岐点までの時間および下側の曲線で示しているROI（投資利益率）である。

3.2.2 意思決定ゲート

統制ゲートとしても知られている意思決定ゲートは，「マイルストーン」あるいは「レビュー」と呼ばれる。意思決定ゲートは，プロジェクトサイクルの中の承認事象であり，プロジェクトマネジャー，経営管理あるいは顧客がスケジュールの中に定義し，そして含めるに足るほど重要である。入力および出力の基準は，プロジェクトマネジメントのベースラインとして取り込まれるときに各ゲートに対して設けられる。意思決定ゲートは，以前に予定されていた活動（新しい活動はそれに依存する）が満足するレベルで完了し，そして構成管理下に置かれるまでは，新たな活動を求めないことを保証している。プロジェクトが準備される前に意思決定ゲートを超えて進めてしまうことにはリスクを伴う。例えば，リードタイムの長い製品の調達のように，プロジェクトマネジャーはそのリスクを引き受ける意思決定をするかもしれない。

すべての意思決定ゲートは，レビューおよびマイルストーンの両者であるが，すべてのレビューおよびマイルストーンが意思決定ゲートというわけではない。意思決定ゲートは次の質問を扱う。

- プロジェクトの成果物は依然としてビジネスケースを満たすか？
- それは妥当なコストか？
- 必要なときに提供されるか？

意思決定ゲートはシステムライフサイクルの中で主たる決定ポイントを意味する。意思決定ゲートの主目的は次のとおりである。

- ビジネスおよび技術的なベースラインを精緻化したものが受け入れ可能であり，そしてそのことが満足のいく検証および妥当性確認（V&V）

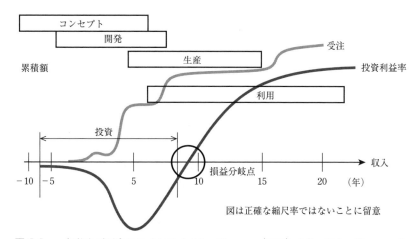

図3.1 一般的なビジネスライフサイクル。Stoewer（2005）より。Heinz Stoewerの許可を得て掲載。

につながることを保証する。
- 次のステップが達成可能で，そして次に進むリスクが受け入れ可能であることを保証する。
- 買い手および売り手のチームワークを育成しつづける。
- プロジェクト活動を同期させる。

どのプロジェクトにも少なくとも2つの意思決定ゲートがある。すなわち，プロジェクトを進める権限およびプロジェクト成果物の最終受け入れである。プロジェクトチームは，どのライフサイクルステージがそれらのプロジェクトにとって適切か，そして，上述の基礎的な2つ以外にどの意思決定ゲートが必要かを決定する必要がある。それぞれの意思決定ゲートには有益な目的がなければならない。「形式上の」審査は時間を浪費する。

アジャイル開発（9.9節参照）であっても，利害関係者との頻繁な対話が意思決定ゲートの必要性を最小化するかもしれないが，しかし除去はできない。表面的な審査を行う，重大な規律を省略する，あるいは意思決定ゲートを飛ばすことによる結果は，通常，時間が長くなり，そしてコスト高となる。

市場の需要，コスト妥当性，および現実的なスケジュールといったプロジェクト上のビジネスケース問題は，コンセプトの選択に影響を及ぼす重要な決定基準である。そして，それらはすべての意思決定ゲートで更新され，評価されるべきである。不十分な確認は後の失敗につながる可能性があり，通常，コスト超過および遅れの主たる要因である。それぞれのゲートでは，意思決定のオプションは通常，次のとおりである。

- 受け入れ可能：プロジェクトの次のステージへ進む。
- 保留付き受け入れ可能：進めて，そして対応すべき事項に応じる。
- 受け入れ不可能：先に進めないで，このステージを続け，そして準備ができたらレビューを繰り返す。
- 受け入れ不可能：一つ前のステージに戻る。
- 受け入れ不可能：プロジェクト活動を一時停止する。
- 救済不可能：プロジェクトを終了する。

意思決定ゲートの記述にあたっては，次のことを特定する。

- 意思決定ゲートの目的および適用範囲
- 入口および出口の基準
- ホストおよび議長
- 出席者
- 場所
- 議事および意思決定ゲートの実行方法
- 評価される必要のある証拠
- 意思決定ゲートの結果得られるアクション
- レビューの終了方法。保留しているやるべきことの決定時期の選択を含む。

意思決定ゲートの承認は，資格のある専門家および関連する利害関係者によるレビューに続くものであり，そしてレビューの基準に準拠する確かな証拠に基づいている。意思決定ゲートの形式および頻度のバランスをとることは，すべてのシステムズエンジニアリングプロセスの領域にとって重要な成功要因である。大規模あるいは長期間におよぶプロジェクトでは，意思決定およびそれらの根拠が情報マネジメントプロセスを用いて保守される。

意思決定ゲートが成功裏に終わったときには，いくつかの成果物（例えば，文書，モデル，あるいはプロジェクトライフサイクルステージの他の成果物）が，将来の作業が構築される際の基礎として承認されている。これらの成果物は構成管理のもとに置かれる。

3.3 ライフサイクルステージ

ISO/IEC/IEEE 15288 は次のように述べている。

> [5.4.1] システムはそのライフサイクルを通じて，組織の人々によって実施され，そして管理されたアクションの結果として前進する。これらのアクションの実行にはプロセスを用いる。

システムは共通した一連のライフサイクルステージを通じて「前進」する。そこでは，システムは着想され，開発され，生産され，利用され，サポートされ，そして廃棄される。ライフサイクルモデルは，システムがそのライフサイクル全体にわたって要求される機能性に合致することを保証するための助け

3.3 ライフサイクルステージ

表3.1 一般的なライフサイクルのステージおよびそれぞれの目的および意思決定ゲートのオプション

ライフサイクルステージ	目的	意思決定ゲート
コンセプト	問題空間の定義 1. 探索的調査 2. コンセプトの選択 解空間を特徴づける 利害関係者のニーズを特定する アイデアおよび技術を探索する 利害関係者のニーズを詳細化する 実現可能なコンセプトを探索する 実行可能な解決策を提案する	意思決定オプション ・次のステージへ進む ・進めて，対応するべき事項に応じる ・このステージを継続する ・前のステージに戻る ・プロジェクト活動を停止する ・プロジェクトを終了する
開発	システム要求を定義/詳細化する 解決策の記述の創出—アーキテクチャおよび設計 初期のシステムを実装する システムを統合し，検証し，そして妥当性確認する	
生産	システムを生産する 検査および検証	
利用	ユーザニーズを満たすシステムを運用する	
サポート	維持されたシステム能力を提供する	
廃棄	システムを保存，保管，または廃棄する	

この表は，ISO/IEC TR 24748-1 (2010), p.14の表1から抜粋。国際標準化機構 (ISO) の代理として，米国国家規格協会 (ANSI) の許可を得て掲載。

となる枠組みである。例えば，コンセプトおよび開発ステージでシステム要求を定義し，そしてシステム解決策を開発するため，他のステージの専門家はトレードオフ分析を実施し，意思決定を支援し，そしてバランスのとれた解決策に到達する必要がある。このことにより，システムができるだけ早い段階で必要な属性をもつことができる。また，要求されるステージ上の機能を実行するために利用可能な，有効にするシステムをもつことは非常に重要である。

表3.1は，6つの一般的なライフサイクルステージを列挙している (ISO/IEC TR 24748-1, 2010)。それぞれの目的は簡潔に特定され，そして意思決定ゲートからのオプションが示されている。ステージは重複することができ，そして利用およびサポートのステージは並行して動くことに注意されたい。また意思決定ゲートで成果が得られる可能性は，すべての意思決定ゲートで同じであることに注意されたい。表3.1のステージは独立して，重複せず，そして連続するものとして列挙されているが，これらのステージを構成する活動は実際には相互に依存し，オーバーラップし，そして同時並行となる可能性がある。

したがって，システムライフサイクルステージの

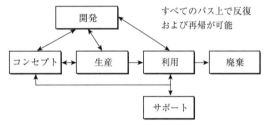

図3.2 ライフサイクルモデル。この図は，ISO/IEC TR 24748-1 (2010), p.13の図7から抜粋。国際標準化機構 (ISO) の代理として，米国国家規格協会 (ANSI) の許可を得て掲載。

議論では，前もって定義した一連の活動またはプロセスが最終目標の達成に向けて価値を付加しないのなら，プロジェクトがそれらに従うべきでないことを示唆する。連続的な時間的進捗は，本質的にライフサイクルモデルの一部ではない（ステージは，必ずしも時系列として連続的に次々に生じるものではない）。ライフサイクルを通したシステムの「進捗」の一例を図3.2に示す。このハンドブックで，前か，事前か，次か，後か，あるいはさらに後のステージを参照している場合，この種のモデルを心得ておき，連続的な時系列があることを推察して混乱を回避する必要がある。このハンドブックの後の章で

図3.3 ライフサイクルモデルの比較。Forsbergら（2005）の図7.2をKevin Forsbergの許可を得て転載。

は，これらのライフサイクルステージの目的に合致するプロセスおよびアクティビティを定義する。システムズエンジニアリングの反復的な性質のために，特定のプロセスは個々のライフサイクルステージに配置されない。むしろ，システムズエンジニアリングプロセスの全体は，プロジェクトの範囲および複雑さに応じて適切となるようにライフサイクルの各ステージで考慮され，そして適用される。

図3.3は一般的なライフサイクルステージを他のライフサイクルビューポイントと比較している。例えば，そのコンセプトステージは，商用プロジェクトでは研究期間に，そして米国国防総省およびエネルギー省では事前システムの取得およびプロジェクト計画期間に，それぞれ合わせている。典型的な意思決定ゲートは図3.3の一番下の線に示している。

3.3.1 コンセプトステージ

コンセプトステージは，新しく，あるいは修正された対象システム（SOI）に対する必要性の認識から始まる（ISO/IEC TR 24748-1, 2010）。多くの産業は，新しいアイデアあるいは実現技術および有効にする能力を研究するためにコンセプトステージでの探索的調査活動を採用している。その後，これらは(SOIとして) 新しいプロジェクトの開始へと成熟していく。このステージでは，多くの創造的なシステムズエンジニアリングが行われ，そしてこれらの研究を先導するシステムズエンジニアは，おそらくプロジェクトを牽引する者として，コンセプトの選択に

向けての新しいアイデアを追求する。しばしば，探索的調査活動は実現技術を特定する。ライフサイクルの初期段階で適切に作業が行われている場合，後のステージでのリコールおよび手戻りを回避することが可能となる。

多くのライフサイクルモデルが，「要求」あるいは「ユーザ要求」で始まるプロセスを示している。実際には，さらに早く，プロセスは，潜在的な新しい組織的な能力，機会，あるいは利害関係者ニーズを理解するための対応および調査から始まる。こうした初期調査では，技術的なリスクを特定し，そしてプロジェクトの技術的準備レベル（TRL）をアセスメントするために必要な深さまで上位の予備的なコンセプトをつくり，そして探索することが重要である。潜在的な技術の調査と，何が可能で何が可能でないかという状態を判断することに焦点を当てる。ある事例では，研究エンジニアあるいは科学者はユーザが必要と言っていることと関係ないところで，プロジェクトが研究活動の成果であるとしている場合がある（Forsberg, 1995）。米国国立アカデミーの米国学術研究会議によれば，予備的なコンセプトおよび実現技術を初期に特定する必要があり，そして研究から発生する問題には開発ステージ中に対処する必要がある（NRC, 2008）。候補となるコンセプトの策定で困難なことの一つは，真の選択肢を考慮せずに，過去に私たちがうまくできたものの上につくり上げ，そしてその結果，劇的な改良の機会を逃してしまうことである。この問題は広く認識されている（Adams, 1990；Christensen, 2000）。

予備的なコンセプトはまた，さらに進められるプロジェクトのコストとスケジュールを予測するために用いられる。探索的調査中の主要活動は，明確に問題空間を定義することで，解空間を特徴づけて，ビジネスまたはミッションの要求および利害関係者ニーズを特定し，そして設計作業に入らずに，開発全体のためにコストおよびスケジュールの見積もりをする。このステージでの不完全なシステムズエンジニアリングは，技術的な選択肢について十分に理解しないばかりではなく，コストおよびスケジュールの予測の甘さ，選択肢中の不十分なトレードオフに帰着する。例えば，2009年に打ち上げを予定していた火星探査船ローバーは，技術上の不具合のために遅れることになった。この結果，打ち上げの枠に間に合わず，2年間の遅延と，承認された開発コストに対して35%のコスト増を生じた。しかしながら，プログラム評価者は，初期のコンセプト研究からすると400%のコスト増を要求した。そして彼らは結果として取り消しをちらつかせてプロジェクトを脅迫した（Achenbach, 2009）。

コンセプトステージでコンセプト選定の活動へプロジェクトが移行する際に，予備的なコンセプトをつくることは終点ではなく出発点となる。そして予備的なコンセプトは構成管理下に置かれない。ビジネスまたはミッションの要求および利害関係者ニーズについてのより明瞭な理解，次の段階へ移行する技術の準備に関するアセスメント，そして，プロジェクト費用およびスケジュール要求，および初回品に対する技術的な実現可能性の概算見積もりは，探索的調査による重要な出力である。

コンセプトの選択は，コンセプトステージの2番目の活動である。このコンセプト選択活動は，探索的調査活動中に追求した研究，実験，およびエンジニアリングモデルの詳細化と拡張をもたらす。最初に，システムが用いられる環境と利用の異なるステージにわたる利害関係者の概念的な運用を特定し，明確にし，そして文書にする。運用コンセプト（OpsCon）の取り組みは，製造工程または材料の変更，インタフェース規格の変更，あるいは追加された機能面の強化によって生じる変更のすべてを含めようとする。このような変更はシステムのコンセプト選定に際してさまざまな観点をもたらす。

コンセプトステージでは，チームは綿密な研究を開始し，そして複数のコンセプト候補を評価し，最終的に選択されたシステムコンセプトの正当性を実証する。この評価の一部として，ハードウェアのためにモックアップが構築され，あるいはソフトウェアのためにコード化され，エンジニアリングモデルおよびシミュレーションが実行され，そして重要な要素のプロトタイプが構築されて試験される。重要な要素のエンジニアリングモデルおよびプロトタイプは，コンセプトの実現可能性を検証し，利害関係者ニーズの理解を助け，アーキテクチャのトレードオフを探求し，そしてリスクおよび機会を探るために不可欠である。これらの研究は，コスト妥当性のアセスメント，環境への影響，故障モード，ハザード分析，技術的陳腐化，およびシステムの廃棄を含

図3.4 コンセプトステージの重要性。DILBERT©1997 Scott Adams. UNIVERSAL UCLICK の許可を得て掲載。

むリスクと機会に関する評価を拡張する。システムコンセプト候補はシステム選定とは区別できるため，統合および検証に関連する問題を，それぞれのシステムコンセプト候補に対して検討する必要がある。システムズエンジニアは，多くの専門分野のエンジニアたちの活動を調整することにより，これらの分析を容易にする。主な目的は，ビジネスケースが健全で，そして提案された解決策が達成可能であるという確信を提供することである。

コンセプトステージは，システム，システムおよび主要なシステム構成要素レベルのコンセプトおよびアーキテクチャの定義，そして統合，検証，および妥当性確認（IV&V）の計画を含む。初期段階で妥当性確認を行うことは，利害関係者の期待に要求を整合させることである。利害関係者が規定したシステム能力はシステム要素の組合せにより満たされる。要素が最終的に設計され，そして検証されて，要求される機能性または性能が不足してしまうリスクを最小限に抑えるため，個別のシステム要素レベルのコンセプトで特定されている問題に早い段階で対処しなければならない。

多くのプロジェクトは，すぐに行動を進めたいという熱心な推進者によって動いてしまう。図3.4に漫画で示されるように，彼らはコンセプトステージを省きたいという誘惑に駆られ，そして関連する課題を十分に理解せずに誇張した予測を用いて開発を開始しようとする。事実として失敗に終わったシステムを調査した結果，失敗の原因として，コンセプトステージで不十分または表面的な研究しかしていないことが特定されている。

3.3.2 開発ステージ

開発ステージは，利害関係者要求に合致し，そして生産され利用されサポートされ，そして廃棄されうる SOI を定義し，実現する。開発ステージはコンセプトステージの出力から始まる。このステージの主要な出力は SOI である。他の出力としては，SOIプロトタイプを含み，SOI を有効にするシステムに対する要求（あるいは有効にするシステムそのもの），システム文書資料，そしてその先のステージに対するコストの見積もりがある（ISO/IEC TR 24748-1, 2010）。

ビジネスおよびミッションのニーズは利害関係者要求とともに，システム要求へ詳細化されていく。これらの要求は，システムアーキテクチャをつくり，そしてシステム設計をするために用いられる。すべてのシステム要求および利害関係者要求が充足されることを確かなものにするため，前のステージで定義したコンセプトが詳細化される。製造設備，トレーニング設備，およびサポート設備のための要求が定義される。SOI を有効にするシステムに対する要求および制約が考慮され，そして，設計へと組み入れられる。バランスのとれたシステムを達成し，そして主要なパラメータに対する設計の最適化を施すためにシステム分析を実施する。

開発ステージの主要な活動の一つは，システムを規定し，分析し，アーキテクティングし，そして設計することである。この結果，システム要素およびそれらのインタフェースが理解され，そして規定される。ハードウェアはつくりあげられ，ソフトウェアはコード化される。

開発ステージではオペレーターとのインタフェースが規定され，テストされ，そして評価される。SOI

とのインタフェースを保証するため，オペレーターおよび保守員の手順およびトレーニングがつくりあげられ，そして提供される。

一連の技術レビューと意思決定ゲートを通して，外部および内部の利害関係者の両者からフィードバックを得る。受け入れ難い進捗のプロジェクトは変更を余儀なくされるか，終了になることさえある。

開発ステージは，IV&V（統合，検証，および妥当性確認）の活動の詳細な計画立案とその実行を含む。必要とされるときに適切な設備と他のリソースが利用可能であることを保証するため，これらの活動のための立案は早い段階で実施しておく必要がある。IV&V に関する追加情報の源，およびこれらの活動が最適化されるときのプロジェクトコストおよびリスクに対する重要性は，欧州連合 SysTest プログラムの主題であった（Engle, 2010）。

3.3.3 生産ステージ

生産ステージでは，システムが生産されるか，あるいは製造される。生産の問題を解決するためか，生産コストを下げるためか，あるいは製品またはシステムの能力を向上させるために，製品の変更が要求される場合がある。これらのうちのいずれもがシステム要求に影響を及ぼし，そして，再度のシステム検証または妥当性確認を必要とする場合がある。すべてのそうした変更は，承認される前に，システムズエンジニアリングのアセスメントを必要とする。

3.3.4 利用ステージ

利用ステージでは，意図したサービスを提供するため意図した環境の中でシステムが運用される。システムの運用を通じて，製品の変更がしばしば計画される。こうしたアップグレードは，システムの能力を向上させる。これらの変更は，運用中のシステムと支障なく確実に統合するために，システムズエンジニアによってアセスメントされるべきである。

大規模で複雑なシステムに対する運用期間中でのアップグレードは，主要なプログラムと等価なシステムズエンジニアリングの取り組みを必要とする重大な試みになる。

3.3.5 サポートステージ

サポートステージでは，システムの継続的な運用を可能にするサービスが供給される。サポート可能性の問題を解決するためか，運用コストを下げるためか，あるいはシステムの寿命を伸ばすために変更が提案される。これらの変更は，運用中のシステム能力の損失を回避するためにシステムズエンジニアリングのアセスメントを必要とする。

3.3.6 廃棄ステージ

廃棄ステージでは，システムおよびその関連サービスが運用から取り除かれる。このステージでのシステムズエンジニアリング活動は，廃棄要求を確実に充足することに焦点を当てている。廃棄のための計画は，コンセプトステージ中のシステム定義の一部である。システムが退くことが最初から考慮されない場合の結果を，繰り返し経験してきた。21世紀の初頭，多くの国々が，対象システムの開発者が適切な廃棄に責任をもつよう，法律を変更した。

3.4 ライフサイクルアプローチ

ウォーターフォール（Royce, 1970），スパイラル（Boehm, 1986），および V 字（Forsberg and Mooz, 1991）といったさまざまなライフサイクルモデルは，ライフサイクルステージに対して適切な開始，停止，およびプロセスの活動を定義する際に役立つ。

ライフサイクルステージの図的表現は，直線的である傾向をもつが，しかしながらこれはプロセスが逐次増分的で，反復的で，そして再帰的な真の性質を根底にもつことを隠している。次にいくつかのアプローチを示す。ここで，開発モデルの選択は自由であり，逐次的な方法に制限されるものではない。

3.4.1 反復と再帰

システム定義は，プロセスを通じて直線的で，逐次進める形の単一のパスとみなされることがあまりにも多い。しかしながら，ミッションまたはビジネスのニーズを効果的かつ効率的に合致させうるよいシステムの定義を保証するためには，プロセス間で価値のある情報および洞察の交換を行う必要がある。適切なフィードバックループによるライフサイクルプロセスへの反復および再帰の適用によって，学習および意思決定の持続に必要なコミュニケーションを確実なものにする。このことによって，技

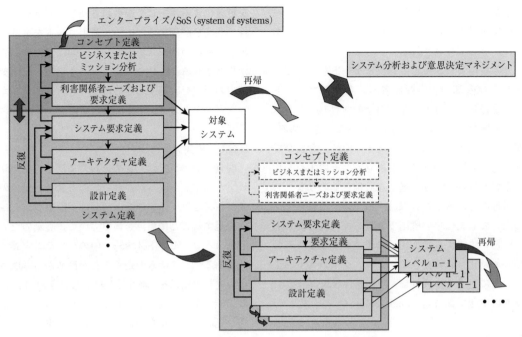

図3.5 反復および再帰。Garry Roedler の許可を得て掲載。

術的な解決策の進展に伴って，さらなる分析およびプロセスの適用から得た知識の取り込みが促進される。

図3.5にプロセスの反復および再帰の図例を示す。反復は，システム構造か階層中のあるレベルでの2つ以上のプロセスを繰り返して適用すること，およびその間の相互作用である。利害関係者の意思決定および理解の進展との調整，アーキテクチャ上の意思決定/制約の考慮，コスト妥当性，適応性，実現可能性，およびレジリエンスのトレードオフを解決するためには反復が必要である。この図はライフサイクルの技術プロセスの一部のみを示しているが，いずれのプロセス間でも繰り返しが可能である。例えば，システム要求定義およびアーキテクチャ定義の間にはしばしば反復が生じる。この場合には，プロセス間の反復を伴って同時にプロセスの適用を進め，システム要求を進化させることで，特定された制約および機能要求，そして品質要求を通してアーキテクチャを形づくっていく。アーキテクチャのトレードオフによって実現可能性のない要求を特定でき，さらに，いくつかの要求を変更するトレードオフで要求分析を進めることができる。同様に，設計定義によって，システム要求定義またはアーキテクチャ定義プロセス中で意思決定およびトレードオフを再考する必要性を特定できるであろう。これらのプロセスはいずれも，システム分析および意思決定マネジメントプロセスを追加的に適用できる。

再帰は，システム構造の次に続くレベルでのプロセスの繰り返しのある適用と，プロセスの相互作用である。システム要素をつくるか，購入するか，あるいは再利用するかを決定するレベルに到達するまで，技術プロセスはシステム構造の次に続く個々のレベルに再帰的に適用することが期待される。プロセスの再帰的な適用中に，ある一つのレベルの出力は，次に続くレベルの入力になる（システム定義下部にある再帰，システムの実現上部にある再帰）。

3.4.2 逐次的な方法

複数の会社で働く人々で構成する大きなチームを調整する必要のあるプロジェクトでは，逐次的なアプローチは，そのライフサイクルプロセスに規律を与える基本的な枠組みを提供する。逐次的な方法は，システムが要求から始まり，設計を経て，完成品に至るまでの一連の表現を通して進むにあたり，規定されたプロセスに沿った系統的なアプローチで特徴づけられる。完成品の後には，文書資料の完成

3.4 ライフサイクルアプローチ

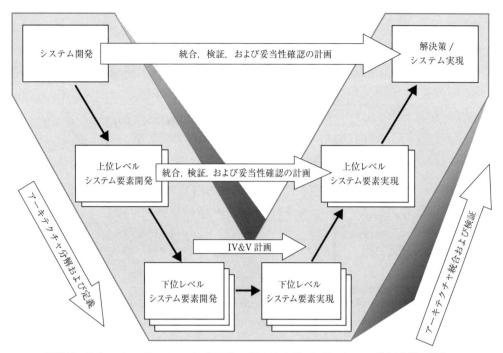

図 3.6 V 字モデル。Forsbergら（2005）の図 7.10 を Kevin Forsberg の許可を得て転載。

度，要求からのトレーサビリティ，および各表現の検証には特に注意を払う。

逐次的な方法の強みは，推定可能性，安定性，繰り返し可能性，および高い保証である。プロセス改善は，標準化，測定，および統制を通じてプロセスの能力を増加させることに焦点を置いている。これらの方法は，プロセスを定着させ，そしてプロジェクト全体にわたってコミュニケーションをとるための「マスタープラン」に依存する。予測をより正確にするための将来の計画立案に向けた入力として，過去のデータが日ごろ注意深く集められ，そして保守される（Boehm and Turner, 2004）。

3.6.1 項に記載のある Therac-25 医療用具のような安全が不可欠な製品は，完全に文書化された一連の計画および仕様に従うことによってのみ現代の認証基準を満足することができる。こうした基準は，安全性またはセキュリティを達成するためのプロセスおよび規定した文書資料への遵守を指示している。しかしながら，前例のないプロジェクト，または予想できないような変化が激しく，予測可能性が低く，そして安定性が欠落したプロジェクトは，しばしば品質低下をまねく。プロジェクトは文書資料および計画を最新のものに管理しようとするために多大なコストを負担することになる。

図 3.6 に示される Forsberg と Mooz（1991）によって導入された V 字モデル（Forsbergら, 2005）は，システムズエンジニアリングのいくつかの主要な領域，特にコンセプトおよび開発ステージ中を視覚化するために用いられる逐次的な方法である。V 字は，利害関係者との妥当性に関する継続的な確認の必要性，要求策定の間に検証計画を定義する必要性，およびリスクおよび機会を継続的にアセスメントすることの重要性を強調している。

V 字モデルは，ライフサイクルステージ中のシステムズエンジニアリングの活動を説明するのに有用である。この V 字モデルのバージョンでは，時間およびシステムの成熟度は左から右に進む。V 字の中核部分は，構成管理下に置かれた製品であり，そこではシステムコンセプトの特定に対する利害関係者要求の合意から，最終的にシステムを構成することになる要素の定義に至るまでのベースラインの進展が描かれている。図 3.7 のグレー部分に示されるように，右方向への時間の経過に沿って，進展するベースラインは V 字の中核部分の左側を定義している。

V 字モデルの重要な属性は，図 3.7 に示したよう

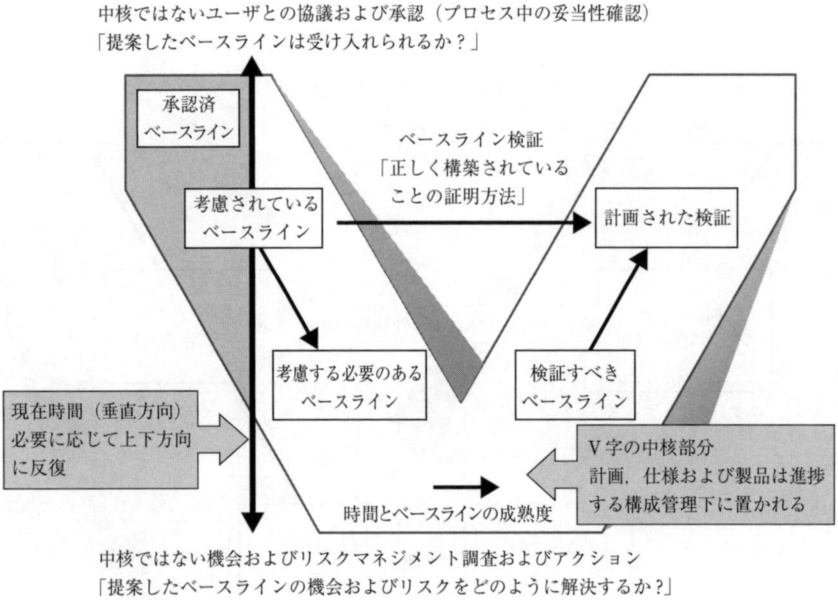

図 3.7 V字モデルの左側。Forsberg ら (2005) の図 7.11 を Kevin Forsberg の許可を得て転載。

に，図を横断し左から右へと，時間と成熟度が進むことである。開発チームは，いつでも垂直方向の矢印に沿ってシステム要求の最上位から最下位の詳細なレベルまで，観点を変えることができる。中核ではない（製品ではない）機会およびリスクマネジメントの調査は，考慮されている基準となる遂行能力が確かに達成可能であるという保証を提供し，そし

てさらに最良のアプローチを決定するために，より下位の詳細なレベルで別のコンセプト調査を開始する。これらの中核ではない下方向調査および開発の努力は，開発チームの管理下にある。

他方で，重要な上方向での中核ではない利害関係者との議論（プロセス中の妥当性確認）によって，提案されたベースラインが，経営者，顧客，利用者，

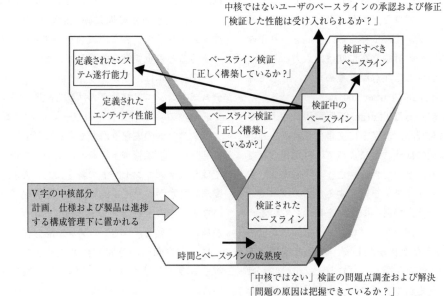

図 3.8 V字モデルの右側。Forsberg ら (2005) の図 7.12 を Kevin Forsberg の許可を得て転載。

およびその他の利害関係者にとって確実に受け入れられるようになる。システムの遂行能力を向上する，あるいはリスクまたはコストを削減するための変更を検討することは歓迎されるが，開発チームの外部のチームが以前に定義し，そしてリリースした設計上の決定をさらに増強するため，正式な変更統制を経る必要がある。中核でない研究の重要性を理解する能力は，米国航空宇宙局（NASA）のジェット推進研究所（JPL）の報告書（Briedenthal and Forsberg, 2007）に示されている。

エンティティが実装され，検証され，そして統合される際には，V字の中核の右側が実行される。図3.8はシステム要素が統合され，そして検証される際の進展するベースラインを示している。時間を戻すことはできないので，V字の中での反復はすべて垂直の「現在時間」のライン上で行われる。上向きの反復は，利害関係者を巻き込み，そして提案されたベースラインが受け入れ可能であることを保証するプロセス中での妥当性確認の活動である。下方への垂直方向の反復は，中核でない重要な機会およびリスクマネジメント調査とアクションである。システムライフサイクルの各ステージでは，システムズエンジニアリングプロセスは繰り返され，コンセプトまたは設計が実現可能であることを保証し，そしてさらに解決策が進化するにつれて利害関係者がそれを支持しつづけることを保証する。

3.4.3　逐次増分と反復法

反復型開発（IID）方法は1960年代以降使用されている（Larman and Basili, 2003）。この方法は実践的で，そして有効なアプローチであり，これによって，プロジェクトは，最初のところから望ましいSOIに徐々に到達していく能力を与える。目的は迅速な価値および応答を提供することである。

IIDアプローチは，要求が始めから不明瞭な場合，あるいは，利害関係者が新技術を導入する可能性をSOIに持たせておきたい場合に用いられる。仮定の初期セットに基づいて，候補となるSOIは開発され，そしてそれが利害関係者ニーズあるいは要求を満たすかどうかがアセスメントされる。そうでなければ，別の進化的サイクルが始められる。そして満足したシステムが利害関係者に届くか，あるいは組織が取り組みの終了を決定するまで，プロセスが繰り返される。

ほとんどの参考文献は，IID法が，より小さく，より複雑でないシステムあるいはシステム要素に最もよく適用されるとしている。受容できるリスクの道筋から外れた活動の選択に柔軟であり，そして許容することに焦点が置かれている。このようなテーラリングは，製品開発の中核となる活動を強調している。

IIDが逐次的アプローチと異なる特徴は速度および順応性にある。「市場への時間」あるいは「速さ」がきわめて重要であることをマーケット戦略はしばしば強調するが，より適切な基準は「速度」であり，それは速さに加えて方向を考慮することである。利害関係者を実活動レベルのチームに取り込むことによって，プロジェクトは，最初から利害関係者の最も高いニーズを充足する方向にチームが向かっているという連続的なフィードバックを受け取れる。一つの問題点は，利害関係者への対応型のプロジェクト管理が，方向をしばしば変更し，不安定で無秩序なプロジェクトに帰着する場合があるということである。一方で，このアプローチは，まちがった仮定への大型投資の損失を回避する。他方では，短期的あるいは局所的な最適解に帰する戦術上のビューポイントを強調してしまう。

要求がライフサイクルの初期にわかっている場合，IIDは本質的に「計画駆動」といえる。しかし，最新の技術導入あるいはニーズまたは要求に対する潜在的変化を考慮に入れるために機能性の策定が逐次増分的に行われる。進化的開発（Gilb, 2005）と呼ばれる特定のIID方法論が，研究開発環境では一般的である。図3.9は，このアプローチがNASAのスペースシャトルのタイルの開発でどのように用いられたかを示している。

逐次増分および反復法の一例はIncremental Commitment Spiral Model (ICSM) (Boehmら, 2014)である。ICSMは，次に示すような現プロセスモデルの基盤の上につくられている。すなわち，V字モデル中の初期の検証と妥当性確認の概念，コンカレントエンジニアリングモデル中の並行概念，アジャイルおよびリーンモデルのより軽い概念，スパイラルモデル（Boehm, 1996）のリスク駆動の概念，ラショナル統一プロセス（RUP）（Kruchten, 1999）中の位相および位相概念，そしてSoS能力の取得に対処する

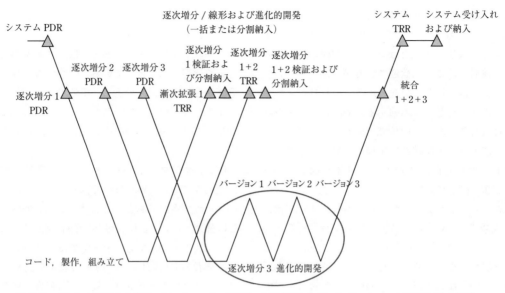

図 3.9 IID および進化的開発。Forsberg ら（2005）の図 19.18 を Kevin Forsberg の許可を得て転載。

ためのスパイラルモデルの最近の拡張がある（Boehm and Lane, 2007）。

ICSM についての全体像を図 3.10 に示す。ICSM では，逐次増分はそれぞれ要求および解決策に順次ではなく並行して対応する。ICSM はまた，製品とプロセス，ハードウェア，ソフトウェア，およびヒューマンファクターの側面，そして候補となる製品構成またはプロダクトラインへの投資のビジネス

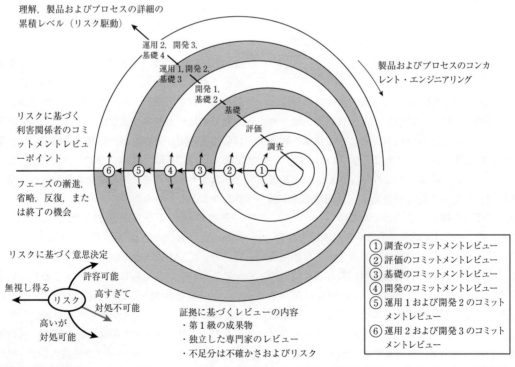

図 3.10 ICSM (Incremental Commitment Spiral Model)。Boehm ら（2014）による。Barry Boehm の許可を得て転載。

3.5 組織，プロジェクト，およびチームにとって最善のこと

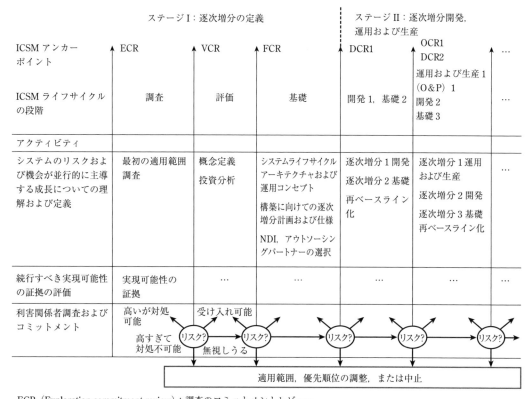

ECR (Exploration commitment review)：調査のコミットメントレビュー
VCR (Valuation commitment review)：評価のコミットメントレビュー
FCR (Foundation commitment review)：基礎のコミットメントレビュー
DCR n (Development commitment review n)：開発のコミットメントレビュー n
OCR n (Operations commitment review n)：運用のコミットメントレビュー n

図 3.11 ICSM (Incremental Commitment Spiral Model) の一般的プロセスの段階的レビュー。Boehm ら (2014) による。Barry Boehm の許可を得て掲載。

ケース分析を考慮する。利害関係者はリスクおよびリスク緩和プランを考慮し，そして方策を決める。リスクを受容でき，リスク緩和プランで対応できる場合，プロジェクトは次のスパイラルに進む。

図 3.11 は，ICSM についての別のビューを示している。活動の一番上の行は，システムの理解，定義，および開発のレベルが増すにつれて，多くのシステムの側面の技術的活動が並行して進められていることを示している。

3.5 組織，プロジェクト，およびチームにとって最善のこと

コンウェイの法則によれば，「システムを設計する組織は，そのコミュニケーション構造のコピーと

なるデザインを生み出すように制約されてしまう」(Conway, 1968)。システム思考およびシステムズエンジニアリングは，対処するべき問題に対して適切にシステムを設計する行為を確実にすることによって，コンウェイの法則の落とし穴を回避する。

システムズエンジニアリングマネジメントに関する最も初期の書籍 (Chase, 1974) は，そのような組織のための 3 つの単純な基準，コミュニケーションの促進，合理的な統制，そして事務作業の簡素化を特定している。効果的なシステムズエンジニアリングマネジメントへの道は，「形式的で大変な作業を伴う大量の文書資料の方向ではない。最小限の取り組みのマネジメントで達成しようとするシステムズアプローチの方向で，創造的および独創的な才能を発掘し，そしてこれを効果的に活用することにつなが

るトータルな環境を創造することにある」(Chase, 1974)。

誰か（個人であれ会社であれ）が希望する目的に到達したいときはいつでも，一連のアクションあるいは操作を実行する必要がある．さらに，それらのアクションの順序，依存関係，実行者，必要なものと生み出すもの，完了までにどれくらいの時間がかかり，そしてどのツールを採用するのかを考慮する必要がある．したがって，個人および組織は，あらかじめ定義された，または場当たり的なプロセスに従う．プロセスコンポーネント（アクティビティ，製品，エージェント，ツール）およびそれらの間の相互作用（情報フロー，成果物フロー，制御，通信，タイミング，依存性および並行性）は異なるので，実行組織が同じレベルで，適用範囲およびゴールが同じであったとしても，プロセスは異なる．

それでは，なぜ組織というものはプロセスを気にかける必要があるのか．これは実行される作業をよりよく理解し，評価し，統制し，学習し，伝達し，改善し，予測し，そして認証するためである(McConnell, 1998)．組織レベルでは，プロセスはプロジェクトの目標および利用可能なリソースによって異なる．高いレベルでは，会社のビジネス戦略は，収益性，市場投入までの時間，最小コスト，より高い品質，および顧客満足度の優先順位を設定することを主要目的として，ビジネスアプローチを決定する．同様に，会社の規模，すなわち，人の数，知識，そして経験（エンジニアおよびサポート担当者の両方）とハードウェアリソースによって，これらの目標を達成する方法が決定される(Cockburn, 2000)．アプリケーション領域およびそれに対応するシステム要求は，他の制約とともに，プロセスの定義および適用の際に重要な要素となる．

それでは，組織にとって何が一番重要なのであろう．その答えは，状況による．その状況に依存して，組織，チーム，または個人ごとに異なるプロセスが定義される．プロセスを定義するときには，「すべてのサイズのプロジェクトに適した」アプローチは機能しない．したがって，組織は，プロジェクトの目標に最も合致するプロセスを継続的に文書にし，定義し，測定し，分析し，アセスメントし，比較し，そして変更する必要がある．スタートアップの電子商取引会社で使用されているのと同じプロセスを

NASAで見つけることはほとんどない．意図されたゴールは，範囲（すなわち，対象となるステージおよび活動）および組織レベルの観点でプロセスを形づくる．いずれにせよ，選択されたプロセスは，何をするべきかを人々に導く助けとなり，仕事を分けて調整し，そして効果的なコミュニケーションを確実にする．調整およびコミュニケーションが問題となる例として，多くの人がかかわる大規模プロジェクト，特に人々が対面してコミュニケーションをとることができない分散型プロジェクト（Lindvall and Rus, 2000）がある．

3.6 ケーススタディの紹介

このハンドブックでは，さまざまな業界および多様な型のシステムから実例を紹介している．システムズエンジニアリング原則および実践を適用できる広範囲のシステムを説明するために5つのケーススタディ，医療治療器，橋，超高速列車，サイバーセキュリティシステム攻撃，そして技術的に低いメンテナンスを実現する技術的に高い医療システムの再設計を選択した．これらの事例は，最先端の，失敗例，成功例，および試作システム例を提示する．これらの事例は医療，インフラストラクチャおよび交通アプリケーション，製造業界および建築業界，ソフトウェア使用の有無，複雑性，そして，コンセプト，開発，利用，サポートステージでの安全上の検査といった要素で分類できる．これらすべては，人が安全であるために必要とされているものであり，そして政府の規則が課せられているものである．

3.6.1 事例1：放射線治療—Therac-25
3.6.1.1 背景

デュアルモード線形加速器（LINAC）であるTherac-25は，1976年からカナダ原子力公社（AECL）の医療部門によって開発された．完全にコンピュータ化されたシステムは1982年から市場に出た．この新しいマシンは低コストで生産することが可能であり，患者への治療を低価格で実現した．しかしながら，度重なる悲劇的な事故はやがてシステムのリコール推奨となり，そして販売停止につながった．

Therac-25は医療用線形加速器（LINAC），すな

わち粒子加速器で，荷電粒子のエネルギーを増加させる。LINACは，粒子線（つまり放射線）をつくり出すため，電圧をかけて荷電粒子を加速させ，さらに磁力で強化する。医療用LINACはがん患者の悪性細胞に放射線を照射するために用いられる。悪性細胞組織は正常な細胞組織より放射線に対して敏感に反応する。そのため，周辺組織に比較的ダメージを与えないレベルの放射線を照射することで悪性腫瘍に対する治療をすることができる。

1985～1987年，6人の患者で放射線の過剰照射事故が発生した。悲しいことに，これらの事故のうち3件は，患者の死亡につながった。多くのリストで，この事例はソフトウェアが関連する悲惨な事故のトップ10に入っている。事故および分析の詳細は，さまざまな文献から入手可能である（Jacky, 1989；Leveson and Turner, 1993；Porrello, n.d.）。

3.6.1.2 アプローチ

Therac-25は，優れた安全性が証明される前機種Therac-6およびTherac-20と比較して，革新的な設計であった。より強力な加速器がコンパクトで汎用性のあるマシンに組み込まれたダブルパス技術を使った。カナダ原子力公社は，ソフトウェア制御のポテンシャルを最大限利用できるようTherac-25を設計した。Therac-6およびTherac-20はスタンドアローンマシンとしてコンピュータに接続せずに運用できた。Therac-25は緊密に結合されたソフトウェアとハードウェアに依存した。ソフトウェアとハードウェアが緊密に結合された新しいシステムでは，マシンの状態，適切な運用，そして安全の監視機能を実現するためにソフトウェアを活用した。前のモデルでは，放射線照射の状態を監視する独立した回路および，機械が過剰な放射線照射あるいは患者に危害を与える可能性のある不安全な操作を防ぐためのハードウェアインターロックを含んでいた。Therac-25ではソフトウェアがそれらの状態監視および機能不全に対処したので，カナダ原子力公社はハードウェアのインターロックを実装しない方針を固めた。これは，Therac-25のソフトウェアが前モデルのソフトウェアより安全性に対してはるかに大きい責任をもつことを意味した。もし治療中にソフトウェアが小さな機能不全を検知したら，治療を一時中断するとされていた。この場合，たった1回「続行」キーを押して手順をやり直せばよかった。

重大な機能不全が検知された場合のみ，治療に必要なパラメータをリセットし，完全にマシンを再起動する必要があった。

Therac-25のソフトウェアは，Therac-20のソフトウェアを流用した。また，Therac-20のソフトウェアはTherac-6のソフトウェアを流用していた。一人のプログラマーが数年にわたって，Therac-6のソフトウェアをTherac-25のソフトウェアに発展させたのだった。アセンブリ言語で書かれたアプリケーションソフトウェアに，スタンドアローンのリアルタイムオペレーションシステムが追加され，そしてTherac-25システムオペレーションの一部として試験された。さらに，オペレーターが治療プランを入力するのにあまりにも時間がかかると苦情があったので，オペレーターインタフェースを単純化し，データ入力の回数を少なくするために多くの設計変更の調整がなされた。

1982年に市場に出たとき，Therac-25はクラスⅡ医療機器として分類された。Therac-25のソフトウェアはTherac-20およびTherac-6のソフトウェアを流用していたので，Therac-25は市販前承認と同等と扱われてアメリカ連邦医薬品食料局から認可された。

3.6.1.3 結論

誤りはコンセプトおよび初期開発ステージでもたらされた。Therac-20およびTherac-6を流用してTherac-25のソフトウェアを設計すると判断したのが問題だった。当時，これらの意思決定がもたらす結果の重大性をアセスメントすることは困難だった。なぜなら，Therac-6の文書化されたソフトウェア仕様は粗末で，そして最初に取り組んだソフトウェア開発者以外，誰もその論理を追うことができなかったからである（Leveson and Turner, 1993）。この事例は，開発初期でのV字の中核ではない調査研究の重要性を示すものである（図3.7参照）。

残念なことに，2007年にLINACを用いた放射線治療で同様の理由による死亡事故が発生しており，Theracを事例とした課題はいまだ社会に残っている（Bogdanich, 2010）。

3.6.2 事例2：2国間接続—オーレスン橋
3.6.2.1 背景

オーレスン地域はデンマーク東部とスウェーデン

南部で構成され，2000年よりオーレスン橋によって結ばれている．そのエリアには2つの主要都市，コペンハーゲンとマルモがあり，300万人の人口を擁し，ヨーロッパで8番目に大きな経済活動の中心をなしている．デンマークとスウェーデンの国民総生産（GNP）の5分の1をこの地域で占めている．橋の正式名は，地域の統合を強調するため「オーレスンコネクション（Oresund Connection）」と呼ばれている．スウェーデンは初めて，10分間の車によるドライブあるいは列車乗車という手段でヨーロッパ本土とつながることができた．オーレスンコネクション建設計画全体のコストは301億DKK（30億USD）で，投資は2035年までに回収できると予想された．

オーレスン橋は世界最大の複合構造物である．ケーブルで支えられた世界最長の橋で，車両と鉄道が走り，そして最も背が高い支持なしの支柱（パイロン）を誇りとする．7.9 km（5マイル）の長い橋は，バルト海と北海を横断する．ケーブルで支えられた橋は，海抜57 m（160フィート）で，490 m（0.3マイル）の幅をもつ．支柱間をつなぐ橋とそこにアプローチする橋は，上下二段の鋼-コンクリート複合構造で建設された．上デッキは4車線道路で，そして下デッキには旅客列車および貨物列車の線路が2本通っている．また，この橋は，人工島ペベルホルム島（北のサルトホルム島を引き立たせるため"Pepper"小島のあだ名と一緒に名づけられた）とデンマーク側にある世界で最長のコンクリートトンネルにつながっている．完成以来，人工島ペベルホルム島は珍しい鳥の生息地となり，デンマークとスウェーデンで最大となった．

デンマークとスウェーデン以外の国も，このプロジェクトに寄与した．カナダは，橋の一部を定位置に運び，そして組み立てるため，白鳥（Svanen）と名づけられた海に浮かぶクレーンを提供した．また，アプローチ橋に使われる49本の鋼桁はスペインのカディスで製作された．支柱の基礎（19000トン）を運ぶため，双胴船（カタマラン）が特別に製造された．

3.6.2.2 アプローチ

多くの橋の建設史でも指摘されるように，このプロジェクトの開発段階では，スケジュール，予算，および品質が十分に定義されていた．開始から，最終文書資料および整備マニュアルの完成まで7年の歳月をかけて設計が検討され，4000枚を超える図面が作成された．コンソーシアムは必要に応じて，技術能力および利害関係者連携の組合せによりさまざまな変更に対処した．特筆すべきことに，最終合意時，オーナーに対する特に目立った争いおよびクレームがなかった．そして，それは築き上げたパートナーシップの精神に大きく起因すると考えられる．

しばし報告されないのは，デンマークおよびスウェーデンの王室が両国を接続する橋の建設プロジェクトを進めることを1990年に合意した際，コンセプトステージに生産的で焦点を絞った創造的な努力がなされたことが開発を成功に導いたことである．システムズエンジニアリングにかけた労力もあって，開発ステージへ移る際には，スケジュール，予算，および品質がうまく定義できていた．コンセプトステージでシステムズエンジニアリングチームは，環境運動グループの懸念が橋の建設法に多少なりとも影響することを認識していた．その対処としてオーナーたちは創造的なアプローチをとった．主要な環境運動グループの長にボードメンバーになることを依頼した．

開発のはじめから，オーナーたちは包括的な要求を定義し，そして契約文書の一部として定義した図面で建材および仕上げの品質要求を満たすだけでなく，構想上の外観となることを保証している．契約者はオーナーの要求事項に沿って，詳細設計および品質が保証された製品を届ける責任を負った．下記は，プロジェクト開始時点で課された代表的な要求である．

- スケジュール：設計寿命100年，建設期間1996～2000年
- 鉄道：列車荷，国際鉄道連合（UIC）71；列車速度200 km/h
- 高速道路：道路軸荷重260 kN；車両速度120 km/h
- 周囲環境：風速（10分）61 m/s；波高2.5 m；氷厚0.6 m；温度＋/－27℃
- 船舶の衝撃力：支柱（パイロン）560 MN，けた35 MN

確立された要求に加え，このプロジェクトは国境を越えたため，各国の法令にも従う必要があった．技

3.6 ケーススタディの紹介

術的要求は Eurocodes（EU における構造物の計算基準）に基づき，両国の規格に適するようプロジェクト特有の修正が加えられた。デンマークおよびスウェーデンそれぞれの安全標準を満たすよう，労働条件に対して安全規準が特別に設定された。

敷設される鉄道には，他にも難題があった。デンマークでは，鉄道は車道と同じで右車線であるが，スウェーデンの鉄道は左車線である。安全の面を考慮し，2つのシステム間を論理的に矛盾なく推移できるよう保証するコネクションが必要であった。また，両国の間で鉄道の電源供給源も異なった。したがって，両国の鉄道システムへの電源供給を包含し，そして運用中に切り替えるシステムを開発する必要が生じた。

ケーブルで支えられ，車および鉄道両方に対してアプローチスパンを備えた一般的な橋の設計には，複数分野の知識が必要となる。地盤工学，空気力学，基礎工学，風洞試験，桟橋および支柱の設計，複合けたの設計，ケーブルおよびアンカーの設計，構造監視システムの設計，船舶衝撃力解析，地震解析，コンクリート収縮およびクリープ分析，氷雪荷重分析，疲労解析，舗道設計，機械システム，電気システム，鉄道乗客のための快適性分析，渋滞予測，運用と保守，建設ステージの分析，建設およびその運用のためのリスク分析，品質管理，そして環境のための研究および監視があげられる。

包括的なリスク分析は，すべての安全面を保証する要求仕様を含む初期の計画検討との関連で実施された。オーレスン橋の研究結果の重要な例を以下に示す。

- 航路スパンを 330 m から 490 m に増やした。
- 航路チャンネルは船の座礁を防ぐため，再編成し，そして深くした。
- 橋と船舶の事故を少なくするため，桟橋保護島を導入した。

リスクにはシステマチックに対処した。what-if 技法およびフォルトツリー分析を使用する機能安全分析の従来のリスク分析法が適用された。設計-建設契約に基づいて，主に3つの課題が考慮された。

- 一般的な建設リスクの特定およびアセスメント
- 航路チャンネルの再調整と関連した船舶衝突事故
- 契約者による5年にわたる橋の運用リスク

人間の安全性および交通遅延リスクを網羅した定量的リスクアセスメントは，火事，爆発，列車衝突および脱線，交通事故，船舶衝突および座礁，航空機衝突事故，設計基準の荷重超え，そして有害物質漏れを含むハザードの包括的リストに対して実施された。この分析結果が影響を与えた一例として，トンネル壁および天井の受動防火設備の設置がある。

デンマークおよびスウェーデンの両国は，世界で最も環境に優しい工業国であることを誇りにしている。市民，そして政治家は，橋の建設あるいは運用から環境へ悪影響が及ぼされることを許さなかった。グレートベルト海峡およびオーレスン海峡は，海水のカテガットおよび淡水寄りのバルト海間の通路を構成する。交換する水量が減少すると水の塩分濃度が薄くなり，バルト海の酸素含有量が減少することを通じ，海の生態バランスが崩れてしまうことが懸念された。デンマークおよびスウェーデン当局は，バルト海の水，塩分，および酸素濃度に影響がないよう橋を設計することを決心した。この要求は，ゼロソリューションと呼ばれた。工事中，オーレスン地域の動植物への影響を極力少なくするため，デンマークおよびスウェーデン当局は，浚渫工事からの海底資源の流出が浚渫量の5%を超過することがないよう制限した。ゼロソリューションは，独立した2つの水路をモデル化することにより得られた。

総じて，1800万立方メートルの海底資源が浚渫された。浚渫された資源はすべて，カストラップ人工半島およびペベルホルム人工島の埋め立てに再利用された。すべての環境要求を満たしていることを保証し，そして文書にするため，環境の包括的で集中的なモニタリングが実施された。2001年の最終状況報告書では，デンマークおよびスウェーデン当局は，橋の工事にかかわる環境要求と同様に，ゼロソリューションも満たしたと結論づけた。海草のアマモおよびムラサキイガイの連続的なモニタリングでは，想定内ではあったが個体数のわずかな減少を記録したが，橋開設時には生態が回復したことを示した。全体として，橋の立案段階および工事段階で十分にいろいろなことを考慮したので，オーレスン地

域およびグレート海峡の環境は保全された。

3.6.2.3 結論

賞を授与されたこの橋は，数多くの記事および博士号の論文の題材として扱われている。これらの資料では，工事の詳細およびすべての利害関係者間の共同作業が記載されている（Jensen, 2014；Nissen, 2006；Skanska, 2013）。このプロジェクトは，経営チームが顧客の誘惑に負けずに開発ステージへ時期尚早に進むことを防ぎ，しっかりとコンセプトステージを固めたことを示す優れた事例である。

3.6.3 事例3：プロトタイプシステム—中国の超高速列車

3.6.3.1 背景

上海トランスラピッドは，最新の磁気浮上技術（maglev）を用いた初めての商用高速鉄道システムである。列車は上海の金融街から上海浦東国際空港間を約30 km（20マイル）走る。列車は，始発駅から終着駅まで7分20秒かかり，2分で時速約320 km/h（200 mph）に加速し，そして4分以内に最速430 km/h（267 mph）に達する。上海トランスラピッド計画は予算12億USDで，完成まで2.5年を費やした。建設は2001年3月に始まり，そして2003年1月1日に一般向けにサービスを開始した。批評家は，このような短距離間を高速で移動することは無意味で，そして採算がとれないと主張する。しかし，上海トランスラピッドが上海から北京間のmaglevによる鉄道ルートの実現可能性をアセスメントし，運用データを集めるためのプロトタイプであるとの憶測がある。このような観点からすると，このプロジェクトには納得がいく。

この敷設に先立って，多くの国がmaglev列車の実現可能性を議論してきた。それは，車輪あるいは従来のレールを使用せず，強力な磁石が列車をガイドウェイと呼ばれる特別な線路の上を約10 mm浮上させて走らせる。電磁力は列車を浮上させ，そして垂直および水平方向に安定させる。列車搭載バッテリーから浮上システムへ動力を供給する際，線路上での電磁力の電流周波数，強度，および方向が列車の動きを制御する。バッテリーは列車が走っているときに再充電される仕組みになっている。maglev列車はモーターを搭載せず，ガイドウェイに実装されたモーターは，列車を線路方向に引き下げる電磁界を生成する。列車ではなくガイドウェイに推進システムを実装することは，列車を軽量化し，列車のすばやい加速を可能にする。摩擦を小さくすることで超高速を実現する。

高速にもかかわらず，maglevシステムは典型的な通勤列車より静かに走り，そしてエネルギー消費も少ない。また，巨大な腕が持ち上げられたプラットフォームに対して列車を抱き抱えるように，列車の下側をガイドウェイが包み込むので，脱線はよほどのことがないかぎり起こらない。乗客はmaglev技術および特別に設計された窓により，快適で静かな乗車体験をする。騒音レベルは速度300 km/hで60デシベル未満である。

3.6.3.2 アプローチ

中国政府当局は，100～1000 km離れているハブ間を地上でつなぐ適切な交通手段を考える際，経済的な運用，省エネルギー，より少ない環境負荷，高速性を考慮した。しかし，その解決策は，すでに中心都市および隣接都市間を結ぶ高速旅客列車にも適合するものである必要があった。1999年，多くの利点があるにもかかわらず，maglev技術はまだ実験段階にあるとされた。技術の優位性，安全性，および経済性は，商業運用で実証されていなかった。現行は妥協の産物である。上海トランスラピッドは，超高速maglev鉄道運輸システムの成熟度，可用性，経済性，および安全性を実証するために敷設された。

maglev鉄道システムをつくる基礎技術は1979年ごろからになるが，新しい列車システムを開発する費用は莫大であるため，このプロジェクトまでは実現したことがなかった。多くの専門家は，フランスおよび日本にすでにある超高速鉄道システムのような技術を超えることは不可能で，今より高速化が実現できるとは考えていない。maglev鉄道提案者は，システムを「鉄道の発明以来の鉄道技術革新」と評し，ドイツおよびアメリカでのmaglev鉄道を敷設する提案に注目している（BBC, 2002；McGrath, 2003；SMTDC, 2005；Transrapid International, 2003）。

3.6.3.3 結論

システムズエンジニアリングの観点からは，この事例は，コンセプトステージから運用ステージまでを経るプロジェクトが，より大きなプロジェクトのコンセプトステージの一部になりうることを示している。

3.6.4 事例4：システムズエンジニアリングのサイバーセキュリティ検討—サイバーフィジカルシステムに対するスタックスネット（Stuxnet）の攻撃

3.6.4.1 背景

社会のデジタル化が進むにつれ，サイバーセキュリティはシステムズエンジニアリングが考慮する必要のある課題となった。ハードウェアおよびソフトウェアシステムの両方は，デジタル技術を逆手にとった脅威により生じる混乱または損害のリスクにさらされている。イランの核施設に対するサイバー攻撃スタックスネットは，システムズエンジニアが脆弱性アセスメントを包括的に実施し，そして攻撃される可能性を極力抑える必要があることを示唆している（Failliere, 2011；Langner, 2012）。

この事例では，かつてないほど計画的に練られたレベルの攻撃を議論する。副作用がなく，そしてピンポイント攻撃を仕掛ける軍事レベルの性能を誇るマルウェアの複雑さを紹介する。スタックスネットをつくり，そして展開するには，とてつもないコストがかかったが，戦略，戦術法，およびコードの仕組みは現在一般に公開され，低コストで再利用および再構築することが可能である。サイバーフィジカルシステムへの攻撃はますます広がりを見せており，システムズエンジニアリングは脆弱性を低減するため，サイバーセキュリティとの関連を考慮する必要がある。

イランのナタンズ（Natanz）核燃料濃縮工場（FEP）は，各々がコンクリート壁によって保護されている複数の建物がセキュリティフェンスで囲まれている，厳重な軍事施設である。建物群は，ガス遠心分離器で濃縮ウランを生産するいくつかの「カスケードホール」を含む。この設備の屋根は，数メートルの厚みがあるコンクリートで強化され，そして土の厚い層がさらに覆う。

各々のカスケードホールはサイバーフィジカルシステムである。プログラマブルロジックコントローラー（PLC）の産業制御システム（ICS），コンピュータ，外部の世界と遮断された内部ネットワーク，そして何千もの遠心分離機を擁する。内部ネットワークは「エアギャップ」という防御手法によって外界から切り離されていたが，それでも，悪意のある内部に通じる共謀，訪問するサービス技術者およびサプライチェーンの介入の外部関係者から渡されたメモリデバイスを悪意のない内部関係者がコンピュータに挿入するといった脆弱性が存在した。それは2009年から少なくとも2010年まで続き，遠心分離機に対する甚大な被害はこれらの手段が招いたと考えられている。

現在ではスタックスネットとして知られているマルウェアは，カスケードホールの少なくとも一つのICSへ導入され，そしてわからないように遠心分離機をコントロールするようになった。その結果，ある周期で定期的に遠心分離機を繰り返しスピンさせ，持続的な物理的運用に被害を与えた。攻撃の実際の効果はいまだ明らかでない。しかし，少なくとも影響を与えた遠心分離機に対して生産工程を破綻させ，恒久的な損害を与えた。

3.6.4.2 アプローチ

スタックスネットの多くの特徴は先例がないことであり，そして新時代のシステム攻撃方法論およびサイバーフィジカルシステムへの攻撃の先駆けという変曲点として位置づけられる。スタックスネットコードの犯罪科学分析は，いくつかの有名なサイバーセキュリティ会社によって行われた。分析結果は科学国際安全保障研究所が発行している2つの文書，「Did Stuxnet Take Out 1000 Centrifuges at the Natanz Enrichment Plant?」（Albrightら，2010）および「Stuxnet Malware and Natanz：Update of ISIS December 22, 2010 Report」（Albrightら，2011）で議論されている。この分析は，システムズエンジニアが設計中に検討すべきリスクの視野を広げることに貢献した。下記はスタックスネットのコンテキストで懸念される概念である。

・何を行うべきか知っていること（インテリジェンス）：成功するために，脅威は標的システムをのっとる必要がある。ナタンズで犯人がどの特定の装置がどのような構成で使用されているかを知っていたかは不明である。しかし，スタックスネットコード解析後，明らかにナタンズが標的であったことが特定された。スタックスネットは，ナタンズ以外のサイトでも多くの感染が確認された。しかし，特定のシステム仕様でなければスタックスネットは起動しなかった。犯人は，ダメージを与える方法，および他

の多くの類似しているが同一ではない施設の中から標的を選び出す方法を知るため，特定のシステム構成情報を必要とした。システムズエンジニアは，敵がシステムの情報獲得を試みることを考慮し，そして攻撃に対する防御法を考える必要がある。

- コードの巧妙な生成：ゼロデイ攻撃は，コンピュータアプリケーションの未公表の脆弱性，開発者が対処していないこと，およびパッチを突く攻撃である。スタックスネットはオペレーティングシステムに侵入するため，さまざまなゼロデイ攻撃および盗んだ認証を使い，FEPの外側にある Windows システムを攻撃した。そして次にスタックスネットは，FEP の外側で感染した USB のリムーバブルメディアを経由し，多段式伝播メカニズムを起動させ，そして FEP 内部の ICS へコードを挿入した。システムズエンジニアは，さまざまな方面（内部脅威を含む）からの攻撃に備え，そしてシステム設計を考える際にそれらを考慮する必要がある。

- 外部ネットワークから遮断されたエアギャップを乗り越える：スタックスネットは，USB リムーバブルメディアを経由してエアギャップを飛び越えたと多くの人が考えている。USB は，FEP 外部のコンピュータで感染し，そして内部に持ち込まれたと推測されている。しかし，また，PLC のサプライチェーンが少なくとも一つの感染源である可能性が示唆されている。方法が何であったとしても，エアギャップは複数回にわたって飛び越えられた。USB リムーバブルメディアはさらに，情報を双方向に転送していたかもしれない。FEP ネットワークに接続されたデバイスタイプの情報が設備外部のリモートサーバに中継された可能性がある。システムズエンジニアは，システムに対する脅威はシステム境界の内外に存在することを常に認識している必要がある。

- ダイナミック更新：スタックスネットの分析は，攻撃コードが一度挿入されたら，新しい情報を利用するか，あるいは新しい目的を実装するため，コードを更新および変更することができたことを示す。エアギャップの新しい飛び越えが起きるたびに，スタックスネットには新しい動作パラメータが再導入され，つねに更新されているように見える。システムズエンジニアは攻撃が成功した後の対策に備えなければならない。

3.6.4.3 結論

システムの複雑度および技術の変遷に伴って，システムズエンジニアの見方もその変化に適応する必要がある。システムを設計するうえで，デジタル技術の増加は，多くの人にとてつもない恩恵を提供する。しかしながら，デジタル技術の導入は，以前はシステムズエンジニアが扱わなかった異なるリスクをもたらす。本ケーススタディは，過去の出来事を示している。しかし敵はいつも新しい方式を編み出そうとしている。この事例からの教訓は，システムズエンジニアはシステムへの脅威を理解し，攻撃が実際に生じるであろうことを認識し，そしてそれらのシステムを先を見越して保護する必要があるということである。ロバストでダイナミックなシステムセキュリティには，十分にシステムズエンジニアの能力を最大限活かす必要がある。システムズエンジニアが知っているべきデータベースは，アメリカ国立標準技術研究所（NIST, 2012）によって管理されている。

3.6.5 事例5：保守性の設計─保育器

注：この事例は「Where Good Ideas Come From：The Natural History of Innovation」(Johnson, 2010) からの抜粋である。

3.6.5.1 背景

1870 年代末，ステファン・タルニエという名のパリの産科医は，家畜を飼育しているパリ動物園を訪れた。そこで，彼は鶏の孵卵器を人間の新生児に適応させるアイデアをひらめいた。そして，「新生児のための類似装置開発のため，動物園の養鶏業者を雇った」。その時代，パリのような洗練された都市でも乳児死亡率は高かった。5人の新生児のうち1人はハイハイする前に死亡し，そして未熟児の死亡率はさらに高かった。タルニエはパリ産院で新生児のための保育器を導入し，そして 500 人の新生児の研究に乗り出した。「結果はパリの医学界に衝撃を与えた：未熟児の 66% が誕生後1週間後に死亡していたが，タルニエの保育器を使うと死亡率が 38% まで

減少した。…タルニエの統計解析は，保育器利用拡大に拍車をかけた：パリ市審議会は，保育器が数年内にすべての街の産院に設置されるよう要望した」。

「第二次世界大戦後，アメリカ全土の病院で高酸素治療および他の最先端技術を備えた保育器が標準設備となった。1950〜1998年の間に，見事に乳児死亡率は75パーセント減少した」…「しかしながら，開発途上国では，乳児死亡率は改善していなかった。ヨーロッパおよびアメリカで乳児死亡率は1000人の誕生あたり10人未満だが，リベリアおよびエチオピアのような国々では1000人の誕生あたり100人以上の新生児が死亡していた。それらのうちの多数が保育器があれば助かっていたであろう未熟児であった。しかし，現代の保育器は高価で複雑である。アメリカの病院の標準保育器は，40000ドル（約30000ユーロ）以上するかもしれない。しかし，費用はたいした問題ではない。複雑な機器は壊れ，そして壊れた場合，交換部品を用意し，そして専門家に修理してもらう必要が生じる。2004年に発生したインド洋津波に際して，インドネシア都市ムーラボは国際救援組織から8つの保育器を受け取った。2008年の終わり近く，ティモシー・プレステロという名のMIT教授が病院を訪れたとき，8つの保育器全部が故障していたことを確認した。故障の原因は，電圧サージおよび熱帯湿度に加え，病院スタッフが英文の修理マニュアルを読めなかったことであった。ムーラボ保育器は代表的な例である。いくつかの研究は，開発途上国に寄贈された医療装置の95％が5年以内に故障することを示唆している」。

3.6.5.2 アプローチ

「プレステロは故障した保育器に関心を示した。なぜなら，彼はDesign that Mattersという組織を立ち上げ，より信頼性が高く，そして低コストな保育器の構想を数年間にわたり練っていたからである。アメリカおよびヨーロッパの病院で使われる複雑な医療機器とは異なり，開発途上国でも長く使えるものを考えていた。開発途上国で使用する保育器は単に動くものを設計することではなかった。それは，非破壊的な方法で壊れる保育器を設計することだった。予備品の安定供給あるいは訓練された専門家を前提にして考えることはできなかった。したがって，プレステロおよび彼のチームは代わりに，開発途上国にすでに十分ある部品から保育器を設計することにした。ボストンにいるジョナサン・ローゼン医師のアイデアが発端だった。彼は開発途上国のどんな小さな町でさえ，自動車を維持しているのを目の当たりにした。町は，空調，ラップトップ，およびケーブルテレビなどは欠いていたが，彼らはどうにかしてトヨタ4 Runnersを走らせていた。したがって，ローゼンは，プレステロへあるアイデアを持ち掛けた。「自動車部品で保育器をつくったらどう？」。

「ローゼンがアイデアを提案してから3年後，Design that MattersチームはNeoNurtureと呼ばれるプロトタイプ装置を発表した。外観は，現代の保育器のように見えたが，中身は自動車部品で構成されていた。シールドビームヘッドライトが保育器を温かくし，ダッシュボードのファンが空気フィルターとして機能し，ドアのチャイムが警報を鳴らした。改造したシガレットライター，または標準のモーターサイクルバッテリーが保育器に電力を供給した。NeoNurtureを自動車部品からつくることは一石二鳥だった。なぜなら，地域の自動車部品の需要を増やし，そして地域の人の自動車修理の知識も増強したからである。ローゼンがたびたび述べたように，自動車部品と自動車修理は両方とも開発途上国ですでに豊富な資源であった。NeoNurtureを修理するために訓練された医療技術者である必要はなかった。マニュアルを読む必要もなかった。故障したヘッドライトを交換する方法をただ知っているだけで十分であった」。

3.6.5.3 結論

システムズエンジニアはプロジェクト初期のコンセプトステージの段階で，保守性，生産可能性，およびサポート可能性といった課題について検討する必要がある。これらの品質を生産ステージで追加するのでは遅すぎる。

第4章

技術プロセス

　ISO/IEC/IEEE 15288の技術プロセスおよびそれをサポートするプロセスの活動は，システムのライフサイクルステージ全体にわたって必要とされる。技術プロセスは，ISO/IEC/IEEE 15288では以下のように定義されている。

> [6.4] 技術プロセスは，システムのための要求を定義し，その要求を効果的な製品に変換し，必要なところで製品の一貫した再生産を可能にし，要求されるサービスを提供するために製品を用い，それらのサービスの提供を維持し，サービスの提供がなくなる場合には製品を廃棄するという目的で用いられる。

　技術プロセスは，システムズエンジニアが，技術の専門家と他のエンジニアリング分野，システムの利害関係者およびオペレーター，そして製造の間の相互作用を調整できるようにする。システムズエンジニアはまた，社会の期待および法制化された要求に適合するよう対処する。これらのプロセスにより，一連の十分条件が生成され，性能，環境，外部インタフェース，および設計制約の範囲内で所望の能力を発揮するよう取り組み，結果としてシステム解決策を導く。技術プロセスなくしては，プロジェクト失敗のリスクは受け入れがたいほど高くなる。図4.1に示されるように，技術プロセスはニーズおよび要求の策定から始まる（Ryan, 2013）。

- ニーズ（needs）：オックスフォード英語辞典では，望まれている，または，求められているもの。システムに関しては，ニーズは「欠けているが，一以上の利害関係者から欲しがられている（want），または望まれている（desire）能力，またはもの」。これらのニーズは，システムズエンジニアリングを遂行する際には次の3つのコンテキストに見られる。①エンジニアリングを行っているエンタープライズ内部の顧客とのプロジェクト，②外部機関との合意のもとでの開発，③将来の売上を見込んだ起業家の製品開発。
- 要求（requirements）：検証および妥当性確認が可能な形式化され構造化された記述。個々のニーズに対して，一つ以上の要求がある。

> 注：図4.1に示される一つの基本的な原則は，ニーズを満たすように意思決定されるとき，そのニーズは，対応する要求または一連の要求を生じることである。

ISO/IEC/IEEE 15288は14の技術プロセスを含み，そのうちの最初の4プロセスが図4.1に示されている。

- ビジネスまたはミッション分析プロセス：要求定義は，組織またはエンタープライズのビジネスビジョン，運用上の概念（ConOps），およびビジネスマネジメントが定義するビジネスニーズ（ミッションニーズ）のもととなる組織の戦略的目標と目的で始まる。これらのニーズは，予備的なライフサイクルのコンセプト，すなわち，取得コンセプト，展開コンセプト，運用コンセプト（OpsCon），サポートコンセプト，および廃棄コンセプトに基づいている（ConOpsとOpsConの役割の詳細については4.1.2.2項を参照されたい）。ビジネスニーズはさらに精緻化され，多くの場合，ビジネス要求仕様書（BRS）中に取り込まれたビジネス要求へと形式化される。
- 利害関係者ニーズおよび要求定義プロセス：取得するエンタープライズからのエンタープライズレベルのConOpsと開発を行うエンタープライズからのシステムレベルの予備的なOpsConをガイダンスとして用いて，要求エンジニアは（詳細化されたシステムレベルのOpsConと他

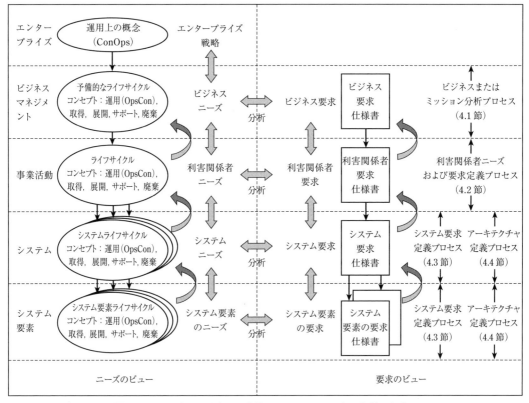

図4.1 ニーズから要求への変換。Mike Ryan の許可を得て転載。

のライフサイクルのコンセプトの形で）利害関係者ニーズを引き出すための構造化されたプロセスを通して事業活動から利害関係者を導く。その後，要求エンジニアによって利害関係者ニーズは，形式化された一連の利害関係者要求へ変換される。それはしばしば利害関係者要求仕様書（StRS）の中に取り込まれている。

・システム要求定義プロセス：StRS にある利害関係者要求は，その後，要求エンジニアによって，多くの場合，システム要求仕様書（SyRS）に含まれているシステム要求へ変換される。
・アーキテクチャ定義プロセス：候補となるシステムアーキテクチャが定義され，その一つが選択される。
・設計定義プロセス：選択されたシステムアーキテクチャと整合するよう実装するため，システム要素を十分な詳細さで定義する。
・システム分析プロセス：数学的分析，モデリング，およびシミュレーションが他の技術プロセスをサポートするために用いられる。

・実装プロセス：システム要素がシステム要求，アーキテクチャ，および設計を満たすよう実現される。
・統合プロセス：システム要素が組み合わされ，ある実現されるシステムとなる。
・検証プロセス：システム，システム要素，およびライフサイクル中の中間成果物が規定された要求に合致する証拠を提供する。
・移行プロセス：システムが計画され，整然としたやり方で運用へ移行する。
・妥当性確認プロセス：システム，システム要素，およびライフサイクル中の中間成果物が意図した運用環境下で意図された用途を達成している証拠を提供する。
・運用プロセス：システムが用いられる。
・保守プロセス：システムが運用中に維持される。
・廃棄プロセス：システムあるいはシステム要素が停止され，分解され，運用から除去される。

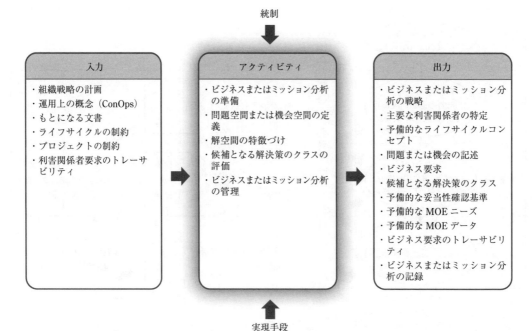

図 4.2 ビジネスまたはミッション分析プロセスの IPO 図。INCOSE SEH の元図は Shortell および Walden により作成された。INCOSE の利用条件の記載に従い利用のこと。

4.1 ビジネスまたはミッション分析プロセス

4.1.1 概要

4.1.1.1 目的

ISO/IEC/IEEE 15288 に記載されているように,

> [6.4.1.1] ビジネスまたはミッション分析プロセスの目的は,ビジネス上またはミッション上の問題あるいは機会を定義し,解空間を特徴づけ,問題に対処できるかあるいは機会を活用できる潜在的な解決策の一つまたは複数のクラスを決定することである。

4.1.1.2 説明

ビジネスまたはミッション分析は問題領域の定義によって対象システム(SOI)のライフサイクルを開始し,主な利害関係者を特定し,解決策の領域を制限する環境条件および制約を特定し,取得,運用,展開,サポート,および廃棄のための予備的なライフサイクルのコンセプトをつくりあげ,ビジネス要求および妥当性確認の基準をつくりあげる。図 4.2 はビジネスまたはミッション分析プロセスの IPO 図である。

4.1.1.3 入力/出力

ビジネスまたはミッション分析プロセスの入力と出力を図 4.2 に示した。各入出力の記述は付録 E に掲載されている。

4.1.1.4 プロセスアクティビティ

ビジネスまたはミッション分析プロセスは,次のアクティビティを含む。

- ビジネスまたはミッション分析の準備
  - 製品あるいはサービスおよびそれらを有効にするシステムに対するニーズとそれらの要求を含めた,ビジネスまたはミッション分析のための戦略を確立する。
- 問題空間または機会空間の定義
  - 所望の組織目標あるいは目的に関して,組織の戦略の中で特定したギャップを調査する。
  - トレードオフ空間にわたるギャップを分析する。
  - ギャップの根本的な問題または機会について記述する。
  - 問題または機会の記述に関する合意を得る。
- 解空間の特徴づけ
  - 主な利害関係者(個人またはグループ)を推

4.1 ビジネスまたはミッション分析プロセス

挙する。ビジネスオーナーは，解決策の取得，運用，サポート，および廃止に関与する主な利害関係者を推挙する。
- 予備的な運用コンセプト（OpsCon）を定義する。運用コンセプトは，オペレーターの観点からシステムがどのように動作するかを記述する。予備的な運用コンセプトは，システムのユーザおよびオペレーターコミュニティのニーズ，ゴール，および特性を要約する。運用コンセプトは，さらにシステムコンテキストおよびシステムインタフェース（すなわち運用環境。より詳細については4.1.2項を参照されたい）を特定する。
- 他の予備的なライフサイクルコンセプトを定義する。ビジネスオーナーは，解決策の取得，展開，サポート，および廃棄のあらゆる側面を把握しようとするとき，予備的なライフサイクルコンセプトを特定する。
- 包括的な一連の候補となる解決策のクラスを確立する。

・候補となる解決策のクラスの評価
- 一連の候補となる解決策のクラスを評価して，一つまたは複数の好ましいクラスを選択する。適切なモデリング，シミュレーション，および分析技術は，その実現可能性と候補となる解の値を決定することを支援する。
- 提案されたビジネスまたはミッション戦略のコンテキスト中で，好ましい候補となる解決策のクラスを確実に妥当性確認する。組織戦略とさらなるアクションを完了する際に，実現可能性，市場要因，および候補に関するフィードバックがまた用いられる。

・ビジネスまたはミッション分析の管理
- 要求および予備的なライフサイクルコンセプトなどの分析結果についてトレーサビリティを確立して管理する。
- 構成管理に対して基準となる情報を提供する。

4.1.2 詳述
4.1.2.1 主たる利害関係者の推挙
利害関係者の詳細な特定が利害関係者ニーズおよび要求定義プロセスの中で試みられるが，ビジネス分析およびミッション分析中には，ビジネスマネジャーは主たる利害関係者の推挙に責任を負う。しばしば，利害関係者ボードの設立に責任を負う。利害関係者がシステム開発に有効に寄与することを確実なものにするのは，基本的にはビジネスマネジメントの役割である。ほとんどの利害関係者は，事業活動で重責を担っており，他の運用タスクに取り組み，資源を費やすことについては許可を得なければならない。

4.1.2.2 ConOps および OpsCon
ANSI/AIAA G-043A-2012 は，「運用上の概念（ConOps）」と「運用コンセプト（OpsCon）」という用語はしばしば互換性をもって用いられると述べる一方で，それぞれの用語は別々の目的をもち，異なる目的を達成するために用いられ，重要な区別があると注意している。このハンドブックでは，米国国防総省（DoD）および他の多くの防衛機関で用いているのと同じように，ANSI/AIAA G-043A-2012 および ISO/IEC/IEEE 29148：2011 と一致するようこれらの用語を用いている。

ISO/IEC/IEEE 29148 は ConOps について次のとおり記述している。

> ConOps は，組織レベルでは，組織を運営することについての指導層（経営層）の意図したやり方に対応している。組織のゴールと目的を進めるために，一つ以上のシステムをブラックボックスとして用いることを指している場合がある。ConOps の文書は，開発するシステム，既存のシステム，および将来のシステムを用いてビジネスの全体的な運用または一連の運用に関する組織の前提または意図を記述している。この文書は頻繁に長期的戦略計画および年次運用計画で具体化される。ConOps 文書は，組織に対して将来のビジネスとシステムの全体的な特性の方向性を示し，プロジェクト関係者がその背景を理解し，[ISO/IEC/IEEE 29148]の利用者が利害関係者の要求を引き出す際の基盤となる。

ISO/IEC/IEEE 29148 は OpsCon について次のとおり記述している。

> システムの運用コンセプト（OpsCon）文書は，システムが何をするか（どのようにするかではない）と，なぜするか（論理的根拠）を記述する。それは，ユーザのビューポイントから，供給するべきシステムの特性を記述するユーザ指向の文書である。OpsCon 文書は，取得者，ユーザ，サプライヤー，および他の組織へ，全体として定量的および定性的なシステム特性を伝えるために用いられる。

ConOps および OpsCon は，SOI に対してビジネスニーズをもつ組織が準備する。ConOps は，SOI を用いるエンタープライズレベルの組織の指導層によって，あるいは指導層のためにつくりあげる。取得の際に ConOps が形式化されない場合があるが，むしろ他のビジネスコンセプトおよび/またはビジネス戦略によって示唆されることがある。OpsCon はビジネスレベルで準備される。ビジネスマネジメントは，予備的な OpsCon の準備から始まる。OpsCon は，問題あるいは機会に対処する解決策のクラスに対する運用上の観点からのビジネスニーズを要約している。その後，予備的な OpsCon は，利害関係者ニーズおよび要求定義プロセスの中で推挙した利害関係者とのかかわりによって，事業活動に基づいて最終的な OpsCon へと精緻化され，詳細化される。最終的な OpsCon はビジネスニーズと利害関係者ニーズの両方を含むことになる。OpsCon は，システム要求定義およびアーキテクチャ定義プロセスを実施する中で得られた結果を反映して，繰り返し詳細化されることがある。

4.1.2.3 他のライフサイクルコンセプト

OpsCon はシステムのライフサイクルにわたる利害関係者ニーズに対処するために必要なライフサイクルコンセプトの一つにすぎない。問題または機会の空間を定義し，解決策の空間を特徴づけるために必要とされる程度まで，予備的なコンセプトがビジネスまたはミッション分析プロセスの中で確立される。これらのコンセプトは，利害関係者ニーズおよび要求定義プロセスの中でさらに詳細化される。運用上の側面に加えて，他の関連するライフサイクルコンセプトにも対処することが求められる。

- 取得コンセプト：利害関係者との約束事，要求定義，設計，製造，および検証といった側面を含めてシステムを取得する方法を記述する。一つ以上の供給事業者は，システムおよび/またはシステム要素の製造，組み立て，検証，輸送のより詳細なコンセプトをつくりあげる必要がある。
- 展開コンセプト：システムが妥当性を確認され，納品され，そして運用へ導入される方法を記述する。運用中の他のシステムと統合されるとき，かつ/または，運用中のシステムを置き換えるときの展開を含む。
- サポートコンセプト：システム展開後にそれをサポートするための望ましいサポートインフラストラクチャと人員に関する考慮について記述する。サポートコンセプトは，運用サポート，エンジニアリングサポート，保守サポート，供給サポート，およびトレーニングサポートに対処する。
- 廃棄コンセプト：システムが運用から除去される方法と廃棄の方法について記述する。プロセスで使用された，またはプロセスの結果として生じた危険な物質の処分および法的義務（例えば，知的財産権保護，外部財務/所有権，および国家安全保障の懸念）を含む。

4.1.2.4 ビジネス要求および妥当性確認

「ビジネス要求の規定」：ビジネスまたはミッション分析プロセスの中でビジネス要求を規定することは，多くの場合に役立つ。ビジネス要求は，「ビジネス分析知識体系」（BABOK）（IIBA, 2009）ガイドでビジネス要求文書と呼ぶ BRS（ビジネス要求仕様書）の中に含まれることがよくある。用語「仕様」はさまざまな産業の中でさまざまに用いられるが，ここでは「ドキュメント（文書）」と同義なものとして用いる。すなわち，ビジネス要求は BRS の中に，利害関係者要求は StRS（利害関係者要求仕様書）の中に，そしてシステム要求は SyRS（システム要求仕様書）の中に取り込まれる。

「ビジネスの妥当性を確認するための基準の定義」：ビジネスでは，提供された解決策が OpsCon に適合することをどのように判断するかについて定義しておく必要がある。妥当性確認の基準により確立できるものには，重要なシステム遂行能力と望ましいシステム遂行能力の2つがある。前者の重要なシステム遂行能力にかかわるパラメータは，システムの成功にとって重要なしきい値と目標をもつが，後者の望ましいシステム遂行能力のパラメータは前者の重要なパラメータを満たすために妥協する可能性がある。

4.2 利害関係者ニーズおよび要求定義プロセス

4.2.1 概説

4.2.1.1 目的

ISO/IEC/IEEE 15288 に記載されているように，

> [6.4.2.1] 利害関係者ニーズおよび要求定義プロセスの目的は，定義された環境下で，ユーザおよび他の利害関係者が必要とする能力を提供できるシステムに対する利害関係者要求を定義することである。

4.2.1.2 説明

プロジェクトの成功は，ライフサイクルを通じた利害関係者のニーズおよび要求への合致によって決まる。利害関係者とは，システムに対する正当な関心をもつ個人または組織である。利害関係者を指名する際，ビジネスマネジメントは，システムに影響を受ける，あるいは影響を及ぼす可能性のあるすべてを考慮しようとする。概して彼らは，ユーザ，オペレーター，組織の意志決定者，契約の当事者，規制団体，開発機関，支持団体，および（事業および提案した解決策の状況内の）社会を考慮する。直接連絡することができない場合，システムズエンジニアは，消費者あるいは将来の世代といった利害関係者の関心事を表すために，マーケティングまたは非政府組織（NGO）などのエージェントを探す。

利害関係者を特定したのち，このプロセスは，新しいかもしくは変更された能力，あるいは新たな機会に対応する利害関係者ニーズを引き出す。これらのニーズは分析され，解決策の運用と効果，および運用とそれを有効にする環境との相互作用に関する一連の利害関係者要求へと変換される。利害関係者要求は，運用能力の妥当性を確認するための主な参照元になる。

システムズエンジニアはよい結果を達成するために，自身がプロジェクトのほぼすべての面に関与し，2つ以上のシステムあるいはシステム要素が協働するインタフェースへ細心の注意を払い，利害関係者および組織の他の部署と相互作用するネットワークを確立する。図4.3 に，システムズエンジニアのための重要な相互作用を示す。

利害関係者要求はシステムの開発を決定し，開発プロジェクトの範囲のさらなる定義あるいは明確化の重要な要素となる。ある組織がシステムを取得しようとする場合，このプロセスでは，合意書にある成果物の技術的記述の基礎を提供する。これは通常，システムレベルの仕様書とシステム境界のインタフェースの形になる。図4.4 は，利害関係者ニーズおよび要求定義プロセスのためのIPO 図である。

4.2.1.3 入力/出力

利害関係者ニーズおよび要求定義プロセスの入力と出力を図4.4 に示した。各入出力の記述は付録E に掲載されている。

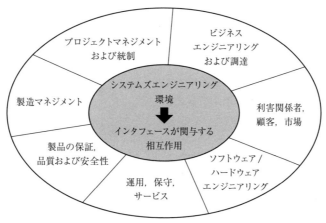

図4.3　きわめて重要なシステムズエンジニアリングの相互作用。Stoewer（2005）より。Heinz Stoewer の許可を得て転載。

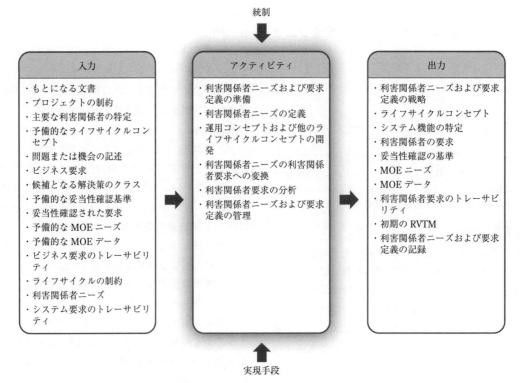

図 4.4 利害関係者ニーズおよび要求定義プロセスの IPO 図。INCOSE SEH の元図は Shortell および Walden により作成された。INCOSE の利用条件の記載に従い利用のこと。

4.2.1.4 プロセスアクティビティ

利害関係者ニーズおよび要求定義プロセスは，次のアクティビティを含む。

- 利害関係者ニーズおよび要求定義の準備
  - 利害関係者ニーズを策定して定義し，ライフサイクル全体を通して段階的にシステム要求へ変換するため，システムズエンジニアリングに参加する利害関係者あるいは利害関係者のクラスを決定する。これらの結果を運用上の概念（ConOps）に取り込む。
  - システム，製品，またはサービスを有効にする任意のシステムに対するニーズおよび要求を決定する。
- 利害関係者ニーズの定義
  - 特定の利害関係者より導出された，利害関係者ニーズを抽出する。
  - 注目する利害関係者ニーズの優先順位づけをする。
  - 利害関係者ニーズを規定する。
- 運用コンセプトおよび他のライフサイクルコンセプトの開発
  - ライフサイクル（取得，展開，運用，サポート，および廃棄）を通して，システムもしくは解決策および環境について，期待される一連の運用シナリオおよび関連する能力，振る舞い，および応答を特定する。シナリオは，ライフサイクルコンセプトの文書，システム製品の予期される用途の範囲，意図した運用環境およびシステムがその環境に与える影響，およびシステム，プラットフォームまたは製品との接続を定義するために構築される。シナリオは，見落とされがちな要求の特定に役立つ。社会的および組織的な影響は，シナリオを用いることで浮かび上がる。
  - システムもしくは解決策とユーザ間，そして運用，サポート，およびそれらを有効にする環境間の相互作用を定義する。
- 利害関係者ニーズの利害関係者要求への変換
  - （過去のもしくは共同運用のシステムとの合

意，あるいは接続によって課された）解決策上の制約の特定。制約の本質を様変わりさせうる（外部または内部）インタフェースのいかなる変更のためにも，制約を監視する必要がある。
- 重要な品質に関する，健全性，安全性，セキュリティ，環境，保証，および他の利害関係者の要求と機能を規定する。
- 利害関係者要求，シナリオとの整合性，相互作用，制約，および重要な品質を規定する。
・利害関係者要求の分析
- 利害関係者要求に対する妥当性確認の基準を定義する。利害関係者の妥当性確認基準は，効果指標（MOE）および適合指標（MOS）を含む。これらは，「運用上」の成功の指標（意図した目的をどれだけ解決策が達成したか）であり，規定された一連の条件のもとでの意図した運用環境の中で評価されるミッションの達成または運用の目的に強く関連する。これらの指標は，顧客/ユーザの満足度を反映する（例えば，性能，安全性，信頼性，可用性，保守性，および作業負荷要求）。
- 明瞭さ，完全性，および一貫性に関してまとめられた要求を分析する。対象となりうる利害関係者のニーズと期待を要求が反映していることを保証するため，彼らに対する分析された要求のレビューを含める。
- 実現不可能か，あるいは実用的でない要求を解消するため，変更を協議する。
・利害関係者ニーズおよび要求定義の管理
- 利害関係者要求が正しく表現されていることを利害関係者と確認する。
- システムライフサイクル全体にわたる保守に適した形で利害関係者要求を記録して保存する（単に記録を残す，または文書を保管するという目的を越えたもの）。
- ライフサイクルを通して（例えば，利害関係者，他の要求元，組織としての戦略，およびビジネスまたはミッション分析の結果に対して），利害関係者のニーズおよび要求のトレーサビリティを確立し保持する。
- 構成管理に対する基準となる情報を提供する。

4.2.2 詳述

ISO/IEC/IEEE 15288 では，（ビジネス，利害関係者，およびシステムの）要求は，多くのシステムライフサイクルプロセスにとって，これらを動かすものである。システム開発モデルに依存するが，利害関係者要求の把握は，開発サイクルのはじめに一度，あるいは継続的な活動として名目上行われるべきものである。要求の抽出および分析を行う理由は同じで，それはアーキテクチャ定義と設計定義プロセスをサポートするのに十分な利害関係者ニーズを理解することである。

4.2.2.1 利害関係者の特定

システムズエンジニアはシステムの正当な利害関係者とかかわる。ビジネスマネジメントレベルの主要な利害関係者は，ビジネスまたはミッション分析プロセスの中でその候補があげられる。ここで，システムズエンジニアは，事業活動レベルからの利害関係者の特定に関心をもっている。

システムを開発する際の最大の課題の一つは，要求を引き出す必要のある一連の利害関係者を特定することである。顧客および最終的なエンドユーザを特定することは比較的簡単であるが，規制機関および展開したシステムから得られた結果を享受する他の利害関係者を捜し出して聞きとるべきである。相互運用するシステム，および有効にするシステムは通常，特定され，かつ考慮される必要のある制約を課しているため，利害関係者には，これらのシステムの利害関係者が含まれる可能性がある。このことは，持続可能な開発では，次世代を代表するものの発見につながる。

4.2.2.2 利害関係者ニーズの抽出

利害関係者ニーズの決定に際しては，必ずしも調和していない複数の異なるビューの統合が必要となる。システムズエンジニアリングプロセスを適用するために，利用可能な情報を調査して，優先順位づけし，そして，付加価値のある情報を決定するための共通のパラダイムをつくるべきである。必要とされるシステムについての利害関係者各々のビューは，すべての参加者に理解される共通の最上位のシステム記述に変換でき，そして，将来検討するために記録されるすべての意志決定のアクティビティへ変換できる。いくつかの状況下では，利害関係者ではなく，マーケティング組織あるいは他の代わりと

なるものからニーズを引き出すことが現実的な場合がある。システムに反対する利害関係者がいる可能性もある。システムに対するこれらの利害関係者または中傷するものは，コンセンサスのとれたニーズを確立するにあたって最初に考慮される。これらは，リスクマネジメントプロセス，システムの脅威分析あるいはセキュリティ，適応性あるいはレジリエンスに関するシステム要求を通して対処される。

システムズエンジニアリングはプログラムおよびプロジェクトマネジメントをサポートし，実施するべきことを定義し，ビジネス要求を精緻化するための情報，人員，および分析ツールを収集する必要がある。これには，利害関係者ニーズ，システム/プロジェクト制約（例えば，コスト，技術制限，および適用可能な仕様書/法的要求），および競合の能力，軍事的脅威および重大な環境などのようなシステム/プロジェクトを大きく動かすものの収集が含まれる。

利害関係者ニーズおよび要求定義プロセスの出力は，ポートフォリオマネジメントプロセスを通してプログラムの開始のための認可と資金提供を得るために，ビジネスおよび利害関係者のニーズおよび要求の定義として十分であるべきである。またその出力は，取得プロセスに必要な技術定義を提供するとともに，システムを契約取得プロセスを通して取得するべきならば提案依頼書（RFP；request for proposal）を作成するか，あるいは市場主導ならばシステムを開発し販売するための認可を得るべきである。これらの出力は，作業文書（SOW；statement of work）および/またはRFP（両者とも取得プロセスの成果物である）の作成をサポートするために用いられることが多いライフサイクルコンセプト文書（特にOpsCon）と利害関係者要求仕様書（StRS）の中で把握できるものである。貢献するユーザが依存している明確な完了基準は，ユーザと利害関係者ニーズの正しい定義を示している。

- ユーザ組織は新しいシステムの取得のための認可を得る。
- プログラム開発組織は，SOWとStRSを準備し，新システム取得のための承認を獲得する。会社の外からのサポートを得る場合は，RFPを発行し，契約者を選定する。
- 潜在的な契約者は，取得ニーズに影響を及ぼし，提案を提出し，そしてシステムを開発し納めるために選ばれる。
- システムが市場主導の場合には，マーケティンググループは消費者が何を買いたいかを学ぶ。高価な製品（例えば航空機）の場合は，新しいシステムに対する注文をすでに得ている。
- システムが市場および技術主導である場合には，開発チームは企業から新システムを開発する承認を得る。

要求は多数のところから来ているため，要求を抽出し把握することはシステムズエンジニア側の重要な取り組みになっている。OpsConは開発するべきシステムの意図した運用を記述しているので，システムズエンジニアは要求が把握され定義されなければならないコンテキストを理解することができる。要求を引き出すための技術には，例えばインタビュー，フォーカスグループ，デルファイ法，およびソフトシステム方法論がある。また，トレードオフ分析およびシミュレーションツールはミッション運用候補を評価し，望まれるミッション候補を選定することに用いることができる。要求を把握し管理するためのツールは多岐にわたっている。

この活動を実行することにより把握されたもととなる要求は，全体の利害関係者要求の一部にすぎない。そのため，もとの要求は，幅広い範囲の要求に関する文書を細分化し，そして補足的に明確化が必要であることを明らかにすることを目指した多くの活動によって拡張される。このことは，書かれたもととなる資料の改訂，あるいは会議議事録のような追加的なもととなる文書の改訂につながる。

4.2.2.3　要求データベースの初期化

システムズエンジニアリングプロセス中の後続の活動によって行われる詳細化および/または改訂のための基盤となるもとのニーズ（そして後続のシステム要求）にトレースできる，基準となる要求のデータベースを確立することは不可欠なことである。要求データベースには，設計を決定する一連のシステム要求全体の基礎を与えるもとの文書が最初から埋め込まれていなければならない。

4.2.2.4　ライフサイクルコンセプトの作成

単語「シナリオ」は多くの場合，振る舞いの単一

スレッド（筋道）について記述する。他に，多くの同時に動作する単一スレッドをまとめた上位集合を記述する場合がある。シナリオおよびwhat-if思考は，将来の不確実性に対処しなければならない立案者のための本質的なツールである。シナリオ思考は，PlatoとSeneca（Heijdenら，2002）のような初期の哲学者の著述までさかのぼることができる。戦略的計画ツールとして，シナリオ技術は歴史を通じて軍事戦略家によって用いられてきた。シナリオの構築は，複雑で不確実な環境の中で立案し意思決定するための方法論として役立つ。演習は人々を創造的に考えさせ，観察は重要な要因を見落とす可能性を減らし，そして，シナリオの作成は，組織内および組織間でのコミュニケーションを向上させる。シナリオ構築は，本質的に人が行う活動であり，それは現在のあるいは類似したシステムのオペレーター，潜在的なエンドユーザとのインタビュー，およびインタフェースワーキンググループ（IFWG；Interface Working Group）の会議が関係する。この演習の結果は，モデリングツールおよびシミュレーションを用いた多くの形式の図で把握できる。

システムの創造あるいは向上は，システムの将来的な利用と創発特性に関連する同じ不確実性を伴う。利害関係者ニーズおよび要求定義プロセスは，特定のライフサイクルステージ（取得コンセプト，展開コンセプト，運用コンセプト，サポートコンセプト，および廃棄コンセプト）それぞれに焦点を当てた一連のライフサイクルコンセプト文書中の利害関係者ニーズについての理解を取り込む（ライフサイクルコンセプトのこれらのカテゴリーは各々4.1.2.3項で議論される）。コンセプト文書の初期の目標は，システムライフサイクルの初期の段階で，どのように利害関係者ニーズを満足するように対処するかではなく，実装にとらわれずに，何が必要かを定義することによって，利害関係者ニーズについて理解することである。コンセプト文書は，システムが他のシステムとインタフェースで接続するコンテキストの中でシステムの要求される振る舞いの特性を把握し，システムが能力を供給しなければならない対象とする人々がシステムと相互作用する方法を把握する。これらの運用上のニーズの理解は典型的には次のものを生む。

・顧客とユーザのニーズおよび目的を満たす，規定され導出された要求のもと。
・システムズエンジニアリングおよび設計者が設計を定義し，システムを開発し，検証し，そして妥当性を確認する際の貴重な洞察。
・納められた運用システムに潜在するシステム欠陥について低減されたリスク。

システムが防衛関連向けである場合には，アーキテクチャフレームワークによって取り決められたいくつかの必要なシステムのビューが存在する。これらは，例えば，米国国防総省アーキテクチャフレームワーク（DoDAF, 2010），および英国国防省アーキテクチャフレームワーク（MoDAF, n.d.）（OMG, 2013a）の中で定義されている。

主目的は，利害関係者ニーズ（特に運用上のニーズ）が明確に理解されることを保証するために初期段階の仕様書策定中にシステムのエンドユーザと対話することである。そして，性能要求の論理的根拠は，システム要求と下位の仕様書の中に後で包含するための決定メカニズムに組み込まれる。現在のあるいは類似したシステムのオペレーターとのインタビュー，潜在的なユーザ，インタフェース会議，IPO図，機能フローブロック図（FFBD），スケジュールチャートおよびN^2チャートは，利害関係者ニーズと一貫性のあるコンセプトの確立に向けた利害関係者からの価値のある入力を提供する。他の目的は以下のとおりである。

1. 運用上のニーズと把握されたもとの要求との間のトレーサビリティを提供する。
2. 人員要求，サポート要求などのようなライフサイクルにわたりシステムをサポートする要求の基礎を確立する。
3. 検証計画，システムレベル検証要求，および環境シミュレーターの要求の基礎を確立する。
4. 外部システムとの相互作用を含むシステムとその環境との間の外部インタフェースの妥当性をテストするための運用分析モデルを作成する。
5. システム容量の計算，低負荷/過負荷の振る舞い，およびミッション-効果の計算の基礎を提供する。
6. すべてのレベルで要求の妥当性を確認し，そ

して他のところからは見過ごされてしまった暗黙の要求を発見する。

予備的なライフサイクルコンセプトは，システムの振る舞いに関する広範囲の記述を提供しているため，コンセプトをさらにつくり込むためには，外部システムによって生成された出力（自然環境を通過することによって適宜変更される）を特定するところから始める。その出力は，SOIへ刺激として作用し，規定されたアクションを引き起こし，出力を生成し，そして，その出力は外部システムに吸収される。これらの単一スレッドの振る舞いは結局，運用性能のあらゆる側面を網羅する。運用のロジスティクスモード，指定された条件下での運用，および多数の目的をもつシステムとの相互干渉を経験する際に必要とされる振る舞いを含む。

振る舞いのこれらの単一スレッドの集合体は，システムが何を行う必要があるか，そのシステムの取得，展開，運用，サポート，そして廃棄をどのように行うかの動的な記述を表している。この段階では，完全な運用コンセプト（OpsCon）の定義，あるいはハードウェアまたはソフトウェアの要素に機能を割り当てる試みは行われていない（これは後のアーキテクチャ定義の際に行われる）。ライフサイクルコンセプトは，本質的に利害関係者の観点からの機能的なコンセプトおよび根拠の定義である。ライフサイクルコンセプトはさらに以下のようにつくられる。

1. もととなる運用上の要求で始める。より上位のミッション指向のニーズの一連の記述を導き出す。
2. 利害関係者のシステムニーズを調査し，矛盾を記録する。
3. 運用上の境界を定義してモデルで記述する。
4. 各モデルに対して，モデル境界を表すためにコンテキストダイアグラムを作成する。
5. システムと相互作用する外部システムとの間に生じる可能性のある観測可能な入出力の事象をすべて特定する。
6. システムと外部システムとの間で環境により入力/出力が著しく影響を受けることが予想される場合には，並行する機能をIPO図に加え，これらの変換を表し，出力が放出され入力が受け取られる間の事象のタイミングの差を勘案して入出力の事象をデータベースへ加える。
7. システムと環境あるいは外部システムとの間のシステムインタフェースの存在を記録する。
8. システムの一部と外部システムとの間の各クラスの相互作用については，外部システムによって生成された入力の事象が引き起こす相互作用のシーケンスをモデルで記述するために機能フロー図を作成する。
9. 性能要求から機能のタイミングをトレースするための情報を追加し，機能フロー図のタイミングをシミュレートして，動作の正確性を確認するか，または，動的な矛盾を明らかにする。ユーザおよび運用人員で結果をレビューする。
10. もとの要求を補うために，エンドユーザによって承認されたタイムライン（時間経過の図形表現）をつくる。

4.2.2.5　利害関係者要求仕様書（StRS）の作成

利害関係者要求を形式的に表すためにStRSの素案を作成する必要がある。StRSは，利害関係者ニーズおよびBRS（ビジネス要求仕様書）に対してトレーサビリティをもつ必要がある。

4.3　システム要求定義プロセス

4.3.1　概要

4.3.1.1　目的

ISO/IEC/IEEE 15288に記載されているように，

> [6.4.3.1] システム要求定義プロセスの目的は，利害関係者またはユーザ指向のビューで望まれる能力を，ユーザの運用上のニーズを満たす技術的なビューの解決策へ変換することである。

4.3.1.2　説明

システム要求はシステム定義の基盤となり，アーキテクチャ，設計，統合，および検証の基礎を構成する。それぞれの要求には費用がかかる。したがって，プロジェクトライフサイクルの早い段階で，定義された利害関係者要求から必要最低限のまとめられた要求を確立することが重要である。プロジェクトライフサイクルの後に続く開発ステージで要求を変更することはプロジェクトに重大な費用面での影

4.3 システム要求定義プロセス

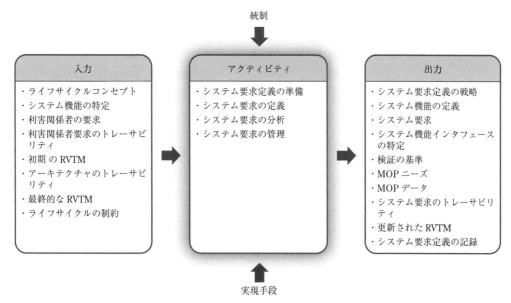

図4.5 システム要求定義プロセスのIPO図。INCOSE SEHの元図はShortellおよびWaldenにより作成された。INCOSEの利用条件の記載に従い利用のこと。

響をもたらし，結果としてプロジェクトが中止となることもある。

システム要求定義プロセスは，ユーザ側からのもととなる観点を反映した利害関係者要求を用いて，供給者側からの観点で一連のシステム要求を生み出す。システム要求は，利害関係者要求に合致したシステムの特性，属性，機能，および性能を規定する。

要求定義は反復的にかつ再帰的に行われる（3.4.1項参照）。ISO/IEC/IEEE 29148（2011）によれば，要求工学は次のとおりである。

> 同じプロセスまたは一連のプロセスの適用がシステムの同じレベルで繰り返される場合，その適用は反復的であると呼ばれる。反復は，適切であるだけでなく，むしろ期待されている。新しい情報は，プロセスまたは一連のプロセスの適用によって創出される。典型的には，この情報は，要求と分析されたリスク，または機会に関する問題として取り上げる形式をとる。こうした問題は，プロセスあるいは一連のプロセスの活動を完了する前に解決されるべきである。

> 同じ一連のプロセス，または同じ一連のプロセスアクティビティが，システム構造内のシステム要素の次のレベルに適用されるとき，適用の形式は再帰的であると呼ばれる。一つの適用による結果は，より詳細または成熟した一連の結果をもたらすために，システム構造中の次の低位（または高位）のシステム入力として用いられる。このようなアプローチは，システム構造中の次に続く複数のシステムに価値を与える。

したがって，より多くの情報が利用可能となり，分析が行われるよう，システム要求定義プロセスと他との間の反復が期待される。このプロセスは，各システム要素の要求を定義するために再帰的に適用されていく。

このプロセスの出力は，アーキテクチャ定義プロセスで用いる前に，実現に際しての先入観なしに，利害関係者要求へのトレーサビリティとそれとの一貫性をもつために，比較する必要がある。システム要求定義プロセスは，定義されたシステム要求に検証の基準を追加する。図4.5はシステム要求定義プロセスのIPO図である。

4.3.1.3 入力/出力

システム要求定義プロセスの入力と出力を図4.5に示した。各入出力の記述は付録Eに掲載されている。

4.3.1.4 プロセスアクティビティ

システム要求定義プロセスは，次のアクティビティを含む。

- システム要求定義の準備
  - システム要求を定義するためのアプローチを確立する。これにはシステム要求方法，ツール，そして，製品またはサービス，それらを有効にするシステムのニーズと要求を含む。

- アーキテクチャ定義プロセスと連携してシステム境界を決定する。運用時のシナリオと期待されるシステムの振る舞いを反映したインタフェースを含む。このタスクは，協議済みのインタフェース統制文書（ICD）で定義されている，システムとシステム（統制）境界の外部のシステムとの間に期待される相互作用を特定する。
- システム要求の定義
  - 要求されるシステムの機能を特定し定義する。これらの機能は，その実装とは独立でなければならない。追加の設計制約を課してはいけない。効率的で，費用対効果の高いライフサイクル機能（例えば，取得，展開，運用，サポート，そして廃棄）を促進させる条件または設計要因を定義する。システムの振る舞い特性を含む。
  - システムに関して避けることができない制約を課し，これらの制約を取り込んだ利害関係者要求または組織的な限界を特定する。
  - 安全性，セキュリティ，信頼性，およびサポート可能性などのシステムに関連する重要な品質特性を特定する。
  - システム要求の中で，考慮する必要がある技術的リスクを特定する。
  - 利害関係者要求，機能の境界，機能，制約，重要な性能の指標，重要な品質特性，およびリスクと整合するシステム要求を規定する。システム要求は，システム要求仕様書（SyRS）の中に取り込まれている。さらに，作成中のシステム定義成果物の階層を定義するために文書体系をつくることができる。システム要求定義，アーキテクチャ定義，そして設計定義プロセスの相互作用を通して文書体系は進化する。要求が規定されるとき，関連する根拠を取り込む。
- システム要求の分析
  - システム要求の完整性を分析し，個々の要求，またはまとめられた要求が全体的な完整性をもつことを保証する（よい要求，またはまとめられた要求の特性は4.3.2.2項を参照されたい）。
  - 適切な利害関係者へ分析結果を提供し，規定したシステム要求が適切に利害関係者要求を

反映していることを保証する。
  - 要求で特定された問題を解決するため，変更について協議する。
  - 検証基準，すなわち技術的な成果をアセスメントするための重要な性能指標を定義する。システム検証基準は，性能指標（MOPs）と技術性能指標（TPMs）を含み，これらは「実装」を成功に導くための指標であり，定義された関係性の中で，MOEsとMOSs（運用の観点から）に対してトレースできなければならない。
- システム要求の管理
  - 利害関係者の意図が要求に適切に反映されていることを，主要な利害関係者間で合意する。
  - システム要求とシステム定義の関連する要素（例えば，利害関係者要求，アーキテクチャ要素，インタフェース定義，分析結果，検証方法または技法，割り当てられた要求，分解された要求，および導出された要求）間のトレーサビリティを確立し，維持する。
  - システムライフサイクルを通じて，関連する根拠，決定，および仮定とともに一連のシステム要求を維持する。
  - 構成管理のために基準となる情報を提供する。

4.3.2 詳述

この項では，要求の分析と管理をどのように行うかに関する情報を詳述する。要求に関する他の主要な情報は，ISO/IEC TR 19760, ISO/IEC 15288 (2003) システムズエンジニアリング—適用ガイド, ISO/IEC/IEEE 29148 要求工学 (2011)，そしてEIA 632標準—システムのエンジニアリングプロセス (ANSI/EIA, 2003)，要求14, 15および16と付録C3.1a, b, およびcにある。

4.3.2.1 要求定義および分析のコンセプト

要求定義と要求分析は，一連のシステムズエンジニアリングプロセスと同様に，反復的なアクティビティであり，そこでは新しい要求が特定され，常に詳細化され，コンセプトがつくられ追加的に詳細がわかってくる。要求が分析され，不備とコストの要因が特定され，顧客によるレビューを受け，プロジェクトに対する要求のベースラインを確立する。

要求分析の目的は，さまざまな機能間の相互作用

の理解を促し，ユーザの目的に基づいたバランスのとれたまとめられた要求を得ることである。要求は周囲から孤立して生まれることはない。要求を策定するプロセスの主たる部分は，運用コンセプト（OpsCon）であり，それに伴う暗に示された設計コンセプトであり，そして関係のある技術に関連する要求である。要求は，顧客/ユーザ，規制/規約，および企業体を含むさまざまなところから来ている。

この複雑なプロセスでは，性能分析，トレードオフ検討，制約評価，および費用便益分析を用いる。下位の要素への影響（達成可能性）を決定することなしに，システム要求は確立できない。そのため，要求定義および分析は，割り当ておよびフローダウンと呼ばれる「トップダウン」と「ボトムアップ」の両方を使った反復とバランスをとるプロセスとなる。最上位の一連のシステム要求が確立されたら，それらを順次下位レベルに割り当て，フローダウンする必要がある。割り当てとフローダウンのプロセスが繰り返されるとき，結果として決まる設計の中で，すべてのシステムレベル要求が確実に満たされるためにトレーサビリティを維持することは不可欠なことである。結果として得られる要求データベースは，通常それぞれの要求に対して多くの属性を含み，そしてまた，検証に利用される。システム実装の側面を制約または定義する要求を避けることは一つの目的となりうるが，それがつねに可能であるとは限らない。しばしば，反映されるべき必要な制約がある。これには以下が含まれる。

- 標準：組織，業界，または領域の要求を満たすために，定義または導出された利害関係者要求として課される品質，または設計上考慮すべきことを満たすために必要な標準を特定する。
- 利用環境：システムの利用を想定した各運用シナリオで，システム遂行能力に影響を及ぼす，人の快適さまたは安全に影響を与える，あるいは人為的ミスを引き起こす，利用環境とすべての環境要因（自然発生的または人工的）を特定する。
- 本質的な設計の考慮：システムへの人の統合（例えば人的資源，人員，トレーニング，環境，安全，労働衛生，生存可能性，居住可能性），システムセキュリティ要求（例えば情報保証，不正防止条項）および潜在的な環境要因を含む設計上考慮すべきことを特定する。
- 設計の制約：物理的な限度（例えば重量，形状/適合係数），人的資源，人員，そして，システムの運用上の資源制約およびホストプラットフォームとシステム境界の外で相互作用するシステムとの間に定義されたインタフェースに関する資源制約を含む設計制約を特定する。供給，保守，およびトレーニングのインフラストラクチャを含む。

4.3.2.2 よい要求の特性と属性

要求の定義では，要求が適切につくり上げられることを保証することに注意を払うべきである。ISO/IEC/IEEE 29148，システムおよびソフトウェアエンジニアリング―ライフサイクルプロセス―要求工学（2011）および INCOSE 要求記述ガイド（INCOSE RWG, 2012）に基づき，すべての要求に対して次の特性を考慮するべきである。

- 必要なこと：すべての要求は，処理，保守，および検証の形で特別な取り組みを生じさせる。したがって，必要な要求のみを仕様書に含める必要がある。不必要な要求には2種類ある。①設計者の裁量に委ねるべき不必要な設計仕様，②他の要求の組合せでカバーされる冗長な要求。
- 実装に依存しないこと：顧客要求は，必要とされるレベルで課される。ただし，顧客要求によって設計が規定される場合には，疑問をもつべきである。適切な要求は，「ブラックボックス」によってなされるべき変換が何かを記述することにより，「ブラックボックス」として規定されたエンティティを扱う必要がある。要求は，そのレベルで「何を」実行するかを規定するべきであり，「どのように」実行するのかを規定するのではない。
- 曖昧でないこと：要求は，次の開発レベルに何を行うべきかを伝えなければならない。その主な目的はコミュニケーションである。要求は明確かつ簡潔か，要求をさまざまな方法で解釈することは可能か，用語は定義されているか，要求は他の要求と矛盾していないか。各要求の記述は，唯一の概念に対応するように書かれる必

要がある。「および（and）」、「または（or）」、または「，」のある、冗長性をもつ要求は、検証が困難な場合があり、すべての人員が共通の理解をもつことを困難にする可能性があるため避けるべきである。したがって、要求は細心の注意を払って記述する必要がある。そこで用いられる言語は、すべての合理的な解釈に合致するために、明確で正確でかつ十分詳細でなければならない。複数の解釈が可能な「プロセス」などの用語、または頻繁に用いられる用語を正確に定義するために用語集を用いる必要がある。

- 完全であること：記述された要求は、完全かつ測定可能でなければならない。そして、それをさらに増幅するようなことは必要としない。記述された要求は、十分な能力と特性をもつべきである。
- 唯一であること：要求の記述は、一つの要求になっている必要がある。要求が組み合わされたもの、あるいは一つ以上の複数の機能または制約になっていてはいけない。
- 達成可能であること：要求は、制約内で技術的に達成可能でなければならず、許容可能なリスクの範囲内で技術の進化を求める。実装にかかわる開発者が要求定義に参加することが最善である。その開発者は、要求の達成可能性をアセスメントする専門知識を有する必要がある。外注する部品がある場合、外注する可能性のある下請け業者の専門知識が要求の生成にはきわめて価値が高い。加えて、製造および顧客/ユーザの参加は、達成可能な要求を確実なものにするのに役立つ。要求を生成する際に開発者、下請け業者、および/または製造の専門知識を適切に組み合わせることができない場合には、達成可能性を保証するためにできるだけ最初の時点で彼らのレビューを受けることが重要である。
- 検証可能なこと：各要求は、4つの標準的な方法（検査、分析、実証、またはテスト）のいずれかによって、あるレベルで検証されなければならない。顧客は「範囲は可能なかぎり長くすること」と規定することがある。これは妥当ではあるが検証できない要求である。この種の要求は、検証可能な最大範囲の要求を確立するためにトレードオフ検討が必要であることを示し

ている。各検証要求は、単一の方法で検証できる必要がある。検証に複数の方法を必要とする要求は、複数の要求に分解する必要がある。一つの方法で複数の要求を検証することに問題はない。ただし、要求を整理できる可能性があることを示している。システム階層が適切に設計されている場合、各レベルの仕様には、検証段階で対応するレベルの検証がある。システムを適切に規定するために要素の仕様を必要とする場合は、要素の検証を実行する必要がある。

- 適合すること：多くの場合、政府、業界、および製品の標準、仕様書、そして一致することが求められるインタフェースが該当する。例えば、再利用を可能とする新しいソフトウェア開発に対する追加要求がある。他には、ある製品クラス用の標準テストインタフェースコネクターがある。さらに、個々の要求は、要求を書くための組織の標準的なテンプレートと様式に適合する必要がある。同じ組織内のすべての要求が同じ見栄えであれば、個々の要求はより簡単に作成、理解、およびレビューができる。

注：ISO/IEC/IEEE 29148 では「適合すること（conforming）」の代わりに「一貫性（consistent）」という用語を用い、要求は他の要求と矛盾してはならないと述べている。このことは正しいが、ある要求それ自身は一貫性をもつことはできない。次に説明しているように、より正確には、一貫性はまとめられた要求の特性である。

まとめられた要求が、利害関係者の意図と制約に合致する実現可能な解決策を正しく提供することを保証するために、個々の要求の特性に加えて、全体としてまとめられた要求の特性に注意しておく必要がある。これらには以下の項目が含まれる。

- 完全性：まとめられた要求には、規定しようとしているシステムまたはシステム要素の定義に関連するすべてのことが含まれている。
- 一貫性：まとめられた要求は、要求が矛盾していない、重複していないという点で一貫している。用語および略語は、用語集に従ってすべての要求の中で一貫性をもって用いられる。
- 実現可能性/コスト妥当性：まとめられた要求は、ライフサイクルコスト、スケジュール、お

よび技術的な制約の範囲内で得られる解決策によって充足される。

注：ISO/IEC/IEEE 29148では，「実現可能性」の代わりに「コストの妥当性」という用語を用いている。まとめられた要求は，コスト，スケジュール，技術，および規制というライフサイクルの制約の中で実現可能であると述べている。INCOSEの要求記述ガイド(INCOSE RWG, 2012)では「実現可能性」という単語を用い，「まとめられた要求のこの特性には，"実現可能性/コストの妥当性"がより適切なタイトルである」と述べている。

- 範囲の定義：まとめられた要求は，利害関係者ニーズに合致する解決策にとって必要な範囲を定義する。したがって，必要なすべての要求が含まれている必要があり，無関係な要求を排除する必要がある。

上記にあげられた特性に加えて，個々の要求に関する記述はそれらに付随したいくつかの属性（データベース中のフィールドとして，または他の成果物との関係性を通じた属性）をもつ。

- 親の要求へのトレース：子の要求は，親の要求から導出または分解された要求であり，すべての子の要求の達成は親の要求の達成につながる。子の要求は，それぞれその親の要求までトレースできなければならない（さらに，すべての前提となる要求，最終的にはシステムのニーズまたはミッションまで）。
- もとになることへのトレース：各要求は，もとのところまでトレースできなければならない。これは，親へトレースすることとは異なり，要求がどこから来たか，および/またはどのようにそこに至ったかを特定するためである。
- インタフェース定義へのトレース：2つのシステム間の相互作用は，ICD（インタフェース統制文書）と呼ばれる文書に含まれることが多いインタフェース定義に記述されている。相互作用する複数のシステムの各々に含まれるインタフェース要求は，相互作用が定義されている場所への参照を含む。この属性は，相互作用が定義されている場所への，任意のインタフェース要求間のつながりに関するトレースを提供する。
- 同じレベルの要求（ピア要求）へのトレース：この属性は，(親と子の要求の関係ではなく）互いに関連する要求を同じレベルでつないでいる。ピア要求は，以下のような理由で関連している。ピア要求は，衝突があるか，ともに依存しているか，または束ねられているか，あるいはシステムが相互作用する他のシステムの補完的なインタフェース要求の場合がある。
- 検証方法へのトレース：このトレースは，要求を検証する方法（検査，実証，テスト，分析，シミュレーション）の簡単な記述，または適切なテスト計画の概要を効果的に提供するより綿密な記述になりうる。
- 検証要求へのトレース：各要求の検証方法には，検証の計画された方法（検査，実証，テスト，分析，シミュレーション）が記載されている。検証方法の記述に加えて，組織によっては，システム要求に加えて一連の検証要求を作成する。このことは次の点で有益である。すなわちシステムズエンジニアは各要求の検証方法を検討し，そしてそれにより，検証不可能な要求を特定して削除することができる。
- 検証結果へのトレース：それぞれの検証の結果は，ほとんどの場合，別々の文書に含まれる。この属性は，それぞれの要求をそれに関連する検証結果に対してトレースする。
- 要求の検証に関するステータス：要求が検証されたか否かを示す属性を含むことは有益である。
- 要求の妥当性確認に関するステータス：個々の要求とまとめられた要求を保証する要求の妥当性確認のプロセスは，ガイド中の規則と特性を満たす。組織によっては，個々の要求が妥当性確認されているかどうかを示すために「要求が妥当性確認された」という属性フィールドを含めている。
- 優先順位：優先順位は利害関係者にとってその要求がどれだけ重要かを表すものである。それは重要な要求ではないかもしれない（すなわち，システムがもっていなければならないもの，あるいはまったく動作しないこと）が，単に利害関係者がとても大切であるとしているものかもしれない。優先順位はレベル（1，2，3，または高度，中度，低度）で特徴づける。優先順位は親の要求から継承される。

- 重大性：重要な要求とは，システムが達成しなければならないこと，あるいはシステムがまったく機能しないことであり，おそらく，一連の最小限の不可欠の要求の一つとしてみることができる。重大性はレベル（1, 2, 3, または重度, 中度, 軽度）で特徴づけることができる。重大性は親の要求から継承される。
- リスク：要求が，技術，スケジュール，および予算の中で達成することができないリスクのことである。例えば，ある要求が技術的には可能（すなわち，要求が実現可能）であっても，利用可能な予算およびスケジュールの中で達成へのリスクが生じることがある。リスクはレベル（高度, 中度, 低度）で特徴づける。リスクは親の要求から継承される。
- キーとなる要求（KDR）：実現する際にコスト，スケジュールに影響を与える要求である。優先順位あるいは重大性にかかわるもので，KDRがもつ設計への影響を知ることで要求のよりよい管理ができる。日程または予算の締め付けが厳しい場合は，低い優先度，あるいは重大性が低度のKDRは削除の候補となる。
- オーナー：これは，要求について何か述べる権利をもつ人または組織である。オーナーは要求のもととなる可能性があるが，それらは2つの異なる属性である。
- 根拠：根拠は，要求が必要な理由を定義し，要求の意図に対する理由をよりよく理解することに関連する他の情報を定義する。根拠はまた，要求を記述するときに作成された仮定，要求を駆動する設計の取り組み，要求内のいくつかのもととなるもの，およびどのように，そしてなぜ要求が制約されるか（もし実際にそうであれば）を記した備考も定義することができる。
- 適用可能性：このフィールドは，類似のプロダクトラインのファミリーを有する組織によって用いられ，要求の適用可能性（例えば，プロダクトライン，地域，または国への適用可能性）を特定する。
- 型，タイプ：それぞれの要求にタイプの属性をつけることはしばしば役立つ。それぞれの組織は彼らが要求をどのように編成したいかによってタイプを定義する。タイプの例としては，入力，出力，外部インタフェース，信頼性，可用性，保守性，アクセス性，環境条件，人間工学，安全性，セキュリティ，設備，輸送性，トレーニング，記録作業，テスト，品質の提供，政策と規制，既存システムとの互換性，標準，および技術的政策，変換，発達能力，そして実装がある。タイプ欄でタイプを明らかにすると，要求データベースを，広い利用範囲で大勢の設計者および利害関係者が閲覧できるようになるため，たいへん役立つ。

テキストベースの要求の記述に関するさらなる詳細はINCOSE要求記述ガイド（INCOSE RWG, 2012）で見ることができ，これは要求の記述に焦点を当て，個々の要求記述の特性，まとめられた要求の特性，個々の要求記述の属性，そして個々の要求記述のための規則に対応している。

4.3.2.3 機能/性能要求の定義，導出と詳細化

プロジェクトのはじめには，システムズエンジニアリングは主にユーザの要求分析に関与し，ユーザニーズを，設計要求へ変換することができる基本的な機能および定量的な一連の性能要求へと変換する。

機能および性能要求の定義，導出，および詳細化は，それをサポートする要求を含めて，ライフサイクルにわたるシステム全体に適用する。これらの要求は，ハードウェアおよびソフトウェア設計者の下流側へ進むように機能およびインタフェースを定義し，システム遂行能力を特徴づける形式で獲得する必要がある。これは主要なシステムズエンジニアリングの活動であり，システム要求レビュー（SRR; system requirements review）を通過する際の主たる焦点となる。要求分析の間には，他のほとんどの分野（例えば，ソフトウェア，ハードウェア，製造，品質，検証，専門性）からのサポートが必要となる。これにより，システム定義に必要となるすべてのライフサイクルの要因を考慮した完全で，実現可能で，そして精度の高い，まとめられた要求を保証することができる。顧客は主要な利害関係者でもあり，進行中の作業の妥当性確認を行う。

システム要求の全体をまとめて確立することは，複雑で時間のかかるタスクとなり，相互作用のある取り組みの中でほとんどすべてのプロジェクト領域を巻き込む。それはすべての設計，製造，検証，運

用，保守，および廃棄の取り組みの基礎をなし，その結果としてプロジェクトのコストとスケジュールを決定するので，早期に実施しなければならない。そのアクティビティはライフサイクルコンセプト，特に OpsCon から来るものであり，それぞれのステージで反復され，連続的なフィードバックを伴って設計詳細度のレベルが上がる。

システム要求定義プロセスの結果は，完全で，正確で，曖昧でないシステム要求の一連のベースラインとなるべきであり，それはすべての関係者がアクセス可能な要求のデータベースに記録され，かつ承認され発行された SyRS（システム要求仕様書）の形で獲得する必要がある。

4.3.2.4　他の非機能要求の定義

ライフサイクルコンセプトは，また，解決策の要素の定義に強く影響を与えるライフサイクル制約（例えば，保守，廃棄）と同様に，運用条件（例えば，安全性，システムセキュリティ，信頼性，可用性，および保守性，システムへの人の統合，環境エンジニアリング（第10章参照））に対応する要求を示唆する。

4.3.2.5　SyRS（システム要求仕様書）の作成

システム仕様書と呼ばれることの多い SyRS（システム要求仕様書）は，要求データベースに記録され，すべての関係者がアクセス可能な，完全で正確で曖昧でないシステム要求の一連のベースラインである。曖昧でなくするために，個々の要求が以下に示すようなものとなるように，トレースが可能な階層構造の中で構成要素に分解されなければならない。

- 明確で，唯一で，一貫性があり，独立し（グループ化されず），そして検証可能であること。
- 特定したもととなる要求へトレースできること。
- 冗長でなく，他の既知の要求と衝突しないこと。
- 特定の実装への偏りがないこと。

これらの目的はもととなる要求を用いても達成できない場合がある。潜在的な衝突や冗長性を解決するため，そして，それぞれの要求が一つのシステム機能のみに適用されるように要求をさらに分解するために，要求分析がしばしば必要となる。自動化された要求データベースを用いることは，この取り組みをおおいに促進するものの，明示的に要求されているものではない。

システム要求定義プロセスの間にはしばしば，明確となったシステム要求の「スナップショット」レポートを作成する必要がある。このプロセスをサポートするため，要求データベースの中に，対応するもとの要求からのトレーサビリティを提供する情報とともに，明確になった一連の要求対象を作成することが望ましい。明確になった要求は，機能要求，性能要求，制約および非機能要求に分類する場合がある。

4.4　アーキテクチャ定義プロセス

4.4.1　概要
4.4.1.1　目的

ISO/IEC/IEEE 15288 に記載されているように，

> [6.4.4.1] アーキテクチャ定義プロセスの目的は，システムアーキテクチャ候補を作成し，利害関係者の関心事をとらえ，システム要求を満たす一つまたは複数の候補を選択し，一貫した一連の複数のビューの中でこれを表現することである。

4.4.1.2　説明

システムアーキテクチャおよび設計の活動によって，論理的に関連し，互いに一貫性のある原則，概念，およびプロパティに基づいてグローバルな解決策を創出することができる。解決策となるアーキテクチャと設計は，一連のシステム要求（ビジネス/ミッションと利害関係者要求へトレースできる）とライフサイクルコンセプト（例えば，運用コンセプト，サポートコンセプト）によって表現される問題または機会を可能なかぎり満足させる特徴，特性，およびプロパティをもち，技術（例えば，機械，電子・電気，油圧，ソフトウェア，サービス，手続き）によって実装可能である。このハンドブックでは，アーキテクチャおよび設計のアクティビティが，異なる補完的な考えに基づいていることを示すために，2つの別々のプロセスとして記述する。システムアーキテクチャはより抽象的で，概念化を指向するものであり，かつ包括的で，システムのミッションと OpsCon を達成することに重点を置いており，システムとシステム要素の上位の構造に焦点を当てている。それは，SOI のアーキテクチャ上の原則，概念，特性，プロパティを表す。システム設計では，

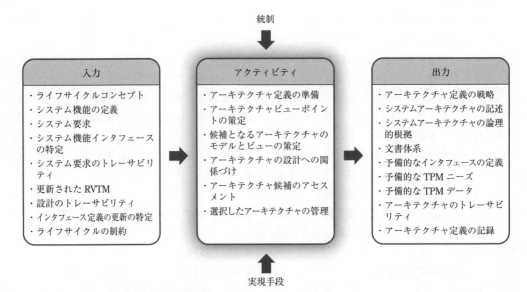

図 4.6 アーキテクチャ定義プロセスの IPO 図。INCOSE SEH の元図は Shortell および Walden により作成された。INCOSE の利用条件の記載に従い利用のこと。

技術および他の設計要素との互換性，および構築と統合の実現可能性に焦点を当てているので，実装の決定を後押しする物理的，構造的，環境的，および運用上のプロパティを通じて，技術的な志向がより強くなっている。

アーキテクチャ定義プロセスは，適合性，実行可能性，およびコストの妥当性を管理しながら，特定された要求，システムとシステム要素の創発的な特性および振る舞いについて徐々に得られた洞察を集約して扱う。設計定義プロセスは，アーキテクチャ定義プロセスの成果物（例えば，アーキテクチャ記述，実現可能性の分析，トレードオフ分析，吟味された要求）を用いる（アーキテクチャ定義の用途の情報に関してはISO/IEC/IEEE 42010（2011）を参照されたい）。

アーキテクチャ定義プロセスは，いくつかのビューとモデルを介して複数のアーキテクチャの候補を作成し，確立し，これらの候補のプロパティ（システム分析プロセスによってサポートされる）をアセスメントし，システムを構成する適切な科学技術的または専門技術的なシステム要素を選択するために用いられる。

> 効果的なアーキテクチャは，可能なかぎり設計にとらわれることなく，設計トレードオフ空間の中で最大限に柔軟性をもたせる。効果的なアーキテクチャはまた，設計定義プロセスのほか，可能ならば，ポートフォリオマネジメント，プロジェクト計画，システム要求定義，および検証などのプロセスに対して，トレードオフの重要性を示し，サポートする。（ISO/IEC/IEEE 15288, 2015）

このプロセスは反復的であり，システム領域に関連する設計者および専門家によってサポートされているシステムズエンジニアまたはアーキテクトの参加を必要とする。また，このプロセスと他のプロセスとの間の反復は，より多くの情報が利用可能になり，より分析が行われるようになると期待される。このプロセスはまた，各システム要素に対する要求を定義するために続けて再帰的に適用される。反復と再帰については，4.3.1.2項で詳しく説明している。図 4.6 は，アーキテクチャ定義プロセスの IPO 図である。

4.4.1.3 入力/出力

アーキテクチャ定義プロセスの入力と出力を図 4.6 に示した。各入出力の記述は付録 E に掲載されている。

4.4.1.4 プロセスアクティビティ

アーキテクチャ定義プロセスは，次のアクティビティを含む。

- アーキテクチャ定義の準備
  - 関連する市場，業界，利害関係者，組織，ビ

4.4 アーキテクチャ定義プロセス

ジネス,運用,ミッション,法律,およびその他の情報を特定し分析する。それらはアーキテクチャのビューとモデルの策定をガイドする観点を理解するのに役立つ。この情報は,利害関係者の関心事に対する洞察を深めるために,解決策を必要としている環境の理解を助けるためのものである。
  - 特に,システム要求を分析し,非機能要求をタグづけする。非機能要求のタグづけでは,解決策の要素の定義に強く影響するライフサイクルの制約(例えば保守,廃棄,展開)と同様に,運用の条件(例えば安全性,セキュリティ,ディペンダビリティ,人的要因,インタフェースの簡素性,環境条件)を扱う。
  - アーキテクチャに関する利害関係者の関心事を把握する。通常,利害関係者の関心事は,一つまたは複数のシステムライフサイクルステージにまたがる期待または制約に焦点を当てる。関心事は,しばしば,これらのステージに関連するシステムにとって重要な品質特性に関係している。
  - アーキテクチャを定義するためのアプローチを確立する。これには,アーキテクチャのロードマップと戦略に加えて,手法,モデリング技法,ツール,および製品,サービスまたはこれらを有効にするシステムに必要なものが含まれる。このアプローチには,プロセス要求(例えば,測定のアプローチおよび方法),評価(例えば,レビューと基準),および必要な調整も含まれていなければならない。また,評価の基準を獲得する必要がある。
  - 有効にする要素またはサービスが利用可能であることを保証する。このタスクの一環として,それに必要なものに対して計画し,有効にするアイテムに対する要求を特定する。
- アーキテクチャビューポイントの策定
  - 特定された利害関係者の関心事に基づき,関連するアーキテクチャのビューポイント,ビューポイントの分析と理解を促進するモデルの種類のサポート,モデルとビューの策定をサポートする関連するアーキテクチャフレームワークを確立または特定する。
- 候補となるアーキテクチャのモデルとビューの策定
  - サポートするモデリング技法とツールを選択または開発する。
  - システム要求定義プロセスと連携して,システムコンテキスト(すなわち,SOIが外部環境にどのように適合するか)と境界を決定する。これには,運用シナリオおよび期待されるシステムの振る舞いを反映するインタフェースを含む。このタスクでは,折り合いをつけたICDで定義されているシステム(統制)境界の外部システム,または他のエンティティと,システムとの間に期待される相互作用の特定を含む。
  - どのアーキテクチャエンティティ(例えば,機能,入力/出力フロー,システム要素,物理インタフェース,アーキテクチャ特性,情報/データ要素,コンテナ,ノード,リンク,通信資源など)が,最高位の優先順位の要求(すなわち,最も重要な利害関係者の関心事,重要な品質特性,およびその他の重要なニーズ)に対処するかを決定する。
  - システムのアーキテクチャ決定に重要なコンセプト,プロパティ,特性,振る舞い,機能,および/または制約をアーキテクチャエンティティへ割り当てる。
  - 論理モデルおよび物理モデルなど,システムの候補となるアーキテクチャのモデルを選択,適応,または策定する。論理モデルおよび物理モデルを用いることは,ときに必要でも十分でもない。用いられるべきモデルは,主要な利害関係者の関心事に最もよく対処するものである。論理モデルには,機能的,振る舞い,または時間的モデルが含まれる。物理モデルには,構造ブロック,質量,レイアウト,およびその他の物理モデルが含まれる(モデルの詳細については9.1節を参照されたい)。
  - 追加された必要なアーキテクチャエンティティ(例えば,機能,インタフェース)および構造的配置(例えば,制約,動作条件)によって引き出されたシステム要求に必要なものを決定する。システム要求定義プロセスを用いて,それらを定義し形式化する。
  - 候補となるアーキテクチャのモデルから,

ビューを構成する。このビューは，利害関係者の関心事と重要な要求に対処していることを保証するものである。
  - システムを構成する各システム要素に対して，アーキテクチャエンティティの割り当て，調整，区分けに対応する要求，およびシステム要素に対するシステム要求を策定する。これを行うため，利害関係者ニーズおよび要求定義プロセスとシステム要求定義プロセスを呼び出す。
  - 一貫性をもたせるためにアーキテクチャモデルとビューを分析し，特定された問題を解決する。この分析を行う際には，フレームワークに対応するルールが役立つ（ISO/IEC/IEEE 42010, 2011）。
  - モデリング技法およびツールが許すならば，OpsCon で定義したトレーサビリティマトリクスを用いて，実行またはシミュレーションにより，モデルを検証および妥当性確認する。可能であれば，設計ツールを用いて，その実現可能性と妥当性を確認する。必要に応じて，部分的にモックアップまたはプロトタイプを実装するか，あるいは実行可能なアーキテクチャプロトタイプまたはシミュレーターを用いる。
- アーキテクチャの設計への関係づけ
  - アーキテクチャエンティティを反映するシステム要素を決定する。アーキテクチャは設計に依存しないことを意図しているため，これらのシステム要素は，設計が進展するまでは概念的である。これを行うためには，システム要素に対してアーキテクチャエンティティとシステム要求を分割し，調整し，そして割り当てる。そして，システムの設計および進化のための原則を確立する。アーキテクチャの意図を伝え，設計の実現可能性を確認する手段として，これらの概念的なシステム要素を用いて「参照アーキテクチャ」が作成されることがある。
  - それらの関係性を用いて，アーキテクチャエンティティ間の割り当て表（allocation matrices）を作成する。
  - 詳細度とアーキテクチャの理解のために必要なインタフェースを定義する。この定義には，システム要素間の内部インタフェースおよび，他のシステムとの外部インタフェースが含まれる。
  - マッピングなどによって，システム要素とそれらのアーキテクチャエンティティに関係する設計の特性を決定する（4.5 節参照）。
- アーキテクチャ候補のアセスメント
  - アーキテクチャの評価基準を用いて，システム分析，測定，およびリスクマネジメントプロセスを適用し，アーキテクチャ候補をアセスメントする。
  - 優先するアーキテクチャ（複数可）を選択する。これは，意思決定マネジメントプロセスを適用することによって行われる。
- 選択したアーキテクチャの管理
  - 候補からのすべての選択の根拠と，アーキテクチャ，アーキテクチャフレームワーク，ビューポイント，モデルの種類，およびアーキテクチャモデルに対する意思決定の根拠を獲得し，そして保守する。
  - アーキテクチャの保守と進展を管理する。アーキテクチャエンティティ，その特性（例えば，技術，法律，経済，組織，および運用），モデル，およびビューを含む。これには，調和と安全性に加えて，環境またはコンテキストの変化，技術的，実装上，および運用上の経験に起因する変更が含まれる。割り当て表およびトレーサビリティマトリクスは，これらのアーキテクチャへの影響を分析するために用いられる。このプロセスは，システムに進化が起きるときにはいつでも実行される。
  - アーキテクチャの統治手段を確立する。統治には，役割，責任，権限，およびその他の統制する機能が含まれる。
  - 利害関係者の合意を達成するため，アーキテクチャのレビューを調整する。利害関係者要求とシステム要求が参照として役に立つ。

一般的なアプローチとヒント：

- 機能（例えば，「移動する（to move）」）と，その実行状態／運用モード（例えば，「移動してい

る（moving）」）は類似しているが，2つは補完的なビューである．ある運用モードから，別のモードに遷移するシステムの振る舞いモデルを検討する．

4.4.2 詳述
4.4.2.1 アーキテクチャ表現
　システムに関してもつ考えは抽象的であるが，製品，サービス，またはエンタープライズを創造し，設計あるいは再設計することは実践的な手段である．システムとは，問題または機会に対処する/答えることができる一つの解決策であり，同じ問題または機会に対処するためにいくつかの解決策がある．解決策は多かれ少なかれ複雑であり，システムに関してもつ考えは，複雑な解決策をエンジニアリングするのに役立つ．特性あるいはプロパティが多数あるため，単一のビューまたはモデルで複雑な解決策をとらえることはできない．これらは最終的に，データの類型を反映してグループ化され，それぞれのタイプのデータ/特性は構造化される．異なるタイプおよび相互に関連する一連の「構造」は，そのシステムのアーキテクチャとして理解することができる．システムアーキテクチャの解釈の大部分は，ほとんど実体のない考えの構造に基づいている．

　したがって，システムアーキテクチャは，機能，機能フロー，インタフェース，資源フローアイテム，情報/データ要素，物理要素，コンテナ，ノード，リンク，通信資源などの一連のアーキテクチャエンティティで形式的に表現される．これらのアーキテクチャエンティティは，大きさ，環境へのレジリエンス，可用性，ロバスト性，学習可能性，実行効率，ミッションの有効性などのアーキテクチャ特性をもつ．エンティティは独立しておらず，関係性によって相互に関連している．

4.4.2.2 システムアーキテクチャの記述
　ISO/IEC/IEEE 42010 は，アーキテクチャ記述に関連して，アーキテクチャフレームワーク，ビューポイント，ビューの規範的な特徴を規定している．ビューポイントとビューは，Zachman (1987)，DoDAF (2010)，MoDAF (n.d.)，The Open Group Architecture Framework (TOGAF) などのアーキテクチャフレームワークで規定される．ビューは通常，モデルから生成される．多くのシステムズエンジニアリングの実践では，システムアーキテクチャをモデル記述するために，論理モデルおよび物理モデル（またはビュー）を用いる．アーキテクチャ定義プロセスはまた，システムアーキテクチャが利害関係者の関心事にどのように対処するかを表現するための他のビューポイントおよびビューの使用方法を含む．例えば，Maier と Rechtin は 2009 年に，コストモデル，プロセスモデル，ルールモデル，オントロジーモデル，信頼モデル，プロジェクトモデル，ケイパビリティモデル，データモデルなどによって，システムアーキテクチャ開発プロセスの別のビューを提示している（モデルのより詳細な扱いについては第9章を参照されたい）．

　ビューポイントは，特定の利害関係者の関心事（または，密接に関係する一連の関心事）に対処することを意図している．ビューポイントは，アーキテクチャがどのようにその関心事（または一連の関心事）に対処するかを示すアーキテクチャビューを明らかにする際に用いられるモデルの種類を規定する．ビューポイントはまた，モデルを作成する方法，およびビューを構成するためにどのようにモデルを用いるかを規定する．

　アーキテクチャフレームワークは，アーキテクチャ記述に含まれるビューの策定を促進する，標準化されたビューポイント，ビューのテンプレート，メタモデル，モデルテンプレートなどを含む．ISO/IEC/IEEE 42010 は，アーキテクチャフレームワークに必要な特徴を規定している．

4.4.2.3 創発特性
　創発とは，エンティティが全体としてプロパティを呈する原則であり，個々のパートではなく，全体の結果として意味をもつ．人が活動するシステムのすべてのモデルは，そのコンポーネントの活動とその構造から導かれるエンティティ全体としてのプロパティを呈するが，それらを個々のエンティティへ還元することはできない（Checkland, 1998）．

　システム要素は，それら自身の間で相互作用し，阻害，干渉，共鳴，または任意のプロパティ強化などの「創発特性」と呼ばれる，望ましいかあるいは望ましくない何らかの現象を創出する可能性がある．望ましくないプロパティを回避し，望ましいプロパティを強化するため，システムのアーキテクチャの定義は，システム要素間の相互作用の分析を

表4.1 システム要素および物理インタフェースの例

要素	製品システム	サービスシステム	エンタープライズシステム
システム要素	ハードウェアパーツ(機械, 電子, 電気, 樹脂, 化学など)	プロセス, データベース, 手順など	企業, 方針, 部門, 課, プロジェクト, 技術チーム, リーダーなど
	オペレーターの役割	オペレーターの役割	IT コンポーネント
	ソフトウェア製品	ソフトウェアアプリケーション	
物理インタフェース	ハードウェア部品, プロトコル, 手順など	プロトコル, 文書など	プロトコル, 手順, 文書など

含む。

創発特性に関する考えは，導出された必要な機能および内部の物理的または環境的な制約を強調するために，アーキテクチャと設計プロセスの間で用いられる。対応する導出された要求がSOIに影響する場合は，それらをシステム要求のベースラインに追加する必要がある。

4.4.2.4 プロダクトライン中のアーキテクチャ

アーキテクチャは，プロダクトラインの中でとても重要な役割を果たす。プロダクトラインの中でアーキテクチャは，複数の派生設計にまたがっており，プロダクトラインにわたる互換性と相互運用性を保証することにより，プロダクトラインの設計のためのまとまりのある基盤を提供する。

4.4.2.5 インタフェースに関する考え

インタフェースに関する考えは，システムアーキテクチャの定義で考慮するべき最も重要な項目の一つである。用語「インタフェース」は，ラテン語の「inter」と「facere」に由来し，「ものごとの間で何かをする」を意味する。したがって，インタフェースの基盤は機能であり，機能の入力と出力として定義される。機能は物理要素によって実行されるので，機能の入力と出力はまた，物理インタフェースと呼ばれる物理要素によって運ばれる。このように，インタフェースに関する考えとしては，機能と物理の両面が考慮される。システム要素と物理インタフェースの例を表4.1に示す。

インタフェースの表現として図4.7には，一つのシステム要素にある機能「送信する」，もう一つのシステム要素にある機能「受信する」，そして入出力フローを支える物理インタフェースを示している。情報技術 (IT) システムのシステム要素間の複雑なやりとりのコンテキストの中で，プロトコルはデータ交換を行う物理インタフェースとみなされる。

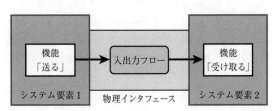

図4.7 インタフェース表現。Alain Faisandierの許可を得て転載。

4.4.2.6 カップリングマトリクス

カップリングマトリクス (N^2ダイアグラムとも呼ばれる) は，集約体と，統合順序を定義するための基本的な方法である (Grady, 1994)。これらは，インタフェースをできるだけ簡素に保つことを目的として，アーキテクチャ定義に用いられる (図4.8参照)。インタフェースの単純さは，識別可能な特性であり，候補のアーキテクチャ代替案間で選定するための基準となりうる。カップリングマトリクスはまた，集約体の定義とインタフェースの検証を最適化することに役立つ (4.8.2.3項参照)。

4.4.2.7 論理エンティティの物理エンティティへの割り当てと区分け

あるシステムのアーキテクチャの物理構造モデルを定義するということは，論理モデルの機能を実行することができるシステム要素を特定すること，入出力フローおよび制御フローを運ぶことができる物理インタフェースを特定すること，そして，それらが含まれるシステムを特徴づけるアーキテクチャ特性を考慮に入れることである。

「割り当て」という用語は，既存のシステム要素へ論理エンティティを単に割り当てるということを意味するのではない。区分けおよび割り当ては，論理エンティティを区分け，収集，または部品に分解することに加えて，これらの区分けと潜在的なシステム要素との間の対応をつくることを意味する。実在

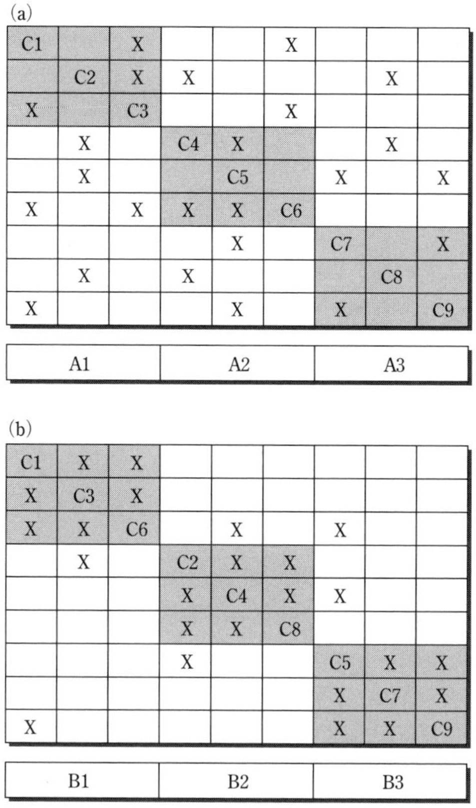

4.4 アーキテクチャ定義プロセス

(a)

C1		X			X			
	C2	X	X				X	
X		C3			X			
	X		C4	X			X	
	X			C5		X		X
X		X	X	X	C6			
					X	C7		X
	X		X				C8	
X				X		X	X	C9

A1	A2	A3

(b)

C1	X	X						
X	C3	X						
X	X	C6	X		X			
	X		C2	X	X			
			X	C4	X	X		
			X	X	C8			
			X			C5	X	X
						X	C7	X
X						X	X	C9

B1	B2	B3

図 4.8 (a) 集約体の初期配置，(b) 再編された最終的な配置。Alain Faisandier の許可を得て転載。

するいずれのシステム要素（再利用可能な，再利用された，または購入可能なシステム要素）は，開発でき，技術的に実装できる。

非機能要求および/またはアーキテクチャ特性は，候補となるシステム要素および論理的な区分けを分析し，アセスメントし，そして選択するための基準として用いられる。アセスメント基準の例としては，同じ技術内の類似の変換，同様のレベルの効率，同じタイプの入出力フロー（情報，エネルギー，材料）の交換，集中型または分散型の制御，近い周波数での実行，ディペンダビリティ条件，環境への耐性レベル，およびその他のエンタープライズの制約を含む。

4.4.2.8 アーキテクチャ候補の定義と優先アーキテクチャの選択

アーキテクチャ定義プロセスの目的は，適切なシステム要素とインタフェースで構成された「最善の」アーキテクチャを提供することである。すなわち，それぞれの要求の合意された制限またはマージンに依存して，すべての利害関係者要求とシステム要求に応える「最善の」アーキテクチャを提供することである。これを行うための望ましい方法は，いくつかの候補となるアーキテクチャをつくり出し，それらを分析し，アセスメントし，そして比較し，その後，最も適したものを選択することである。

一連のシステム要素を構築するために，アーキテクチャ候補は，基準またはそれを推進するものに従って定義される（例えば，システム要素とそれらの物理インタフェースのネットワークを分割し，収集し，接続し，そして切断する）。基準または推進するものは，インタフェース数の削減，個別にテストできるシステム要素，モジュール性（すなわち，低い相互依存性），保守中のシステム要素の交換可能性，互換性のある技術，空間における要素の近接性，取り扱い（例えば，重量，容積，輸送施設），および要素間で共有される資源と情報の最適化などを含む。

実行可能なアーキテクチャ候補は，トレードオフが行われた後に，必要なすべての特徴（例えば，機能，特性）を満たさなければならない。望ましいアーキテクチャとは，アーキテクチャおよび設計が，一連の利害関係者要求とシステム要求に完全に一致するような最適なものを指す。この判断は，利害関係者要求とシステム要求が実現可能であり，妥当性確認されており，かつその実現可能性および妥当性確認が実証もしくは証明されているかどうかに依存する。「証明された」要求を得るために，一般に，アセスメント，研究，モックアップなどがアーキテクチャおよび設計活動と並行して実行される。

アーキテクチャ定義のアクティビティは，アーキテクチャ特性と許容可能なリスクのバランスをとるための最適化を含む。性能，効率，保守性，およびコストなどの特定の分析には，利害関係者要求およびシステム要求に関して，候補となるアーキテクチャ全体，もしくは詳細な振る舞いを特徴づけるための十分なデータを得ることが求められる。これらの分析は，システム分析プロセス（4.6 節参照）で，そして専門エンジニアリングの活動（第 10 章参照）として実行される。

4.4.2.9 方法とモデリング技法

アーキテクチャ定義の際に，モデリング，シミュレーション，およびプロトタイピングを用いること

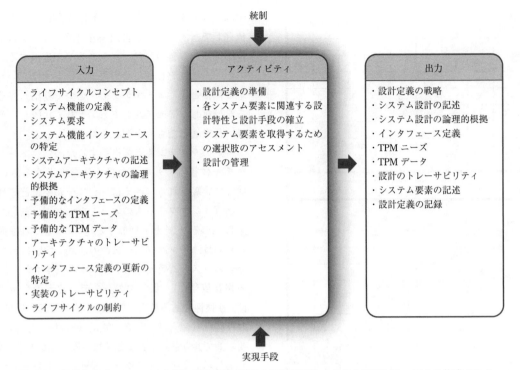

図 4.9 設計定義プロセスの IPO 図。INCOSE SEH の元図は Shortell および Walden により作成された。INCOSE の利用条件の記載に従い利用のこと。

で，できあがったシステムでの障害のリスクを大幅に削減することができる。システムズエンジニアは，大規模で複雑なシステムについて，システムのミッション要求と性能要求に合致させるため，モデリング技法とシミュレーションを用いて障害のリスクを管理する。これらは，モデルをつくり妥当性確認し，シミュレーションを実行し，そして結果を分析する対象分野の専門家らによって最善な形で実行される（モデルおよびシミュレーションの詳細な扱いについては第 9 章を参照されたい）。

4.5 設計定義プロセス

4.5.1 概要
4.5.1.1 目的

ISO/IEC/IEEE 15288 に記載されているように，

[6.4.5.1] 設計定義プロセスの目的は，システムアーキテクチャのモデルおよびビューで定義されているアーキテクチャエンティティと一貫性をもって実装できるシステムおよびその要素に関する詳細なデータと情報を十分に提供することである。

4.5.1.2 説明

システムアーキテクチャは，詳細部分を除いた，一般的なビューまたはモデルによって表される上位の原則，コンセプト，および特性を扱っている（4.4 節参照）。システム設計は，システム要素の実装に有用で必要な情報とデータを提供し，システムアーキテクチャを補完する。この情報とデータは，それぞれのシステム要素に割り当てられた期待されるプロパティを詳述し，および/またはそれらの実装への移行を可能にする。

設計とは，実装に適した形式で記述された設計特性の一式すべてを通じて，システムアーキテクチャの実現を策定し，表現し，文書化し，そして伝達するプロセスである。図 4.9 に，設計定義プロセスの IPO 図を示す。

設計は，特定のエンジニアリングプロセスが求められるすべてのシステム要素（例えば，機械，電気，ソフトウェア，化学，人の操作，およびサービスなどの，実装技術から構成される要素）に関与する。設計定義プロセスは，特定のシステム要素の実装を可能にする詳細な情報とデータを提供する。このプ

ロセスは，親のシステムアーキテクチャにフィードバックを提供して，アーキテクチャエンティティのシステム要素への割り当ておよび分割を確固たるものにするか，または確認する。

その結果，設計定義プロセスは，実装に必要な設計特性と設計手段を提供する。設計特性には，寸法，形状，材料，およびデータ処理の仕組みが含まれる。設計手段には，数式または方程式，図，ダイアグラム，基準（数値とマージン）を示す表，パターン，アルゴリズム，および経験則が含まれる。

4.5.1.3　入力/出力

設計定義プロセスの入力と出力を図4.9に示した。各入出力の記述は付録Eに掲載されている。

4.5.1.4　プロセスアクティビティ

設計定義プロセスは，次のアクティビティを含む。

- 設計定義の準備
    - 技術マネジメント計画を策定する。システムおよびシステム要素の設計目標を達成するために必要な技術を特定する。技術マネジメントには，陳腐化管理が含まれる。どの技術とシステム要素に，陳腐化するリスクがあるかを判断する。可能性のある代替計画（進化する可能性のある技術の特定を含む）を策定する。
    - 適用される技術を考慮し，それぞれのシステム要素に適用可能な設計特性の種類を特定する。設計特性を定期的にアセスメントし，システムアーキテクチャの進化に伴って調整する。
    - 製品，サービス，それらを有効にするシステムに必要なものと要求を含む設計定義戦略を定義し，文書化する。
- 各システム要素に関連する設計特性と設計手段の確立
    - アーキテクチャ定義プロセスでは十分に対処されていないすべての要求とシステム要素について，システム要素への要求の割り当てを行う。

        注意：通常，すべてのシステム要求は，アーキテクチャエンティティおよびアーキテクチャ特性に変換される。これらのエンティティまたは特性は，直接的な割り当てまたは区分けによって，システム要素に割り当てられる。しかし，要求をアーキテクチャエンティティに変換することが実用的ではない，または不可能な場合がある。いずれの場合も，それぞれの要求をどのようにフローダウンする（下流側に流す）ことが最適であるかを判断するために，分析または調査を行うことが重要である。アーキテクチャ定義プロセスで，可能なかぎりの割り当てを行うことを推奨する。

    - アーキテクチャエンティティのアーキテクチャ特性に関連する設計特性を定義し，設計特性が実現可能であることを保証する。モデル（物理モデル，分析モデル），設計上の経験則などの設計手段を用いる。設計特性が実現不可能と判断された場合は，他の設計代替案を評価する，または，他のシステム定義要素とのトレードオフを行う。
    - インタフェース定義を実行し，アーキテクチャ定義プロセスでは定義されなかったインタフェース，または設計の進展に伴い詳細化する必要のあるインタフェースを定義する。システム要素間の内部インタフェースと他のシステムとの外部インタフェースの両方が含まれる。
    - 各システム要素の設計特性を把握する。その結果得られる成果物は，用いられる設計手法および技法に依存する。
    - 主要な実装に際してのオプションと実現手段に関する理論的根拠を提供する。
- システム要素を取得するための選択肢のアセスメント
    - 既存の実装済み要素を特定する。これらには，COTS（市販品），再利用，または開発品ではないシステム要素が含まれる。新たなシステム要素の代替案の開発について，検討される可能性もある。
    - COTSのシステム要素，再利用するシステム要素，および設計特性から導出される選択基準を用いて開発される新しいシステム要素を含む，システム要素のオプションをアセスメントする。
    - 最も適切な候補案を選択する。
    - システム要素の開発を決定した場合は，他の設計定義プロセスと実装プロセスを用いる。

システム要素を購入，または再利用することを決定した場合は，多くの場合，取得プロセスを実行して，システム要素を取得することになる。

- 設計の管理
  - 候補からの選択と設計，アーキテクチャ特性，設計手段，およびシステム要素の出所に関する決定の論理的根拠を把握し，これを維持する。
  - アーキテクチャとの調整を含め，設計の保守と進展を管理する。設計特性の進展をアセスメントし，統制する。
  - 利害関係者の要求と関心事，システム要求と制約，システム分析，トレードオフ，理論的根拠，検証基準と結果，および設計要素に対するアーキテクチャエンティティ（ビュー，モデル，およびビューポイント）間の双方向のトレーサビリティを確立し，維持する。設計特性とアーキテクチャエンティティ間のトレーサビリティは，アーキテクチャへの確実な順守に役立つ。
  - 構成管理の基準となる情報を提供する。
  - 設計ベースラインと設計定義戦略を保守する。

一般的なアプローチとヒント：

- 専門分野のエンジニアまたは設計者は，関連するシステム要素の設計定義を実行する。彼らは，システムズエンジニアまたはアーキテクトに対して，候補のシステムアーキテクチャとシステム要素の評価と選択を強力にサポート（知識と能力を提供）する。一方，システムズエンジニアまたはアーキテクトは，知識とノウハウを向上するため，専門分野のエンジニアまたは設計者にフィードバックを提供する必要がある。

4.5.2 詳述
4.5.2.1 アーキテクチャ定義と設計定義

アーキテクチャ定義プロセスは，利害関係者の関心事の理解と解決に焦点を合わせる。このプロセスにより，利害関係者の関心事，解決策要求，およびシステムの創発特性と振る舞いの関係に対する洞察を得る。アーキテクチャでは，ライフサイクル全体にわたる適合性，実行可能性，および適応性に重点を置く。効果的なアーキテクチャは，できるだけ設計に左右されず，設計トレードオフ空間の中での最大限の柔軟性を許容するものである。それは「どのように」よりも「何を」に焦点を合わせる。

一方，設計定義プロセスは，特定の要求，アーキテクチャ，およびパフォーマンスと実現可能性のより詳細な分析によって実行される。設計定義では，実装技術とその同化に取り組む。設計は，その定義で「どのように」または「何に対して実装するか（実装先）」のレベルを提供する。

4.5.2.2 設計で用いられる考えと原則

システム設計の目的は，対象システム（SOI）のアーキテクチャとそれを構成する技術的なシステム要素の実装を連携させることである。したがって，システム設計は，各システム要素の詳細なモデル，プロパティ，または特性の完全なまとまりとして理解され，実装に適した形式で記述される。

すべての技術領域または分野には，材料，エネルギー，または情報を構成する部分の変換，構造，振る舞い，および時間特性に関する特有の法律，規則，理論，そして実現手段がある。これらの特定の部品および/またはそれらの構成は，通常の設計特性および手段で記述される。これらは，アーキテクチャ定義プロセス中に割り当てられた設計特性（例えば，操作性レベル，信頼度，速度，保護レベル）によって必要とされるさまざまな変換，連携，および交換を通じて，対象となるシステム要素の実装を可能にする。

- 固体力学の一般的な設計特性の例：形状，幾何学的パターン，寸法，体積，表面，曲線，抵抗力，力の分散，重量，運動速度，時間的持続性。
- ソフトウェアでの一般的な設計特性の例：分散処理，データ構造，データ持続性，手続きの抽象化，データ抽象化，制御の抽象化，カプセル化，生成に関するパターン（たとえば，builder, factory, prototype, singleton），および構造に関するパターン（たとえば，adapter, bridge, composite, decorator, proxy）。

4.5.2.3 設計記述子

親のシステムのエンジニアリングデータ（特に期待されるアーキテクチャ特性）から，システム要素に適用可能な要求を定義することは困難な場合があ

るため，補完的方法として，設計記述子技法を用いることも可能である。設計記述子は，一般的な設計特性とその可能な値のまとまりである。類似しているが同じではないシステム要素が存在する場合，これらを分析して，それぞれの基本特性を特定することができる。各特性が取り得る値のばらつきから，潜在的なシステム要素の候補を決定できる。

4.5.2.4 全体論的設計

設計定義は，システム要素から構成される全体としてのシステムから開始し，それぞれのシステム要素についての定義（すなわち，設計）で終了することを（一つのシステム要素だけではなく）理解すること，また，これらのシステム要素は，どのように設計されると，連携して一つの完全なシステムとして機能するのかについて理解することが重要である。システム要素は，アーキテクチャ内で特定されるが，アーキテクチャは，アーキテクチャ上の重要な要素のみを特定する可能性がある。

設計定義プロセスでは，システム全体を機能させるために，追加のシステム要素を特定することが必要な場合がある。そのような場合は，それを可能とするいくつかの要素またはサービスをシステム内部に組み込む必要が生じる。システムの内部また外部にこの要素をもたせるかどうかで通常トレードオフ分析を行う。この決定は，アーキテクチャ定義プロセスで行うことも可能であるが，他の設計トレードオフおよび設計の途中で行われた決定に依存する場合が多いため，設計定義プロセスで行うことが望ましいであろう。

追加されたシステム要素の中には，アーキテクチャで特定されていない「欠けている」機能の考慮が必要なものがある。例えば，さまざまなシステム要素がそれぞれ独自の電源バックアップを生成するのではなく，この機能を他のすべての要素に対して提供する別のシステム要素が存在するべきであると判断することがある。これは，この機能の最適な配置場所を決定するために行う設計分析の結果といえる。あるいは，この特定の問題に設計パターンを適用した結果といえるかもしれない。

これらの設計上の決定とトレードオフに関するフィードバックをアーキテクチャ定義プロセスに提供し，アーキテクチャ全体に負の影響がないことを確実にすることが必要となる。これらの機能をアー

キテクチャ上重要なものとしてとらえるべきかどうかに依存して，その設計の詳細を反映するようにアーキテクチャが更新される場合もあれば，更新されない場合もある。

システム設計に対するこの全体論的なアプローチは，個々の製品またはサービスの設計とは区別される。全体論的設計はシステムを相互接続された全体として設計する手法であり，そこでは，そのシステムはさらに大きなシステムの一部であると考える。全体論的コンセプトは，機械装置の設計，空間のレイアウトなどと同様に，システム全体（例えば，システムが関与するエンタープライズまたはミッション）のコンテキストに沿って，適用することができる。この設計アプローチでは，全体論的な設計者は設計が環境にどのように影響するかを考慮し，設計が環境に与える影響を低減するように試みるため，環境に関する懸念が設計に盛り込まれることが多い。全体論的設計は，単にシステム要求を満たすだけにとどまらない手法である。

4.6 システム分析プロセス

4.6.1 概要
4.6.1.1 目的

ISO/IEC/IEEE 15288 に記載されているように，

[6.4.6.1] システム分析プロセスの目的は，技術的な理解のためのデータと情報の厳格な根拠を提供することにより，ライフサイクルにわたって意思決定を支援することである。

4.6.1.2 説明

このプロセスでは，コスト分析，コスト妥当性分析（10.1 節参照），技術的リスク分析，実現可能性分析，効果分析，そして他の重大な品質特性などの分析に基づく定量的なアセスメントと推定を行う。これらの分析では，主として量的なモデリング技法，分析モデル，関連するシミュレーションモデルが用いられ，それらは必要な忠実度に依存したさまざまなレベルの厳密さと複雑さで適用される。洞察を必要とする場合には，さまざまな分析または実験を行う必要がある。その結果は，さまざまな技術的意思決定のもととなり，適切なシステムバランスの達成へ向けてのシステム定義の適切性と完整性を確実な

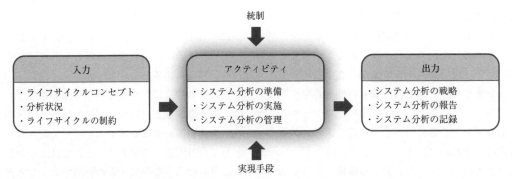

図4.10 システム分析プロセスのIPO図。INCOSE SEHの元図はShortellおよびWaldenにより作成された。INCOSEの利用条件の記載に従い利用のこと。

ものにする。

このプロセスは次のとおり用いられる（これらは例であり，これに限定されるものではない）。

- ビジネスおよびミッション解析では，実現可能性，コスト，リスク，および効果の観点で可能性がある対象システム（SOI）と関係する運用コンセプト（OpsCon）の候補，および/またはビジネスモデルの候補を分析し推定する。
- 利害関係者要求定義プロセスとシステム要求定義プロセスでは，一連の要求間の矛盾に関係のある問題，特に実現可能性，コスト，技術的リスク，そして効果（主に，性能，運用状態，および制約）に関係している問題を分析する。
- アーキテクチャ定義プロセスおよび設計定義プロセスでは，コスト，技術的リスク，効果（例えば，性能，ディペンダビリティ，人的要因），そして重要な品質特性，コスト妥当性，保守性などの他の利害関係者の関心事の観点から，最も効率のよいアーキテクチャを選択するために論拠を与え，候補となるアーキテクチャおよび/またはシステム要素のアーキテクチャ特性および設計特性の分析と評価を行う。
- 統合プロセス，検証プロセス，および妥当性確認プロセスでは，関連する戦略を評価する。
- プロジェクトアセスメントおよび統制プロセスでは，確立された目標およびしきい値，特に技術的な指標（効果指標（MOEs），適合指標（MOSs），性能指標（MOPs），および技術性能指標（TPMs））に対して性能を推定する。

分析と推定の結果は，データ，情報，および論拠として，最も有効な代替案あるいは候補を選択するために意思決定マネジメントプロセスに提供される。システムの目的，性能に関するしきい値，または成長目標に対するシステムの進捗を監視するために情報が必要な場合には，分析と推定の結果が，プロジェクトアセスメントおよび統制プロセスに提供される。例えば，システム開発の初期の段階に計画された信頼性またはモデル化した信頼性が信頼性向上曲線と比較して提供される。図4.10にシステム分析プロセスのIPO図を示す。

4.6.1.3　入力/出力

システム分析プロセスの入力と出力を図4.10に示した。各入出力の記述は付録Eに掲載されている。

4.6.1.4　プロセスアクティビティ

システム分析プロセスは，次のアクティビティを含む。

- システム分析の準備
  - 要求される分析の範囲，タイプ，目的，および正確さと，システムの利害関係者に対する重要度を定義する。
  - 評価基準（例えば，運用条件，環境条件，性能，ディペンダビリティ，コストのタイプ，リスクのタイプ）を定義または選択する。その基準は，主として利害関係者ニーズ，非機能要求，および設計特性から来ている。基準は意志決定のための戦略と一致する必要がある（5.3節参照）。
  - 分析するべき対象の候補，分析に用いる方法および手順，そして正当であることを証明するのに必要な項目を決定する。

4.6 システム分析プロセス

- SOI の分析を行うために必要な製品,サービス,およびこれらを有効にするシステムを取得または獲得するため,それらに対するニーズと要求を決定する。
- モデル,エンジニアリングデータ(例えば,OpsCon,ビジネスモデル,利害関係者要求,システム要求,設計特性,検証アクション,妥当性確認アクション),熟練者,および手順の入手可能性に合わせて,分析をスケジュールする。
- 対応するシステム分析の戦略を文書にする。

・システム分析の実施
- 分析に必要なデータと入力を収集する。その際,分析の仮定を強調しておく。入力にはモデルが含まれる。これらのモデルは,①それぞれの分野に特定の,物理現象を模擬できる物理モデル,②主にシステムまたはシステム要素の振る舞いを模擬するために用いられる記述モデル,③システムおよびシステム要素の現実の運用に近い推定値を確定するために用いられる(確定的および確率的)分析モデルである。
- コスト,リスク,効果,そして仮定の妥当性確認のための定義された方法および手順を用いて,スケジュールどおりに分析を実施する。
- 進化しているシステムの,利害関係者の目的そして以前の分析との妥当性,品質,および一貫性をアセスメントするため,対象分野の適切な専門家とともにプロセス進行中にピアレビューを行う。進行中の結果を記録し報告する。

・システム分析の管理
- 構成管理プロセスを用いて,システム分析の結果または報告書をベースラインとする。
- 利害関係者ニーズの定義から最終的なシステム廃棄に至るまでのシステムの進化のエンジニアリングに関する履歴を保守する。これにより,プロジェクトチームは,システムライフサイクル中またはその後のいかなるときにも履歴を双方向に検索できるようになる。

一般的なアプローチとヒント:

・時間,コスト,精度,中心となる技術,および解析の重要性に基づいて手法が選択される。コストとスケジュールのため,多くのシステムでは,重要な特性に対してのみシステム分析が行われる。
・モデルは決してシステムのすべての振る舞いを模擬できるわけではない。モデルは限られた数の変数で限定されたある領域でのみ動作する。モデルを用いる場合,パラメータとデータ入力が動作領域の一部であることをつねに確認する必要がある。そうでなければ,出力が整わない可能性がある。
・モデルは,パラメータの修正,新しいデータの入力,および新しいツールの利用によって,プロジェクト中に進化する。
・同時にいくつかのタイプのモデルを用いることが推奨される。それによって結果を比較し,そして/またはシステムの他の特性またはプロパティを考慮することができる。
・シミュレーション結果は,次のモデリングの状況,用いるツール,選択した仮定,導入されたパラメータおよびデータ,そして出力の分散に依存する。

4.6.2 詳述

システムライフサイクル中,技術の選択をするかあるいはそれを正当化する場合,異なる解決策を比較するだけでなくアセスメントを行う必要がある。システム分析は,技術的な意思決定のための厳格なアプローチとなる。システム分析は,コスト分析,技術的リスク分析,効果分析,および他の特性分析などの一連の分析を含み,評価を実施するために用いられる。

4.6.2.1 コスト分析

コスト分析はライフサイクル全体のコスト(LCC)を考慮する。コストのベースラインは,プロジェクトおよびシステムに応じて適応させることができる。LCC 全体は労務費と非労務費を含むことがある。開発,製造,サービスの実現,販売,顧客の利用,サプライチェーン,保守,および廃棄コストを含むことがある(さらに 10.1 節参照)。

4.6.2.2 技術的リスク分析

管理する方法が同じであっても,技術的リスクをプロジェクトリスクと混同してはならない。技術的

リスクは，プロジェクトではなく，システムの開発のために，システムそれ自体に対処する。当然ながら，技術的リスクはプロジェクトリスクと相互に関係する。潜在的なリスクまたは機会に関する確率またはインパクトを定量化し，理解を与える技術的なアセスメントを行うために，システム分析プロセスはしばしば必要となる（リスクマネジメントプロセスの詳細に関しては 5.4 節を参照されたい）。

4.6.2.3 効果分析

システムの効果分析は，システムが一つ以上の基準を満たすその程度，あるいは範囲を評価する幅広い分析カテゴリの中の一つの用語である。意図した運用環境で基準を満たすシステムの効果を評価する。目的（一つまたは複数）および基準は，一つ以上の所望のシステムの特性，たとえば，効果指標（MOE），技術性能指標（TPM），またはシステムの他の属性から導かれ，実施された分析の詳細に影響を及ぼすことがある。この情報は候補の解決策のトレードオフと評価（さらに開発するべき候補がどれで，どこを改善しなければならないか，あるいはコスト削減が可能かなど）をサポートするのに用いられるため，分析では，単に基準に適合しているか否かを判断するだけでなく，適合の程度（不足あるいは超過）を判断する。効果分析を行う際の課題の一つは，効果を測る目的と基準に優先順位をつけ，正しいものを選択すること。例えば，製品が一度だけ使用されるためにつくられるならば，保守性および進化のための能力は関連する基準にはならない。

4.6.2.4 方法およびモデリング技法

さまざまなタイプのモデルとモデリング技法が，システム分析のコンテキストの中で用いられる。制限されるわけではないが，次のようなものがある。物理モデル，構造モデル，振る舞いモデル，機能モデル，時間モデル，質量モデル，コストモデル，確率的モデル，パラメトリックモデル，レイアウトモデル，ネットワークモデル，視覚化，シミュレーション，数学モデル，およびプロトタイプ（モデルおよびモデリング技法についての詳細は 9.1 節を参照されたい）。

4.7 実装プロセス

4.7.1 概要

4.7.1.1 目的

ISO/IEC/IEEE 15288 に記載されているように，

> [6.4.7.1] 実装プロセスの目的は，規定したシステム要素を実現することである。

実装プロセスでは，システム要素の詳細な記述（要求，アーキテクチャ，設計，インタフェースを含む）に適合したシステム要素をつくる。システム要素の構築に際しては，適切な技術と産業での実践を採用する。

4.7.1.2 説明

実装プロセスの間，エンジニアは，そのシステム要素に割り当てられた要求に従い，規定した材料，プロセス，物理的または論理的な配置，標準，技術，および/または詳細な図面またはその他の設計資料で概説された情報の流れを用いて，個々の要素をつくり，コード化し，または組み立てる。システムの要求は検証され，利害関係者の要求は妥当性が確認される。次に続く構成監査で矛盾しているとわかった場合，必要に応じて，前のアクティビティまたは前のプロセスへの再帰的な相互作用が起こり，修正を行う。図 4.11 は，実装プロセスの IPO 図である。

4.7.1.3 入力/出力

実装プロセスの入力と出力を図 4.11 に示した。各入出力の記述は付録 E に掲載されている。

4.7.1.4 プロセスアクティビティ

実装プロセスは，詳細な設計から始まり，次のアクティビティを含む。

- 実装のための準備
  - 製造/コード化の手順，使用するツールと設備，実装の許容範囲，および要素の構成監査をするための手法と基準を詳細な設計資料に定義する。大量生産または交換部品などのようにシステム要素の実装が繰り返し生じる場合，実装の戦略は，一貫して実装が繰り返される要素を製造するために定義され/能率化され，将来の利用のためにプロジェクトの意思決定データベースの中に保持される。

4.7 実装プロセス

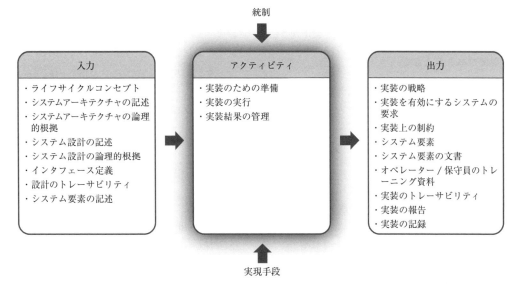

図4.11 実装プロセスのIPO図。INCOSE SEHの元図はShortellおよびWaldenにより作成された。INCOSEの利用条件の記載に従い利用のこと。

- 利害関係者，開発者，およびチームメートから，実装の技術，戦略，または実装を有効にするシステムによって与えられる制約をすべて引き出す。要求，アーキテクチャ，および設計の定義で考慮する制約を記録する。
- 実装時に必要とされる資源へのアクセスを獲得または資源を取得する計画を文書化する。その計画には，実装を有効にするシステムに対する要求とインタフェースの特定が含まれる。

・実装の実行
- 単独で動作するアイテムとして，または，大規模なシステムの一部として，その要素を操作および保守する，正しく安全な手順をユーザにトレーニングするためのデータをそろえる。
- 詳細な製品，プロセス，材料の仕様書（「構築に向けた」または「コード化に向けた」文書），および対応する分析を完成させる。
- 詳細な製品，プロセス，および材料の仕様書ごとにシステム要素を実現できることを保証し，実装で準拠すべきものの証拠を文書化する。具体的なタスクは次のとおりである。①ピアレビューとテストを行う。ソフトウェア/ハードウェアのベストプラクティスに従って，ソフトウェアが正しい機能性を有するか否かを検査し，検証する，あるいはホワイトボックステストを実行する。②ハードウェアの適合監査を行う。ハードウェア要素と詳細な図面を比較して，他の要素と統合する前に，各要素が詳細な仕様を満たしていることを保証する。
- 初期トレーニング能力の準備とトレーニング文書の作成。ユーザコミュニティに対して，操作能力を提供し，障害の検出と切り離しを実施し，不測の事態に対応するシナリオを実施し，適切にシステムを保守するために用いられる。
- 該当する場合，危険物を記録したログを準備する。
- システム要素の梱包および保管要求を決定し，梱包および/または保管の適切な開始時期を確定する。

・実装結果の管理
- 実装結果を特定し記録する。組織の方針ごとに記録を保守する。
- 実装プロセス中に発生した異常を記録し，品質保証プロセス（5.8節参照）を用いてその異常を分析し，解決する(是正処置または改善)。
- 実装されたシステム要素と，システムアーキテクチャ，設計，システム要求，およびインタフェース要求とのトレーサビリティを確立

し，保守する。
- 構成管理に対して基準となる情報を提供する。

一般的なアプローチとヒント：

- 統合製品開発チーム（IPDT）に，構成する際の課題を支援し，再設計することにかかわりつづけさせる。
- 検査は，品質を備えるための先を見越した方法である（Gilb and Graham, 1993）。
- プロセス管理の改善，製造検査の削減，保守活動の低減を見越して，多くの製造会社は，Design for Six Sigma またはリーンマニュファクチャリングを採用する。
- ハードウェアの適合監査またはシステム要素レベルのハードウェア検証を実行する。そして，統合の前にソフトウェアユニットの検証を十分に行うことを保証する。
- シミュレーションの妥当性を確認する。シミュレーターのインタフェースは，実際の環境の特徴を表すものでなければならない。

4.7.2 詳述
4.7.2.1 実装のコンセプト

実装プロセスは通常，次の4種類のシステム要素に焦点を当てている。

- ハードウェア/物理：つくられたか，あるいは適合したハードウェアまたは物理的な要素。ハードウェアの要素が再利用される場合，変更を求められることがある。
- ソフトウェア：ソフトウェアのコードと実行可能イメージ。
- 運用上の資源：手順とトレーニングを含む。これらはシステム要求と運用コンセプト（OpsCon）に対して検証される。
- サービス：規定されたサービスを含む。これらは，一つ以上のハードウェア，ソフトウェアの結果，またはサービスをもたらす運用の要素の場合がある。

実装プロセスは，システム要素をつくりだすこと（製造または開発），または適合することをサポートできる。市販品（COTS）のような再利用または取得したシステム要素に対して，実装プロセスは，対象システム（SOI）のニーズを満たすために要素の適合を考慮する。要素の適合は通常，要素（例えば，ハードウェア構成スイッチおよびソフトウェア構成テーブル）を用いて提供される構成の設定により完成する。新たにつくられる製品は，変更することなく，対象システム（SOI）のニーズを満たすよう設計され，開発される柔軟性をもつ。

4.8 統合プロセス

4.8.1 概要
4.8.1.1 目的

ISO/IEC/IEEE 15288 に記載されているように，

> [6.4.8.1] 統合プロセスの目的は，システム要求，アーキテクチャ，および設計を充足するシステム（製品またはサービス）を実現するために一連のシステム要素を総合することである。

4.8.1.2 説明

統合は，定義されたとおりに対象システム（SOI）を構成する実装されたシステム要素（ハードウェア，ソフトウェア，および運用上のリソース）を段階的に組み立てることと，実装されたシステム要素間のインタフェースに関する静的および動的な側面の正しさを検証することからなる。他のシステム要素との相互運用とシステム要素が意図したとおりに運用されていることを保証するためにインタフェースに重点が置かれる。要求，アーキテクチャ，および設計の定義中に，どのような統合上の制約も特定され，考慮される。統合プロセスと開発初期のシステム定義プロセス（すなわち，システム要求定義，アーキテクチャ定義，および設計定義）との相互作用は，システム実現中に起こる統合の問題を回避するために不可欠である。

統合プロセスは，検証および妥当性確認（V&V）のプロセスと密接に連携する。このプロセスは，V&Vプロセスとの間に適切な反復がある。システム要素の統合が行われると，検証プロセスが呼び出され，アーキテクチャ特性および設計プロパティが正しく実装されていることを確認する。妥当性確認プロセスは，個々のシステム要素が意図された機能を提供することを確認するために呼び出されることがある。妥当性確認プロセスでは，物理，論理，お

4.8 統合プロセス

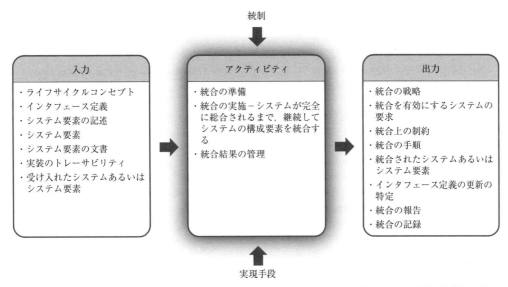

図4.12 統合プロセスの IPO 図。INCOSE SEH の元図は Shortell および Walden により作成された。INCOSE の利用条件の記載に従い利用のこと。

よび人的システムのインタフェースと物理的，感覚的，および認知的な相互作用を含む，システム要素間のすべての境界が正しく特定され，記述されていること，そして，すべてのシステム要素の機能，性能，および設計の要求と制約を充足していることを確認する。図 4.12 に統合プロセスの IPO 図を示す。

4.8.1.3 入力/出力

統合プロセスの入力と出力を図 4.12 に示した。各入出力の記述は付録 E に掲載されている。

4.8.1.4 プロセスアクティビティ

統合プロセスは，次のアクティビティを含む。

- 統合の準備
  - システム要素のインタフェースと機能の正しい振る舞いと正しい運用を保証するために重要なチェックポイントを定義する。
  - 統合の時間，コスト，およびリスクを最小限に抑える統合の戦略を確立する。①システムアーキテクチャの定義，および適切な統合のアプローチと技法に基づいて，システム要素で構成された組み立て集約体の最適な組み立て順序を定義する。②組み立てられ，検証されるべき集約体の構成を定義する（一連のパラメータに依存する）。③組み立ての手順と関連する実現手段を定義する。
  - システム要求，アーキテクチャ，および設計に取り入れられるべき，統合の戦略に起因する対象システム（SOI）の統合上の制約を特定する。このことは，アクセシビリティ，統合する者に対する安全性，一連の実装されているシステム要素，および一連の実現手段に対して要求されている相互接続の要求を含む。
  - 実現手段は，レンタル，調達，開発，再利用，および外注などのさまざまな方法で取得することができる。実現手段は，対象システム（SOI）とは別のプロジェクトとして開発された，有効にするシステムである場合がある。
- 統合の実施：システムが完全に総合されるまで，継続してシステムの構成要素を統合する。
  - 定義された組み立て手順，関連する統合を有効にするシステム，およびインタフェース統制の定義を用いて，逐次増分的な集約体を形づくるために，検証され，妥当性確認されたシステム要素を組み立てる。
  - 必要に応じて，システムの V&V プロセスを呼び出し，アーキテクチャ特性と設計プロパティの正しい実装を確認し，そして，個々のシステム要素が意図した機能を提供することを確認する。
- 統合結果の管理
  - 統合の結果を特定し，記録する。更新した統合されたシステム要素と，更新したシステム

アーキテクチャ，設計，およびシステムとインタフェースの要求との双方向のトレーサビリティを維持する。組織の方針ごとに，構成の更新を含む記録を保守する。
- 統合プロセス中に観測された異常を記録し（是正処置または改善点を特定する），品質保証プロセスを用いて観測された異常を解決する（5.8 節参照）。
- プロジェクトの進捗状況に応じて，統合の戦略とスケジュールを更新する。特に，予期しない出来事または計画どおりにシステム要素が利用できないことが原因で，システム要素の組み立ての順序を再定義または再スケジュールすることがある。
- 例えば，スケジュール，実現手段の取得，有資格者の採用，および資源の獲得についてはプロジェクトマネジャーが，アーキテクチャの理解，エラー，欠陥，不適合報告書についてはアーキテクトまたは設計者が，成果物のバージョン管理，アーキテクチャ，および設計のベースライン，実現手段，組み立て手順については構成管理者がそれぞれ統合の作業を調整する。

一般的なアプローチとヒント：

・統合の戦略を定義する際には，システム要素（システムを利用，運用，保守，および維持する人員を含む）の利用可能なスケジュールを考慮し，欠陥/故障の切り分けと診断の実践との一貫性をもつこと。
・ツールおよび設備など，統合手段の開発には，システムの開発と同程度の時間を要する。ツールおよび設備などの開発は，予備的なアーキテクチャ定義が固まったらすぐに，可能なかぎり早く開始するべきである。
・複雑なシステムの統合プロセスは，容易に予測できず，その進捗の制御と観測が困難な場合がある。したがって，柔軟なアプローチと技法（例えば，類似の統合技術）を用いて規定したマージンを設けて統合を計画することを推奨する。
・故障をより簡単に検出するために集約体を統合する。カップリングマトリクス技法の利用は，すべての戦略，とりわけボトムアップの統合戦略に対して適用できる（4.8.2.3 項参照）。

4.8.2 詳述
4.8.2.1 「集約体」のコンセプト

システムの物理的な統合は，「集約体」の考えに基づいている。集約体は，複数の実装されたシステム要素とそれらの物理的なインタフェース，すなわちシステム要素とコネクターで構成されている。それぞれの集約体は，物理的に組み立てられるべき実装されたシステム要素を規定する構成とその構成ステータスによって特徴づけられている。一連の検証アクションが，それぞれの集約体に適用される。これらの検証アクションを遂行するため，集約体と検証ツールを含む検証のための環境が構成される。検証ツールは，検証を有効にする要素であり，シミュレーター（模擬されたシステム要素），スタブまたはキャップ，アクティベーター（ランチャ，ドライバー），ハーネス，計測装置などがある。

4.8.2.2 システムのレベルによる統合

V字モデルに従い，システムは，連続する分解レベルごとに定義される（V字左側）。各レベルは，システムおよびシステム要素の物理アーキテクチャに対応する。統合は，レベルごとに組み立てる方法の対極にある（V字右側）。

あるレベルで，実装されたシステム要素は，次の項で示すような統合の技法またはアプローチを用いて，物理アーキテクチャに基づいて統合される。

4.8.2.3 統合の戦略とアプローチ

実装されたシステム要素は，事前に定義された戦略に従って統合される。統合の戦略は，システムのアーキテクチャが定義された方法に依存している。その戦略は，実装されたシステム要素の期待される集約体と，効率的な検証と妥当性確認（例えば，検査またはテスト）を行うためのこれらの集約体の組み立て順序とを定義する統合計画に記述される。したがって，統合の戦略は，選択された検証および妥当性確認の戦略と連携して精緻化する（4.9 と 4.11 節参照）。

統合の戦略を定義するために，一つ以上の実現可能な統合のアプローチと技法を用いる。これらはいずれも個別にあるいは組み合わせて用いる場合がある。統合の技法の選択は，複数の要因，特にシステム要素のタイプ，納期，システム要素の提供順序，

4.8 統合プロセス

リスク，制約などに依存する。それぞれの統合の技法には長所と短所があり，対象システム（SOI）との関連で考慮されるべきである。いくつかの統合の技法を以下に要約する。

- 一括統合：別名，ビッグバン統合。提供された実装済みのシステム要素はすべて，一つのステップだけで組み立てられる。この技法は，単純であり，その時点で利用できないシステム要素の模擬を必要としない。しかし，故障を検出し局所にとどめることは難しい。インタフェースの故障は，後になって検出される。この技法は，相互作用が少なく，技術的なリスクのない，少ないシステム要素をもつ単純なシステムに向いている。
- "流れのある"統合：提供されたシステム要素は，利用可能になると組み立てられる。この技法は，迅速に統合を開始することができる。まだ利用可能でないシステム要素を模擬する必要があるため，実装が複雑である。端から端までの「機能連鎖」を統制することは不可能である。包括的なテストは，スケジュールのかなり後にまわされる。この技法は，技術的なリスクのない，よく知られ，十分に統制されたシステムにとっておくべきである。
- 逐次増分的な統合：あらかじめ定義された順序で，一つまたは非常に少数のシステム要素が，すでに統合されたシステム要素に追加される。この技法は，迅速に故障を局所化することができる。新たな故障は通常，最後に統合されたシステム要素に局所化されている，あるいはインタフェースの故障に依存している。この技法は，欠如しているシステム要素に対するシミュレーターと，多くのテストケースが必要となる。それぞれのシステム要素の追加には，新しい構成の検証と回帰テストが必要となる。この技法は，あらゆるタイプのアーキテクチャに適用できる。
- 部分集合としての統合：システム要素は，部分集合（一つの部分集合は一つの集約体）ごとに組み立てられ，その後，部分集合は一緒に組み立てられる。「機能連鎖の統合」と呼ぶことができる。この技法は，部分集合の並列的な統合により時間を節約する。部分的な製品の提供が可能である。この技法は，逐次増分的な統合よりも，少ない手段（実現手段）とテストケースを必要とするのみである。部分集合は，アーキテクチャ定義中に定義される。部分集合は，アーキテクチャで定義されているサブシステム/システムに相当する。
- トップダウン統合：システム要素または集約体は，起動順または利用順に統合される。システムの骨格を利用することができ，アーキテクチャ上の故障の早期発見が可能である。テストケースの定義は現実に近い。テストデータ一式の再利用が可能である。しかし，多くのスタブ（参照先を代用するもの）/キャプスを作成する必要がある。低いレベルのシステム要素のテストケースを定義するのは困難である。この技法は，主にソフトウェアを中心とするシステムで用いられる。上位のレベルのシステム要素から開始する。すべての末端のシステム要素が取り入れられるまで，下位のレベルのシステム要素が追加される。
- ボトムアップ統合：システム要素または集約体は，起動順または利用順とは逆の順番で統合される。テストケースの定義は容易である。故障の早期検出（通常，末端のシステム要素に局所化される）が可能である。用いられるシミュレーターの数は減少する。集約体はサブシステムになりうる。しかし，テストケースは各ステップごとに再定義されなければならない。ドライバー（テスト用）を定義し，実現することは困難である。下位のレベルのシステム要素は"過度にテストされる"。この技法では，アーキテクチャの故障を早期に発見することはできない。この技法は，いくつかのソフトウェアを中心とするシステムと，あらゆる種類のハードウェアシステムに対して用いられる。
- 評価で駆動される統合：もっとも重要なシステム要素は，選択された評価基準と比較され最初に統合される（例えば，信頼性，複雑さ，技術革新）。評価基準は，一般的にリスクに関連している。この技法は，早期かつ集中的に重要なシステム要素のテストが可能である。アーキテクチャおよび設計の選択を早期に検証すること

が可能である。しかし，テストケースとテストデータの一式を定義することは難しい。

・カップリングマトリクスの再編成：4.4.2.6項で述べたように，カップリングマトリクスは，統合中と同様に，アーキテクチャ定義中のインタフェースを強調するために役立つ。システム要素を集約体にグループ化し，集約体の間で検証されるインタフェースの数を最小限に抑えるために，カップリングマトリクスを再編成することにより統合戦略は定義され最適化される。集約体の間での相互作用を検証する場合，カップリングマトリクスは故障検出の助けとなる。システム要素を集約体に追加することによってエラーが検出された場合，故障は，システム要素，集約体，あるいはインタフェースに関連している可能性がある。故障が集約体に関連している場合，集約体の内部のあらゆるシステム要素，またはシステム要素間のあらゆるインタフェースに関連している可能性がある。

通常，統合戦略は，統合作業を最適化するために，これらのアプローチと技法の組合せとして定義される。最適化では，システム要素を実現する時間，予定されている納品順序，複雑さのレベル，技術的なリスク，組み立てツールの可用性，コスト，納期，具体的な人員の能力などを考慮する。

4.9 検証プロセス

4.9.1 概要

4.9.1.1 目的

ISO/IEC/IEEE 15288 に記載されているように，

> [6.4.9.1] 検証プロセスの目的は，システムまたはシステム要素が規定された要求と特性を満たしているという客観的証拠を提供することである。

4.9.1.2 内容/説明

対象システム（SOI），あるいはシステムまたはその構成要素に適用され，対象が「正しくつくられた」ことを証明する検証プロセスを具体的に示す。

検証プロセスは，システム自体の定義および実現に貢献したあらゆるエンジニアリング要素に適用できる（例えば，システム要求，機能，入出力フロー，システム要素，インタフェース，設計プロパティ，検証手順の検証）。検証プロセスの目的は，入力から出力へのいかなる変換の際にも，エラー/欠陥/故障が生じないことを証明することである。この検証プロセスは，要求とその要求に見合った手法，技法，標準または規則に従って，この変換が"正しく"行われたことを裏づけるために用いられる。よく言われているように，検証（verification）は「正しく製品がつくられている」ことの保証を，妥当性確認（validation）は「正しい製品がつくられている」ことの保証を意図したものである。検証は，システムのすべてのライフサイクルを横断する活動である。特にシステムの開発中，検証はあらゆる活動，その活動から得られるあらゆる成果に対して適用される。図4.13は検証プロセスのIPO図である。

4.9.1.3 入力/出力

検証プロセスの入力と出力を図4.13に示した。各入出力の記述は付録Eに掲載されている。

4.9.1.4 プロセスアクティビティ

検証プロセスは，次のアクティビティを含む。

・検証の準備
  - システムの振る舞いの運用範囲を最大化しながら，コストとリスクを最小化するため，検証アクションの優先順位を決める戦略をつくりあげる。①要求，アーキテクチャ特性，設計プロパティを含め，検証に必要な項目リストを確立し，それぞれに対応する検証アクションを定義する。書かれたとおりの要求が検証可能であることを確実に保証するために，要求が最初に文書化された時点で検証のアプローチを特定し，文書にするべきである。場合によっては，要求の再定義，または検証可能となるよう要求をさらに分解する必要が出てくる（例えば，システムが「ユーザフレンドリー」であるという正当な要求をどのように満たすか）。②考慮する必要のある検証制約のリストを確立する。制約は検証アクションに影響を与える可能性がある。契約上の制約，規則的な要求による制限，コスト，スケジュール，（ある法令での）職務の実現可能性，安全上の配慮，物理的な構成，アクセシビリティなどが制約としてあげられる。③

4.9 検証プロセス

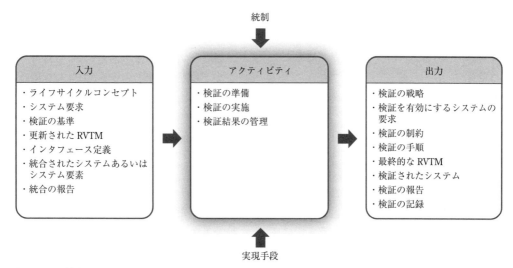

図4.13 検証プロセスのIPO図。INCOSE SEHの元図はShortellおよびWaldenにより作成された。INCOSEの利用条件の記載に従い利用のこと。

制約を考慮して，各検証アクションに適用される手法と技法を計画する必要がある。手法または技法は一般的に，検査，分析，実証，あるいはテストが該当する(4.9.2.2項参照)。検証手法または技法を特定する際，分析はモデリング，シミュレーション，および類推を含み，検証の成功を示す判断基準を定義する。④検証の範囲を設定する。検証アクションは資源：労働，設備，および資金を使う。時間，システムの種類，プロジェクトの目的，および検証アクションを行わないことによる許容できるリスクに応じて，何を検証しなければならないかの取捨選択を行う必要がある。
- 検証アクションをサポートする検証手順を作成する。プロジェクトの段階に応じた検証アクションの実施を計画し，検証アクションに対して提供されたアイテムの構成を定義する。
- 検証戦略に基づいて，規定したシステム要求，アーキテクチャ要素，設計要素に関連するシステム，またはシステム要素の検証制約を特定する。典型的な制約には，性能特性，アクセシビリティ，インタフェース特性がある。システム要求定義，アーキテクチャ定義，および設計定義プロセスの中で考慮した制約情報を提示する。
- 必要なときには検証アクションに求められる実現手段，製品，あるいはサービスが利用可能であることを確認する。検証アクションの計画は，実現手段の要求とインタフェースの特定を含む。実現手段の取得には，レンタル，調達，開発，再利用，および外注などさまざまな方法がある。実現手段は，対象システム(SOI)とは別のプロジェクトとして開発された，有効にするシステムである場合がある。
- 検証の実施
  - 前節で作成された検証計画を実行に移す。検証計画は，選定された検証のアクションに対する次の詳細を含む。①検証の対象，②期待される結果と成功の判断基準，③選択された検証手法と技法，④必要となるデータ，⑤検証を有効にするシステム，製品，あるいはサービス。
  - 検証手順を用いて，検証アクションを実施し，結果を記録する。
  - 期待される結果および成功の判断基準に対して検証結果を分析し，整合性がとれているか否かを判定する。
- 検証結果の管理
  - 検証結果を特定・記録し，データをRVTM (Requirements Verification and Traceability Matrix)に入力する。組織の方針によって記録を保守する。

- 検証プロセス中に確認された異常を記録して，品質保証プロセス（5.8節参照）を用いてその異常を分析し，解決する（是正処置または改善）。
- 検証されたシステム要素と，システムアーキテクチャ，設計，検証に必要なシステム要求，およびインタフェース要求との双方向のトレーサビリティを確立し，保守する。
- 構成管理に必要な基準となる情報を提供する。
- プロジェクトの進捗に応じて検証戦略およびスケジュールを更新する。特に，必要ならば計画された検証アクションの再定義またはスケジュール変更をしてもよい。
- 例えば，スケジュール，検証の実現手段の取得，有資格者の採用，および資源の獲得についてはプロジェクトマネジャーが，エラー，欠陥，不適合報告書についてはアーキテクトまたは設計者が，成果物のバージョン管理，要求，アーキテクチャおよび設計のベースライン，検証の実現手段，検証手順については構成管理者がそれぞれ検証アクションを調整する。

一般的なアプローチとヒント：

- 予算超過またはスケジュール遅延を理由に検証アクションの数を減らすという衝動に注意する。不一致とエラーをシステムライフサイクル後半で修正すると，よりコストがかかってしまうことを念頭に置くこと。
- プロジェクトの進行中はどの時点でも，常に検証アクションの抜け漏れのリスクを見積もるために，何が検証されていないかを把握することが大切である。
- 各システム要求は定量的で，測定可能で，曖昧でなく，理解しやすく，試験可能であるべきである。一般的に，要求定義時にこれらの基準に要求が合致していることを保証しておくことは，より容易であり，より費用対効果が高い。実行に移行した後または統合後に要求を調整すると，一般的にコストがかかり，設計変更の影響が広範囲に及ぶ可能性がある。適切な要求をつくることをガイドする情報源がいくつかある（システム要求定義プロセス，4.3節参照）。
- 不一致に対処する時間がより少ないスケジュール後半のみでの検証の実施を避ける。
- 実際のシステムをテストすることはコストが高く，必ずしも唯一の検証技法ではない。シミュレーション，分析，レビューなどの技法があり，これらを SOI を表すモデル，モックアップ，あるいは部分的なプロトタイプなどの他のエンジニアリング要素に用いることができる。

4.9.2 詳述
4.9.2.1 検証アクションの考え

検証アクションは，何を（例えば，参照としての要求，特性，またはプロパティ），どのアイテムに（例えば，要求，機能，インタフェース，システム要素，システム）検証するべきか，参照から推定した期待される結果，適用する検証方法（例えば，検査，分析，実証，テスト），およびシステムの分解レベル（例えば，SOI，中間レベルのシステム要素，詳細レベルのシステム要素）を表す。

エンジニアリング項目（例えば，利害関係者の要求，システム要求，機能，インタフェース，システム要素，手順，および文書）に適用される検証アクションの定義は，検証アクションを実施する対象の特定，期待される結果を定義するのに用いられた参照情報，そして適切な検証方法を含む。

提出されたアイテム（検証対象）に対して検証アクションを実施して得られた結果を，期待される結果と比較する。この比較により，検証対象の正しさを決定できる（図4.14参照）。

検証アクションの例を以下に示す。

- 利害関係者の要求またはシステム要求の検証：利害関係者ニーズおよび要求定義プロセス，およびシステム要求定義プロセスの中で，要求の特性として，「必要なこと」，「実装に依存しないこと」，「曖昧でないこと」，「一貫性」，「完全性」，「唯一であること」，「実現可能性」，「トレーサビリティ」，および「検証可能なこと」などを確認し，そして構文および文法の規則が適用されていることを確認する。
- システムアーキテクチャの検証：適切なパターン，経験則の正しい適用の確認，そして正確なモデリング技法または手法が用いられているこ

4.9 検証プロセス

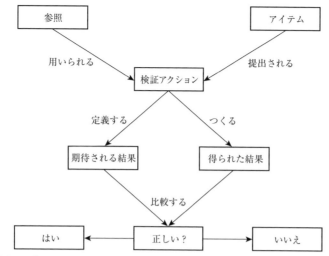

図4.14 検証アクションの用法および定義。Alain Faisandierの許可を得て転載。

との確認。
- システム要素の設計の検証：パターン，トレードオフの規則，または関係する関心のある最先端技術（例えば，ソフトウェア，機械，電子工学，化学）が正しく用いられていることの確認。
- システム（製品，サービス，あるいはエンタープライズ）またはシステム要素の検証：規定された要求に対して実現された特性またはプロパティ（例えば，計測された），期待されるアーキテクチャ特性，および設計プロパティ（要求，アーキテクチャ，および設計文書に記載されている）の確認。

検証のアプローチを選択するにあたり，検証手段で強いられる精度に関する実際の制約，不確かさ，再現性，関連する測定方法，そして検証手段の可用性，入手可能性および相互接続を考慮する。

4.9.2.2 検証技法

基本的な検証技法は次に示されるとおりである（IEEE 1012, 2012；ISO/IEC/IEEE 29119, 2013；ISO/IEC/IEEE 29148, 2011）。

- 検査：この技法は対象物の目視確認または寸法検査を基本とする。検証は人の五感に頼るか，または簡単な測定方法および操作を用いる。一般的に検査は対象物を破壊せず，視覚，聴覚，嗅覚，触覚，および味覚を用いるか，簡易的な物理操作，機械的・電気的測定，および計測の方法をとる。対象物への外部入力は不要である。この技法は，観察によって最もよくわかるプロパティを確認するために用いられる。（例えば，色，重量，文書，ソフトウェアのコード）。プロセス上の成果物をピアレビュー（相互評価）することも一種の検査である。
- 分析：この技法は，対象物に対して直接触れることなく得られる分析的証拠に基づき，論理的な正しさを示すために定義された条件下で数学的または統計計算，論理的推論（論理学も含む），モデリングおよび/またはシミュレーションを用いる。主に，現実の条件でテストすることが難しいか，または費用対効果がない場合に分析が用いられる。
- 実証：この技法は物理的な測定を用いずに（必要最低限で計器または試験装置を使用するか，あるいはまったく使用しない），運用上および観測上の特性に対する対象物の正しい運用を示すために用いられる。一般的に実証は，外部入力に対する応答が適切であるか，またはオペレーターが対象物を用いて割り振られたタスクを正しく実施できるかを示すために選定された一連のアクションを用いる。あらかじめ定められた結果，または期待される結果と照らし合わせて観察が行われる。
- テスト：この技法は，実際のまたは模擬した統制された条件で，機能，測定可能な特性，操作性，サポート可能性，または遂行能力を定量的に検証する対象物に対して実行される。テスト

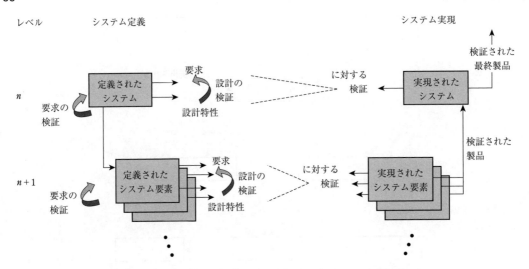

図 4.15 レベルごとの検証。Alain Faisandier の許可を得て転載。

は分析できる正確な定量データを得るため，特別な試験装置または計器をしばしば必要とする。
- 類推または相似：この技法（しばしば一種の分析技法とみなされる）は，対象とする要素に類似した要素の兆候または経験則に基づく。コンテキストが不変で，結果が置き換え可能であることを予測によって提示する必要がある（例えば，モデル，調査，経験則）。対象物が設計，製造，使用で類似している場合，類似の要素に対して同等またはより厳格な検証アクションを用いる場合，そして意図される運用環境が同等または厳格さがより少ない場合にのみ，この技法は用いることができる。
- シミュレーション：この技法（しばしば一種の分析技法とみなされる）は，設計どおりの特徴と性能を有することを検証するため，モデルまたはモックアップ（現実の物理要素ではなく）に対して適用される。
- サンプリング：この技法はサンプルを用いて，特性の検証を実施する。数，許容，および他の特性を規定する必要があり，それまでの経験則と合致している必要がある。

注：システム要素へ外部入力を与えない技法では，特性（外的属性）を観測できず，プロパティ（内的属性）のみを観測できる。

4.9.2.3 システムの統合，検証，および妥当性確認

検証がシステムの統合後かつ妥当性確認前に実施されると誤解されていることがときどきある。ほとんどの場合，検証アクションを開発中に始め，システムの展開と使用に向けて継続して実施することがより適切である。

システム要素が実現されると，全体のシステムを形づくるためそれらの統合が行われる。統合プロセス（4.8 節）で述べたとおり，統合は，検証アクションの準備をしたうえで，システム要素のもつ能力を組み上げる。

4.9.2.4 レベルごとの検証

一般的に，SOI にはシステムの階層が複数ある（システムは次の下位レベルのシステム要素で構成されている）。したがって，図 4.15 に示されるように，各システムおよびそれぞれのシステム要素を検証し，上位レベルのシステムへ統合される前にできるだけ修正する。この図で，検証という用語が示されている箇所では常時，該当する検証プロセスが実行される。

必要に応じて，一段階内で検証できるプロパティの数を制限するため，システムおよびシステム要素は部分的にサブセット（集約体）に統合される。前のレベルで定められた特徴へ悪影響を及ぼさないように，各レベルに対して一連の検証アクションを定める必要がある。さらに，環境が変わった場合，たとえ変わる前の環境で結果が適合していても，結果

4.10 移行プロセス

4.10.1 概要

4.10.1.1 目的

ISO/IEC/IEEE 15288 に記載されているように，

> [6.4.10.1] 移行プロセスの目的は，システムが運用環境中で利害関係者の要求によって規定されたサービスを提供できる能力を確立することである。

移行プロセスにより，最終的にシステムの保管とサポートの責任をある組織から異なる組織に引き渡すことが可能になる。これには，開発チームからシステムを運用しサポートする組織への保管の引き渡しが含まれるが，その限りではない。移行プロセスの正常な完了は通常，対象となるシステム（SOI）の運用ステージの開始を意味する。

4.10.1.2 説明

移行プロセスでは，契約で定義されたとおり，オペレーターをトレーニングするシステムのような関連する有効にするシステム，製品またはサービスとともに，運用環境中に検証されたシステムを組み込む。検証プロセスの成功裏に行われた結果を用いて，取得者は，統制，所有権，および保管の変更を許可する前に，意図した運用環境中で規定されたシステム要求をシステムが満たしていることを受け入れる。これは比較的短いプロセスであるが，合意のいずれかの当事者に予想外なこと，あるいは非難されることを回避するために，綿密に計画しなければならない。また，移行計画は，移行中に発生した問題の解決を含めて，すべてのアクティビティが，いずれの当事者も満足する内容で確実に完了するように，追跡および監視されなければならない。図 4.16 は，移行プロセスの IPO 図である。

4.10.1.3 入力/出力

移行プロセスに対する入力と出力を図 4.16 に示した。各入出力の記述は付録 E に掲載されている。

4.10.1.4 プロセスアクティビティ

移行プロセスは，次のアクティビティを含む。

- 移行の準備
  - システムの移行に関する計画立案。その戦略には，オペレータートレーニング，ロジスティクスサポート，引き渡し方策，および問題の調整・解決の方策が含まれなければならない。
  - 導入手順の作成
  - 必要に応じて，移行を有効にするシステム，

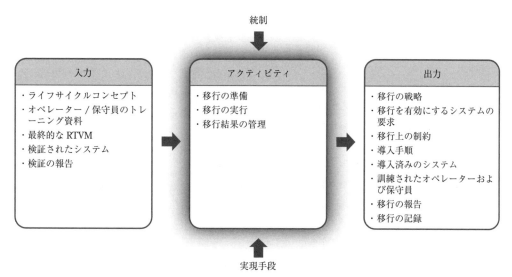

図 4.16 移行プロセスの IPO 図。INCOSE SEH の元図は Shortell および Walden により作成された。INCOSE の利用条件の記載に従い利用のこと。

製品，またはサービスを確実に利用可能とする。その計画には，実現手段の要求とインタフェースの特定が含まれる。その実現手段は，レンタル，調達，開発，再利用，および外注などさまざまな方法で取得することができる。実現手段は，SOIとは別のプロジェクトとして開発された，有効にするシステムの場合がある。

- 移行の実行
  - 導入手順に従って，システムを導入する。
  - ユーザに対してシステムを適切に用いるためのトレーニングを行い，ユーザがシステムの運用と保守のアクティビティを行うために必要な知識とスキルを確実に取得するようにする。これには，操作マニュアルと保守マニュアルの完全なレビューと引き継ぎが含まれる。
  - 導入済みのシステムが必要な機能を提供できること，そして，それを有効にするシステムとサービスによってシステムを維持できることについて，最終的な確認を得る。通常，このプロセスは，システムが適切に導入され，そして検証されたこと，すべての問題とアクション項目が解消したこと，そして，十分にサポートできるシステムの開発と引き渡しに付随するすべての合意が満たされている，あるいは決着していることについて，正式な文書による承認をもって終了する。
  - 運用サイトでの機能性の実証，および運用の準備に関するレビューを終了したのち，システムをサービスの中で用いることができる。

- 移行結果の管理
  - システム実装後のインシデントと問題を把握することにより，是正処置あるいは要求に対する変更を行う場合がある。移行プロセスを実行中に報告されたインシデントと問題の解決には，品質保証プロセスが用いられる。
  - 移行プロセスの間に観測された異常を記録する。これらによって，移行結果，異常に対処するために必要な情報，および履歴記録を知ることができる。異常は，移行の戦略，それをサポートするシステム，インタフェースなどに起因して発生する場合がある。プロジェクトアセスメントおよび統制プロセスが，異常を分析し，（是正処置が必要な場合は）どのような処置が必要であるかを判断するために用いられる。
  - 移行したシステム要素と移行の戦略，システムアーキテクチャ，設計，およびシステム要求の間の双方向のトレーサビリティを保守する。
  - 構成管理のための基準となる情報を提供する。

一般的なアプローチとヒント：

- 運用環境で受け入れる活動ができない場合は，類似の環境が選択される。
- このプロセスは，品質保証および構成管理文書に大きく依存する。

4.11 妥当性確認プロセス

4.11.1 概要
4.11.1.1 目的
ISO/IEC/IEEE 15288に記載されているように，

> [6.4.11.1] 妥当性確認プロセスの目的は，システムが意図した環境で意図したように用いられ，ビジネスまたはミッションの目的と利害関係者要求を満たすという客観的証拠を提供することである。

4.11.1.2 説明
妥当性確認プロセスは，正しいシステム（またはシステム要素）を構築したという確信を与えるために，ライフサイクルステージの適切な時点で，対象とするシステム（SOI），任意のシステム，あるいはシステムの構成要素に適用される。

妥当性確認プロセスは，任意のシステム要素，またはシステムのエンジニアリング項目，または，それらを定義あるいは実現した成果物（例えば，利害関係者要求，システム要求，機能，入出力フロー，システム要素，インタフェース，設計プロパティ，統合後の集約体，妥当性確認手順）に対して適用できる。このように，妥当性確認プロセスは，システムまたはシステム要素がライフサイクル中の利害関係者のニーズを確実に満たす（すなわち，エンジニアリングプロセスとそこへの入力の変換が意図したとおりの正しい結果をもたらす）ことを支援するために行われる。

4.11 妥当性確認プロセス

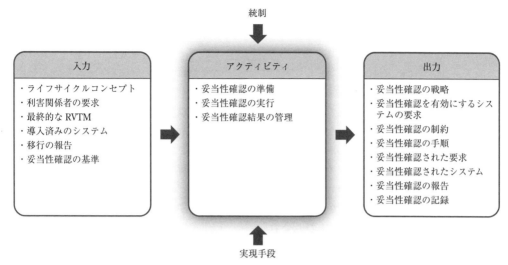

図4.17 妥当性確認プロセスのIPO図。INCOSE SEHの元図はShortellおよびWaldenにより作成された。INCOSEの利用条件の記載に従い利用のこと。

妥当性確認は，システムライフサイクルステージのすべてにわたるアクティビティである。特にシステム開発中には，妥当性確認はどのプロセス/アクティビティおよびそれらの結果から得られる製品に対しても適用される。

この妥当性確認プロセスは，他のライフサイクルプロセスと緊密に働くことになる。例えば，ビジネスまたはミッション分析プロセスは，目標とする運用能力を定める。定められた運用能力（例えば，ミッションまたはビジネスのプロファイルおよび運用シナリオ）は，利害関係者ニーズおよび要求定義プロセスによって，利害関係者ニーズおよび要求に変換される。これらのプロセスと並行して，妥当性確認プロセスでは，ライフサイクルを通して適用可能な妥当性確認アクションと妥当性確認手順を定義したうえで，詳細化した利害関係者ニーズおよび要求のとおりに運用能力が提供されるという高い信頼をもって，システムを確実に進化させる。図4.17は妥当性確認プロセスのIPO図である。

4.11.1.3 入力/出力

妥当性確認プロセスの入力と出力を図4.17に示した。各入出力の記述は付録Eに掲載されている。

4.11.1.4 プロセスアクティビティ

妥当性確認プロセスは，次のアクティビティを含む。

- 妥当性確認の準備
  - コストとリスクを最小化しながら，妥当性確認活動の数と種類を最適化する妥当性確認の戦略を立てる。これは，妥当性確認計画の一部となる。①妥当性確認のアクティビティに関係する利害関係者を特定し，彼らの役割と責任を定義する。利害関係者にはシステムの取得者，供給者，第三者の代表を含む。②妥当性確認計画の範囲はシステムのライフサイクルステージとその中での進捗に依存する。妥当性確認は，引き渡されたシステムに加えて，システム全体，システム要素単体，あるいはConOpsまたはプロトタイプといった成果物に対しても適用することができる。③考慮すべき妥当性確認の制約のリストを確立する。制約は妥当性確認のアクションに影響を与える可能性がある。制約には，契約上の制約，規定，コスト，スケジュールによる制限，（ある法令での）職務の実現可能性，安全上の考慮，物理的構成，入手可能性などがある。④制約を適切に考慮して，ライフサイクルステージに依存して，検査，分析，実証，またはテストの適切な妥当性確認のアプローチを選択し，必要な実現手段を特定する。⑤妥当性確認のアクションの優先順位づけをする必要がある。妥当性確認アクションは，制約，

リスク，システムの種類，プロジェクトの目的，およびその他関連する基準に照らし合わせて優先順位づけされ，評価される必要がある。⑥妥当性確認に抜け漏れがないかを判定し，そして妥当性確認のアクションが，システムまたはシステム要素が特定されたニーズを満足する適切なレベルの信頼を与えるものであることを判定する。⑦適用できるプロジェクトの段階で妥当性確認のアクションの実行に対する要求を満たすため，プロジェクト計画プロセスにより適切なスケジュールを組む。⑧妥当性確認のアクションに提出されたアイテムの構成を定義する。
  - 妥当性確認の戦略から来ていて，利害関係者要求の中に組み入れるべきシステムに関する妥当性確認の制約を特定する。この制約には，妥当性確認の実現手段に課された正確性，不確実性，再現性，関連する測定方法，そして実現手段の可用性，入手可能性，相互接続性がある。
  - 妥当性確認のアクションに求められるシステム，製品，またはサービスが必要なときに利用可能である。計画には妥当性確認の実現手段に対する要求とインタフェースの特定が含まれる。実現手段は，SOI とは別のプロジェクトとして開発された SOI を有効にするシステムの場合がある。
- 妥当性確認の実行
  - 妥当性確認のアクションをサポートする手順を作成する。
  - 妥当性確認を実行する準備ができていることを確認する。システム/アイテムの可用性と構成状況，妥当性確認の実現手段の可用性，有資格者またはオペレーター，資源など。
  - 手順に従って妥当性確認のアクションを実施する。これには，運用環境またはそれにできるだけ近い環境で妥当性確認を実施することが含まれる。この間，作業の結果を記録する。
- 妥当性確認結果の管理
  - 妥当性確認結果を特定して記録し，そして妥当性確認報告書の中にデータを記載する（RVTM への必要な更新を含む）。組織の方針に応じて記録を保守する。
  - 妥当性確認プロセス中に観測された異常を記録して，品質保証プロセス（5.8節参照）を用いてその異常を分析し，解決する（是正処置または改善）。①プロジェクトアセスメントおよび統制プロセスを用いて，異常および/または不適合を分析し，結果を保証する。②得られた結果を期待される結果と比較する。提出されたアイテム（提供された利害関係者が期待するサービス）の適合度を推測する。適合度が受容できる範囲内であるかどうかを判断する。③品質保証プロセス，プロジェクトアセスメントおよび統制プロセスを通して問題解決が扱われる。システムまたはシステム要素の定義（すなわち，要求，アーキテクチャ，設計，またはインタフェース）および関連するエンジニアリング成果物に対する変更が，その他の技術プロセスの中で実行される。
  - 妥当性確認の結果が取得者（または他の承認された利害関係者）により受容される。
  - 妥当性確認したシステム要素と，妥当性確認戦略，ビジネス/ミッション分析，利害関係者要求，システムアーキテクチャ，設計，およびシステム要求との両方向のトレーサビリティを保守する。
  - 構成管理に対して基準となる情報を提供する。
  - プロジェクトの進捗に応じて妥当性確認の戦略とスケジュールを更新する。特に必要に応じて，計画された妥当性確認のアクションを再定義する，またはスケジュールを見直す。

一般的なアプローチとヒント：

- ビジネスおよびミッション分析プロセス中の妥当性確認の手法には，すべてのシステム運用モードを実行する運用シナリオを通した OpsCon のアセスメントと，運用体制全体にわたるシステムレベルの遂行能力の実証を含む。アーキテクトおよび設計者はこの活動の結果を用いて，実装前に遂行能力の不足を特定して是正するフィードバックを施し，ユーザおよびシステム取得者の期待の合致する点での成功を予想する（Engel, 2010）。
- 最初の OpsCon，シナリオ，および利害関係者要求がわかったらすぐに，妥当性確認計画の起

草を始めることを薦める。妥当性確認の手法あるいは技法を早い段階で考慮することにより，プロジェクトは制約を予期し，コストを見積もり，そして試験設備，シミュレーターなどの妥当性確認の実現手段を取得できるようになり，コスト超過およびスケジュール遅延を回避できる。

・妥当性確認は運用システムに適用されるが，より早い段階で，想定される運用特性の分析，シミュレーション，エミュレーションなどへ適用することは最も効果的である。

・妥当性確認の重要な結果は，システムの動的限界と完整性の限界に保証を与えることである。これらの限界は，システムの適合性，予期される効果，存続可能性，および改修を決定するための実践的な知識をユーザに向けて提供する。

・妥当性確認はまた，並行するシステム，妥当性確認を有効にするシステム，または相互運用するシステムにSOIが与える影響を明らかにする。妥当性確認のアクションと分析は，これらのシステムとの相互作用をその適用範囲の中に含めておく必要がある。

・妥当性確認では最大範囲の利害関係者すべてを関与させる。しばしば，妥当性確認のアクションにはエンドユーザおよび他の関連する利害関係者が含まれる。

・可能ならば，妥当性確認にユーザ/オペレーターを関与させる。妥当性確認では，システムを直接ユーザへ戻して，彼らの利用環境下で何らかの受け入れ試験を実施する。

4.11.2 詳述

4.11.2.1 妥当性確認のアクションの考え

妥当性確認のアクションは，何を（例えば，参照としての運用シナリオ，要求，または一連の要求），どのアイテムに（例えば，要求，機能，インタフェース，システム要素，システム）妥当性確認をするべきか，参照から推測した期待される結果，適用する妥当性確認技法（例えば，検査，分析，実証，テスト），システム階層のレベル（例えば，SOI，中間レベルのシステム要素，詳細レベルのシステム要素）を表す。

エンジニアリング項目（例えば，利害関係者要求，システム要求，機能，インタフェース，システム要素，手順，文書）に適用される妥当性確認のアクションの定義は，妥当性確認のアクションを実施する対象の特定，期待される結果の定義に用いられる参照と適切な妥当性確認技法を含む。

提出されたアイテム（妥当性確認の対象）に対する妥当性確認のアクションを実施して得られた結果を，期待される結果と比較する。この比較により，プロジェクトは使用状況での対象物の受容性を判断できる（図4.18参照）。

妥当性確認のアクションの例を以下に示す。

・要求の妥当性確認：要求の内容が利害関係者ニーズまたは期待に対して正当であり，適切であることを確認する。

・エンジニアリング成果物（アーキテクチャ，設計など）の妥当性確認：エンジニアリング成果物の内容が利害関係者ニーズまたは期待に対して正当であり，適切であり，そして，ミッションまたはビジネスの輪郭と運用シナリオの達成に貢献することを確認する。

・システム（製品，サービス，またはエンタープライズ）の妥当性確認：製品，サービス，またはエンタープライズが利害関係者要求，ミッションまたはビジネスの輪郭，そして運用シナリオを充足していることを実証する。

4.11.2.2 妥当性確認手法

妥当性確認技法は検証で用いられるものと同一である（4.9.2.2項参照）。しかし，目的は異なる。すなわち，検証は規定されたシステム要求との整合性を示し，エラー/欠陥/故障を検出するために用いられる。一方で，妥当性確認は，運用シナリオと利害関係者要求との合致を示すことによって，所望の運用能力を満足することを証明する。

妥当性確認のアクション項目，すべてのエンジニアリング項目（特に，運用シナリオと利害関係者要求）の実装を妥当性確認する手法・技法，期待される結果，妥当性確認のアクションの実施で得られる結果などのデータを記録するために「RVTM（requirements verification and traceability matrix）」が用いられる。このようなマトリクスを用いることによって，プロジェクトチームは選定された運用シナリオの利害関係者要求の妥当性が確認

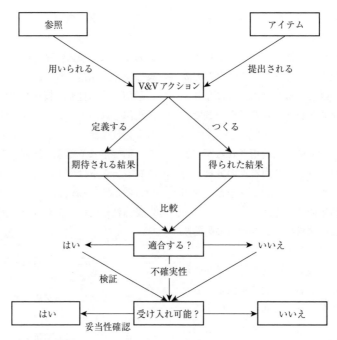

図4.18 妥当性確認のアクションの用法および定義。Alain Faisandierの許可を得て転載。

されるか，あるいは完了した妥当性確認のアクションの割合を評価することができる。

4.11.2.3 妥当性確認，運用の妥当性確認，受け入れおよび認証

「妥当性確認と，運用の妥当性確認」：妥当性確認は全体としてのシステムに関与し，システム要求および利害関係者要求に総合的に基づいている。それは開発ステージを通して，いくつかの包括的な方法で徐々に得られる。

- すべてのエンジニアリング項目に対応するプロセスを適用することで得られた検証および妥当性確認のアクションを行った結果の蓄積
- ある産業環境（将来の運用環境に極力近い）の中で完成された統合システムに対する最終的な妥当性確認のアクションの実施
- 運用環境中での完成システムへの運用の妥当性確認のアクションの実施

目標は，製造および利用ステージの前にシステム能力がすべての要求を満たしていることを完璧に妥当性確認することである。これらのステージで明らかになった問題を解決するためには非常にコストがかかる。このように，要求からの逸脱を早期に発見することは，プロジェクト全体のリスクを減らし，成功裏に低コストのシステムを納入することを助けることができる。妥当性確認の結果は意思決定ゲートのレビューの重要な要素である。

「受け入れ」：受け入れは，システムの移行前に先立って行われる活動である。これにより，システムの取得者は，システムの所有権の供給者から取得者への変更を決定できる。運用に関する一連の妥当性確認のアクションが実施されるか，または妥当性確認の結果のレビューが体系的に行われる。

「認証」：認証は，法的な標準または産業標準（例えば，航空機に対する）に従って開発された製品または成果物が，割り当てられた機能を実行できることを保証する文書である。開発レビュー，検証結果，そして妥当性確認の結果は認証の根拠となる。しかしながら，認証は一般に，要求がどのように検証されるべきかを指示されず，第三者機関によって行われる。例えば，電子機器に対しては，ヨーロッパではConformite Europeenne（CE）認証，アメリカとカナダではUnderwriters Laboratories（UL）認証が用いられる。

「利用に対する準備」：妥当性確認の結果を分析する際，プロジェクトチームはシステムの利用のアセスメントに関する準備を整える必要がある。システムの利用に対する準備は，ライフサイクル中で何回

4.11 妥当性確認プロセス

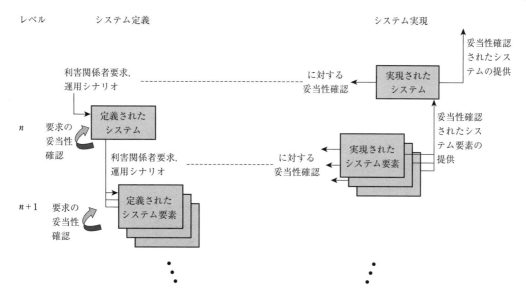

図 4.19 レベルごとの妥当性確認。注：システム要求は，利害関係者要求に対して妥当性確認される。Alain Faisandier の許可を得て転載。

も行われる。例えば，初出荷の納入時，製造完了時（複数のシステムの製造が行われる場合），その後に続く保守のアクション時がある。特に保守の後には，システムが利用できる状態となる必要がある。

「認定」：システムの認定のためには，すべての検証および妥当性確認が成功裏に実行されている必要がある。これらの検証と妥当性確認は，SOI だけでなく，そのまわりの環境とのインタフェースも網羅している必要がある（例えば，宇宙システムでは宇宙側と地上側のインタフェースの妥当性を確認する）。認定プロセスは，多少のマージンをもって，実現されたシステムがシステム要求および/または利害関係者要求に合致した特性またはプロパティをもつことを実証する必要がある。認定は，受け入れレビューまたは運用準備レビューによって終了となる。

実例として，宇宙システムでは，認定の最終ステップは最初の打ち上げまたはフライトで網羅できる。最初のフライトには飛行前準備レビューを必要とする。そこでは，追跡システム，通信システム，および安全システムといったサポートシステムを含めて，フライト側と地上側が打ち上げ準備を完了していることを検証する。補完するレビュー（打ち上げ準備レビュー）を打ち上げ直前に行い，打ち上げを承認することができる。打ち上げの成功は認定プロセスにかかわっている。しかし，開発されたシステムに対して異なるミッションを網羅するため，最終的なシステムの認定は，宇宙船の軌道上でのテストの後，あるいはロケットの発射では何回かの打ち上げ実施後に達成される。

4.11.2.4 レベルごとの妥当性確認

一般的に，SOI は，アーキテクチャ定義を行う中でシステムの一連の階層に分解される。したがって，図 4.19 に示されるように，それぞれのシステムまたはシステム要素は，上位レベルの親システムへ統合される前に妥当性確認が行われ，修正される可能性がある。図 4.19 の「妥当性確認」という用語が示されている箇所では必ず妥当性確認プロセスが呼び出される。

必要に応じて，一段階で妥当性確認すべきプロパティの数を制限するためシステムとシステム要素は部分的にサブセット（集約体）に統合される。それぞれのレベルに対して，一連の最終的な妥当性確認のアクションによって，前のレベルで定めた特徴が悪い影響を受けていないことを確認する必要がある。さらに，与えられた環境で承諾できる結果が得られていても環境が変わった場合に，承諾できない結果となる場合がある。したがって，システムが完全に統合されていないか，および/または実環境で運用されないかぎり，どんな妥当性確認結果も絶対的なものであるとはみなせない。

4.12 運用プロセス

4.12.1 概要
4.12.1.1 目的
ISO/IEC/IEEE 15288 に記載されているように，

[6.4.12.1] 運用プロセスの目的は，システムを用いてそのサービスを提供することである。

このプロセスはしばしば，保守プロセスと同時に実施される。

4.12.1.2 説明
システム運用のための準備をし，システム運用のための人員の供給，オペレーターシステムの遂行能力の観測，そしてシステムの遂行能力の観測をすることによって，運用プロセスはシステムのサービスを維持する。システムを既存のシステムと置き換える際，それを継続利用する利害関係者がサービスの機能停止を経験することがないように，新旧システム間での移行の管理が必要となることがある。

システムの利用とサポートステージは通常，全体のライフサイクルコスト（LCC）の最も多くの部分を占める。システムの遂行能力が受け入れ可能な範囲から外れた場合，サポートコンセプトおよび任意の関連する合意に従って，是正処置が必要となることがある。システムあるいはその構成要素のいずれかが，計画されたあるいは耐用年数の終了に到達すると，そのシステムは廃棄プロセス（4.14 節参照）に入る。図 4.20 は，運用プロセスの IPO 図である。

4.12.1.3 入力/出力
運用プロセスの入力と出力を図 4.20 に示した。各入出力の記述は付録 E に掲載されている。

4.12.1.4 プロセスアクティビティ
運用プロセスは，次のアクティビティを含む。

- 運用の準備
    - 戦略の策定を含む運用を計画する。①機器，サービス，および人員の可用性と，遂行能力の追跡システムを確立する。②人員および設備のスケジュールを検証する（適切であるならば，スケジュールを複数シフトすることを基本とする）。③既存または強化したサービスを維持するための変更に関連したビジネスルールを定義する。④運用コンセプト（OpsCon）およびその周辺環境の戦略を実装する。⑤運用性能の指標，しきい値，および基準をレビューする。⑥すべての人員がシステム安全のための適切なトレーニングを受けたことを検証する。
    - システムあるいはシステム要素上の任意の運用制約を，システム要求定義，アーキテクチャ定義，あるいは設計定義プロセスへ

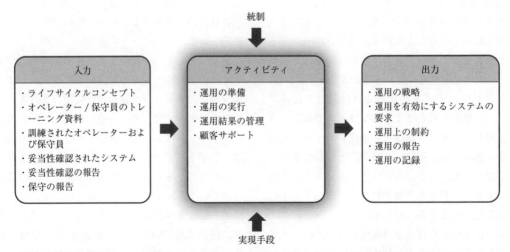

図 4.20 運用プロセスの IPO 図。INCOSE SEH の元図は Shortell および Walden により作成された。INCOSE の利用条件の記載に従い利用のこと。

フィードバックする。
- 必要ならば，運用に必要な有効にするシステム，製品，あるいは運用に要求されるサービスが利用可能であることを確認する。利用可能にするための計画は，実現手段の要求およびインタフェースの特定を含む。実現手段は，レンタル，調達，開発，再利用，および外注などのさまざまな方法で取得できる。実現手段は，SOIとは別のプロジェクトとして開発された，有効にするシステムの場合がある。
- システムを操作するためのオペレーターのひととおりのスキルを特定し，オペレーターを訓練する。
・運用の実行
- 運用コンセプト（OpsCon）に従ってシステムを運用する。
- システム遂行能力を追跡し，運用の可用性を把握する。これは安全にシステムを運用していることと，システムが正しく動いていないことを判断するために運用分析を行うことを含む。
- 正常ではない運用状況では，計画されている不測事態への処置を実施する。必要ならば，不測事態の運用を実行する。
・運用結果の管理
- 運用結果を文書化する。
- 運用プロセスの間に観察された異常を記録し，品質保証プロセス（5.8節参照）を用いてその異常を分析し，解決する（是正処置または改善）。運用を安全な状態に戻すための手続きの実行がこれに続くべきである。運用要素と，運用戦略，ビジネス/ミッション分析，運用上の概念（ConOps），運用コンセプト（OpsCon），および利害関係者要求との双方向のトレーサビリティを保守する。
・顧客サポート
- 顧客のリクエストに対処するために必要とされるタスクを実行する。

4.12.2 詳述
4.12.2.1 運用を有効にするシステム
運用プロセスは，他のプロセスとは異なる可能性があることを考慮する必要のある，運用を有効にするシステムを含む。これらについて次のとおり詳述する。

・運用環境：運用しているものを取り巻いている周辺，そして運用しているものに潜在的に影響を与えている周辺。例えば，電気または機械設備は，外部の高温，振動，ほこり，および運用環境を構成する他のパラメータ（測定可能な要因）によって影響を受ける。
・トレーニングシステム：適切なシステム運用のために要求される知識とスキルをもったオペレーターを供給する。
・技術資料：運用のための前提条件，システムの起動および退出のための手順，運用手順，システム遂行能力の監視のための手順，問題解決のための手順およびシステム終了のための手順を含む，適切なシステムの運用のために必要とされる手順，ガイドラインおよびチェックリスト。
・設備およびインフラストラクチャ：システム運用のために要求される設備（例えば，建築物，飛行場，港，車道），およびインフラストラクチャ（例えば，ITサービス，燃料，水道，電力サービス）。
・維持エンジニアリング：システム遂行能力を監視し，故障分析を実施し，そして要求される運用上の能力を維持するための是正処置を提案する。
・保守計画およびマネジメント：システム停止時間を最小にすることを目的として，システム運用を維持するために実行される計画的および/または予防的な保守である。保守システムはオペレータートラブル/問題報告に応じて，是正保守を行い，システムの運用を回復する。

4.13 保守プロセス

4.13.1 概要
4.13.1.1 目的
ISO/IEC/IEEE 15288に記載されているように，

[6.4.13] 保守プロセスの目的は，サービスを提供するシステムの能力を維持することである。

4.13.1.2 説明

保守は，運用をサポートし，ロジスティクスを供給し，資材などを管理するためのアクティビティを含む。運用環境の進行中の監視によるフィードバックに基づいて問題を特定し，十分なシステム能力を回復するために，是正，改善，あるいは予防処置がとられる。後のライフサイクルステージで課される制約を考慮して，システム要求，アーキテクチャ，および設計に影響が及ぶとき，保守プロセスはシステム要求定義プロセス，アーキテクチャ定義プロセス，および設計定義プロセスに寄与する。図4.21は保守プロセス用のIPO図である。

4.13.1.3 入力/出力

保守プロセスの入力と出力を図4.21に示した。各入出力の記述は付録Eに掲載されている。

4.13.1.4 プロセスアクティビティ

保守プロセスは，次のアクティビティを含む。

- 保守の準備
  - 下記のように戦略の策定を含めて保守を計画する。①顧客要求を満たし，かつ顧客満足を達成するためにライフサイクルにわたって維持されるサービス。戦略では，保守アクションのタイプ（予防，是正，変更），および保守のレベル（オペレーター，現場，工場）を定義するべきである。②是正保守（障害または問題への対処），適応保守（システムの進化に対応するために必要な変更への対処），完全化保守（強化への対処），および運用上の停止時間を最小化する計画的な予防保守（障害を予防するための定期的なサービス）を含むさまざまなタイプの保守のアクション。③ライフサイクルにわたるロジスティクスに関するニーズに対処するためのアプローチ。次を考慮されたい。ⓐ予備部品またはシステム要素（例えば，数，タイプ，保管場所，配置，保存期間，条件，更新頻度）を管理するためのアプローチ。パッケージング，取り扱い，保管および輸送（PHS&T：packaging, handling, storage, and transportation）のための要求および計画を含む分析。ⓑ偽造防止のアプローチ（サプライチェーン中のシステム要素，特に部品の偽造を予防する）。ⓒ保守をサポートするために必要とされる技術資料とトレーニングのもとになるものを特定または定義する。ⓓ保守員のスキル，トレーニング，資質，および数を特定または定義する。安全性またはセキュリティのような特有のスキルの必要性を課すあらゆる法的な要求を考慮する。
  - システムあるいはシステム要素の保守に関する制約をシステム要求定義，アーキテクチャ定義，あるいは設計定義プロセスにフィードバックする。
  - システム保守のコスト妥当性，実現可能性，サポート可能性，および持続性を保証するための保守戦略とアプローチに必要なトレード

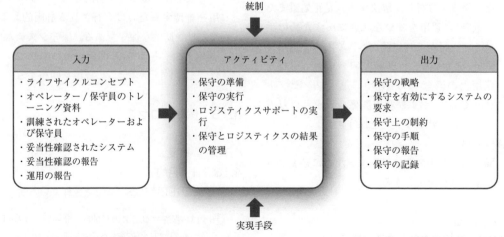

図4.21 保守プロセスのIPO図。INCOSE SEHの元図はShortellおよびWaldenにより作成された。INCOSEの利用条件の記載に従い利用のこと。

オフをサポートするためにシステム分析プロセスを用いる。①保守を有効にする必須のシステム，製品，またはサービスが利用可能であることを必要に応じて確認する。その計画には，実現手段の要求およびインタフェースの特定を含む。実現手段の取得は，レンタル，調達，開発，再利用，および外注などのさまざまな方法で行うことができる。実現手段は，SOIとは別のプロジェクトとして開発された，有効にするシステムの場合がある。②訓練された資格をもつ人員を保守員に割り当てる。

- 保守の実行
  - 予防保守および是正保守のための保守手順を策定する。
  - システムの異常を特定し，記録し，解決する。
  - 障害発生後にシステム運用を復元する。
  - 異常に関するレポートをレビューし，分析することで，将来の保守を計画する。
  - 以前に検出されなかった設計エラーを改善するための分析と是正処置を開始する。
  - 特定されたスケジュールに従い，定義された保守手順を用いて，予防保守のアクションを実行する。
  - 適応保守あるいは完全化保守の必要性を判断する。
- ロジスティクスサポートの実行
  - 取得ロジスティクスのアクションを実施する：ライフサイクル全体でシステムをサポートする最も費用対効果の高い方法を決定するためのトレードオフ検討および分析の実行を含む。交換部品を用いることを含む他のサポートオプションによるコスト妥当性とは対照的に，設計はシステムサービス固有の信頼性と保守性へ影響を与えるという特徴がある。設計検討は，多くの場合，可用性の要求，サプライチェーン管理の影響，人材の制限，およびシステムのコストの妥当性によって制約される。システム要求の定義と同時に，取得ロジスティクスは，システムライフサイクルのサポート可能性（保守，供給のサポート，サポート装置，人員配置，およびサポートを有効にするシステム）を計画し，その戦略を開発する。
  - 運用ロジスティクスのアクションを実施する：運用のロジスティクス（運用時に後方からサポートするロジスティクス）は，システム能力の効果的かつ効率的な展開を保証するために，運用年数の全体にわたってSOIと運用を有効にするシステムの両者を同時に調整することである。運用ロジスティクスのアクションによって，システムに要求されている運用を可能にする。このアクションには，人員配置，保守マネジメント，供給サポート，サポート装置，技術資料のニーズ（例えば，マニュアル，説明書，リスト），トレーニングのサポート，維持エンジニアリング，コンピュータ関係の資源，および設備が含まれる。運用ロジスティクスは，システムの運用性能に関するデータのもとになる豊富なソースを提供する。このデータは，トレンド分析をサポートするために用いられるべきであり，システムの有効性，効率性，および顧客満足度に対する洞察に関して直接的なフィードバックを提供する。
- 保守とロジスティクスの結果の管理
  - 保守プロセスの結果を文書化する。
  - 保守プロセス中に観察された異常を記録し，品質保証プロセス（5.8節参照）を用いてその異常を分析し，解決する（是正処置または改善）。保守およびロジスティクスのアクションの傾向を特定し記録する。
  - 保守アクションおよび適用可能なシステム要素とシステム定義の成果物の双方向のトレーサビリティを保守する。
  - 保守とロジスティクスサポートによって，顧客満足度を理解するために，フィードバックを得る。

4.13.2 詳述

「保守」という用語は，システムがすでに稼働しているフェーズを指すためにしばしば用いられ，主要な活動はシステムの能力の維持，システム拡張，アップグレード，および近代化（Patanakul and Shenhar, 2010）に関連する。このコンテキストでの目的は，システムライフサイクル全体にわたって価値を

維持することができるように，最初からシステムを設計することである．それによって価値の維持が促進される（Rossら，2008）．運用および保守コストは，一般的にLCC全体のかなりの割合を占めるので，保守はシステム定義の重要な部分であり，しばしば，ロジスティクスエンジニアリング，廃棄，および環境影響分析につながっている．

保守は，システムがその意図された寿命にわたって継続して目的を充足していることの保証に役立つ．その時間枠では，システムへの期待が拡大し，システム運用の環境が変わり，技術が進化し，システムの要素がサポートできなくなり，交換する必要が生じる可能性がある．COTSのデスクトップコンピューティング環境は，そのよい例である．USBプリンタの導入以来，パラレルポートプリンタをサポートするケーブルを見つけるのは難しい．

保守は，経年劣化していくシステムに対処し，運用中のそれらのシステムの管理の必要性に対処するために設計された統合的な取り組みである．保守プログラムは，陳腐化に対処するための電子的および機械的要素のリエンジニアリング，自動化されたテスト装置の開発，技術の導入の強化と先を見越した保守による経年劣化していくシステムの寿命の延長を含む（Heraldら，2009）．ユーザが遂行能力のギャップに対処するのに役立つ主たる次の2つの軽減策がある．遂行能力ベースのライフサイクル製品サポートとして知られている遂行能力ベースのロジスティクス（PBL）アプローチと，技術回復プログラム（TRPs）である（Solsら，2012）．

新しい能力（脅威の進展に対する）を入れ，開発期間を短縮し，保守コストを削減し，妥当な価格のCOTS陳腐化管理を引き出し，そしてシステムへの人の統合を増強するためのオープンシステムアーキテクチャアプローチが設けられた．オープンアーキテクチャにより，継続的な組織および技術の変化に対応する，能力，信頼性，適応性，そして回復力のより高いシステムにすることができる（Jackson and Ferris, 2013）．

4.13.2.1 保守コンセプト

保守コンセプトは，重要なライフサイクルコンセプト文書である．考慮すべき推奨事項は次のとおりである．

- 保守の種類
  - 是正保守：システムサービスを通常の運用に戻すためのプロセスと手順（ハードウェアの取り外しと交換，ソフトウェアのリロード，ソフトウェアパッチの適用）．システムが運用に向けての準備ができていることを検証するための保守後のテスト手順が含まれている．トラブルシューティングに費やされる時間は，組み込みテスト（BIT；built-in test）のような適切に設計された診断能力によって大幅に削減できる．
  - 予防保守：最適なシステム運用の遂行能力を維持するために必要とされる計画的/定期的な保守のアクション（クリーニング，フィルター交換，外観検査）のプロセスと手順．
  - システム改修：システムの耐用年数を延長（維持）するか，または新しい（アップグレードした）システム能力の提供を意図したプロセスおよび手順．

- 保守/修理のレベル
  - ユーザ/オペレーターの保守：いくつかの定期的で，そして単純な保守タスクは，システムオペレーターまたはユーザによって実行できる．オペレーターによる保守には，定期的（例えば，フィルター交換，記録データ）および修正タスク（例えば，「ソフトウェア」リセット，予備のインストール，タイヤ交換）が含まれる．
  - 現場での保守と修理（「フィールド」保守と呼ばれることがある）：訓練を受けた保守員が運用現場，またはその近くで行う保守タスク．
  - 工場（保守，修理，およびオーバーホール）（保守「デポ」と呼ばれることがある）：高度な保守スキルと運用の現場では利用できない特殊工具/装置を必要とする保守タスク．

4.13.2.2 保守を有効にするシステム

保守プロセスは，他のプロセスとは異なる可能性があると考慮する必要のある，保守を有効にする他のシステムを含む．詳細は次のとおりである．

- 運用環境：動作しているものを取り巻く周辺と動作しているものに影響を与える可能性のある周辺．例えば，電気または機械設備は，運用環

4.13 保守プロセス

境を構成する高温，振動，ほこり，および他のパラメータによって影響を受ける。
- 供給のサポート/PHS&T：要求されるレベルの運用（システムの可用性）を維持するために必要な予備部品，修理部品，消耗部品について要求を決定し，これらを取得し，リストに残し，受領し，保管し，移送し，梱包し，輸送し，流通し，廃棄するために必要なアクションで構成される。保守アクションが供給システムによって遅れたときには，システムの信頼性が影響を受ける。
- トレーニングシステム：適切なシステム保守のために要求される知識とスキルをもった保守員を供給する。
- 技術資料：適切なシステムの保守のために必要とされる手順，ガイドライン，およびチェックリスト。これには予防処置（清掃と調整），分析と診断，故障分離，故障の局所化，パーツリスト，是正保守（取り外しと交換），適合，改修，アップグレード手順書，保守後の妥当性確認などを含む。条件ベース保守（CBM）の能力をもつシステムについては，その技術文書には，保守をサポートするためのそれらの能力の使い方に関する情報が含まれる。
- 設備およびインフラストラクチャ：システム保守のために要求される設備（例えば，建築物，倉庫，格納庫，水路）およびインフラストラクチャ（例えば，ITサービス，燃料，水道，電力サービス，機械工場，乾ドック，試験場）。
- ツールとサポート装置：システム保守をサポートするために用いられる通常目的あるいは特殊目的のツール（例えば，ハンドツール，計器），およびサポート装置（例えば，試験セット，クレーン）。
- 設計のインタフェース/維持エンジニアリング：設計のインタフェースは，そのシステムのサポート可能性という特徴について共同設計（design-in）しようと努める。サポート可能性の考慮によって，ロジスティクスの経路を最小限に抑え，信頼性を最大限に高め，効果的な保守性を保証し，陳腐化管理，技術的回復，改修とアップグレード，およびすべての動作条件下での全体的な利用に関連する長期的な問題に対

処する。維持エンジニアリングは，管理された（すなわち既知の）リスクを有するシステムの継続的な運用および保守を保証する。アクティビティには，使用および維持管理データの収集および分析，安全上の危険性，障害の原因と影響，信頼性と保守性の傾向，および運用上の利用プロファイルの変更の分析，稼働中の問題（運用上の危険源，問題報告，部品の陳腐化，腐食効果，および信頼性の低下を含む）の根本原因分析，運用上の課題を解決するために要求される設計変更の策定，そしてシステムライフサイクルにわたって要求されるレベルの準備と遂行能力を達成するための，費用対効果のあるサポートを保証するために必要なその他のアクティビティを含む。
- 保守計画とマネジメント：保守計画プロセスの焦点は，アクセス可能性，診断，修理，および予備部品の要求を定義すること，設計されたシステム稼働率に影響を与える要因を特定すること（例えば，保守アクションごとの保守工数，保守率），ライフサイクルサポート可能性設計，設置，保守，および運用の制約とガイドラインを特定すること，そして修復分析のレベル（LORA）を提供することである。

4.13.2.3 保守技術

以下は，SOIに用いることができる保守技術の一部である。ただし，網羅的なリストではない。

- 条件ベース保守（CBM）は，システムの信頼性を向上させるための戦略である（定期的保守または是正保守の実行中にシステムが利用できない時間を減らすことによる）。よく設計されたシステムには，センサの費用対効果の高い使用（例えば，気流，振動，熱，粘度），および統合された分析ベースの意思決定サポート能力が含まれ，障害を防ぐために要求される保守アクションの必要性を決定/予測する。システム技術文書には，組み込まれる条件に基づく保守能力と，結果として実施することになる保守アクションの内容が記載されている。
- 信頼性中心保守（RCM）は，装置障害の主要な原因に対処するための費用対効果の高い保守戦略である。これは故障モード影響致命度解析

（FMECA）およびフォルトツリー解析（FTA）によってサポートされる。重要な機能を保持する費用対効果の高いタスクで構成された定期的な保守プログラムを定義する体系的なアプローチを提供するものである。SAE International (SAE) JA1011：2009 は，RCM プロセスに関する詳細な情報を提供している。RCM は，定期的または予防保守の実行中にシステムが利用できない時間を減らすことによるシステムの信頼性を向上させる戦略である。

- 遂行能力ベースのライフサイクル製品サポートは，費用対効果の高いシステムサポートのための戦略である。顧客とサービス提供者は，運用を維持するために必要な保守（製品とサービス）に対して契約するのではなく，遂行結果（システムまたは製品の遂行能力尺度によって定義される）を受け渡すことに同意する。適切に実施された場合，提供者は，要求される遂行結果を低コストで満たすために必要な持続戦略（例えば，システム信頼性投資，在庫管理の実践，ロジスティクス手配）を策定するため，インセンティブ（利益の増加または契約延長）を与えられる。PBL アプローチは通常，システム材料および保守のための非 PBL または取引製品のサポート契約の下で達成される遂行結果よりも低いコストで同じ遂行結果を維持できるという結果を得る。

4.14 廃棄プロセス

4.14.1 概要

4.14.1.1 目的

ISO/IEC/IEEE 15288 に記載されているように，

[6.4.14.1] 廃棄プロセスの目的は，規定された意図する使用に対してシステム要素またはシステムの存在を終わらせ，交換されたまたは廃棄された要素を適切に処理し，そして，特定されている重要な廃棄ニーズに正しく注意を払うことである。

廃棄プロセスは，システムライフサイクル全体を通して適用される指針，方針，規則，および法令に従って実施される。

4.14.1.2 説明

廃棄はライフサイクルをサポートするプロセスである。なぜならば，開発ステージで廃棄を同時に検討しておくことにより，定義された利害関係者要求とその他の設計検討とのバランスをとらなければならない要求と制約を引き出せるからである。さらに，設計者は，環境問題への懸念から，材料を再生し，あるいは新しいシステムへリサイクルすることを考慮する。このプロセスはライフサイクルの任意の時点で徐々に得られた廃棄要求に適用できる。例えば，再利用または進化させないプロトタイプ，製造中の廃棄物，または保守で交換される部品。図 4.22 は，廃棄プロセスの IPO 図である。

4.14.1.3 入力/出力

廃棄プロセスの入力と出力を図 4.22 に示した。各入出力の記述は付録 E に掲載されている。

4.14.1.4 プロセスアクティビティ

廃棄プロセスは許容可能な状態に環境を戻すために必要なステップとして，監督機関または規制機関による監視のために要求されるとおり，適用される法律，組織の制約，利害関係者の合意に従って環境保護に関して健全な方法ですべてのシステム要素と廃棄物を処理し，廃棄アクティビティの記録を文書化し保持する。一般に廃棄プロセスは，次のアクティビティを含む。

- 廃棄の準備
  - 運用から退くコンセプト（廃棄のコンセプトとも呼ばれる）をレビューする。廃棄中に出てくる有害物質とその他の環境への影響を含む。
- 戦略の策定を含めて廃棄を計画する。
- システム要求に関連する制約を課す。
- 廃棄に要求される廃棄を有効にする必要なシステム，製品，またはサービスが，必要なときに利用可能であることを保証する。その計画には，実現手段の要求およびインタフェースの特定を含む。実現手段の取得は，レンタル，調達，開発，再利用，および外注などのさまざまな方法でなされる。実現手段は，SOI とは別のプロジェクトとして開発された，廃棄を有効にするシステムである場合がある。

4.14 廃棄プロセス

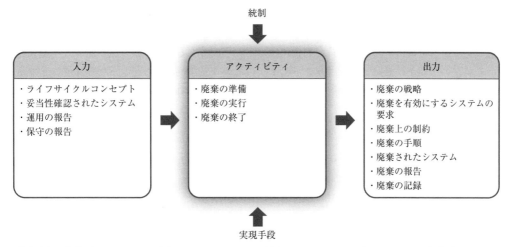

図 4.22 廃棄プロセスの IPO 図。INCOSE SEH の元図は Shortell および Walden により作成された。INCOSE の利用条件の記載に従い利用のこと。

- 再利用できる要素とできない要素を特定する。サプライチェーンの中で再利用から生じる有害物質を避けるための方策を実施する必要がある。
- システムを保管する必要があるならば，格納施設，保管場所，検査基準，および保管期間を規定する。
- 廃棄の実行
  - 終了するべきシステム要素を使わなくする。
  - 処理を容易にするために要素を分解する。再利用可能な要素の特定と処理を含む。
  - もはや必要とされないすべての要素と廃棄物を抽出する。保管場所からの有害物質の除去，破壊，あるいは永久保存に向けての要素と廃棄物の引き渡し，そして廃棄物がサプライチェーンに戻らないことの保証を含む。
  - 廃棄手順ごとに無効化されたシステム要素を廃棄する。
  - 影響を受けたものを除去し，将来のニーズに向けて暗黙の知識を把握する。
- 廃棄の終了
  - 廃棄のアクティビティから影響のないことを確認し，環境をもとの状態に戻す。
  - すべての廃棄のアクティビティ，および残された危険に関する文書を管理する。

一般的なアプローチとヒント：

- プロジェクトチームは，利用可能な候補となる廃棄方法の評価に基づいて，システム，構成要素，および廃棄製品の最終的な処分のための解決策を策定するために分析を行う。その対処方法には，最終製品，廃棄を有効にするシステム，システム要素，および材料の，保管，分解，再利用，リサイクル，再処理，および破棄が含まれる。
- 廃棄の分析には，費用，廃棄場，環境への影響，安全衛生問題，責任機関，処理と輸送，サポート項目，適用される連邦，州，地方，および受入国の規制の考慮が含まれる。
- 廃棄分析は，システム設計で用いられ，プロジェクトのライフサイクル全体での法律および規制の変化による設計およびプロジェクトへの影響を考慮するために再度対処する必要がある，システム要素と材料の選択をサポートする。
- 廃棄戦略と設計での配慮は，適用される法律，規制，および方針の変化に対応して，システムライフサイクル全体にわたって更新される。
- 古くなったシステムの寄付に関する検討：博物館および貯蔵所は廃棄ステージで選択肢として考慮されていないため，文化的および歴史的価値のあるシステムと情報の両者に関する多くのアイテムが後世に残せなくなる。

- よりクリーンな製造と運用環境，および使い切った材料とシステムの最終的な廃棄に関する意思決定に影響を及ぼす，企業の社会的責任に対する現在の傾向が，ゼロフットプリントおよびゼロエミッションといったコンセプトによってさらに加速する。
- ISO 14000 シリーズには，環境マネジメントシステムおよびライフサイクルアセスメントの標準が含まれている（ISO 14001, 2004）。
- 「ライフ」の終わりに埋め立て地に投棄されてしまう揺りかごから墓場までという製品設計に代わって，材料が永久に閉ループで循環する揺りかごから揺りかごへのサイクルとなる製品をつくり出す新しいコンセプトが業界を変革している。閉ループで材料を管理することによって，生態系を損なうことなく材料の価値を最大化することができる（McDonough, 2013）。

第5章

技術マネジメントプロセス

　システムライフサイクル内では，製品およびサービスの創出あるいは更新はプロジェクトを運営することによってやりくりされる。この理由により，プロジェクトのマネジメントに対するシステムズエンジニアリング（SE）の貢献を理解することは重要である。技術マネジメントプロセスは，ISO/IEC/IEEE 15288に以下のように定義されている。

　　　[6.3] 技術マネジメントプロセスは，計画を確立して進化させ，その計画を実行し，計画に対する実績および進行をアセスメントし，達成するまで実行を統制するために用いられる。技術マネジメントプロセスにある個々のプロセスは，ライフサイクル内ではどの時点でも，そしてどのレベルからでも呼び出される。

　システムズエンジニアは絶えずプロジェクトマネジメントと相互に影響しあう。システムズエンジニアとプロジェクトマネジャーは，固有のスキルおよび経験を作業中のプログラム（複数のプロジェクト）にもたらす。プロジェクトマネジャーの観点からのライフサイクルの定義（プロジェクト開始から終了まで）は，システムズエンジニアの観点からのそれ（製品の着想から廃棄）とは異なる。しかし，システムズエンジニアとプロジェクトマネジャーの間には「共有する場」があり，そこではチームの遂行能力と成功を推進するために協働しなければならない（Langleyら，2011）。

　技術マネジメントプロセスは，プロジェクト計画，プロジェクトアセスメントおよび統制，意思決定マネジメント，リスクマネジメント，構成管理，情報マネジメント，測定および品質保証（QA）を含む。これらのプロセスは，包括的なマネジメントの実践にとって必須で，プロジェクトの内側，外側に関連してあてはまるため，組織の全体にわたって見受けられる。本章は，プロジェクトの技術的な調整に関連するプロセスに焦点を当てる。

5.1　プロジェクト計画プロセス

5.1.1　概要
5.1.1.1　目的
　ISO/IEC/IEEE 15288に記載されているように，

　　　[6.3.1.1] プロジェクト計画プロセスの目的は，効果的かつ実行可能な計画を策定し，調整することである。

5.1.1.2　説明
　プロジェクト計画は，新たに起こりうるプロジェクトの特定から始まり，プロジェクトが認可され開始されたのち，終了するまで継続する。プロジェクト計画プロセスは，組織が関連する中で実施される。ライフサイクルモデルマネジメントプロセス（7.1節参照）は，技術的取り組みを管理および実行するために適切な方針および手順を特定し確立する。そして，技術的なタスク，それらの間の相互依存性，リスク，および機会を特定し，必要な資源と予算の見積もりを提供する。プロジェクト計画には，効率性と有効性を向上させ，コスト超過を減らすために，プロジェクト中の特殊機器，設備，および専門家の必要性の決定が含まれる。これには一連のプロセス全体にわたる調整が必要である。たとえば，システム要求定義，アーキテクチャ定義，および設計定義プロセスの実行中にこれらとは異なる分野を連携させることにより，製造可能性，テスト可能性，操作性，保守性，および製品のもつ能力の持続可能性などのパラメータ評価が行える。最高の結果を達成するために，プロジェクトのタスクが並行して行われる。

　プロジェクト計画は，プロジェクト進捗状況のアセスメントおよび統制を可能にするために必要な方向性およびインフラストラクチャを確立し，組織の

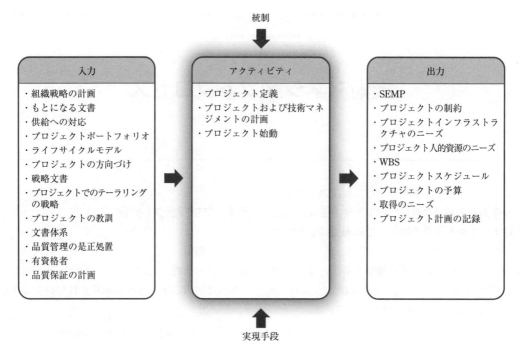

図 5.1 プロジェクト計画プロセスの IPO 図。INCOSE SEH の元図は Shortell および Walden により作成された。INCOSE の利用条件の記載に従い利用のこと。

内外から必要となる資源に対するスケジュールとともに，活動の詳細，そして適切な人員，スキル，および設備を特定する。図 5.1 はプロジェクト計画プロセスの IPO 図である。

5.1.1.3 入力/出力

プロジェクト計画プロセスの入力と出力を図 5.1 に示した。各入出力の記述は付録 E に掲載されている。

5.1.1.4 プロセスアクティビティ

プロジェクト計画プロセスには，次のアクティビティを含む。

- プロジェクト定義
  - プロジェクトの目的，範囲，そして制約を定義するために，プロジェクトの提案および関連する合意を分析する。
  - 計画された取り組みを実行するため，組織内手順書とその実践のテーラリングを行う。第 8 章でテーラリングに関して詳細な説明をする。
  - 進化するシステムアーキテクチャに基づいて作業分解構成（WBS）を確立する。
  - 組織で定義されたライフサイクルモデルからテーラリングされたライフサイクルモデルを定義し，維持する。これは，主要なマイルストーン，意思決定ゲート，およびプロジェクトレビューの特定を含む。
- プロジェクトおよび技術マネジメントの計画
  - プロジェクト権限の役割および責任を確立する。
  - 特定された各タスクおよびアクティビティのトップレベルの作業パッケージを定義する。各作業パッケージは，調達戦略を含む必要な資源に結びつけられる。
  - 目標と作業の見積もりに基づいてプロジェクトスケジュールを作成する。
  - 必要なインフラストラクチャおよびサービスを定義する。
  - コストを定義し，プロジェクト予算を見積もる。
  - 材料，物品，および有効にするシステムサービスを取得する計画を立てる。
  - システムズエンジニアリングマネジメント計画（SEMP）またはシステムズエンジニアリ

ング計画（SEP）を準備する。これには，ライフサイクルにわたって実行されるレビューを含む。
- プロジェクトのニーズを満たすために，品質管理，構成管理，リスクマネジメント，情報マネジメント，および測定計画をつくり出す，またはテーラリングする（小規模プロジェクトの場合はSEMPまたはSEP）。
- 重要なマイルストーン，意思決定ゲート，および内部レビューに用いる基準を確立する。
・プロジェクト始動

一般的なアプローチとヒント：

・SEMPは，アクティビティ，重要イベント，作業パッケージ，および資源を特定する計画の重要な成果である。SEMPは，この章の後の節で説明する，プロジェクトで用いるためにテーラリングされた他の計画文書を参照する。
・コミュニケーションおよび知識に関する組織内の縦割りの壁を打ち壊すために頻繁にIntegrated Product Development Team（IPDT）を用いる（Martin, 1996）。
・WBSの作成は，システムズエンジニアリングとプロジェクトマネジメントがからむアクティビティである（Forsbergら，2005）。ときどき，ソフトウェアエンジニアはこれらのツールが大規模なハードウェアプロジェクトにのみ適用されるとみなし，成功に必要なプロジェクトマネジメントツールを用いようとしない傾向がある。Richard Fairley博士は，この考え方を払拭する優れたアプローチを文書化している（Fairley, 2009）。
・計画プロセスを飛ばす，あるいは短縮することは，他の技術マネジメントプロセスの有効性を低下させる。
・アジャイルプロジェクトマネジメント方法もまた，計画の作成を含む。サイクルは短くて頻繁に行うことがあるが，計画そのものは不可欠なプロセスである。
・プロジェクトの目標および成功の基準を定義することは，プロジェクトの成功にとって非常に重要である。利害関係者に対するプロジェクト価値は，プロジェクトの意思決定を導くために明確に定義する必要がある。プロジェクト価値は，技術性能指標（TPM）（5.7.2.8項参照）で表されるべきである（Roedler and Jones, 2006）。
・特別な注意を払わなければならない部分または予期される緊急事態を特定するために，計画プロセスの早い段階でリスクアセスメントを組み込む。常に技術的リスクに注意する（PMI, 2013）。
・プロジェクトマネジメント協会は，プロジェクト計画のガイドラインを発行している。
・プロジェクトマネジメントのための標準ISO/IEC/IEEE 16326もまた，この課題に関する追加的なガイダンスになる（ISO/IEC/IEEE 16326, 2009）。

5.1.2 詳述
5.1.2.1 プロジェクト計画のコンセプト

プロジェクト計画は，プロジェクトの進捗をアセスメントし統制する際に対象とするプロジェクトの予算およびスケジュールを見積もる。システムズエンジニアとプロジェクトマネジャーは，プロジェクト計画で協力しなければならない。システムズエンジニアは，プロジェクトの目標に整合した技術マネジメントのアクティビティを行う。技術マネジメントのアクティビティは，SEMPおよびシステムズエンジニアリングマスタースケジュール（SEMS）の中で定義されているように，システムズエンジニアリングプロセスを計画し，スケジュールし，レビューし，そして監査することを含む。

5.1.2.2 SEMP

SEMPはシステムズエンジニアリングの取り組みを管理するトップレベルの計画である。SEMPは，プロジェクトがどのように編成され，構成され，かつ実施されるかを定義し，そして利害関係者の要求を満たす製品を提供するために，全体のエンジニアリングプロセスがどのように統制されるかを定義する。よく練られたSEMPは，プロジェクトのガイダンスを提供し，組織がシステムズエンジニアリングの実行方法に関する不必要な議論を回避するのに役立つ。組織は通常，テーラリングと再利用に適したSEMPのテンプレートを維持している。効果的にプロジェクを統制するには，SEMPを必要とし，システムズエンジニアはそれを最新の状態に保ち，チームのアクションを管理するために毎日用いる。

SEMSは，プロジェクトでの技術アクティビティのクリティカルパスを特定するため，SEMPの不可欠な部分であり，プロジェクト統制のツールとなる。検証アクティビティはまた，SEMSの中で特別な注意を払われている。さらに，タスクのスケジュールおよび依存関係は，開発ライフサイクル全体にわたって必要とされる人員および資源に対する依頼を正当化するのに役立つ。

SEMPおよびSEMSは，プロジェクトタスク階層を定義するプロジェクトWBSまたは契約WBSによってサポートされる。作業認可は，プロセスであり，それによってプロジェクトはベースラインとなり財政的に統制される。WBSの一部分の作業を開始するための組織内手順書の記述は，SEMPで定義されることがある。

TPM（5.7.2.8項参照）はプロジェクト統制に用いるツールであり，TPMが採用される範囲はSEMP（Roedler and Jones, 2006）で定義されるべきである。

SEMPは，プロジェクトの早期に準備され，顧客（または社内プロジェクトの管理者）に提出され，そしてプロジェクトのコンセプトおよび開発ステージの技術マネジメント，または同様に商用への実践の技術マネジメントに用いる。計画のより重要な側面として，SEMPの作成には，システムズエンジニアリングプロセス，機能分析アプローチ，プロジェクトに含まれるトレードオフ検討，スケジュール，および組織の役割と責任の定義が関与する。SEMPはまた，プロジェクトチームを形づくるために行われた取り組みの結果を報告し，意思決定のためのデータベース，仕様書，およびベースラインを含むプロジェクトの主要な成果物を概説する。SEMPの作成に際して，シニアシステムズエンジニア，対象分野の専門家，プロジェクト管理者，そしてしばしば顧客に参加を求める必要がある。

SEMPの書式は，プロジェクト，顧客，または企業標準に合わせてテーラリングすることができる。複数のプロジェクトでSEMPを最大限に再利用するために，プロジェクト固有の別表を用いて，意思決定のためのデータベース，マイルストーン，および意思決定ゲートレビューのスケジュール，およびレビューで対応できない問題の解決に用いられる方法のような，詳細で動的な情報を把握することがしばしばある。

SEMPのプロセスへの入力部分は，プロジェクトの実施および関連する成果物（例えば，システム仕様書および技術要求文書）の作成に用いられる，利用できるもととなる文書（例えば，RFP，SOW，標準などをもととする顧客仕様書）を特定する。SEMPのプロセスへの入力部分はまた，同様のシステムに対して以前に作成された仕様書および性能仕様書に影響を及ぼす社内手順書を含むこともある。作成されるべき技術目標文書は，意思決定のためのデータベースのもとになる文書の一つでもある。技術目標文書は，システムのConOpsの一部でもある（4.2.2.4項参照）。

SEMPは，プロジェクト組織，技術マネジメント，および技術アクティビティに関する情報を含む必要がある。SEMPの全体概要は，ISO/IEC/IEEE 15288およびこのハンドブックに準拠したISO/IEC/IEEE 24748-4（2014）で入手可能である。上位レベルの概要として，SEMPには以下が含まれている必要がある。

・プロジェクトの組織と，その組織の他の部分とシステムズエンジニアリングとの連携の仕方
・主要な職位の責任および権限
・明確なシステム境界およびプロジェクトの範囲
・プロジェクトの前提および制約
・主要な技術目標
・インフラストラクチャのサポートおよび資源マネジメント（設備，ツール，IT，人員など）
・このハンドブック（第4章参照）に記載されている技術プロセスの計画および実行に用いられるアプローチと方法
・このハンドブック（第5章参照）に記載されている技術マネジメントプロセスの計画および実行に用いられるアプローチと方法
・このハンドブック（第10章参照）に記載されている，利用できる専門エンジニアリングプロセスの計画および実行に用いられるアプローチと方法

SEMPは，システム/費用対効果に対する洞察を与えるために，コストの妥当性/費用対効果/ライフサイクルコスト（LCC）分析（10.1節参照）およびバリューエンジニアリングの実践（10.14節参照）を扱うことがある。例えば，プロジェクトは最小限の追加

コストで大幅に価値をもつようにエンジニアリングすることができるか。そうであるならば，顧客は改善のためのわずかなコスト増でも受け入れられる資源をもっているか。決められた予算およびスケジュール内で解決策を達成できるか。これにより，明白な費用対効果のある選択肢が検討されたことを顧客に保証する（ISO/IEC/IEEE 24748-4, 2014）。

システムが要求を満たし，要求が開発チームに理解されていることを保証するためには，技術レビューは不可欠である。形式的なレビューは，システムライフサイクルの次の段階に進むための準備ができていることを判定するために不可欠である。これらのレビューとそれに関連する意思決定ゲートの数および頻度は，特定のプロジェクトに合わせてテーラリングする必要がある。SEMPは，実施する技術レビューと，レビュー中に明らかにされた問題を解決するために用いられる方法論とを列挙すべきである。

図3.3に示したシステムライフサイクルは，レビューと意思決定ゲートの適切なタイミングを示している。それらはすべてのプロジェクトに適合しないかもしれないし，いくつかのプロジェクトではレビューが多い場合があり，または少ない場合がある。さらに，形式的で，文書化された，顧客の同席を伴う意思決定ゲートは，プロジェクトに大きなコストを課す可能性がある。プロジェクトは，より頻繁で非公式な社内レビューを用いる計画をして，ほとんどの問題を解決し，顧客が課す重大なアクション項目なしに意思決定ゲートを通過するように努力する必要がある。

重要な技術の移行は，リスクマネジメント（5.4節参照）の一環として行うことである。特に強調するためにここで言及しておくが，重要な技術を特定し，リスクマネジメントに沿ったステップに従わなければならない。さらに，完了または計画されたリスクマネジメント作業は，SEMPの中で陽に参照されるべきである。

提案されているシステムは，顧客がそれを用いるためにはトレーニングを必要とするほど複雑な場合がある。プロジェクト期間中に，システムの開発，製造，検証，導入，運用，サポート，トレーニングの実施，または廃棄する人員の訓練が必要となる場合がある。このトレーニングの計画はSEMPで必要とされ，以下を含める必要がある。

1. 遂行能力の分析
2. 行動としての欠点または不足
3. 欠点または不足を補うために必要なトレーニング
4. 要求されている習熟度を達成するためのスケジュール

検証は，通常，すべての要求および予定の検証方法を列挙した検証マトリクスを用いて計画される。可能な検証方法には，検査，分析，実証，およびテストを含む。SEMPは，検証すべき項目を定義し，遂行能力を検証するためにどの方法を用いるかを，検証計画の中で，少なくとも予備的な一般的な用語で述べなければならない。この計画では，誰が各項目の検証を実行し保証するかを定義する必要がある。これはまた，検証プロセスの時間を調整するSEMSに関連しなければならない。通常，検査，分析，および実証の方法については詳細な手順を記述しない。シミュレーションは，定量化可能な結果が必要な場合にはテストに対して用い，または定性的結果で満足できる場合には実証に対して用いる場合がある。

よく練られたSEMPは，プロジェクトに対してガイダンスを提供し，組織がシステムズエンジニアリングの実行方法に関する不必要な議論を回避するのに役立つ。さらに，プロジェクトが開発ライフサイクル全体で必要とされる人員を調達し，進捗状況をアセスメントするのに役立つスケジュールおよび組織を定義する。

5.2 プロジェクトアセスメントおよび統制プロセス

5.2.1 概要

5.2.1.1 目的

ISO/IEC/IEEE 15288に記載されているように，

> [6.3.2.1] プロジェクトアセスメントおよび統制プロセスの目的は，計画が連携して実現可能かどうかをアセスメントし，プロジェクト，技術的，およびプロセスの遂行能力のステータスを判断し，そして計画された予算内で，技術目標を満足するために，その遂行結果が計画とスケジュールに確実に従うように直接実行

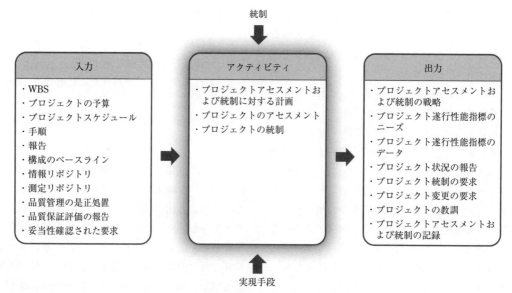

図 5.2 プロジェクトアセスメントおよび統制プロセスの IPO 図。INCOSE SEH の元図は Shortell および Walden により作成された。INCOSE の利用条件の記載に従い利用のこと。

することである。

アセスメントは，定期的に，そして，すべてのマイルストーンおよび意志決定ゲートに対してスケジュールされる。その意図は，特に目標から外れた場合に，プロジェクトチーム内，および利害関係者との良好なコミュニケーションを維持することである。

プロセスは，これらのアセスメントを用いて，プロジェクトが予期した成熟度を反映していない場合にプロジェクトを修正するなどして，プロジェクトの取り組みを方向づける。

5.2.1.2 説明

プロジェクト計画プロセス（5.1 節参照）は，作業による取り組みと期待される結果の詳細を特定した。プロジェクトアセスメントおよび統制プロセスは，プロジェクトのインフラストラクチャの妥当性，必要な資源の可用性，およびプロジェクトの遂行能力の指標への遵守を評価するためのデータを収集する。アセスメントはまた，プロジェクトの技術的進歩を監視し，追加の調査が必要な新しいリスクまたは分野を特定することがある(TPM の作成およびアセスメントについては 5.7.2.8 項を参照されたい)。

プロジェクトアセスメントおよび統制プロセスの厳格さは，対象システム（SOI）の複雑さに直接依存する。プロジェクトの統制には，プロジェクトが計画とスケジュールに従って，また計画された予算内で確実に実行されていることを保証するための是正処置と予防措置の両方が含まれる。プロジェクトアセスメントおよび統制プロセスは，この章の他のプロセスの中のアクティビティを誘発する場合がある。図 5.2 はプロジェクトアセスメントおよび統制プロセスの IPO 図である。

5.2.1.3 入力/出力

プロジェクトアセスメントおよび統制プロセスの入力と出力を図 5.2 に示した。各入出力の記述は付録 E に掲載されている。

5.2.1.4 プロセスアクティビティ

プロジェクトアセスメントおよび統制プロセスは，次のアクティビティを含む。

- プロジェクトアセスメントおよび統制に対する計画
  - システムのためのプロジェクトアセスメントおよび統制のための戦略を策定する。
- プロジェクトのアセスメント
  - プロジェクトに関連した測定結果をレビューする。
  - 予算に対する実際のコストと計画されたコスト，スケジュールに対する実際の計画時間，およびプロジェクト品質の偏差を決定する。

- プロジェクトのアクティビティの遂行の効果と効率を評価する。
- プロジェクトのインフラストラクチャおよび資源の適切性と可用性を評価する。
- 確立された基準およびマイルストーンに対してプロジェクトの進捗を評価する。
- 次のマイルストーンへ進む準備を判断するために必要なレビュー，監査，および検査を実施する。
- 重要なタスクと新しい技術を監視する（5.4節参照）。
- アセスメント結果を分析する。
- プロジェクト計画への調整のための提言を行う。これらは，プロジェクト統制プロセスおよび他の意思決定プロセスに入力される。
- 合意，方針，および手順で指定されたステータスを伝える。
・プロジェクトの統制
- プロジェクトの方向にずれがあるとアセスメントされる場合，予防措置を開始する。
- 遂行が成功に至らないとアセスメントされる場合，問題解決を開始する。
- 承認された計画から逸脱しているとアセスメントされる場合，是正処置を開始する。
- とられたアクションを反映するために，作業項目とスケジュールの変更を確立する。
- 組織外から取得した商品またはサービスの供給者と交渉する。
- アセスメントが意志決定ゲートまたはマイルストーンのイベントをサポートしている場合，進めるか，または進めないかを決定する。

一般的なアプローチとヒント：

・プロジェクトマネジメントがプロジェクトのステータスに更新を残す方法の一つは，定期的なチームミーティングを実施することである。日単位または週単位の立ったままでする短い会議は，より小規模なグループに効果的である。
・一般的な知恵は，「計測されたものが達成された」ことを示唆しているが，プロジェクトは，意思決定に用いないことを山のように測定することを避けるべきである。
・プロジェクトマネジメント協会では，アーンドバリューマネジメント技術を含むプロジェクトアセスメントのための業界全体のガイドラインを提供している。
・プロジェクトチームは，監視，リスクマネジメント，または構成管理を通じてプロジェクトを左右する重大な領域を特定し，それらを統制する必要がある。
・効果的なフィードバックによる統制プロセスは，プロジェクトの遂行能力を向上させるために不可欠な要素である。
・アジャイルなプロジェクトマネジメント技術は，高い頻度でアセスメントをスケジュールし，他の計画主導の開発モデルよりもより強化したフィードバックサイクルでプロジェクト統制の調整を行う。
・組織プロセスおよび組織手順書のテーラリング（第8章参照）は，いかなる認証もないがしろにすべきではない。プロセスは，効果的なレビュー，アセスメント，監査，およびアップグレードによって確立されなければならない。

5.3 意志決定マネジメントプロセス

5.3.1 概要

5.3.1.1 目的

ISO/IEC/IEEE 15288 に定義されているように，

[6.3.3.1] 意思決定マネジメントプロセスの目的は，ライフサイクルのすべての時点に対して，意思決定のための選択肢を客観的に特定し，特徴づけ，そして評価するための構造化された分析フレームワークを提供し，最も有益な行動指針を選択することである。

表 5.1 に，より大きなリストを掲載する Buede (2009) から引用した，システムのライフサイクルを通して遭遇する，意思決定が必要になる状況（機会）の一部を示す。

ここで，技術開発戦略の策定，初期能力文書の作成，システムアーキテクチャの選択，詳細設計への収束，テストおよび評価計画の構成，製造または購入の決定，生産の立ち上げ計画の作成，メンテナンス計画の作成，および廃棄アプローチの定義について，これらにかかわる意思決定の数を検討する。新製品開発では，システムズエンジニアリングの分野

表5.1 ライフサイクル全体を通じた意志決定状況（機会）のリストの一部

ライフサイクルステージ	意志決定状況（機会）
コンセプト	技術的機会/初期ビジネスケースのアセスメント
	技術開発戦略の策定
	初期能力文書の通知，作成，および詳細化
	能力開発文書の通知，作成，および詳細化
	計画開始の決定を支援する候補の分析
	システムアーキテクチャの選択
開発	システム要素の選択
	下位要素の選択
	テストおよび評価手法の選択
生産	製作または購入の意思決定
	生産プロセスおよび配置の選択
利用，サポート	メンテナンスアプローチの選択
廃棄	廃棄アプローチの選択

全体を見渡すことを要求する，相互に関連した一連の意思決定を伴う．事実，すべてのシステムズエンジニアリングのアクティビティはよい意思決定をサポートする状況の中で実施されるべきであると論じることができる．もしある一つのシステムズエンジニアリングのアクティビティが，システムライフサイクルに組み込まれた多くの意思決定のうちのどれにも該当しないなら，その活動がそもそもなぜ実施されているのかについて疑問が生じる．意思決定マネジメントを重要なシステムズエンジニアリング活動として位置づけることで，その取り組みが適切かつ有意義なものとして正当に解釈され，そして新製品開発者とそのリーダーに対してその分野での価値提案を最大化することが保証される．

5.3.1.2 説明

形式的な意思決定プロセスとは，広範に言明された意思決定の状況を，推奨される行動方針および関連する実施計画に変換することである．このプロセスは，当面の意思決定に関する完全な責任，権限，および説明責任をもつ意思決定者，推論ツール一式をもつ意思決定アナリスト，遂行能力モデルをもつ対象分野の専門家，およびエンドユーザとその他の利害関係者の一連の代表者からなる資金に恵まれた意志決定チームによって実施される（Parnellら，2013）．意思決定プロセスは出資者によって定められた方針およびガイドラインに沿って実施される．意思決定プロセスは，構造化されたプロセスを通じてこの変換を実現する．このプロセスは，ほとんどのシステムズエンジニアリングプロセスと同様に主観的な要素を含んでおり，同等の資格をもつ2つのチームが異なる結論および提言に至る可能性があることを認識しなければならない．しかしながら，構成のよいトレードオフ検討プロセスは，異なる価値判断が全体的な決定に及ぼす影響を把握し，そして伝達することができ，さらに幅広い価値をもたらす戦略にわたって魅力的な選択肢の探索を促すことができる．図5.3は意思決定プロセスのIPO図である．

5.3.1.3 入力/出力

意思決定マネジメントプロセスの入力と出力を図5.3に示した．各入出力の記述は付録Eに掲載されている．

5.3.1.4 プロセスアクティビティ

意思決定プロセスは，次のアクティビティを含む．

- 意思決定の準備
  - システムに関する意思決定マネジメント戦略を定義する．
  - 意思決定の声明を確立して試し，決定を明確にする．これは最も重要なステップの一つである．不完全または不正確な意思決定の声明が，考慮されたオプションを不適切に制約する，あるいはチームをまちがった方向に導くことがある．以下の複数の意思決定の声明に起因するちがいを検討する．①どの車を買うべきか，②どのような乗り物を買うべきか，③どのような乗り物を入手すべきか（購入またはリース），④旅行する必要はあるか．

- 意思決定情報の分析
  - 決定を枠にとらえ，調整し，構造化する．
  - 目標と指標を策定する．
  - 創造的な候補をつくる．
  - 決定論的分析により候補をアセスメントする．
  - 結果を総合する．
  - 必要に応じて不確かさを特定し，確率論的解析を実施する．
  - 不確かさの影響をアセスメントする．
  - 候補を改善する．
  - トレードオフを伝達する．
  - 提言と実装計画を提示する．

5.3 意思決定マネジメントプロセス

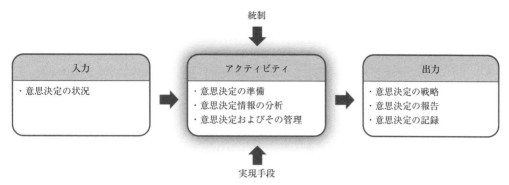

図 5.3 意思決定プロセスのIPO図。INCOSE SEHの元図はShortellおよびWaldenにより作成された。INCOSEの利用条件の記載に従い利用のこと。

- 意思決定およびその管理
  - 関連するデータおよびサポート文書を含む意思決定を記録する。
  - 意思決定に伴う新しい方向性を伝達する。

5.3.2 詳述

プロジェクトのライフサイクル全体にわたり，システムズエンジニアは，さまざまな種類の意思決定の状況に直面する可能性が高い。システムズエンジニアは，当面の決定問題の枠組みおよび構造に対して，最適な分析手法を選択する必要がある。例えば，「…候補の実装と最終的な結果の間にある，明確で重要な離散事象…」（Edwardsら，2007）があるとき，特に決定の構造が2, 3の意志決定ノードおよびチャンスノードをもつならば，決定木はしばしば適切な分析アプローチである。意志決定ノードとチャンスノードの数が増えるにつれ，決定木は急速に扱いづらくなり，伝達能力の一部が失われる。さらに，決定木は，エンドノードの結果が一つの数字で表現されることを必要とする。これは一般的に，候補の提案する価値が速やかに収益化され，最終状態の結果がドル，ユーロ，円などで計れるような意思決定の状況に対して達成される。候補の提案する価値が意思決定問題の中で容易に収益化できない場合，複数の競合する目的にわたる候補による結果を総合するために目的関数がしばしば定式化される。この種の問題は，多目的意思決定分析（MODA）手法を必要とする。

システムズエンジニアによって採用されている最も一般的な意思決定マネジメント方法は，トレードオフ検討であり，たいていは何らかのMODA手法の形式よりも頻繁に利用される。そのねらいは，しばしば競合する目標に対する最適なバランスのとれた結果をもたらす候補の探索を促すために，利害関係者および利害関係者の価値を定義，計測，およびアセスメントし，この情報を総合することである。MODAアプローチは一般に，目標（および副次的目標）に対する候補による結果の集約の程度，これらの結果を集約するために用いる数字，利害関係者から述べられた価値の抽出に用いられる技法，不確かさの扱い，感度分析の堅牢性，スクリーニング技法の使用，そしてトレードオフ空間の可視化の多用途性および品質により異なる。時間と資金が許せば，システムズエンジニアはいくつかの技法を用いてトレードオフ検討を行い，その結果が堅牢であることを確かめるために結果を比較，対照して，相違を調停しようとする場合がある。MODAを厳密に実装する方法は多くあるが，この項では，用いられる特定の実装方法に左右されないベストプラクティスの要約を表すことに重きを置いている。

5.3.2.1 意思決定のフレーミングおよびテーラリング

意思決定者と利害関係者が意思決定の文脈を完全に理解し，意思決定の全体的なトレーサビリティを向上させることに役立つように，意思決定分析者は，構想されたシステムが，システム境界と予期されるインタフェースの表示とともに，用いられ方に関する考えと，システムのベースラインの記述を把握する必要がある。意思決定の文脈には，決定に割り当てられた時間枠，意思決定者と利害関係者の明示的なリスト，利用可能な資源に関する議論，将来的に予想される決定と，どのようなアクションをと

ると当面の意思決定の結果としてよいかといった期待などの詳細が含まれる。

5.3.2.2 目標および方策の策定

意思決定の方法を定義することは簡単な業務のように見えるかもしれないが，それはしばしば，多くの曖昧な利害関係者のニーズの記述中に明確さを求める難しい作業になる。各要求の相対的優先順位に関する不快な議論に巻き込まれ，簡単な主張と拡張された目標を確立することとなる。Keeneyは次のように述べている。

> 最も重要な決定は複数の目的を含んでおり，通常，多目的な意思決定を伴っていて，それらのすべてを採用することはできない。より多く他の目標を達成するためには，いくつかの目標の達成度を低くすることを容認する必要がある。しかしながら，どれだけ多く達成できるか？という問いを，どれだけ少なくすることができるだろうか。(Keeney, 2002)

最初の一歩は，目標と方策を策定するために，利害関係者の要求定義プロセス，要求分析プロセス，および要求管理プロセスから得られる情報を用いることである。

個々の基本的な目標に対しては，目標をより完全に満たす候補が，目標をあまり満たさないような候補よりもよりよいスコアを受けるように，指標を設定しなければならない。指標（属性，基準，および尺度とも呼ばれる）は，あいまいでなくかつ包括的，直接的で，操作可能であり，そして理解できるものでなければならない (Keeney and Gregory, 2005)。

5.3.2.3 創造的な候補の作成

多くのトレードオフ検討の対象となる候補は，多くの相互に関係するシステム要素からなるシステムである。候補についての伝達の効果および効率を支援するために，SOIに対して意味のある製品構成を設定し，この製品構成を意思決定分析の取り組みを通じて一貫して適用することが重要である。その製品構成は，SOIの物理的要素を有用に分解したものでなければならない。それぞれの候補は，特定の設計上で選択した物理要素で構成されている。与えられた候補の設計上の特徴の差別化を速やかに伝達する能力は，意思決定の実践の中核的な要素である。

5.3.2.4 決定論的分析による候補のアセスメント

意思決定チームは，設定した目標および方策と，特定および定義した候補をもって，運用データ，テストデータ，モデル，シミュレーション，および専門知識を備えた対象分野の専門家に深くかかわる必要がある。意思決定チームは，構造化されたスコアシートを作成することによって，対象分野の専門家の関与を最適に準備することができる。個々の基準に対する各コンセプトのアセスメントは，候補と目標の組合せごとに構成されたスコアシート上で最もよく把握される。各スコアシートには，検討中の候補の概要，および測定されたことに対するその指標の要約が含まれる。

5.3.2.5 結果の総合

プロセスのこの時点で，意志決定チームは，プロセスの最終課題として作成された目標の指標の要約表としてまとめられた，大量のデータを生成する。ここでようやく，データを探検し，データを理解し，そして理解を促す形で結果を表示する段階に到達する。

5.3.2.6 不確かさの特定と確率論的分析の実施

アセスメントされたスコアを取り巻く潜在的な不確かさと，一つ以上のスコアに影響を与える可能性がある変数について，明確に議論することは，対象分野の専門家にとってアセスメントの一環として重要である。さまざまなシステムアーキテクチャを探索するシステムズエンジニアリングのトレードオフ分析でよく見られる不確かさの原因の一つは，システムコンセプトが一般的にシステム要素設計の候補の集約体として記述されているものの，要素レベルの設計に対する意思決定の議論が欠けていることである。これらの意思決定は通常，詳細設計の下流に位置づけられる。対象分野の専門家はしばしば，①低い性能，②中程度の性能，そして，③高い性能の3つを別々に仮定して，計測した上限，公称値，および下限の応答をアセスメントできる。いったんすべてのスコアとそれに付随する不確かさが適切に捕捉されれば，モンテカルロシミュレーションを実行して，意思決定結果に影響を与える不確かさを特定し，意思決定結果に重要でない不確かさの領域を特定することができる。

5.3.2.7 不確かさの影響へのアクセス：リスクおよび感度の分析

意思決定分析者は，直線図，トルネード図，ウォーターフォール図を含むさまざまな感度分析の形式，およびモンテカルロシミュレーション，決定木，そして影響図を含むいくつかの形の不確かさ分析を用いる（Parnellら，2013）。

5.3.2.8 候補の改善

もしかすると，ここで意思決定分析を終え，総合的に最も高い価値をもつ候補を強調し，成功したと主張する誘惑に駆られるかもしれない。しかしながら，このような性急な終わり方は，ベストプラクティスとはいえない。最初の候補一式に対して作成されたデータを深掘りすることは，未開発の価値を述べ，リスクを減らすためのシステム要素設計の選択肢を修正する機会を明らかにする。

5.3.2.9 トレードオフの伝達

これは，意思決定チームが，利害関係者が望んでいそうな事柄に関する主な所見，およびそれを達成するために彼らが諦めなければならないものを特定するプロセスの要点である。意思決定チームが，最小限に十分，かつ/または最も影響力のある設計上の意思決定を強調し，最も高い利害関係者の価値を提供できるのは，この点である。加えて，重要な不確かさおよびリスクも特定されなければならない。さまざまな設計上の意思決定の複合的な効果に関する所見もまた，プロセスのこのステップの重要な産物である。最後に，トレードオフを推進する競合する目標は，明確に強調されるべきである。

5.3.2.10 提言の提示および実装のアクション計画

明確な言葉の形で示された提言，および実行可能なタスクリストは，しばしば，ある種のアクションを導く意思決定分析の可能性を高め，これによりスポンサーへ具体的な価値を伝えるのに役立つ。報告書は，過去にさかのぼるトレーサビリティおよび将来的な意思決定にとって重要である。時間をとり，研究結果の詳細および論理的根拠を示す包括的で高品質の報告書を作成する取り組みを行うべきである。電子媒体の報告書への動的なハイパーリンクによって，紙の報告書を拡張することについて検討すべきである。

5.4 リスクマネジメントプロセス

5.4.1 概要
5.4.1.1 目的

ISO/IEC/IEEE 15288 に記載されているように，

[6.3.4.1] リスクマネジメントプロセスの目的は，リスクを継続的に特定し，分析し，処理し，そして監視することである。

5.4.1.2 説明

多くの標準，ガイドライン，および情報を提供している出版物は，リスクおよびリスクマネジメントの課題に対処している。場合によっては，業界の規制あるいは顧客との契約合意によって，特定の標準の適用が義務づけられることがある。

これらの出版物に示されているリスクおよびリスクマネジメントの概念と実践には大きなちがいおよび矛盾があるので，プロセスを所有する人，実装する人，およびリスクマネジメントプロセスのユーザは，リスクマネジメントに対する理解，およびアプローチが，彼らの特定の状況，範囲，および目標に対して十分で，一貫性があり，かつ適切であることを確認することが重要である。

「リスクの定義」：E. H. Conrow は「慣例的に，リスクとは，ある事象がそれと相まって否定的な結果を生じる可能性として定義されている。言い換えれば，リスクは潜在的な問題である。可能ならば避けたいものであるけれども，そうでなければそのリスクの可能性および/または結果を低減させるべきである」と述べている（2003）。

下記に慣例的なリスクの概念と一貫性のあるいくつかの定義を示す。

- 「ISO/IEC/IEEE 16085：2006，システムおよびソフトウェアエンジニアリングライフサイクルプロセスリスクマネジメント」は，下記の3つでリスクを「ある事象の起こる確率とその結果の組合せ」として定義している。
  - リスクという用語は，否定的な結果を伴う可能性がある場合にかぎり，一般的に用いられる。
  - リスクは，ある状況で期待される成果または

事象の差異の可能性から生じる。
  - 安全性に関係する問題については，ISO/IEC Guide 51（1999）を参照のこと。

コメント：①この ISO/IEC/IEEE 16085 の定義は，ISO のガイド 73：2002 定義 3.1.1 から来ている（ISO Guide 73：2009 の定義では改定されている）。②これは ISO/IEC/IEEE 15288 で参照されている定義である。

リスクに対する当然の帰結として，Conrow は機会を「ある事象によって，望ましく肯定的な結果を実現する可能性」と定義している（Conrow, 2003）。否定的な結果のみならず，機会および肯定的な結果をもリスクマネジメントプロセスの一部分とみなす考え方は，専門家およびそれを実践する者に支持されている。リスクマネジメントに対するこの広範囲のサポートを意図したリスクおよびリスクマネジメントの新しい概念は進化している。この拡大した範囲を反映したリスクの重要な定義は次のとおりである。

・「ISO Guide 73：2009，リスクマネジメント―語彙」によると，以下の 5 つの文書によってリスクは「目的に対する不確かさのもたらす影響」と定義している。
  - 影響とは，期待されるものと，よい側，および/または悪い側との差異である。
  - 目的は，さまざまな側面（例：金融，健康と安全，および環境目標）をもち，さまざまなレベル（例：戦略，組織全体，プロジェクト，製品，およびプロセス）に当てはまる。
  - リスクはしばしば，発生しうる事象および結果，あるいはこれらの組合せを参照することによって特徴づけられる。
  - リスクはしばしば，状況の変化を含む事象の結果と，その事象に関連する可能性との組合せの観点から表現される。
  - 不確かさとは，事象，事象の結果，あるいは可能性に関連する情報，理解，または知識が，部分的であれ欠落している状態である。

「プロジェクト・リスクマネジメント実践標準；Practice Standard for Project Risk Management（PMI, 2009）」によると，プロジェクトに関するリスクの重要性をアセスメントする場合，リスクに関する 2 つの軸，不確かさとプロジェクトの目標に対する影響を考慮しなければならない，不確かさの軸は「確率」という用語を使って記述され，また影響の軸は「インパクト」と呼ばれる場合がある（「可能性」および「結果」のような記述も可能である）。

リスクには，不確かさがあるが明確に記述できるはっきりとした事象と，それほどはっきりとした事象ではなく不確かさをもたらす可能性のある一般的な条件の両方が含まれる。プロジェクトのリスクは 2 種類あり，負の効果をもたらすものと，正の効果をもたらすものがあり，それぞれ「脅威」，「機会」と呼ばれる。

「プロセスの実現手段」：組織の構造および文化が，リスクマネジメントプロセスの結果に重大な影響があるとわかっている。「ISO 31000，リスクマネジメント，原則とガイドライン」（2009）では，リスクをマネジメントするための原則の確立を提唱するモデルと，リスクマネジメントプロセスと連携して動作するリスクマネジメントの枠組みについて概説している。

「リスクマネジメントプロセス」：リスクマネジメントは，システムライフサイクル全体にわたって存在する不確かさを扱うための統制のとれたアプローチである。リスクマネジメントの主な目的は，企業または組織から提供される価値を脅かすもしくは減らしてしまう不確かさを特定し，その取り扱いを管理する（先を見越した策をとる）ことである。リスクを完全になくすことはできないため，リスクと機会の適切なバランスを達成しようとする目的もある。

このプロセスは，システムに対する潜在的なコスト，スケジュール，および遂行能力といった技術的なリスクを理解し，回避し，そして成果が負となってしまうことを予測し，発生する前に対応する事前対策として構造化されたアプローチをとるためにこのプロセスを用いる。組織は多くの形のリスクをマネジメントし，システム開発に関連するリスクは組織戦略と一貫性のある方法でマネジメントされる。

新しいシステムまたは既存のシステムの変更はすべて機会をとらえることに基づいている。リスクは常にシステムのライフサイクル内に存在し，そしてリスクマネジメントのアクションは機会をとらえようとする観点からアセスメントされる。

外部のリスクは，プロジェクトマネジメントで無

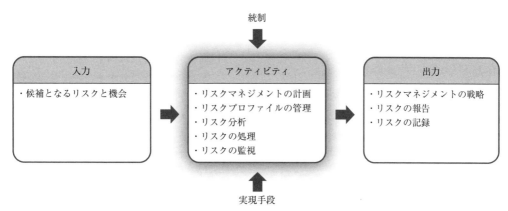

図5.4 リスクマネジメントプロセスのIPO図。INCOSE SEHの元図はShortellおよびWaldenにより作成された。INCOSEの利用条件の記載に従い利用のこと。

視される場合がしばしばある。外部のリスクとは，プロジェクトの周辺環境に起因するもの，もしくはそれに由来するものである (Fossnes, 2005)。プロジェクトの参加者は，多くの場合，外部のリスク要因に対する統制力または影響力はないが，外部の環境を観察し，外部のリスクがプロジェクトに及ぼす影響を最小限に抑えるための事前の策を最終的にとることについて学ぶことができる。典型的な課題は，時間に依存するプロセス，アクティビティの柔軟性に欠けるシーケンス，成功に向けての1つの支配的な道筋，および少ないゆとりである。

リスクに対処するための典型的な戦略には，予想された状況に対する悪影響を減らすための転移，回避，受け入れ，または行動をとることが含まれる。ほとんどのリスクマネジメントプロセスは，負の影響をより小さく，かつ可能性がより低いとみなしてしまう以前に，最も大きな負の影響を及ぼし，最も高い可能性のあるリスクを処理するという優先順位づけ案を含む。リスクマネジメントの目標は，最低限の資源で最大限のリスク軽減（またはよい機会の実現）による利益を得るように，資源配分のバランスをとることである。図5.4はリスクマネジメントプロセス用のIPO図を示している。

5.4.1.3 入力/出力

リスクマネジメントプロセスの入力と出力を図5.4に示した。各入出力の記述は付録Eに掲載されている。

5.4.1.4 プロセスアクティビティ

リスクマネジメントプロセスは，次のアクティビティを含む。

- リスクマネジメントの計画
  - リスク戦略を定義して文書化する。
- リスクプロファイルの管理
  - リスクの状況およびその確率，結果，リスクの閾値，そして優先度およびリスクを伴うアクションの依頼とそれらの処理のステータスを含むリスクプロファイルを確立し，保守する。
  - リスクの閾値，受け入れ可能，受け入れ不可能といったリスク条件を定義し，文書化する。
  - 定期的に適切な利害関係者とリスクを伝達する。
- リスク分析
  - リスクの状況を定義し，リスクを特定する。
  - 可能性および結果についてリスクを分析し，リスクの大きさと処理の優先順位を決定する。
  - 状況のステータスを継続的にアセスメントする担当者の特定を含む，各リスクのための処理の計画および資源を定義する。
- リスクの処理
  - 許容できるリスクおよび許容できないリスクの基準を用いて，リスク処理の候補を検討し，リスクの閾値が許容レベルを超えた場合のアクション計画を生成する。
- リスクの監視
  - リスク項目およびそれらがどのように処理されたかの記録を保持する。

- 透明性の高いリスクマネジメントのコミュニケーションを保守する。

一般的なアプローチとヒント：

・プロジェクト計画のプロセス（5.1 節参照）では，リスクマネジメントのための個々のプロジェクト手順を満たすために，リスクマネジメント計画（RMP）が仕立てられる。
・リスクマネジメントプロセスは，各リスク項目の記述，優先順位，処理，責任者，およびステータスを含んだリスクのプロファイルとして管理された文書を確立する。
・リスクを特定する大まかなやり方は，各リスク候補を「＜状況＞の場合，＜利害関係者＞に対して＜結果＞となる」の形で述べる。この形は，リスクの妥当性を判断し，リスクの大きさまたは重要性をアセスメントすることに役立つ。この文章が意味をなさない，またはこの形式にならない場合は，その候補はおそらく妥当なリスクではない。例えば，特定の利害関係者に影響を及ぼす結果にはならない状況を記述する場合は，起こりうる出来事がプロジェクトに影響を与えないことを意味する。同様に，明確な状況または事象に連鎖するシナリオ記述なしに利害関係者へ結果をもたらす可能性を記述した場合は，おそらく十分に理解されず，より多くの分析を必要とする。
・すべての担当者は，リスクを特定するための手順を踏む責任がある。
・リスクは以前の経験，ブレインストーミング，類似したプログラムから学んだ教訓，およびチェックリストに基づいて特定することが可能である。
・リスクを特定するアクティビティは，プロジェクトのライフサイクル全体を通して，早期かつ継続的に適用されるべきである。
・予期しない問題および課題が実行中に発生した場合，プロジェクトは計画決定された環境を再現し，問題を修正するためにどこの情報を更新すべきか知ることができる。
・潜在的な問題を特定する人員に対する否定的な意見は，関与する利害関係者の全面的な協力を妨げ，深刻なリスクを伴う状況に対処し

損ねる可能性がある。リスクを緩和する取り組みを支援することを，供給者と他の利害関係者に奨励するため，透明性のあるリスクマネジメントプロセスを実施する。確率および結果の観点から状況を分類することが難しい場合がある。この評価にかかわるすべての利害関係者を巻き込み，ビューポイントの多様性を最大限に引き出す。
・FMECA（failure modes, effects, and criticality analysis）のような技術プロセスを通して完了した多くの分析では，リスク要素の候補を特定可能である。
・リスクマネジメントのための施策は，組織およびプロジェクトによって異なる。どのような施策でも，リスクを管理することに役立つ測定分析または統計を用いる。
・経験則として，「肯定的なリスク」と，よい意味での機会をリスクの部分集合として定義するコンセプトモデルといった用語は，混乱を招くだけである。リスクマネジメントプロセスおよび出力に関する規制標準または顧客の要求に左右されるプロジェクトは，リスクマネジメントに機会のマネジメントを統合する際，細心の注意を払う必要がある。プロジェクトマネジメント協会は，プロジェクトのリスクマネジメントに関するよりよい情報源である（PMI, 2013）。

5.4.2 詳述
5.4.2.1 リスクマネジメントコンセプト

ほとんどのプロジェクトは，不確実な環境の中で実行される。リスク（「脅威」とも呼ばれる）は，発生した場合，プロジェクトの目標を達成するためのプロジェクトチームの能力に影響を与え，プロジェクトの成功を脅かす可能性のある事象である（Wideman, 2002）。脅威を管理するための確立された手法は存在するが，同じ手法が機会の認識に適用可能かどうかについてはいくつかの議論がある。最適な状況では，脅威が最小化されると同時に機会が最大化され，プロジェクト目標を達成する絶好の機会が得られる（PMI, 2000）。オーレスン橋の事例（3.6.2項参照）は，Peberholmという人工島が環境要求を満たすために海峡から浚渫された材料からつくられ，いまや希少種の鳥類の保護区であるという点でこれを

5.4 リスクマネジメントプロセス

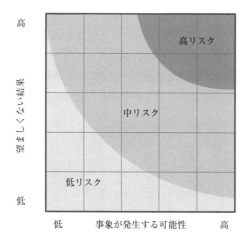

図5.5 リスクのレベルは可能性および結果の両方に依存する。INCOSE SEH v1 の図4.5 および図4.6 より。INCOSE の利用条件の記載に従い利用のこと。

示している。

リスクの測定には2つの要素がある（図5.5参照）。

- 事象が発生する可能性
- 事象が発生した場合の望ましくない結果

望ましくない事象が起こる可能性は、しばしば確率で表される。事象の結果は、事象の性質（例えば、投資が失われた、パフォーマンスが不十分など）に依存する観点で表現される。低い可能性とあまり望ましくない結果の組合せは低いリスクをもたらすが、その一方で高い可能性と非常に望ましくない結果によって高いリスクが生じる。

形容詞を望ましくないものから望ましいものに変更することによって、名詞はリスクから機会に変化するが、図は同じままである。影部によって示唆されているように、ほとんどのプロジェクトでは、わずかな割合で高いリスク、または高い機会の事象が発生する。

システム開発のリスクの存在に対する代替はない。リスクを排除する唯一の方法は、技術目標を非常に低く設定し、スケジュールを伸ばし、無制限の資金を供給することである。これらの事象が現実の世界で起こることはなく、リスクなしに現実的なプロジェクトを計画することはできない。その課題は、全体の要求を最も満たすシステムおよびプロジェクトを定義し、リスクを割り当て、プロジェクト成功の可能性を最大限に高めることである。図5.6 は、リスクの4つの分類（技術、コスト、スケジュール、および計画）の主要な相互作用を示している。矢印は典型的なリスク関係性を示しているが、他の作用ももちろん可能である。

- 技術的リスク：システムライフサイクル内で、システムの技術的要求が達成されない可能性。システムが性能要求を満たさない場合、技術的なリスクが存在する。それは運用可能性、生産可能性、試験可能性、または統合要求、あるいは環境保護に対する要求である。技術的なことで表現できるいかなる要求にも合致しない場合、技術的リスクが生じる。

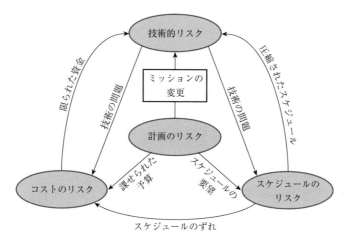

図5.6 リスクカテゴリ間の典型的な関係。INCOSE SEH v1 の図4.5、図4.6、および図4.7 より。INCOSE の利用条件の記載に従い利用のこと。

- コストのリスク：使用可能な予算を超過する可能性。プロジェクトが技術的な要求を達成するために計画した以上の資源を費やさなければならない場合，何らかの理由によってプロジェクトが与えられたスケジュールをサポートするための資源を追加しなければならない場合，生産される品目の数を変更する必要がある場合，あるいは組織または国家経済に変化が生じた場合にコストのリスクは存在する。コストのリスクは，プロジェクト全体のレベルまたはシステム要素で予測可能である。要素レベルのコスト的リスクが集まると，その影響はプロジェクト全体のコスト的リスクを引き起こす可能性がある。
- スケジュール的リスク：プロジェクトが予定されたマイルストーンを達成できない可能性。取得遅延に対して十分に許容されない場合，スケジュールのリスクが存在する。ソフトウェアの開発など，予定された技術的成果を達成するのが困難とわかった場合，スケジュールのリスクが存在する。システム要素の初めての展開のようなマイルストーンのために，プロジェクトレベル全体でスケジュールのリスクが発生する可能性がある。要素レベルのスケジュールリスクの連鎖的な影響が，プロジェクト全体のスケジュールのリスクを生む可能性がある。
- 計画のリスク：プロジェクトマネージャーの統制を超えた事象によって生じる。これらの事象は，プロジェクトの優先順位の引き下げ，プロジェクトを進めるための認可の遅れ，資金の削減または遅延，組織または国の目的の変更など，より高いレベルの権限をもつ人の意志決定によって引き起こされることが多い。計画のリスクは，他の3つのリスク分類のいずれかのリスクのもとになる可能性がある。

5.4.2.2 リスクマネジメントアプローチ

リスクマネジメント戦略とリスクプロファイルが確立されたとき，リスクマネジメントプロセスの3つの主要なアクティビティは，リスクを分析し，リスクを処理し，リスクを監視することである。

「リスク分析」：リスクを分析することは，複数のリスクを特定することと，それらの相対的な確率と結果を評価することを含む。この評価の基準は定性的または定量的な場合があり，それが何であれ，プロジェクトの成功に最も大きな影響を与えるリスクの領域を優先し，そこに焦点を絞ることが目的である。すべての利害関係者とプロジェクト担当者は，リスクの特定および分析に喜んで貢献するべきである。

プロジェクトに先例がない場合は，SWOT（強み，弱み，機会，脅威）またはデルファイ法を用いてブレインストーミングを行うのが適切かもしれない。しかしながら，ほとんどのプロジェクトは，既存のシステムまたはシステム要素の新しい組合せか，あるいは逐次的に進歩する技術の挿入になっている。これは，同様の先行プロジェクトの成功，失敗，問題，および解決策を調べることによって，現在のプロジェクトのリスクに関する重要な洞察を得ることができることを意味している。得られた経験および知識，あるいは教訓は，新しいプロジェクトの潜在的なリスクを特定し，リスク特有のマネジメント戦略を策定するために適用できる。

最初のステップは，情報ニーズを決定することである。このことは，カスタムコンピュータチップの開発のリスクをアセスメントすることから，主要なシステム開発に関連するリスクを特定することに変えるだろう。次に，システムズエンジニアは，技術，機能，デザインなどに類似した過去のプロジェクトを特定したことを基礎として新しいシステムの基本的な特性を定義する。データの有用性に基づいて，類似したシステムまたはシステム要素が選択され，データが収集される。しばしば，データ収集プロセスおよび初期アセスメントは，比較を目的としたシステムのさらなる定義づけにつながる。以前のシステムとの比較は正確ではないかもしれないし，あるいは将来のプロジェクトを予測することの基礎として用いるためにはデータを調整する必要があるかもしれない。望ましい出力は，過去の同様のプロジェクトの観測に基づくプロジェクトのコスト，スケジュール，および技術リスクに対しての洞察となる。

不確かさは，発生の可能性および結果の重大性で決まる成果の分布によって特徴づけられる。前述のように，リスクには，成果として得られることの可能性および結果の両方が含まれている。最も一般的な形として，リスク分析は，望ましいプロジェクトの技術的な遂行能力，コスト，およびスケジュール

の要求に関連する結果の範囲を把握する必要がある。適切な統計データはほとんど入手できないため，リスクは一般的に主観的に分析する必要がある。専門家のインタビューおよびモデルは，リスク分析を実施するための一般的な手法である。

「リスクの知覚」：リスクに関連する結果（または影響度）の重大さは，「リスク事象」そのものの属性ではなく，リスクの影響を受ける可能性のある個人またはグループの属性であることを認識することが重要である。言い換えれば，リスク事象の発生は，①発生時の具体的な状況と全体像，および，②個人的価値観，知覚，および感受性に応じて，異なる人々に異なる影響を及ぼす。例えば，ある人（またはグループ）が事象または状況に否定的な影響を受ける一方で，別の人（またはグループ）が同じ事象または状況によって肯定的な影響を受ける可能性がある。これは勝敗および競争の事象シナリオで予想されることである。同様に，2人以上の人々（またはグループ）が一様に否定的または肯定的な影響を受ける場合，否定的または肯定的な影響レベルの彼らのアセスメントの中で少なくとも若干の変化が期待できる。一般的に，異なる個人またはグループへの影響が著しく異なるリスク事象は，独自に特定された個々のリスクに関する記述を適切な数に分け，影響を受けた個人または団体への言及と，特定した具体的な影響を含めてさらに詳述されるべきである。

リスク推定の正確さとリスクマネジメントの取り組みの全体的な効果を達成するために，リスク推定には，明確かつあいまいでないリスクの記述と，リスク事象の発生によって潜在的に影響を受ける人の価値および状況の十分な理解に基づいていることが非常に重要である。可能ならば，影響を受ける個人およびグループとの直接のコミュニケーションが望ましい。知覚されるリスクレベルの変動は，リスク事象シナリオの明確化とリスクアセスメント基準および尺度のよりよい定義によって，しばしば低減される可能性がある。

「ISO Guide 73：2009，リスクマネジメント―語彙」によると，リスクの知覚を「リスクに関する利害関係者のビュー」と定義し，「リスクの知覚は利害関係者のニーズ，問題，知識，信念，および価値観を反映している」と述べている。利害関係者を「影響を及ぼす，影響を受ける，あるいは決定または活動の影響を自分たちが受けると知覚している人または組織」と定義している。

一般的に，システムのニーズ，期待，および要求（4.2節参照）を定義するために相談する利害関係者はまた，リスクを特定してアセスメントするためにも相談されるべきである。利害関係者とリスク，ならびに利害関係者と要求の間のトレーサビリティを確立し，維持することは優れた実践である。リスク事象または状況によって影響を受ける利害関係者を参照しないリスクに関する記述および推定は，あいまいで不完全，あるいは少なくとも潜在的に不正確であるとみなされるべきである。

「専門家へのインタビュー」：専門家による判断を効率的に得ることは，リスクマネジメントの取り組みの全体的な正確さにとって非常に重要である。専門家のインタビュー技法は，適切な専門家を特定し，専門分野の中にあるリスクについて質問し，これらの主観的判断を定量化することで構成されている。一つの結果は，いくつかのリスク分析ツールのいずれかで用いる不確かさの範囲，または確率密度（コスト，スケジュール，または遂行能力に関する）の定式化である。

専門家へのインタビューでは主観的な判断が集まるため，唯一の本当の「エラー」はデータを収集する方法論の中にありうる。データを収集する技法が適切でないと示された場合，リスクアセスメント全体が疑わしいものになる可能性がある。この理由により，データを収集するために用いられた方法論は，全面的に文書化され，正当化できなければならない。専門家に適切な形式で情報を明かさせるには，経験とスキルが必要とされる。遭遇する典型的な問題は，まちがった専門家の特定，質の悪い情報の入手，専門家が情報の共有に関して乗り気でないこと，意見の変化，偏りのある観点をもっていること，一つの観点のみの取得，そして矛盾した判断を含む。正しく実施された場合，専門家のインタビューは信頼できる定性的情報を提供する。しかしながら，その定性的情報の，定量的分布または他の尺度への変換は，分析者の技能次第である。

「リスクアセスメント技法」：「ISO 31010，リスクマネジメント―リスクアセスメント技法」(2009) は，

ブレインストーミングおよびチェックリストから故障モード影響解析（FMEA），フォルトツリー解析（FTA），モンテカルロシミュレーション，およびベイジアン統計とベイズネットまで，約30のアセスメント技法に関する詳細な説明とアプリケーションガイダンスを提供している。

「リスク処理」：リスク分析の取り組みで特定された中および高リスク項目に対して，リスク処理アプローチ（リスクハンドリングアプローチとも呼ばれる）を確立する必要がある。これらのアクティビティは，RMPの中で形式化されている。リスクを処理するには，次の4つの基本的なアプローチがある。

1. 要求の変更，または再設計を通したリスクを避ける。
2. リスクを受け入れ，それ以上はリスクを受け入れない。
3. リスクの可能性および／または結果を抑えるために予算およびその他の資源を費やすことによって，リスクを統制する。
4. 他の当事者との合意によってリスクを変換し，軽減することが可能な範囲にする。そのリスク領域に対し取り組んだ経験をもつパートナーを探す。

不要なリスクを回避または統制するために，以下の対策を講じることができる。

- 要求の磨き上げ：システムを著しく複雑にしている要求は，投資と同等の価値を確実に提供するよう精査できる。同一または同等の能力を提供する代替の解決策を見つける。
- 最も有望なオプションの選択：ほとんどの場合，いくつかのオプションが利用可能である。トレードオフ検討には，最も有望な代替案を選択する際の基準として，プロジェクトリスクを含めることがある。
- 人材確保およびチームビルディング：プロジェクトは人々を通して作業を完遂する。トレーニング，チームワーク，および従業員の士気に注意を払うことは，ヒューマンエラーによって生じるリスクを避けることに役立つ。

リスクの高い技術的タスクについては，リスク回避では不十分であり，以下の方法で補うことが可能である。

- 早期の調達
- 並行した開発の開始
- 広範囲の分析およびテストの実施
- 危機管理計画

リスクの高い技術タスクは，一般的にスケジュールとコストのリスクが高いことを意味する。技術的な問題が発生し，タスクが計画どおりに達成されない場合，コストとスケジュールが悪影響を受ける。スケジュールのリスクは，納品に時間のかかる要素の早期調達，および並行して開発するための準備により統制される。しかしながら，これらのアクティビティは，初期費用の増加をまねく。テストおよび分析は，重要な決定時点でのサポートに役立つデータを提供できる。最終的に，危機管理計画はリスク軽減オプションの代替案の比較検討を伴う。

分析後に信頼できると判断された各リスクについては，リスク処理戦略，アクションのトリガポイント，および処理の効果的な実行を保証するための他の情報を特定するリスク処理計画（リスク軽減計画とも呼ばれる）を作成する必要がある。リスク処理計画は，リスクプロファイル上のリスク記録の一部となる可能性がある。重大な結果をもたらすリスクについては，リスク処理がうまくいかない場合のために危機管理計画を作成する必要がある。それは危機管理計画を実行に移すためのきっかけを含めておくべきである。

中国では，行政がPOC（概念実証）として上海に磁気浮上列車の短い路線を構築した（3.6.3項参照）。高い投資にもかかわらず，これは，証明されていない技術を用いてより長い路線を試みるよりも，プロジェクトのリスクが低いことを示した。このプロジェクトから得られた結果は，他の者に遠距離用の磁気浮上列車の代替案を検討するよう促している。

「リスク監視」：プロジェクトマネジメントでは，リスクマネジメントプロセスを簡素化し，理解を容易にするための手段が用いられる。各リスクの分類には，リスクの兆候を示すプロジェクトのステータスを監視するために用いることのあるいくつかの指標がある。重要なシステム技術の進化を表すパラ

メータの追跡は，技術的リスクの指標として用いることができる。

　技術性能を追跡する際の典型的な形式は，カレンダーに沿って，主要パラメータの計画値をプロットしたグラフである。達成された実際の値を示す曲線を同グラフに載せることで，これらを比較できる。コストおよびスケジュールのリスクは，コスト/スケジュール統制システムの製品または同等の技術を用いて監視される。通常，コストとスケジュールの差異は，計画されたタスクと達成されたタスクの比較とともに用いられる。リスクマネジメントに関するいくつかの参考文献が存在する（AT&T, 1993；Bartonら, 2002；Michel and Galai, 2001；Shaw and Lake, 1993；Wideman, 2004）。

　「リスクマネジメントプロセスの適用範囲，コンテキスト，および目標」：この項で説明するリスクマネジメントプロセスは一般的なものであり，システムズエンジニアリングのライフサイクルのあらゆるステージ（3.3節参照），システム階層のあらゆるレベル（2.3節参照），あるいはSoS（2.4節参照）で適用することが可能である。さらに，組織は一つ以上のリスクマネジメントプロセスの中の一部として，機会のマネジメント（すなわち，リスクと機会のマネジメント）または肯定的結果（否定的結果に加えて）のマネジメントを含めることを決定できる。効率性と有効性の基盤として，リスクマネジメントプロセスの適用範囲および状況を明確に定義し，プロセスに対する要求および期待を整合させる必要がある。

　「システムとその境界の定義」：「ISO 31000, リスクマネジメント―実施に関する原則とガイドライン」（2009）では，リスクマネジメントプロセスの外部および内部コンテキストを確立するためのガイダンスと論理的根拠を提供している。

　リスクマネジメントプロセスが適用されるシステム（エンタープライズ，製品，またはサービスのいずれであっても）を記述するシステムモデル（9.1節参照）は，システムが「何であるか」と「何をするか」，さまざまな状況でどのように動作するか，その境界の位置，および内部と外部インタフェースの定義を与えることによって，リスクマネジメントプロセスを容易にすることが可能である。システムモデルは，コミュニケーションを大幅に向上させ，十分なリスクの特定に必要な包括性を確保するのに役立つ可能性がある。

　リスクマネジメントプロセスの適用範囲には，さらに時間領域が含まれる。すべてのライフサイクルステージ中の，すべてのリスクに対して，システムのライフタイム全体を通して一つのリスクマネジメントプロセスが用いられることは稀である。例えば，製品開発組織は開発段階でプロジェクトのリスクマネジメントプロセスを利用することが可能であり，その一方で異なる組織によって実行される別のリスクマネジメントプロセスは，数年後に利用およびサポートステージで用いられる可能性がある。各リスクマネジメントプロセスのカレンダーおよびライフサイクルステージの範囲を定義することにより，ズレと重複の可能性が低減される。

　「リスクマネジメントおよびシステムライフサイクル」：いちど階層的な立場からシステムの範囲およびコンテキストが確立されると，そのライフサイクルに関連するシステム（およびそれに関連するリスク）を定義してモデルに記述できる。ライフサイクルの初期ステージ（探索的調査およびコンセプトの定義）のリスクは，最終ステージ（廃棄）のリスクとは大きく異なる。現在のステージでのアクティビティにある間に，他のステージでのリスクを考慮する必要があることがよくある。例えば，廃棄可能性に関するコンセプトのオプションを評価するために実施されるリスクマネジメントの一部として，廃棄のステージに関連するリスク（例えば，廃棄中の有害廃棄物への人体暴露）を考慮する必要がある。

　開発，生産，利用，サポート，および廃棄のステージで見られる安全リスクに関連するリスクマネジメントアクティビティの性能と出力は，規則および標準（例：ISO 14971, 医療機器―医療機器へのリスクマネジメントの適用），または顧客との契約的合意に左右される可能性がある。必要に応じて，安全分析（10.10節参照），ユーザビリティ分析/システムへの人の統合（10.13節参照），およびシステムセキュリティのエンジニアリング（10.11節参照）などの専門エンジニアリングのアクティビティを，規制および/または顧客の要求に適合したリスクマネジメントプロセスを通して利用し，調整するべきである。

5.4.2.3 機会マネジメント概念

システムズエンジニアリングおよびプロジェクトマネジメントとは，問題を解決する，あるいはニーズを満たすための機会を追求することに関するすべてである．機会は，プロジェクト内の多くの管理上の問題だけでなく，コンセプト，アーキテクチャ，設計，そして戦略的および戦術的なアプローチへの対処を創造的にできるようにする．プロジェクトとシステムの成功の方法をまさに決定するのは，これらの戦略的および戦術的な機会の選択と追求である．当然ながら機会には通常リスクが伴い，そして各機会は，すべての価値を達成するために知的に判断され，そして適切に管理されるべき固有のリスク一式がある（Forsbergら，2005）．

「機会」：プロジェクト結果の価値を向上させる可能性を示す．プロジェクトの推進派（例えば，クリエイター，デザイナー，インテグレーター，および実装者）は，機会を追求する際にベストプラクティスを適用する．結局のところ，プロジェクトに取り組むことの楽しさとは，何か新しく革新的なことをすることである．これらの機会こそがプロジェクトの価値を創造するのである．「リスク」は，損害，損傷，または損失の危険性として定義されている．リスクは計画時の結果を達成できない危険性のことである．追求された戦略的および戦術的な機会のそれぞれは，機会の価値を弱らせて，損なうリスクを伴う．これらは，機会の価値およびプロジェクトの全体的な価値を高めるために管理されるべきリスクである（図5.7参照）．したがって，機会のマネジメントおよびリスクマネジメントは，計画プロセスに不可欠であり，計画プロセスとともに実行されるが，この異なる技術マネジメント要素を正当化する別の固有の技法を適用する必要がある．

機会とリスクには2つのレベルがある．なぜならプロジェクトとは機会の追求であり，「マクロ」レベルではプロジェクトの機会そのものである．マクロでの機会を達成し，関連するプロジェクトレベルのリスクを緩和するアプローチは，プロジェクトサイクルの戦略および戦術，決定ゲートの選択，チーム構成，主要な人員の選択などに構造化されている．「要素」レベルには，プロジェクトのライフサイクルステージが計画され，実行されるにつれて，より低い分解レベルで明らかになるプロジェクト内での戦

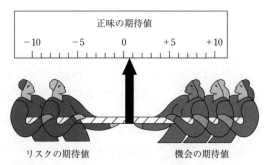

図5.7 リスクと機会のインテリジェントマネジメント．Forsbergら（2005）のp.224より．Kevin Forsbergの許可を得て転載．

術的な機会およびリスクが包含される．これには新しく出現し，立証されていない技術，ハイリターンを約束する逐次増分的で進化的な方法，および製品をよりよく，迅速，かつ安価に提供する定評のあるやり方を回避する誘惑を含めることができる．

プロジェクト全体の価値は，利益をコストで割ったものとして表すことができる．プロジェクトの価値を高めるために，機会とそのリスクは連携して管理されるべきである．これは，各機会を利用するということと各リスクを緩和するということとの相対的得失に基づいている．機会およびその結果として得られる価値という観点で，タイヤがパンクするリスクを軽減するスペアタイヤをもつことで，旅行の遅延の確率および影響を減らしている．われわれが遠くに行きたいとして置く高い価値は，スペアタイヤのわずかな支出を上まわる．長期にわたる自動車旅行の機会を追求することを決めたとき，われわれは予防保守および見つけにくい部品のスペアなどのリスクマネジメント上の特別な予防措置を行う可能性がある．

機会およびリスクバランスのアセスメントは状況次第である．例えば，スペアタイヤが2つ以上ある車は今日ほとんどない（1900年代初めは複数のスペアが一般的であった）．しかし，数年前，ある男が，晩春にオーストラリアの奥地を走破して1カ月を過ごすことに決めた．彼は荒野で孤独を探していた（彼の機会）．経験豊かな友人の助言を得て，彼は4つのスペアタイヤとホイールを取得した．友人らはまた，機械故障のリスクが30日間の旅行では非常に高く，そしてその結果はほぼ確実に致命的になりうると彼に忠告した．同時に2台の車両が故障するリ

スクは，容認できるほど低かった。そこで，彼は2人の他の冒険家を加えることによって完璧な孤独の機会を整えた。彼らは3台の車で出発した。全員健全な状態で生き残ったが，車は2台しか戻らず，彼の「予備の」タイヤのうち2本が荒れた大地でズタズタになった。「バランスのとれた」緩和アプローチが有効であることが証明された。

5.5 構成管理プロセス

5.5.1 概要

5.5.1.1 目的

ISO/IEC/IEEE 15288 に記載されているように，

> [6.3.5.1] 構成管理プロセスの目的は，ライフサイクルにわたってシステム要素と構成を管理および統制することである。また，構成管理は，製品とそれに関連する構成定義との一貫性を管理する。

これは，システムライフサイクル中にシステムの構成（ハードウェアおよびソフトウェア両者）を進化させる効果的な管理を確実にすることで達成される。この目的の基本は，ソフトウェアおよびハードウェアのベースラインの確立，統制，および保守である。ベースラインとは，開発と統制を維持するためのビジネス，予算，機能，パフォーマンス，および物理の基準点である。これらのベースラインまたは基準点は，レビューと要求，設計，および製品仕様書の受理によって確定される。ベースラインは，プロジェクトマイルストーンまたは意思決定ゲートと同時に作成される場合がある。システムが成熟し，ライフサイクルのステージを経る中で，ソフトウェアまたはハードウェアのベースラインは構成管理下で維持される。

5.5.1.2 説明

コンセプト定義とシステム定義を進化させることについては，現実として，システム開発の取り組み全体にわたり，そしてシステムの利用ステージとサポートステージを通して対処しなければならない。構成管理は，製品の機能，性能，および物理的特性が製品の完整性を確立するために適切に特定，文書化，検証，および妥当性確認されること，これらの製品特性への変更が適切に特定，レビュー，承認，文書化，および実装されること，そして与えられた一連の文書に対して作成された製品が周知であることを保証する。図5.8は構成管理プロセスのIPO図である。

5.5.1.3 入力/出力

構成管理プロセスの入力と出力を図5.8に示した。各入出力の記述は付録Eに掲載されている。

5.5.1.4 プロセスアクティビティ

構成管理プロセスは，次のアクティビティを含む。

- 構成管理の計画
  - 構成管理戦略を作成する。
  - エンジニアリング変更要求（ECR）の評価，承認，検証，および妥当性確認を組み込んだ構成管理サイクルを実装する。
- 構成の特定の実行

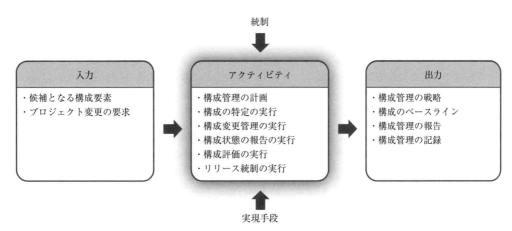

図5.8 構成管理プロセスのIPO図。INCOSE SEH の元図は Shortell および Walden により作成された。INCOSE の利用条件の記載に従い利用のこと。

- 構成要素（CI）として構成統制下に維持されるシステム要素および情報項目を特定する。
- CI の一意の識別子を設定する。
- ライフサイクルを通じて適切な時点で CI のベースラインを確立する。これには，取得者と供給者によるベースラインの合意が含まれる。
・構成変更管理の実行
- システムのライフサイクル全体を通してベースラインの変更を統制する。これには，変更要求（RFC）および分散要求（RFV）（逸脱とも呼ばれる）の特定，記録，レビュー，承認，追跡，および処理を含む。
・構成状態の報告の実行
- 構成統制文書および構成管理データをつくり保守し，統制対象項目の状態をプロジェクトチームに伝える。
・構成評価の実行
- マイルストーンと意志決定ゲートに関連する構成監査と構成管理の監視レビューを実行し，ベースラインの妥当性を確認する。
・リリース統制の実行
- 優先順位づけ，追跡，スケジューリング，および変更の終了を実行する。関連するサポート文書を含む。

一般的なアプローチとヒント：

・プロジェクト計画プロセス（5.1 節参照）では，構成管理のための個々のプロジェクト手順を満たすように構成管理計画（CMP）を調整する。
・構成管理プロセスの主要な出力は，システムおよびシステム要素の構成ベースラインの保持であり，その中の複数の項目は意思決定プロセスの一部として正式な管理下に置かれる。
・プロジェクトに参加するすべての関係者およびエンジニアリング分野の代表者とともに構成管理委員会（CCB）を設置する。
・システムの初期段階で構成管理プロセスを開始し，システムの廃棄まで継続する。
・構成管理のドキュメントは，システムライフを通じて保守される。
・構成管理アクティビティに関する追加ガイダンスは，ISO 10007（2003），IEEE Std 828（2012），および ANSI/EIA 649B（2011）に記載されている。
・SAE 航空宇宙推奨プラクティス（ARP）4754A，「民間航空機およびシステム開発ガイドライン」（2010）などの領域特有の実践は，領域に対する追加のアプリケーションの詳細を提供する。

5.5.2 詳述
5.5.2.1 構成管理のコンセプト

目的は，システムのライフサイクル全体で生成された要求，文書，および成果物の統制を確立し，そして保守し，変更がプロジェクトに及ぼす影響を管理することである。ベースラインは，システム要素の構成が進化していく状態をとりまとめて，指定された時間または定義された状況下で文書として形にする。ベースラインは，次の変更の基礎を形成する。選択されたベースラインは，業界の実務および構成変更プロセスでの取得者の契約上の関与に依存して，通常，取得者と供給者の間で公式なものになる。システムレベルでは，一般的に3つの主要なタイプのベースラインが存在する。機能ベースライン，割り当てベースライン，および製品ベースラインである。これらは，領域または地域の戦略(ISO/IEC/IEEE 15288：2015) によって異なる場合がある。

図 5.9 に示すように，変更は避けられない。システムズエンジニアは，変更を必要とし，最も費用対効果の高い推奨案を出すようにする。

構成管理の初期計画の取り組みは，プロジェクトの開始時に実行され，CMP の中で定義される。CMP は次のことを行う。計画でカバーされている項目の範囲を設定し，必要な資源および人員のスキルレベルを特定し，実行されるタスクを定義し，組織の役割および責任を記述し，そして，構成管理ツールとプロセスおよびプロジェクトで用いられる方法論，標準，および手順を特定する。構成の統制は，承認された変更を容易にし，構成の統制下の項目への未承認の変更の組み込みを防止することによって，完全性を保守する。ソースコード，システム要素のバージョン，および製造された製品の逸脱に関するチェックインとチェックアウトなどのアクティビティは，構成管理の一部である。独立した構成監査は，確実に仕様，方針，および契約上の合意へ準拠するために，製品の進化をアセスメントす

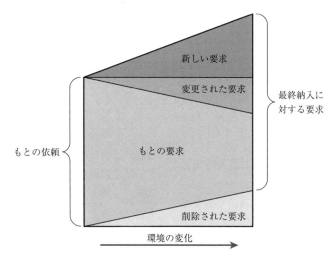

図5.9 要求の変更は避けられない。Forsbergら (2005) の図9.3より導出。Kevin Forsbergの許可を得て転載。

る。意思決定のレビューのサポート時に正式な監査を実施することがある。

現在のシステム構成の変更依頼は通常，エンジニアリング変更提案（ECP）を用いて行われる。ECPは，次のように生じる可能性がある。顧客は，要求の変更または適用範囲の変更に対処するためにECPを依頼することがある。予期せぬ技術進歩により，システム要素の供給者はECPを提案することになる。または供給者は，開発中のシステムの変更が必要となることがある。潜在的に適用範囲または要求を変更するこれらのような状況は，ECPを提案し，既存の計画，コスト，およびスケジュール上の変更の影響を理解するための分析を行う適切な理由である。ECPは，変更を実施する前に承認されなければならない。適用範囲の変更がないかぎり，コストの修正またはスケジュールの変更のために，ECPを提案することは決して適切ではない。現在のプロジェクト範囲内にあるマイナーな変更は，通常，ECPを必要としないが，それは承認され，エンジニアリング通知（EN）を作成する必要がある。ライフサイクルの後半で行われる変更は，隠れた影響のリスクが増大するため，システムコスト，スケジュール，および技術的な遂行能力に悪影響を及ぼす可能性がある，このため，特にシステムの成熟に伴い，「変更を加えないとどんな影響があるのか」と尋ねることも重要である。

ECPサイクルの最も望ましい結果は次のとおりである。

1. システムの機能性が変更要求を満たすように変更されている。
2. 新技術または新製品は，システムの能力を，顧客が望むように最初に必要とされるそれを超えて拡張する。
3. 開発，利用，またはサポートのコストが削減される。
4. システムの信頼性および可用性が向上する。

成果3および4は，LCCを削減し，提案された変更の資金調達に投資されるよりも多くの費用を節約する可能性がある。

ECPおよびENは，システムが運用要求およびその目標を継続して充足できるように確実にシステムを進化させ，すべての関係者に確実に変更を知らせるのに役立つ。図2.2に示した航空機システムは，さまざまな組合せの消費者市場をサポートするためのシステム要素および特性の正確な特定に依存する製品ファミリーの例である。

5.5.2.2 構成管理アプローチ

構成管理は，要求，仕様，構成定義の文書，および設計変更に関する統制を確立し，保守する。構成の特定，構成の統制，構成状態の報告，そして機能的および物理的構成の監査（すなわち，妥当性確認

および配布）は，構成管理の主要な焦点である。

変更を加える必要は常にある。しかし，システムズエンジニアリングは，①変更を必要とし，②最も費用対効果の高い解決策の提案を確実にしなければならない。したがって，構成管理は，以下のことを行うための技術的および管理上の指示，監視，およびサービスを適用する必要がある。

- 個々のCIの機能的および物理的特性を特定し文書にする。
- 各CIの各バージョンに一意の識別子を割り当てる。
- これらの特性の変更を許可するための統制を確立する。
- ベースライン製品を作成することにより，製品のリリースを行い，一貫した製品を保証する。
- 変更の処理および実装のステータスを記録し，追跡し，報告し，製品ベースラインでの変更要求あるいは問題に関連する対策を収集する。
- すべての取引の包括的なトレーサビリティを保守する。

「構成の特定」：構成の特定は，ベースラインの構成内の要素を一意に特定する。この一意の特定は，ベースライン製品の一覧表を作成し，保持する能力を促進する。システムズエンジニアリングの取り組みの一環として，システムはCIに分解され，CIは厳格で正式な統制を受ける重要な要素となる。すべてのCIをとりまとめたものをCIリストと呼ぶ。このリストには，最終システムへの統合のために，開発された，ベンダーによって作成された，または顧客によって提供された品目が反映される場合がある。これらの品目は，契約に基づいて納品可能な品目であるか，または納品可能な品目を生産するために用いられる可能性がある。

「変更の管理」：構成変更管理あるいは変更統制は，部品の一群をベースラインとするように管理し，変更の承認を促進する（例えばECRによる）ことにより，特定されたCIの完整性を保持して，そして，承認されていない変更をベースラインに組み込むことを防止する。変更統制は，プロジェクトの開始時から有効である必要がある。

「変更の分類」：効果的な構成管理では，提案された技術変更に対する分析および承認アクションの範囲が変更の本質と一致することが必要である。問題に関する記述には，提案された変更の説明，提案された変更の理由，変更のコストおよびスケジュールへの影響，そして影響を受けるすべての文書が含まれる。変更の分類は，構成管理の主要な基礎である。ベースライン項目に対するすべての変更は，要求の範囲外または要求の範囲内に分類される。プロジェクト要求の範囲外の変更とは，形，適合度，仕様，機能，信頼性，または安全性に影響するプロジェクトのベースライン項目に対する変更である。調整審査委員会は，提案された変更がレビューと承認のための変更通知を必要とするかどうかを判断する。

変更は，クラスIとクラスIIの2つの主要なクラスに分類されることがある。クラスIの変更は，コスト，スケジュール，または技術的な遂行能力に影響を与える大きく，あるいは重大な変更である。通常，クラスIの変更は実装前に顧客の承認を必要とする。クラスIIの変更は，ドキュメントのエラーまたは内部設計の詳細に影響を与えることがある小さな変更である。一般に，クラスIIの変更は顧客の承認を必要としない。

「CCB（Configuration Control Board）」：全体のCCBはプロジェクトの開始時に実行に移され，ハードウェア，ソフトウェア，およびファームウェアを含むベースラインのドキュメントおよび構成に対する提案されたすべての変更を調整，レビュー，評価，および承認するための中心となる。審査委員会は，システムズエンジニアリング，ソフトウェアおよびハードウェアエンジニアリング，プロジェクトマネジメント，製品保証，そして構成管理を含むさまざまな分野のメンバーから構成される。その委員長には，審査委員会の責任内に任されているすべての問題に対して，プロジェクトマネジャーのために行動するのに必要な権限が委譲されている。構成管理組織には，提案されたすべての変更のステータスを維持する責任がある。付随レベルまたは下位レベルの委員会を，CIレベル以下の提案されたソフトウェアまたはハードウェアの変更を検討するために設定することがある。これらの変更がより高い承認のレビューを必要とする場合，それらは裁定のため全体的な審査委員会へ送られる。

5.5 構成管理プロセス

審査委員会の管轄内にある変更は，技術的必要性，プロジェクト要求の遵守，関連文書との互換性，およびプロジェクトへの影響について評価されるべきである。ハードウェアおよび/またはソフトウェア製品の製造または検証のさまざまなステージ中に変更が書き込まれると，審査委員会は，提案されたソフトウェアまたはハードウェアの変更，および，開発中あるいは開発が終了したハードウェアおよび/あるいはソフトウェア製品の配置の有効性または影響を特定するための具体的な指示を要求する。審査委員会がアセスメントすべき影響のタイプには通常，次のものが含まれる。

- すべての部品，材料，およびプロセスの使用は，プロジェクト上で特に承認されている。
- 描かれた設計は，指示された方法を用いて製造できる。
- プロジェクトの品質および信頼性の保証要求が満たされている。
- 設計は，インタフェース設計と整合している。

「手法および技法」：変更統制書式は，形式的なベースラインと内部的に統制されたアイテムの変更をもたらす問題および改善を報告する標準的な方法を提供する。以下の書式は，ハードウェア，ソフトウェア，またはドキュメントを変更するための組織化されたアプローチを提供する。

- 問題/変更のレポート：問題の文書化とハードウェア/ソフトウェアまたはその補完的なドキュメントの改善の推奨に使用できる。これらの書式は，設計，開発，統合，検証，および妥当性確認中に問題を特定するために使用できる。
- 仕様変更通知（SCN）：ベースライン仕様の変更を提案，伝達，および記録するために用いられる。
- ECP：顧客にクラスIの変更を提案するために用いられる。これらの提案は，提案された変更の利点と利用可能な選択肢を説明し，進めるために必要な資金を特定する。
- ECR：クラスIIの変更を提案するために用いられる。
- 逸脱/特認の依頼：確立されたベースラインに適合するための恒久的な変更が受け入れられない場合，構成を特定するための要求からの一時的な逸脱を依頼し，文書にするために用いられる。

「構成ステータス報告」：ステータス報告は，製品ライフサイクル全体にわたってシステム要素に関する意思決定に必要な統制された対象製品のステータスに関するデータを提供する。構成管理では，機能的および物理的特性，提案された変更のステータス，および承認された変更のステータスを特定して定義する。承認されたドキュメントのステータスを維持する。このサブプロセスは，特定および統制のサブプロセスの出力を総合する。構成審査委員会（全体および付随の両方）によって承認されたすべての変更は，すべての変更処理の包括的なトレーサビリティを達成する。ソースコード，CIのビルド，製造された品物からの逸脱，および特認ステータスのチェックインとチェックアウトなどの活動は，ステータス追跡の一部である。プロジェクトの変更を追跡しステータス管理することにより，ビルドするところから構成されるまでの段階的な変更が把握される。考慮すべき措置としては，以下のものがある。

- 処理され，採用され，拒否され，オープンにされた変更の数
- オープンな変更依頼のステータス
- 変更依頼の分類の概要
- CIの逸脱または特認の数
- オープン，クローズ，およびインプロセスを報告する問題の数
- 問題報告と根本原因の複雑さ
- 問題が特定されたときの問題解決および検証ステージに関連する労働
- 逸脱，特認，ECP，SCN，ECR，および問題報告の処理時間と取り組み
- 大量の変更依頼と頻繁なベースライン変更の原因となるアクティビティ

「構成評価」：構成の評価あるいは監査は，製品の進化を評価し，仕様，方針，および契約に準拠するために，構成管理および製品保証によって独立して実行される。正式な監査，または機能的かつ物理的な構成監査は，製品開発サイクルの完了時に実行される。

機能構成監査は，CIの開発が完了し，システム仕様（機能的なベースライン）で規定された性能および機能特性が意図どおりであることの妥当性を確認することを意図している．物理的な構成監査は，技術文書（物理的なベースライン）への構築してきた道筋を検証するためのCIの技術的なレビューである．結局のところ，構成管理は，構成管理のプロセスが確実に続くように，定期的なインプロセスの監査を実行する．

5.6　情報マネジメントプロセス

5.6.1　概要
5.6.1.1　目的
ISO/IEC/IEEE 15288に記載されているように，

> [6.3.6.1] 情報マネジメントプロセスの目的は，情報を生成し，取得し，確認し，変換し，保持し，検索し，広め，そして処分することである．
>
> 情報マネジメントは，明確で，完全で，検証可能で，一貫性があり，変更可能であり，追跡可能であり，そして提示可能な情報を指定された利害関係者へ提供することを計画，実行，および統制する．情報には，技術，プロジェクト，組織，契約，そしてユーザ情報が含まれる．情報は，多くの場合，組織，システム，プロセス，またはプロジェクトのデータの記録から得られる．

情報マネジメントはシステムライフサイクル中，および適切ならば後にも，計画された部署へ関連する，適時の，完全で，妥当な，そして，必要ならば機密情報を提供する必要がある．技術，プロジェクト，組織，合意，およびユーザ情報を含む，設計された情報を管理する．

情報マネジメントは，情報が適切に保管され，保守され，保護され，必要な人がアクセスできるようにし，関連するシステムライフサイクルの成果物の完全性を確立/保守する．

5.6.1.2　説明
情報は多くの形式で存在し，異なるタイプの情報は組織内で異なる価値をもつ．有形または無形の情報資産は，現代の組織では不可欠となるほどにすでに普及している．情報の安全なアクセス，機密性，完整性，および可用性に対する脅威の影響は，作業を完了する能力を損なう可能性がある．情報システムの相互接続が増えるにつれて，情報漏洩の機会が増える（Brykczynski and Small, 2003）．情報マネジメントの重要な用語は次のとおりである．

- 情報とは，組織がまとめた情報，または従業員が知っている情報のことである．保存され伝達されうるもので，これには，顧客情報，専有情報，および/または保護された（例えば，著作権，商標，または特許），および保護されていない（例えば，ビジネスインテリジェンス）知的財産が含まれることがある．
- 情報資産とは，無形の情報であり，図面，メモ，電子メール，コンピュータファイル，およびデータベースの表現の具体的な形式である．
- 情報セキュリティとは，一般に，情報資産の機密性，完整性，および可用性を指す（ISO 17799, 2005）．
- 情報セキュリティマネジメントは，情報セキュリティを達成するために用いられる統制を含み，方針，プラクティス，手順，組織構造，およびソフトウェアの適切な一連の統制を実装することによって実現される．
- 情報セキュリティマネジメントシステムは，戦略目標に適した方法で組織の情報資産のセキュリティを保証する，相互に関連する一連のポリシー，統制，および手順を実装し，保持し，そして改善するライフサイクルアプローチである．

情報マネジメントは，必要に応じて廃棄後も含め，システムのライフサイクル全体を通じて情報のマネジメントとアクセスの基礎を提供する．指定された情報は，組織，プロジェクト，合意，技術，およびユーザ情報を含む．前のプロセス，すなわち意思決定，リスク，および構成管理で用いられた知識を維持するためのメカニズムは情報マネジメントの責任下にある．図5.10は情報マネジメントプロセスのIPO図である．

5.6.1.3　入力/出力
情報マネジメントプロセスの入力と出力を図5.10に示した．各入出力の記述は付録Eに掲載されている．

5.6.1.4　プロセスアクティビティ
情報マネジメントプロセスは，次のアクティビティを含む．

5.6 情報マネジメントプロセス

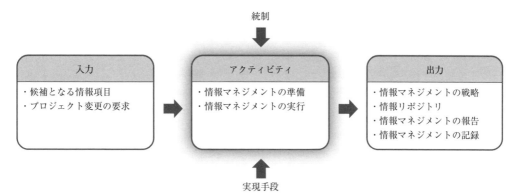

図5.10 情報マネジメントプロセスのIPO図。INCOSE SEHの元図はShortellおよびWaldenにより作成された。INCOSEの利用条件の記載に従い利用のこと。

- 情報マネジメントの準備
  - システムデータ辞書の確立および保持をサポートする（プロジェクト計画の出力を参照）。
  - システム関連情報，ストレージ要求，アクセス権，および保守期間を定義する。
  - 情報の入手，保持，送信，および検索のためのフォーマットとメディアを定義する。
  - 妥当な情報源を特定し，構成管理プロセスに従って情報の創出，生成，入手，保管，および廃棄に関する権限と責任を指定する。
- 情報マネジメントの実行
  - 情報の成果物を定期的に入手または変換する。
  - 完整性，セキュリティ，およびプライバシー要求に従って情報を保守する。
  - 合意されたスケジュールまたは定義された状況によって要求され，適切な形式で情報を検索し，指定された関係者に配布する。
  - 法律，監査，知識保持，およびプロジェクトの終了要求に準拠するための指定された情報を保管する。
  - 組織の方針，セキュリティ，およびプライバシー要求に従って，望ましくない，妥当でない，または検証不可能な情報を処分する。

一般的なアプローチとヒント：

- プロジェクト計画プロセス（5.1節参照）では，情報マネジメントのための個々のプロジェクト手順を満たすために情報マネジメント計画が調整される。情報マネジメント計画は，処分のスケジュールとともに，収集され，保持され，保護され，そして広められるシステム関連情報を特定する。
- 情報が豊富な成果物を特定し，情報が非公式であっても（設計エンジニアのノートブックなど），後で使用できるように保管する。
- 情報マネジメントは，さまざまなメカニズムを用いてデータリポジトリの内容にアクセスできるようにすることで，組織およびプロジェクトに価値をもたらす。例として電子メール，イントラネット経由のWebベースのアクセス，およびデータベースクエリがある。
- ISO 17799,「情報セキュリティマネジメントの実践コード」は，セキュリティ統制を実装するためのベストプラクティスの枠組みを提供する国際標準である。
- ISO 10303,「自動システムとインテグレーション―製品データの表現および交換」は「製品モデルデータの交換標準」（STEP）と非公式に呼ばれている。これには，複雑なシステムの情報要求に対応する製品ライフサイクルサポート（PLCS）Application Protocol（AP）239が含まれている。

5.6.2 詳述
5.6.2.1 情報マネジメントのコンセプト

情報マネジメントの目的は，システムのライフサイクルを通じて生成された情報のアーカイブを保持することである。情報マネジメントの初期計画の取り組みは，保持されるプロジェクト情報の範囲を定める情報マネジメント計画で定義され，必要とされ

る資源および人員のスキルレベルを特定し，実行されるべきタスクを定義し，当事者が生成し，管理し，アクセスする権利，義務，および約束を定義する。プロジェクトで使用される方法論，標準，および手順だけでなく，情報マネジメントツールおよびプロセスも特定する。典型的な情報には，利害関係者からのもとになる文書，契約書，プロジェクト計画文書，検証文書，エンジニアリング分析レポート，および構成管理によって保守されるファイルが含まれる。今日，情報マネジメントは，意思決定データベースなどのデータベースを介した情報の統合と，そして意思決定ゲートのレビューおよびプロジェクトのその他の決定から結果にアクセスする能力，要求管理ツールとデータベース，コンピュータベースのトレーニングおよび電子対話型のユーザマニュアル，ウェブサイト，そして INCOSE Connect などのインターネット上で共有される情報スペースにますますかかわっている。STEP-ISO 10303 標準は，ライフサイクルを通じて製品データの中立的でコンピュータで解釈可能な表現を提供する。ISO 10303-239（AP 239）の製品ライフサイクルサポート（PLCS）は，ライフサイクルを通じて製品をサポートするために，どの情報を交換し表現することができるかを定義する情報モデルを規定する国際標準である（PLCS, 2013）。INCOSE は，ISO 10303-233，「アプリケーションプロトコル：システムズエンジニアリング」(2012) の共同提案者である。AP233 は SysML™ と他のシステムズエンジニアリングアプリケーションの間でデータを交換するために用いられる。関連する ISO STEP データ交換能力を用いてさらに広い範囲のシステムライフサイクルに適用される可能性がある。

効果的な情報マネジメントにより，情報は認可されたプロジェクトおよび組織の人員にアクセス可能となる。データベースの保守，データのセキュリティ，複数のプラットフォームおよび組織間でのデータの共有，そして技術の更新時の移行に関する課題は，すべて情報マネジメントによって処理される。知識マネジメント，組織学習，および競争上の優位となる情報を重視して，これらのアクティビティは注目を集めている。

5.7 測定プロセス

5.7.1 概要

5.7.1.1 目的

ISO/IEC/IEEE 15288 に記載されているように，

> [6.3.7.1] 測定プロセスの目的は，効率的な管理をサポートし，製品，サービス，そしてプロセスの品質を実証するために，客観的データおよび情報を収集，分析，そして報告することである。

5.7.1.2 説明

システムズエンジニアリングの測定プロセスは，プログラムマネジメントの意思決定をサポートするために必要な情報の種類を定義し，システムズエンジニアリングのベストプラクティスを実装して遂行能力を向上させるのに役立つ。システムズエンジニアリングの測定の主要な目標は，適時性，性能要求と品質の属性への合致，製品の標準への適合性，資源の効果的な使用，およびコストとサイクル時間の削減の継続的なプロセス改善，といったプログラム/プロジェクトと組織のニーズに関する，システムズエンジニアリングプロセスと作業成果物を計測することである。

「ソフトウェアとシステムに対する測定の実践的ガイド」（国防総省・米陸軍, 2003）1.1 節によると，次のとおりである。

測定は客観的な情報をもたらし，プロジェクトマネジャーが以下を行うことに役立つ。

- プロジェクト組織全体にわたる効果的なコミュニケーション
- 早期の問題の特定および修正
- 主要なトレードオフ分析の実行
- 特定のプロジェクト目的の追跡
- 意思決定の擁護および正当化

具体的に計測することは，情報に対するニーズと，意思決定を行い行動するためのその情報の使われ方に基づいて設定される。そのため，測定はより大きなマネジメントプロセスの一部として存在し，そのプロジェクトのマネジャーだけでなくシステムズエンジニア，分析者，設計者，開発者，インテグレーター，ロジスティクス専門家などを含む。行う

5.7 測定プロセス

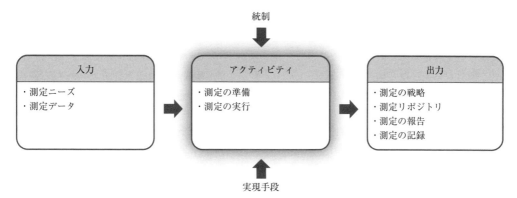

図 5.11 測定プロセスの IPO 図。INCOSE SEH の元図は Shortell および Walden により作成された。INCOSE の利用条件の記載に従い利用のこと。

べき意思決定は，生成すべき情報の種類を決め，したがって行うべき測定を決める。

測定の成功のためのもう一つの概念は，意思決定者への意味のある情報のコミュニケーションである。測定された情報を使う人々が，何が測定されているのか，それがどのように解釈されるべきかを知っていることが重要である。図 5.11 は測定プロセスの IPO 図である。

5.7.1.3 入力/出力

測定プロセスの入力と出力を図 5.11 に示した。各入出力の記述は付録 E に掲載されている。

5.7.1.4 プロセスアクティビティ

測定プロセスは，次のアクティビティを含む。

- 測定の準備
  - 測定の利害関係者とその測定ニーズを特定し，それを満たす戦略を立てる。
  - プログラムのマネジメントおよび技術的な遂行とともに助力する，優先順位づけされた関連する指標を特定し，選択する。
  - 基底となる指標，導出した指標，評価指標，データ収集，測定頻度，測定リポジトリ，レポートの方法と頻度，トリガーポイントまたは閾値，およびレビュー権限を特定する。
- 測定の実行
  - 測定結果（情報成果物）を得るために，データを収集，処理，保存，検証，そして分析する。
  - 測定によって得られた情報成果物を測定の利害関係者とともに文書化してレビューし，結果で保証されるように行動を提言する。

INCOSE Systems Engineering Measurement Primer（INCOSE システムズエンジニアリング計測入門；初心者だけでなく経験豊富な実務者にとっても有用なガイド）には，測定プロセスとそこでのアクティビティについてより詳細な内容が記載されている。

一般的なアプローチとヒント：

- 収集目的の計測は時間と労力の無駄である。
- 収集された計測を，測定の利害関係者が定期的にレビューする必要がある。主要な計測は，少なくとも月次で，より成熟した組織では週次でレビューするべきである。
- 契約によっては，満たすべき効果指標（MOE）を特定する。MOE との合致に不可欠な洞察をもたらす導出された性能指標（MOP）および技術性能指標（TPM）は，測定計画に必ず組み込むべき指標である。考慮すべき他の指標は，プログラムの技術的でプログラム的な実行に洞察をもたらすべきである。
- 最もよい計測とは，最小限の労力で繰り返し収集でき，直接的に理解でき，トレンドデータとともに定期的（1週間または1カ月）に，指定された書式で提示されるものである。
- 測定の利害関係者にデータを示す際に利用できる手法は多々ある。折れ線グラフとコントロールチャートは比較的頻繁に用いられる。測定に役立つツールも多数存在する。

- 是正処置の必要性を知覚した際には，是正処置が本質的な原因に確実に対処できるように問題の根本原因を特定するため，計測に関するより詳細な検討が必要となる場合もある。
- 測定自体は，プロセス遂行の統制または改善はしない。測定結果は，正しい意思決定を行ううえで必要となる洞察をもたらすやり方で，意思決定者へ提供されなければならない。

5.7.2 詳述
5.7.2.1 測定のコンセプト

以下の先行文献では測定のコンセプトの拡張が示されており，システムズエンジニアリング測定の実践者はさらに洞察を得るために参照するべきである。

- 「INCOSE システムズエンジニアリング測定入門，バージョン 2.0」(INCOSE, 2010b)
- 「技術的測定ガイド，バージョン 1.0」(INCOSE・PSM, 2005)
- 「システムエンジニアリングの先行指標のガイドブック，バージョン 2.0」(LAI, INCOSE, PSM, and SEARI, 2010)
- 「ISO/IEC/IEEE 15939，システムとソフトウェアに関するエンジニアリング，測定プロセス」(2007)
- 「PSM ガイドバージョン 4.0c。実践的なソフトウェアとシステムの測定」(国防総省と米陸軍, 2003)
- 「CMMI (測定と定量的マネジメントプロセスの領域)，バージョン 1.3」(ソフトウェア工学研究所, 2010)
- 「実践的ソフトウェア測定：意思決定者のための客観的情報」(McGarry ら, 2001)
- 「システム開発性能測定報告書」(NDIA, 2011)
- 「SEBoK パート 3：システムズエンジニアリングと管理/システムズエンジニアリングの管理/システムズエンジニアリングマネジメント/測定」(SEBoK, 2014)

5.7.2.2 測定アプローチ

先に引用した「システムズエンジニアリング測定入門」で議論されたように，測定はフィードバック制御システムとして考えられるであろう。図 5.12 は，測定がシステムの 3 つの基本的な点で行われることを示している。しかし，測定が真に価値を発揮するのは測定するという行為ではなく，最終的にデータを分析し，目標値との差異を修正するか，または現在の性能をより望ましいレベルへと改善するための対応策を実施することにある。いつ実施するかという判断は，実測値とその計測に対する目標値との比較に基づいて行われる。目標値と，対応策をとる前の目標値と実測値との許容可能な差は，プロジェクト，あるいは製品が要求された目標性能を満たすことに対するリスクの評価に基づいて決められる。

図 5.12 は，開発プロセスに関連した指標（人材配置，承認された要求など）と，製品の性能に関連した指標（製品重量，製品速度など）とに測定プロセスの計画を分離することに利点があることについて，さらに詳細に示したものである。このように分離することにより，プロセスに関連した指標にかかわる利害関係者およびデータ収集者は，製品などの

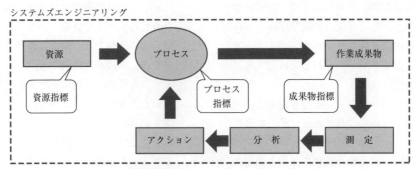

図 5.12 フィードバック制御システムとしての測定。INCOSE-TP-2010-005-02 の図 2.1 より。INCOSE の利用条件の記載に従い利用のこと。

成果物に関連した指標にかかわる利害関係者およびデータ収集者とは異なる可能性があるということを認知できる利点がある。

5.7.2.3　プロセス指向の指標

プロセス指向の指標を編成する際の合理的なアプローチは，それによって達成しようとしている組織の目標に基づいて分類することである。組織の目標は以下のように分類される。

- コスト（開発）
- 日程（開発）
- 品質（プロセス）

それぞれの目標下で選択される特定の指標は，その製品または組織の目標を達成するうえでの最大のリスクをもたらすと考えられるプロセスアクティビティを追跡するために必須なものである。

5.7.2.4　先行指標

プロセス関連の指標の重要なサブグループの一つが先行指標である。先行指標は，システム遂行能力またはシステムズエンジニアリングの効果目標に与える可能性のある影響に関する情報を提供する形で，プログラムに適用される特定のアクティビティがどれだけ効果があるかを評価するための指標である。

先行指標は，システムの遂行が実現される前に将来の遂行能力を予測するものであり，個々の指標，または指標の集合体となりうる。先行指標は，顧客およびエンドユーザに価値を提供する際の統率力を補助し，作業の手戻りと無駄を避けるための介入および活動を支援する。

従来のシステムズエンジニアリングの指標がステータスおよび過去の経緯に関する情報を提供するのとは異なり，先行指標はトレンド情報を用いて予測的な分析（未来予測）を行う。トレンド分析により，予測はある活動の結果を見通すことができる。トレンド分析は，計測される実体と，他の実体に対する潜在的影響の両方に関する洞察に対して行われる。これによってリーダーは，情報に基づく意思決定を行い，必要に応じて，プログラムの実行中に予防措置または是正処置をとるために必要なデータを得ることができる。先行指標は既存の指標と似ており，同一の基底情報を用いることも多いが，予測を行う観点で，どのように情報が収集，評価，解釈，そして利用されるのかという点で異なっている。先行指標の例として，以下のようなものがある。

- 要求のトレンド：計画に対する，システム定義の成熟さの割合。要求のトレンドは設計と製造に潜在的に影響するシステム要求の安定性および完全性を特徴づける。
- インタフェーストレンド：計画に対するインタフェース仕様の凍結。適切な時期に凍結が行われなければ，システムアーキテクチャ，設計，実装，および/または検証と妥当性確認（V&V）に悪影響をもたらす可能性があり，それによって技術，コスト，および日程に影響が生じることになる。
- 要求の妥当性確認のトレンド：顧客要求が妥当であり，かつ正しく理解されていることを保証する際の計画に対する進捗。これとは逆のトレンドは，技術，コスト，および基準となる日程と顧客満足への影響とともにシステム設計のアクティビティに影響をもたらす。

この話題に関して，測定の事例を含むより詳細の扱いについては，「Systems Engineering Leading Indicators Guide（システムズエンジニアリング先行指標ガイド）」（Roedlerら，2010）を参照されたい。

5.7.2.5　製品指向の指標

参照資料である Technical Measurement（技術測定；Roedler and Jones, 2006）に示されているように，製品の指標は相互依存関係の階層としてとらえることができる（図5.13）。

5.7.2.6　MOEとMOP

MOEとMOPは，一般的に収集されるさまざまな指標を代表する2つの概念である。「INCOSE-TP-2003-020-01, Technical Measurement（技術測定）」（Roedler and Jones, 2006）では，MOEは以下のように定義されている。

> MOEは，特定条件での意図した運用環境内中のミッションの達成または評価される運用の目的に密接に関係した運用に関する成功の指標，すなわち解決策が意図した目的を達成する度合である。（国防総省5000.2，DAU, INCOSE より）

一方，MOPの定義は以下のとおりである。

> MOPは，特定のテストおよび/または運用環境条件の

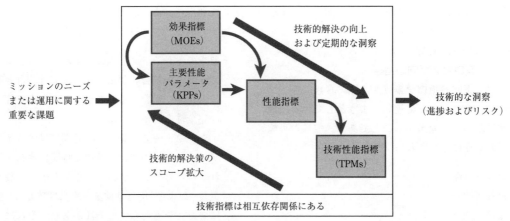

図5.13 技術指標の関係性。INCOSE-TP-2003-020-01の図1.1より。INCOSEの利用条件の記載に従い利用のこと。

もとで計測または推定された，システムの運用に関する物理的または機能的な属性を特徴づける指標である。（国防総省5000.2，DAU，INCOSE，およびEPI 280-04，LM統合測定ガイドブック）

MOEはシステムの取得者（顧客/ユーザ）のビューポイントで記述され，ライフサイクル全体にわたる性能，適合性，およびコスト妥当性に関するミッションニーズの達成の取得者の主たる指標である。

特定の解決策に依存してはいないが，MOEは運用に関する全体的な成功基準（ミッション遂行能力，安全性，操作性，運用可用性など）であり，システム，サービス，および/またはプロセスの納品で取得者が用いる。「INCOSE-TP-2003-020-01, Technical Measurement（技術測定）」（Roedler and Jones, 2006）3.2.1項では，この話題についてさらなる考察が示されている。

MOPは，システムが運用の目標を達成する能力を有することを保証するうえで重要とされる属性を評価する。MOPは，MOEを満たすために必要な設計または性能の要求にシステムが合致しているかどうかをアセスメントするために用いられる。MOPはMOEまたは他の利用者ニーズから導出される，あるいはそれらに洞察を与える。「INCOSE-TP-2003-020-01, Technical Measurement（技術測定）」3.2.2項では，この話題についてさらなる考察が示されている。

5.7.2.7 主要性能パラメータ

「INCOSE-TP-2003-020-01, Technical Measurement（技術測定）」（Roedler and Jones, 2006）では，主要性能パラメータ（KPP）は以下のように定義されている。

> 主要性能パラメータは，非常に重要な性能パラメータの一部で，その性能の閾値を満たせない場合には，選定されたコンセプトあるいはシステムの評価，またはプロジェクトのアセスメントをやり直し，あるいはプロジェクトを打ち切ることになるほどの非常に重要な能力および特性を示すものである。

各KPPは，閾値と客観的な値をもつ。KPPは運用性能，サポート可能性，相互運用性といった主要な推進力を特徴づけるために必要な最小限の数の性能パラメータである。システムの取得者は，運用コンセプトと要求が定義されるときにKPPを定義する。

5.7.2.8 TPMs（技術性能指標）

「INCOSE-TP-2003-020-01, Technical Measurement（技術測定）」（Roedler and Jones, 2006）では，TPMsは以下のように定義されている。

> TPMは，システムまたはその要素が技術的要求または目標をどれだけ満たしているか，または満たすと予想されるかを判定するために，システム要素の属性を評価する。

TPMは，設計の進捗状況，性能要求への適合，または技術的なリスクをアセスメントし，プロジェクトの重要な技術パラメータのステータスを可視化することで，効果的なマネジメントを可能にし，それによってプロジェクトの技術的目標が達成される

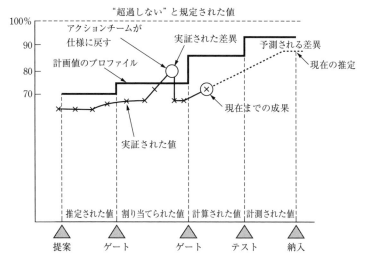

図5.14 TPM モニタリング。Kevin Forsberg の許可を得て転載。

可能性を高めるために用いられる。TPM はシステムが設計および実装される際に，システムの特定のアーキテクチャ要素の重要な技術パラメータに焦点を絞る MOP から導出されるか，あるいは MOP へ洞察を与える。

TPM として選択する際は，それが満たさなかった場合，プロジェクトにコスト，日程，あるいは性能のリスクをもたらすような，特に重要な技術的閾値またはパラメータに限るべきである。TPM は，システムまたはシステム要素に対するすべての要求を列挙したものではない。SEMP では，TPM に対するアプローチを定義する必要がある（Roedler and Jones, 2006）。

TPM がなければ，プロジェクトマネジャーはおそらく，プロジェクト進捗をアセスメントする技術担当者たちの言葉だけの保証によって，コストおよび日程のステータスだけに頼るという罠に陥ってしまうだろう。それでは，製品は納期どおりに，決められたコスト内で開発できるかもしれないが，主要な要求は満たせないかもしれない。図5.14に示すように，TPM が許容値を超えることを早期に表示するための限界値を設定する。

TPM のステータスを定期的に記録することで，技術的パラメータの予測値および実測値の度合を継続的に検証することができる。計測された値が指定された許容帯域を超えた場合には，管理者へ是正処置をとるように警告する。「INCOSE-TP-2003-020-01，Technical Measurement（技術測定）」（Roedler and Jones, 2006）3.2.3 項では，この話題についてさらなる考察が示されている。

5.8 品質保証プロセス

5.8.1 概要

5.8.1.1 目的

ISO/IEC/IEEE 15288 に記載されているように，

> [6.3.8.1] 品質保証プロセスの目的は，確実に組織の品質管理プロセスがプロジェクトへ効果的に適用されることを支援することである。

5.8.1.2 説明

品質保証（QA）は，製品またはサービスが利害関係者要求に適合していること，あるいはプロセスが確立された方法論を順守していることに十分な確信を与えるために必要な，プロジェクトライフサイクル全体にわたる一連のアクティビティとして広く定義されている（ASQ, 2007）。品質管理プロセスの一部である品質保証プロセスのアクティビティは，開発およびシステムズエンジニアリングプロセスが要求を満足する成果をもたらしうるかどうかと，それらのプロセスがまちがいなく，正確に，およびすべての適用しうる指示および文書に一貫して実施されていることを，独立にアセスメントするために定義されている。

QAは，下請契約者を含む開発組織が確立された手順の要求を順守していることの確証を与える。開発プロセスの変動を統制することは，開発による成果の変動を低減するために重要となる。したがって，品質保証プロセスは，エラー，コスト，または計画の圧力によって，プロセスが統制できなくなる，あるいは手順に変更が生じることのないように，開発プロセスの中へ抑制と均衡をもたらす手段を提供する。

用語「品質保証」（あるいはQA）はしばしば，用語「品質管理（quality control）」と区別せずに用いられる。しかしながら，QAは開発活動中（事前対策）に焦点を当てているのに対し，「品質管理」は典型的には開発活動後（事後対策）の「検査」と関連づけられている。

QAは，開発と生産のプロセスを監視するための手順と，QA活動が製品またはサービスの成果の中の欠陥を減らすのに効果的であることを検証するための手順とを通じて実行される。さらに，QAは，ライフサイクルのアクティビティ中に発見された異常またはエラーの特定，分析，および統制に責任をもつ。QAの厳格さの水準は，開発されるシステムの製品またはサービスの要求に対して適切でなければならない。図5.15は品質保証プロセスのIPO図である。

5.8.1.3 入力/出力

品質保証プロセスの入力と出力を図5.15に示した。各入出力の記述は付録Eに掲載されている。

5.8.1.4 プロセスアクティビティ

品質保証プロセスは，次のアクティビティを含む。

- 品質保証の準備
  - QAの戦略（しばしばQA計画の中で把握する）を確立し，保持する。
  - QAの方針，標準，手順を含むガイドラインを確立し，保持する。
  - 責任と権限を定義する。
- 製品またはサービスの評価の実行
  - QA計画で定義されたライフサイクルの中で適切な時期に製品またはサービスの評価を実行し，ライフサイクルプロセスの出力のV&Vを保証する。QAの観点が，設計，開発，検証，妥当性確認，そして製造のアクティビティの中で適切に現れていることを保証する。
  - QAの活動の効果の証拠として，製品の検証結果を評価する。
- プロセス評価の実行
  - 開発組織が確立された手順に準拠しているかどうかを独立して評価するために，プロセスに対して定められた調査を実行する。
  - 適合と効果に関して，有効にするツールおよび環境を評価する。
  - 適用できる手順および調査の要求をプロジェクトサプライチェーン全体に行き渡らせ，割り当てられた要求への適合に関して下請契約者のプロセスを評価する。

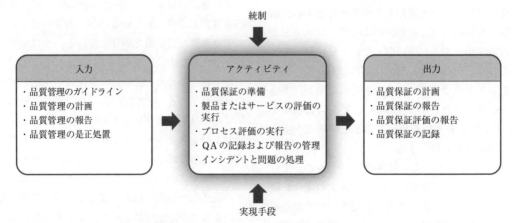

図5.15 品質保証プロセスのIPO図。INCOSE SEHの元図はShortellおよびWaldenにより作成された。INCOSEの利用条件の記載に従い利用のこと。

- QAの記録および報告の管理
  - 適用できる要求に従って，記録と報告を作成し，維持し，そして保管する。
  - 製品とプロセスの評価に関連したインシデントおよび問題を特定する。
- インシデントと問題の処理

  注：ここで，インシデントとは，短期的な異常，またはただちに注意しなければならない所見のことであり，問題とは，プロジェクトが要求を満たせなくなる確認済みの不適合のことである。
  - すべての異常を文書化し，分類し，報告し，そして分析する。
  - 根本原因分析を実行し，トレンドを書き留める。
  - 異常およびエラーが明らかになったとき，その解決のための適切なアクションを提言する。
  - すべてのインシデントおよび問題を，それらが解消するまで追跡する。

一般的なアプローチとヒント：

- 既存の合意および適用できる品質認証または登録（例えばISO 9001，CMMIなど）を，QAアプローチの基本的なガイダンスとなる組織横断的な品質管理の方針とともに用いる。
- QAアクティビティが効果的かどうかを検証するために，プロセス監査，検証結果，製品欠陥報告，顧客満足調査，および事故とインシデントの報告をもとに統計分析する。
- 開発とシステムズエンジニアリングのプロセスを監視することの完整性に妥協がないことを継続的に実証する。開発組織またはプロジェクトマネジメントがQA担当者の判断に不適切に影響してはならないことを認識する。
- 組織的独立性と，シニアリーダーからの一貫したサポートを確立する。QAチームは，プロジェクトマネジャーに借りをつくってはいけない。プロジェクトによって対処されていないQAの問題点が組織上のリーダーに適切に上申されるように，上申のプロセスを実行する。

5.8.2 詳述
5.8.2.1 QAのコンセプト

製品またはサービスの開発がなされたあとに品質を「検査する」ことはできない。QAは，開発組織のすべての要素が，品質を製品の中へ形成する手段の一つとして，承認された計画および手順に従ったアクティビティを実行することを保証するための，重要な役割を演じている。

このプロセスを統制する役割を通じ，QAは体系的なプロセスの改善を可能にする。Demingは，品質とプロセス改善との間にあるこの関係を次のように記述した。「品質は，検査からではなく，製造プロセスの改善から来るものである」（Deming, 1986）。

QAは，品質のゴールとプロジェクトの目標を支持して，開発アクティビティおよび原材料調達を統制する方針と標準を適用する。例えば，NASAはSAE航空宇宙標準（AS）9100「品質システム—航空宇宙—設計，開発，製造，設置，およびサービス中の品質保証モデル」を採用しており，これを，共通の品質標準として順守するように要求することで，システムの中に品質を形成し，そしてすべてのシステム要素に起こる統計的変動を抑制する手段としている（SAE航空宇宙品質標準 AS9100：C, 2009）。同様に，調達側の組織は，供給者がその開発プロセスの中で一貫した品質の水準を提供しうることを保証する手段として，供給者に定められたCMMI水準を達成することを命じることがある。

QAは，また，検証アクティビティの間，重要な役割を演じる。検証活動の間に独立してQA担当者が存在することは，検証手順の完整性と，検証装置や設備の適切な校正に関して，先入観のない観点を提供する。またQA担当者は，検証結果が正確に記録されているということを，独立してアセスメントする。例えば，検証手順に従っていて，結果が正確に報告されていると証言するための検証結果の報告に関して，QAの署名を要求することは珍しいことではない。

5.8.2.2 QAの手法

QAの技法は次を含む。

- チェックリスト：ある運用中にすべての重要なステップまたはアクションが行われていることを保証するためのツール（ASQ, 2007）

・品質監査：プロジェクトのアクティビティが，確立された方針，プロセス，または手続きに準拠しているかどうかを判断するための，独立したレビュー
・根本原因分析：内在する欠陥または異常の（根本的な）原因に対処するために設計された特定の技法を用いる問題解決の手法。一般の根本原因分析の技法には，石川（フィッシュボーン）ダイアグラム，FTA，故障モード影響致命度分析（FMECA），および，なぜなぜ分析がある。

第6章

合意プロセス

プロジェクトの開始は，ユーザのニーズから始まる。ニーズが認識され，プロジェクトを確立するための資源が確約されると，取得と供給の関係に関するパラメータを定義することが可能となる。この関係が存在する場合の一例は，あるニーズを有する組織が，助けがなければそのニーズを満たす能力をもたないという場合である。合意プロセスは，ISO/IEC/IEEE 15288に次のように定義されている。

> [6.1(b)] [合意] プロセスは，2つの組織間で合意を確立するために必要なアクティビティを定義する。

取得はまた，供給者がニーズをより安価に，またはよりタイムリーに満たすことができる場合，投資を最適化するための一つの候補である。取得および供給のプロセスは，6.1節および6.2節でそれぞれ取り上げている。

実際のところ，あらゆる組織は，工業界，学術界，政府，顧客，パートナーなどのうち，一つ以上の組織と接点をもっている。合意プロセスの全体的な目的は，このような外部インタフェースを特定することであり，また，外部エンティティが要求する入力およびそれに対して与える出力を特定することを含め，これらの関係性のパラメータを定めることである。この関係性のネットワークは，組織のビジネス環境のコンテキストを与え，そして将来のトレンドと調査研究の糸口となるものである。いくつかの関係性は，製品またはサービスの交換によって定義される。

取得プロセスおよび供給プロセスは，1枚のコインの表裏に相当する。各プロセスは，合意が正式（契約）であるか否かにかかわらず，他のライフサイクルプロセスを実行する際に基づくべき合意のコンテキストと制約を定める。合意プロセスに特有のアクティビティは，契約およびビジネス関係の管理に関連づけられる。ISO/IEC/IEEE 15288の一つの重要な貢献は，システムズエンジニアがこの領域中の貢献者であるという正当性が認知されたことである（Arnold and Lawson, 2003）。磁気浮上列車のケース（3.6.3項参照）は，中国およびドイツの政府代表がこうした関係性をもった一つの例である。

合意に向けた交渉は，特定の組織と合意形式に依存するさまざまな方法で扱われる。例えば，政府機関との正式な契約という状況では，通常，契約交渉のアクティビティがあり，これには取得者および供給者の両当事者にとって，契約条件を詳細化するためのさまざまな役割が含まれることがある。システムズエンジニアは通常，交渉中，プロジェクトマネジャーをサポートする役割を担っており，変化による影響アセスメント，候補についてのトレードオフ検討，リスクアセスメント，およびその他の意思決定に必要な技術的意見の提供を担当する。

両当事者にとって重要な要素は，次のような受け入れ基準の定義である。

1. システム要求仕様書（SyRS）の完了率
2. 前期間中の（例えば，月，四半期など）追加，修正，または削除された要求の数などの，要求の安定度および発展指標
3. 契約要求文書，例えば作業範囲記述書（SOW），提案依頼書（RFP）などの完了率

これらの基準は，ビジネス関係の両当事者を守る。すなわち，品質の劣る製品の受け入れを強いられることから取得者を，気まぐれあるいは優柔不断な購入者の予測不能な行動から供給者を保護する。

合意する中で用いられる上述の基準の交渉に留意することは重要である。また，交渉の間，両当事者が合意に向けて進捗状況を追跡できるようにすることも重要である。文書および条項のどの部分で合意

し，どの部分で合意できていないのかを特定することは，きわめて重要である。

また，合意プロセスは，組織内の異なるビジネスユニットまたは部門の間で調整を行うために用いることができることも留意されたい。通常このような場合，合意はより正式ではなくなり，契約書または他の法的拘束を伴う一連の文書は要求されない。

ISO/IEC/IEEE 15288 では，2つの合意プロセス，取得プロセスと供給プロセスを特定している。これらの合意プロセスは，対象システム（SOI）にかかわる組織にとって不可欠なビジネスを行い，製品およびサービスの取得に関与する組織と，供給に関連する組織（すなわち，買う側および売る側）との間の関係を確立するものであるため，このハンドブックに含まれる。

6.1 取得プロセス

6.1.1 概要

6.1.1.1 目的

ISO/IEC/IEEE 15288 に記載されているように，

> [6.1.1.1] 取得プロセスは，取得者の要求に従って，製品またはサービスを取得することを目的とする。

一方の当事者が他方の当事者から製品またはサービスを取得する際に基づくべき合意を，2つの組織間で成立させるため，取得プロセスを呼び出す。取得者は，運用システム，運用システムをサポートするサービス，プロジェクトにより開発されているシステムの要素，またはプロジェクトアクティビティをサポートするサービスが必要であることに気づく。われわれがしばしば経験する典型的な取得プロセスは，電話または自動車のような日用品または商業製品の購入である。システムズエンジニアリングは，より複雑なサービスおよび製品の調達を円滑に行うことが求められる。取得/供給プロセスは，ユーザニーズについての決定および合意によって始まる。ゴールは，これらのニーズを満たすことのできる供給者を見つけることである。

6.1.1.2 説明

技術，技術マネジメント，そして組織のプロジェクトを有効にするプロセスを通じて，供給者が契約を履行するため，取得者の役割には，これらのプロセスに精通していることが求められる。取得側組織は，供給者の選定に際して，費用面の失敗と組織の予算，およびスケジュールへの影響を避けるため，適正評価を実施する。本節は，取得側組織の観点から記述されている。図 6.1 は取得プロセスの IPO 図である。

6.1.1.3 入力/出力

取得プロセスの入力と出力を図 6.1 に示した。各入出力の記述は付録 E に掲載されている。

6.1.1.4 プロセスアクティビティ

取得プロセスは，次のアクティビティを含む。

- 取得の準備
  - プロジェクトマネジメントおよびシステムズエンジニアリング組織のニーズに加え，組織の戦略，ゴール，および目的に合致する取得計画，方針，および手順を策定し維持する。
  - システム，サービス，または製品の供給を得るため，供給依頼書（例えば，提案依頼書（RFP），見積もり依頼書（RFQ），またはその他メカニズム）の中のニーズを特定する。システム要求定義を含む技術プロセスを通じて，取得側組織は，合意の技術情報の基礎となるまとめられた要求を作成する。
  - 供給者候補のリストを特定する。供給者は，取得側組織の内部である場合もあれば，外部である場合もある。

- 取得公示および供給者選定
  - 提案依頼書（RFP），見積もり依頼書（RFQ），またはその他の文書化された供給依頼書を配布し，適切な供給者を選定する。選定基準を用いて，全体的なニーズを満たす適合性により供給者をランクづけし，供給者の優先順位とその正当性を定める。選定される可能性のある供給者は，交渉を倫理的に行う意思を有し，技術上の責務を果たし，取得プロセスを通じて，開かれたコミュニケーションを維持する意思がなければならない。
  - 提案依頼書（RFP）または供給依頼書に対する供給者の回答を評価する。対象システム（SOI）が取得者のニーズを満たし，業界およびその他の標準に準拠することを保証する。各回答の適合性および言明した確約を果たす

6.1 取得プロセス

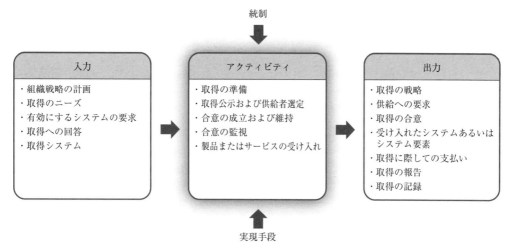

図6.1 取得プロセスのIPO図。INCOSE SEH の元図は Shortell および Walden により作成された。INCOSE の利用条件の記載に従い利用のこと。

　供給者の能力を判定するためには，プロジェクトポートフォリオマネジメントおよび品質管理プロセスによるアセスメント，および依頼側組織の提言が必要となる。提案依頼書（RFP）への回答の評価に由来する提言を記録する。これは，正式な文書から，あまり正式ではない組織間の取り交わしまで，多岐にわたる（例えば，設計エンジニアリング部門とマーケティング部門間）。
　－取得基準に基づき最も好ましい供給者を選定すること。
・合意の成立および維持
　－合意交渉を行う。供給者は，対象システムのための，規定された要求および受け入れ基準を満たす製品またはサービスを供給することを確約する。供給者および取得者の両者が，検証，妥当性確認，および受け入れのアクティビティに参加することに合意する。取得者は，スケジュールに従い支払いを行うことに合意する。例外および変更に関する統制の手続きに関与すること，ならびに透明性のあるリスクマネジメント手順に努めることを，両者が合意する。合意では，最終納品に向けて進捗をアセスメントするための基準を定める。
　－納品受け入れ基準を定める。調達仕様には，合意全体の観点から，取得者が供給者からの納品物を受け入れる際の基準を，明確に述べなければならない。これらの基準を明確にするために，検証マトリクスを用いることができる。
・合意の監視
　－合意のための意思決定，関係構築および維持，組織のマネジメント側との取り交わし，計画およびスケジュール作成の責任，および供給者からの納品受け入れの最終承認責任者を含む，取得プロセスアクティビティを管理する。
　－供給者，利害関係者，およびプロジェクトにかかわるその他の組織とコミュニケーションを維持する。
　－合意に向けたスケジュールに対する進捗状況。リスクおよび問題を特定し，リスク緩和に向けた進捗，納品に向けた進捗の適切さ，そしてコストおよびスケジュール効率の適切さを計測する。そして組織にもたらされる可能性のある望ましくない結果を判定する。プロジェクトアセスメントおよび統制プロセスは，コスト，スケジュール，および性能に関する必要な評価情報を提供する。
　－スケジュール，予算，または性能への影響が特定された場合，合意を修正する。
・製品またはサービスの受け入れ
　－すべての合意および関連法規に従って製品お

よびサービスの納品物を受け入れる。
- 合意した支払いスケジュールに従って支払う，または，その他の合意した対価を支払う。
- すべての合意および関連法規に従い，責任を受け入れる。
- 取得プロセスサイクルが完結する際には，今後のプロセス遂行能力に対する教訓を引き出すため，遂行能力の最終レビューを実施する。

注記：組織の一連のシステムおよびプロジェクトをマネジメントする，ポートフォリオマネジメントプロセスを通じて，最終合意に至る。

一般的なアプローチとヒント：

・取得の立案について情報提供を行う取得指針および手順を定める。推奨されるマイルストーン，標準，アセスメント基準，そして意思決定ゲートを含む。供給者を特定し，評価し，選択し，交渉し，管理し，そして契約を打ち切るためのアプローチを含める。
・個々の合意を監視および統制するための組織内の技術責任担当者を定める。この担当者は，供給者とのコミュニケーションを維持し，意思決定チームの一員として，契約の履行に際して進捗をアセスメントする。納品遅延またはコスト超過の可能性を特定し，判明次第，組織に通達する必要がある。

注記：一つの合意に対し，技術，計画，あるいはマーケティングなどに関する複数の責任担当者が存在しうる。

・契約に関する進捗を示す指標を定義し，追跡する。適切な指標の策定には，不必要で高コストの取り組みを行うことなく，確実に進捗を満足のいくものとする調整を必要とし，そして製品とサービスの納期と品質への影響を最小にする解を導くための時間を許容するため，早期に重要な課題と問題を確実に特定するのに必要な情報を与える調整を必要とする。
・要求されたタスクを供給者が実行する能力を厳しくアセスメントするため，供給者の選定時には技術的表現を含める。これは，契約不履行とそれに付随するコスト，納品遅れ，および確約

した資源のニーズ増大のリスクを減らす助けになる。過去の実績はきわめて重要であるが，重要な人員の交代を特定し評価する必要がある。
・実際のニーズについて供給者と明確なコミュニケーションを行い，プロセスにリスクを持ち込むような，矛盾する意思表示またはニーズに関する意思表示の頻繁な変更を避ける。
・取得者の要請とそれに対する供給者の回答に関するトレーサビリティを維持する。これにより，契約変更，契約取消，または製品またはサービスを修正するための追加契約のリスクを減らすことができる。
・米サプライマネジメント協会は，購買およびマーケティングのための有用な指針を発行している（ISM, 発行年不明）。

6.2 供給プロセス

6.2.1 概要

6.2.1.1 目的

ISO/IEC/IEEE 15288 に記載されているように，

> [6.1.2.1] 供給プロセスは，合意された要求に合致した製品またはサービスを取得者に提供することを目的とする。

供給プロセスは，一方の当事者が他方の当事者に製品またはサービスを供給する際の合意を，2つの組織間で成立させるために呼び出される。供給側組織内では，このハンドブックの提言に従って，契約した要求を満たす製品またはサービスを取得者に供給する目的で，プロジェクトが実施される。大量生産される商業製品またはサービスの場合，マーケティング部門が取得者を代表し，顧客の期待を定めることがある。

6.2.1.2 説明

供給プロセスは，技術，技術マネジメント，および組織のプロジェクトを有効にするプロセスに大きく依存しており，これらを通して契約を履行する作業を完遂する。これは供給プロセスがより大きなコンテキストであり，その中で他のプロセスが，その合意のもとで適用されることを意味する。本節は，供給側組織の観点から記述する。図6.2は供給プロセスのIPO図である。

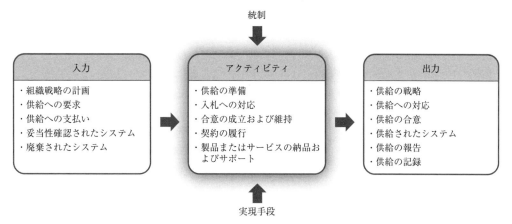

図6.2 供給プロセスのIPO図。INCOSE SEHの元図はShortellおよびWaldenにより作成された。INCOSEの利用条件の記載に従い利用のこと。

6.2.1.3　入力/出力

供給プロセスの入力と出力を図6.2に示した。各入出力の記述は付録Eに掲載されている。

6.2.1.4　プロセスアクティビティ

供給プロセスは，次のアクティビティを含む。

- 供給の準備
  - プロジェクトマネジメントおよびシステムズエンジニアリングを行う組織のニーズを含む，内部組織のゴールおよび目的とともに取得側になる可能性のある組織のニーズを満たすための戦略的計画，方針，および手順を策定し，そして維持する。
  - 機会を特定する。
- 入札への対応
  - 交渉を倫理的に行う意思があり，債務を果たす能力があり，供給プロセス全体を通して条件次第で開かれたコミュニケーションを維持する適切な取得者を選択する。
  - 取得者の依頼を評価し，取得者のニーズを満たし，業界およびその他の標準に準拠した対象システム（SOI）を提案する。この対応の適合性，およびこれらの責任を果たす組織の能力を判定するためには，プロジェクトポートフォリオマネジメント，人的資源マネジメント，品質管理，およびビジネスまたはミッション分析プロセスによるアセスメントが必要である。

- 合意の成立および維持
  - 供給者は，以下の内容を確約する。対象システム（SOI）に対する交渉済みの要求を満たすこと。納期のマイルストーン，検証，妥当性確認，および受け入れの条件を守ること。支払いスケジュールを受け入れること。例外および変更の統制手続きを実施すること。そして，透明性のあるリスクマネジメント手順を維持すること。契約では，最終納品に向けた進捗アセスメントのための基準を定める。
- 契約の履行
  - プロジェクトを開始し，このハンドブックに定義された，その他のプロセスを呼び出す。
  - 合意のための意思決定，関係構築および維持，組織マネジメント側との取り交わし，計画およびスケジュールを策定する責任，および取得者に対する納品の最終承認権限者を含む，供給プロセスのアクティビティを管理する。
  - 取得者，下請け供給者，利害関係者，およびプロジェクトにかかわるその他の組織とのコミュニケーションを維持する。
  - リスクおよび問題，リスク緩和の進捗および納品に関する進捗状況の妥当性を特定し，コストおよびスケジュール効率を測定し，そして組織にもたらされる可能性のある望ましくない結果を判定する。
- 製品またはサービスの納品およびサポート
  - 最終製品および最終サービスの受け入れ，お

よび移転後，取得者は，すべての合意，スケジュール，および関連法規に従って支払うか，またはその他の事項に配慮する。
- 供給プロセスサイクルが完結する際には，今後のプロセス遂行能力に対する教訓を引き出すため，遂行能力の最終レビューを実施する。

注記：組織の一連のシステムおよびプロジェクトをマネジメントするポートフォリオマネジメントプロセスを通じて合意を終了する。プロジェクトが終了した時点で，合意を終了するアクションをとる。

一般的なアプローチとヒント：

- 合意は，正式のものから口頭での了解に基づくきわめて正式ではないものまで，広範にわたる。契約は，固定した価格，固定費と経費，早期納品に対するインセンティブ，納期遅延に対するペナルティ，およびその他の金銭的な動機づけを求めることがある。
- 両当事者間の関係構築および信頼関係は，定量化不可能で，必ずしもよいプロセスを代替するものではないが人と人とのやりとりを合意へと導く。
- 取得者に対し，対象分野の中での供給者側のもつ能力（の範囲）を提示および説明するため，ホワイトペーパーまたは関連する技術資料を作成する。従来のマーケティングアプローチは，大量生産製品の取得を促進するために用いる。
- たとえ組織が電子商取引に従事していないとしても，最新のインターネットサービスを維持する。
- 組織内で専門的知識（例えば，法規制，政府機関の規制，法律など）がない場合，情報を提供し，合意に関する要求を規定するため，対象分野の専門家を雇用する。
- 合意に先立ち，十分な時間と努力を投入して，取得者のニーズを理解する。これによってコストおよびスケジュールの見積もりがより正確になり，契約の履行によい効果を与えることができる。製品またはサービスに対する技術仕様書のすべてを，明確さ，完全性，そして整合性をもって評価する。
- 取得者の依頼の評価，および依頼への回答を行う際は，契約履行に責任を負う者を参加させる。これによってプロジェクトが開始してから立ち上がりに要する時間が削減され，その結果，回答作成にかかるコストを取り戻すことができる。
- 契約を履行するための組織の能力を厳しくアセスメントする。これを行わなければ，失敗のリスクが高まり，それに伴うコスト，納品遅延，および資源投入のニーズが増大し，組織全体の評判に負の影響をもたらすことになる。

第7章

組織のプロジェクトを有効にするプロセス

　組織のプロジェクトを有効にするプロセスは，組織（エンタープライズとしても知られる）を範囲とし，システムのライフサイクルを監督し，有効にし，統制し，そしてサポートするために用いられる。組織のプロジェクトを有効にするプロセスは，ISO/IEC/IEEE 15288で次のように定義されている。

> [6.2] 組織のプロジェクトを有効にするプロセスは，プロジェクトの立ち上げ，サポート，および統制を通じて製品またはサービスを取得，および供給するための組織の能力の確保に役に立つ。それらはプロジェクトをサポートするのに必要な資源およびインフラストラクチャを提供する…

　この章は，システムの実現に関与する組織の能力に焦点をあてる。ときどき2つの能力がオーバーラップすることはあるものの，上述のとおり，それらは一般的なビジネスマネジメントの目的に対処することを意図していない。

　組織的な複数の部署は，対象のシステム（SOI）を開発し，生産し，展開し，利用し，サポートし，そして運用中止（廃棄を含む）するために協力する。有効にするシステムは，新規システムのニーズを満足するように修正され，開発され，あるいは，もし存在しないなら取得される必要がある。対象のシステム（SOI）をサポートするシステムの開発，製造，トレーニング，検証，輸送，ロジスティクス，保守，そして廃棄を例に含む。

　6つの組織のプロジェクトを有効にするプロセスがISO/IEC/IEEE 15288に特定されている。ライフサイクルモデルマネジメント，インフラストラクチャマネジメント，ポートフォリオマネジメント，人的資源マネジメント，品質管理（QM），および知識マネジメント（KM）が該当する。組織はこれらのプロセスおよびそれらのインタフェースを，システムプロジェクトのサポートを受けて，特定の戦略およびコミュニケーションの目的を満足するようにテーラリングする。

7.1　ライフサイクルモデルマネジメントプロセス

7.1.1　概要
7.1.1.1　目的
　ISO/IEC/IEEE 15288に記載されているように，

> [6.2.1.1] ライフサイクルモデルマネジメントプロセスは，ISO/IEC/IEEE 15288の適用範囲に関して，組織が用いるための，政策，ライフサイクルプロセス，ライフサイクルモデル，および手順の可用性を定義し，保持し，そして保証することを目的とする。

プロジェクトが用いる組織全体にわたるプロセスを策定することにより達成されるべき価値は，次のものである。

- 組織内のプロジェクトを横断する，繰り返し可能/予測可能な遂行能力を提供する（このことは，その組織が将来のプロジェクトを計画および見積もり，そして顧客に対する信頼性の実証に役立つ）。
- あるプロジェクトによって成功が証明された実践を活用し，そしてそれを組織を横断して他のプロジェクトに浸透させる（適用可能な場合には）。
- 組織全体のプロセス改善を可能にする。
- 役割が定義され，そして一貫して遂行されるように，プロジェクトを横断してスタッフを効果的に配置する能力を改善する。
- 将来のプロジェクトが遂行能力を向上させ，そして問題を回避するために，あるプロジェクトから学んだ教訓を活かせるようにする。

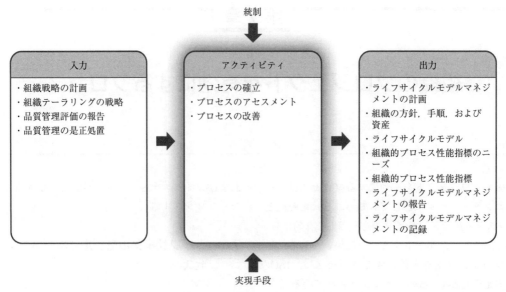

図 7.1 ライフサイクルモデルマネジメントプロセスの IPO 図。INCOSE SEH の元図は Shortell および Walden により作成された。INCOSE の利用条件の記載に従い利用のこと。

・新しいプロジェクトの立ち上げを（一からやり直さなくて済むという意味で）改善する。

さらに，プロジェクト横断的な標準化は，支援活動（ツールのサポート，プロセスの文書資料など）に対するスケール化による経済的効果で，コストの節約を可能にする場合がある。

7.1.1.2 説明

このプロセスは，①製品およびサービスを取得し，そして供給する組織の能力をサポートする，組織レベルでの方針と手順を確立および保守し，そして，②すべてのプロジェクトおよびシステムライフサイクルステージに対して，組織の戦略的計画，方針，ゴール，および目的を満たすために必要な統合されたシステムライフサイクルモデルを提供する。そのプロセスは，組織の要求，システムズエンジニアリングの組織単位，個々のプロジェクト，および個人をサポートするために，定義され，適応され，保守される。ライフサイクルモデルマネジメントプロセスは，推奨の方法およびツールにより補われる。組織の方針および手順の形でもたらされた指針は，それでもなお，第 8 章で議論されるように，プロジェクトによるテーラリングに従う。図 7.1 はライフサイクルモデルマネジメントプロセスの IPO 図である。

7.1.1.3 入力/出力

ライフサイクルモデルマネジメントプロセスの入力と出力を図 7.1 に示した。各入出力の記述は付録 E に掲載されている。

7.1.1.4 プロセスアクティビティ

ライフサイクルモデルマネジメントプロセスは，次のアクティビティを含む。

・プロセスの確立
  - ライフサイクルモデルマネジメントプロセス情報の出所（組織，企業，産業，研究機関，利害関係者，および顧客）を特定する。
  - 複数の出所から得た情報から，組織，ビジネス領域の計画，およびインフラストラクチャに合う一連の適切なライフサイクルモデルを抽出する。
  - 計画，方針，手順，テーラリング指針，モデル，およびライフサイクルモデルを統制し，そして管理するための方法とツールの形で，ライフサイクルモデルマネジメントの指針を確立する。
  - ライフサイクルモデルマネジメントプロセスの指針に基づき，ライフサイクルモデルの役割，責任，権限，要求，指標，および遂行能力の基準を定義し，統合し，そして伝える。

7.1 ライフサイクルモデルマネジメントプロセス

- 意思決定ゲートの入口および出口の基準を確立するために，ビジネス成果を用いる。
- 方針，手順，および方向性を組織全体に広める。
- プロセスのアセスメント
  - ライフサイクルマネジメントプロセスの適切さおよび効果を確認するために，ライフサイクルモデルのアセスメントおよびレビューを用いる。
  - 個々のプロジェクトのアセスメント，個々のフィードバック，および組織の戦略計画の変更に基づいて，組織のライフサイクルモデルマネジメントの指針を継続的に改善するための機会を特定する。
  - プロジェクトのプロセス実施から得られる教訓および測定結果が，改善を特定するための重要な情報源として用いられるべきである。
- プロセスの改善
  - 特定した改善の機会を優先順位づけし，そして実行に移す。
  - ライフサイクルモデルマネジメントの指針の中でのプロセスの作成および変更に関し，すべての関連する組織とコミュニケーションをとる。

一般的なアプローチとヒント：

- 方針と手順は，組織のゴール，目的，利害関係者，競合相手，将来のビジネス，および技術トレンドの包括的な理解を与える。組織レベルの戦略およびビジネス領域の計画に基づく。
- 方針および手順の準拠レビューを，確実にビジネスの意思決定ゲートの基準の一部に含める。
- ライフサイクルモデルマネジメントプロセスの情報データベースを開発する。これは，一貫した指針を広め，そして組織に関連したトピックに関する告示をするための仕組みとなる。同様に，産業のトレンド，研究を通じた発見，および他の関連する情報を告示する仕組みにもなる。これは，ライフサイクルモデルマネジメントの指針に関する継続的なコミュニケーションのための単一の接点となり，そして価値あるフィードバックの収集および組織トレンドの特定を促す。
- ライフサイクルモデルマネジメントプロセスのための組織の中核拠点を確立する。この組織は，関連する情報の収集，指針の普及，およびアセスメントとフィードバックの分析の中心となる。それらはまた，あらかじめ定義した指標と基準を確実に評価に用いるプロジェクトアセスメントをサポートするためのチェックリストおよび他のテンプレートを開発する。
- 標準，産業的および学術的研究，そして他の組織マネジメント情報および組織に必要とされるコンセプトのもとを特定するため，人員を割り当てて外部関係のネットワークを管理する。そのネットワークには，政府，産業，および研究機関を含む。これらの各外部インタフェースは，組織に対して，ビジネスで成功し，そして顧客のための改善された効果的なシステムおよび製品に対する絶え間ないニーズおよび需要を満たすための，他にはなく，そして重要な情報を提供する。次に示す外部エンティティおよびインタフェースを全体として定義し，そして利用することは，ライフサイクルモデルマネジメントプロセス次第である（すなわち，組織に要求される価値，重要性，および能力）。
  - 立法，規制，およびその他政府の要求
  - 産業分野のシステムズエンジニアリングおよび管理に関連した標準，トレーニング，および能力成熟度モデル
  - 大学教育，研究結果，未来のコンセプトと展望，および資金援助の依頼。
- 方針および手順に関する組織のコミュニケーション計画を確立する。このハンドブックのほとんどのプロセスは，普及活動を含む。すべての利害関係者へ十分な情報を確実に提供するために，一連の有効なコミュニケーション方法が必要である。
- ライフサイクルモデルマネジメントプロセスの適用を可能にする方法とツールが，効果的であり，組織およびそのプロジェクトの実施のアプローチに合わせてテーラリングされていることを保証する。ツールベンダーおよびワーキンググループとのパートナーシップおよび/または関係の特定と策定の調整に責任をもって行う組織を，新たに作成または指名することができ

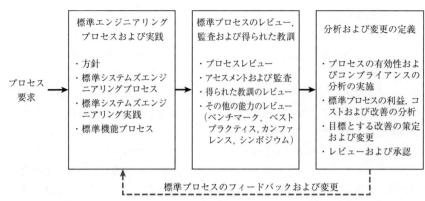

図 7.2 標準システムズエンジニアリングプロセスのフロー。INCOSE SEH v2 の図 5.3 より。INCOSE の利用条件の記載に従い利用のこと。

る。その組織は，人員の混乱，フラストレーション，貴重な時間および金の浪費を回避することに役立てる意図で，方法およびツールの利用を推奨できる。これらの専門家はまた，扱いづらい（そして不正確な）データの転送を避けるために，相互作用するツール間で統合ツール環境を確立する場合がある。

- エンジニアリングおよびプロジェクトマネジメントを行う組織などの利害関係者を，ライフサイクルモデルマネジメント指針の策定に参加させる。これにより，推奨されることへのその利害関係者の関与が増し，そして組織の貴重な経験知が取り入れられる。
- 候補となるライフサイクルモデルを，プロジェクトの型，適用範囲，複雑さ，およびリスクに基づいて策定する。これにより，エンジニアリングおよびプロジェクトマネジメントを行う組織によるテーラリングの必要性が少なくなる。
- テーラリングおよび適応の明確な指針を提供する。
- ライフサイクルモデルおよびプロセスを継続的に改善する。

7.1.2 詳述

7.1.2.1 標準システムズエンジニアリングプロセス

「システムズエンジニアリング」に関与する組織は，標準システムズエンジニアリングプロセスを確立し，保守し，そして改善するための要求，組織全体に顧客ニーズを満たすために必要な方針，実践およびサポート機能プロセス（図7.2）を提供する。さらに，その組織は，プロジェクトで用い，そしてプロジェクト用にテーラリングされたシステムズエンジニアリングプロセスに改善するため，標準システムズエンジニアリングプロセスをテーラリングするためのプロセスを定義する。

組織マネジメント側は，標準システムズエンジニアリングプロセスおよびそのプロセスの変更を，レビューし，承認しなければならない。組織は，システムズエンジニアリングプロセスの定義と実施を監督するシステムズエンジニアリングプロセスグループ（SYSPG）の設立を検討するべきである。

組織は，特定の顧客および利害関係者のニーズを満たすため，プロジェクトによってテーラリングされた参照システムズエンジニアリングプロセスモデルとして用いるための，一連の標準システムズエンジニアリングプロセスを定義または選択する。その参照モデルは，産業，政府，または他の機関「ベストプラクティス」を，複数の政府，産業，および組織の参照システムズエンジニアリングプロセス文書に基づいてテーラリングするべきである。参照システムズエンジニアリングモデルは，システムズエンジニアリングプロセス改善のための要求，アクティビティ，または教訓を活かして進行中の評価および改善のアクションを保証するプロセスを含む。プロジェクト固有のシステムズエンジニアリングプロセスのニーズを満たすようにテーラリングされたとき，プロジェクトはこのプロセスに従うことが期待される。標準プロセスは，小規模な調査プロジェクトから，参加者が何千人も必要な大規模なプロジェクトまで，さまざまなプロジェクトに合うように，

7.1 ライフサイクルモデルマネジメントプロセス

テーラリング可能で，拡張可能で，そして規模の変更が可能でなければならない。

標準システムズエンジニアリングプロセスモデルは，このハンドブック，産業用システムズエンジニアリングプロセスの文献（例えばISO/IEC/IEEE 15288とANSI/EIA-632），および適切ならば政府のシステムズエンジニアリングプロセスの文献から，特定のプロセスと実践を選択することで確立でき，そしてCMMIアプローチ(CMMI Product Team, 2010)中のすべてのエンジニアリングの能力成熟度の焦点領域またはプロセス領域に適用可能である。

業績のよい組織は，また，そのプロセスを（成果物と同様に）レビューし，アセスメントおよび監査を行い（例えばCMMIアセスメントおよびISO監査），教訓の理解を通じて会社の知見を保持し，そして基準に従って評価されたプロセスと関連する組織の実践経験とがどのように組織に影響を及ぼしうるかを明確にする。成功するために組織は，プロセスの遂行能力，効果および組織あるいは上位から指示された標準への準拠，そして関連する利益とコストを分析し，そして目標とする改善を行うべきである。

標準およびプロジェクトに応じてテーラリングされたシステムズエンジニアリングプロセス統制の基本的要求は，CMMIその他資料に基づいて，次のとおりとなる。

1. プロジェクトに対するプロセスの責任：
   ①システムズエンジニアリングプロセスを特定する。
   ②システムズエンジニアリングプロセスの実施および保守を文書にする。
   ③システムズエンジニアリングプロセスをサポートするための定義された一連の標準の方法および技法を用いる。
   ④プロジェクト特有のニーズを満たすために，承認済みのテーラリング指針を標準システムズエンジニアリングプロセスへ適用する。
2. よいプロセス定義は次のものを含む：
   ①入力および出力
   ②開始および終了の基準
3. 組織とプロジェクトに対するプロセス責任：
   ①システムズエンジニアリングプロセスの強みおよび弱みをアセスメントする。
   ②他の組織が用いるプロセスを基準に従って評価するため，システムズエンジニアリングプロセスを比較する。
   ③対象のシステムズエンジニアリングプロセスのレビューおよび監査を行うシステムズエンジニアリングプロセスを設ける。
   ④プロジェクトでシステムズエンジニアリングプロセスを実施したことから得られる教訓を把握し，そしてそれに基づき行動するための手段を設ける。
   ⑤システムズエンジニアリングに対する改良に向けて，変更の可能性を分析する手段を設ける。
   ⑥システムズエンジニアリングプロセスの能力および効果に対して洞察を与える手段を設ける。
   ⑦システムズエンジニアリングプロセスの効果を決定するためのプロセス指標および他の情報を分析する。

あらゆるプロジェクトの遂行を通した教訓を特定し，そして把握することは奨励されるべきであるが，システムズエンジニアリング組織はシステムライフサイクル中であらかじめ定義したマイルストーンに基づき教訓を収集するための計画をし，そして最後までやり通さなければならない。システムズエンジニアリング組織は，システムズエンジニアリングプロセスおよび実践を分析して改善するために，教訓を，（プロセスの）指標および他の情報と合わせて，定期的にレビューするべきである。その結果は伝達され，そしてトレーニングに取り入れられる必要がある。それはまた，ベストプラクティスを確立し，そしてそれらを検索が容易な形式で記録するべきである。

プロセス定義，アセスメント，および改善に関するさらなる情報については，CMMIを含む参考文献欄の資料を参照されたい。

7.2 インフラストラクチャマネジメントプロセス

7.2.1 概要
7.2.1.1 目的
ISO/IEC/IEEE 15288 に記載されているように,

[6.2.2.1] インフラストラクチャマネジメントプロセスは,ライフサイクルにわたり組織およびプロジェクトの目標をサポートするインフラストラクチャおよびサービスをプロジェクトに提供することを目的とする。

7.2.1.2 説明
組織の仕事はプロジェクトを通じて成し遂げられ,インフラストラクチャ環境のある中で行われる。作業を行う部署がそろって,総合的な組織の戦略目標を確実に達成するために,このインフラストラクチャは,組織とプロジェクトの中で定義され,理解される必要がある。このプロセスは,システムライフサイクルプロセスの環境を確立し,共有し,そして継続的に改善するために存在する。図7.3 はインフラストラクチャマネジメントプロセスの IPO 図である。

7.2.1.3 入力/出力
インフラストラクチャマネジメントプロセスの入力と出力を図7.3 に示した。各入出力の記述は付録 E に掲載されている。

7.2.1.4 プロセスアクティビティ
インフラストラクチャマネジメントプロセスは,次のアクティビティを含む。

- インフラストラクチャの確立
  - 組織およびプロジェクトのインフラストラクチャの資源ニーズを収集し,取り決める。
  - 組織のゴールと目標が合致することを保証するために,インフラストラクチャの資源およびサービスを確立する。
  - 資源およびサービスの不一致および不足を,解決に向けて段階的に管理する。
- インフラストラクチャの保守
  - 組織のゴールと目標が合致することを保証するために,インフラストラクチャの資源の可用性を管理する。不一致および資源の不足が,解決に向けて段階的に管理される。
  - インフラストラクチャの資源およびサービスを,すべてのプロジェクトをサポートするために割り当てる。
  - 資源を組織全体へ効果的に割り当てるために,複数プロジェクト間のインフラストラクチャ資源マネジメントのコミュニケーションを統制し,将来または今現在起こりうる解決に向けた提言との不一致の課題および問題点を特定する。

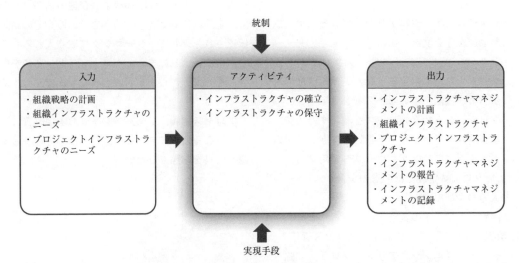

図 7.3　インフラストラクチャマネジメントプロセスの IPO 図。INCOSE SEH の元図は Shortell および Walden により作成された。INCOSE の利用条件の記載に従い利用のこと。

7.2 インフラストラクチャマネジメントプロセス

一般的なアプローチとヒント：

- 的確な資源を，投資戦略に従って，（内部または外部から）リースするか，またはライセンス契約することがある。
- 組織のインフラストラクチャアーキテクチャを確立する。組織のインフラストラクチャを統合することは，決まっているビジネス活動の実行をより効率化できる。
- 現在および将来の組織ニーズに向けた資源を保守し，追跡し，割り当て，そして改善するための有効にする支援システムおよびサービスにより，資源マネジメント情報システムを確立する。50人を超える組織には，コンピュータベースの追跡ツール，設備割り当て，およびその他のシステムが推奨される。
- 周囲の騒音レベルと，特定のツールおよびアプリケーションへのコンピュータアクセスなどの設備と人的要因を含む物理的要因に注意を払う。
- システムの移行，設備，インフラストラクチャ，情報/データストレージ，およびマネジメントのための資源の活用とサポート要求に対処するため，すべてのシステム開発に関する取り組みの初期のライフサイクルステージに計画を開始する。また，これを有効にする資源が特定され，組織のインフラストラクチャに統合されるべきである。

7.2.2 詳述
7.2.2.1 インフラストラクチャマネジメントコンセプト

プロジェクトはすべて，目標に合致するために資源を必要とする。プロジェクトの計画者は，プロジェクトが必要とする資源を決定し，現在と将来の両方のニーズを予想しようと試みる。インフラストラクチャマネジメントプロセスは，組織のインフラストラクチャがプロジェクトニーズに沿い，依頼されたときに利用できる資源を計画するための仕組みを提供する。これを実行するのは言うほどに簡単ではない。不一致に折り合いをつけて解決し，装置を入手して時には修理し，建物を改装しなければならず，そして情報技術サービスは常に変化する状態にある。インフラストラクチャマネジメント組織は，ニーズを収集し，不一致を取り去るために交渉し，そしてそれなしには何もなしえない有効にする組織インフラストラクチャを提供する責任がある。資源は無料ではないので，そのコストもまた，投資決定の要因となる。金融資源は，ポートフォリオマネジメントプロセスのもとで対処されるが，他の人的資源（7.4節参照）を除くすべての資源は，このプロセスのもとで対処される。

インフラストラクチャマネジメントは，依頼のもととなる数，他のインフラストラクチャ要素（例えばコンピュータベースのツール）に対して労働者のスキルバランスをとる必要，個々のプロジェクトの予算と資源にかかるコストとのバランスを維持する必要，従業員技能記録表に影響するかもしれない新しいあるいは修正された方針と手順を通知しつづける必要，そして数々のわからないことにより複雑である。

資源は依頼に基づいて割り当てられる。インフラストラクチャマネジメントは，実行中のポートフォリオとスケジュールのすべてのプロジェクトのニーズを収集し，あるいは必要であれば非人的資源を獲得する。加えて，インフラストラクチャマネジメントプロセスは，組織のプロジェクトのポートフォリオが要求する設備，ハードウェア，およびサポートツールを保守し，管理する。インフラストラクチャマネジメントは，組織のもつ資源を，それらが必要になる時および場所で，効果的および効率的に展開することである。そのような資源には，在庫，製造資源，または情報技術を含む場合がある。ゴールは，プロジェクトの目標および予算を守るために必要とされたときに，材料およびサービスをプロジェクトへ提供することである。効果とロバスト性との間でバランスが見い出されるべきである。インフラストラクチャマネジメントは，さまざまな資源の需要および供給の未来予測に強く依存する。

組織の環境と，それに続く投資決定は，設備，装置，人員，および知識を含む，現存する組織のインフラストラクチャの上に築かれる。有効にするシステムを共有し，あるいは共通のシステム要素を一つ以上のプロジェクトで用いる機会を活かすことで，これらの資源を効率的に利用できるようになる。これらの機会は，組織内でのよいコミュニケーションによって可能となる。資金，人的資源（7.4節参照），

そしてトレーニングのようなサポートするシステムの統合および相互運用性が，組織の戦略目標を実行するためにきわめて重要である．実行中のプロジェクトからのフィードバックが，インフラストラクチャを詳細化し，継続的に改善するために用いられる．

さらに，市場のトレンドが，サポートする環境の変化を示唆することもある．組織のインフラストラクチャおよび関連する資源の可用性および適切性のアセスメントが，改善と恩恵の仕組みのためのフィードバックとなる．すべての組織のプロセスは，政府および会社の法規および法令に準拠する義務を要求する．意思決定は，組織の戦略計画に左右される．

7.3 ポートフォリオマネジメントプロセス

7.3.1 概要
7.3.1.1 目的
ISO/IEC/IEEE 15288 に記載されているように，

> [6.2.3.1] ポートフォリオマネジメントプロセスは，組織の戦略目標に合致するために，必要かつ十分で，そして適切なプロジェクトを開始し，そして維持することを目的とする．

ポートフォリオマネジメントはまた，親組織，投資家/資金調達源，および統治団体などの外部の利害関係者に対して，組織の一連のプロジェクト，システム，および技術的投資に関する組織としてのアウトプットを提供する．

7.3.1.2 説明
プロジェクトは，組織のために収入を生み出す製品またはサービスをつくり出す．したがって，成功するプロジェクトの指揮には，資金と資源の適切な割り当て，およびプロジェクトの目標に合致するようにそれらを展開する権限を必要とする．ほとんどのビジネス主体は，十分に定義し，そしてよく監視されたプロセスを用いて財政的資源を管理する．

ポートフォリオマネジメントプロセスはまた，ポートフォリオ内のプロジェクトおよびシステムの進行中に評価を実行する．定期的なアセスメントに基づき，もし以下の特性をプロジェクトがもつならば，正当な継続投資であることが決定される．

- 組織の戦略に貢献している．
- 確立されたゴールの達成に向かって進捗している．
- 組織のプロジェクト指示に準拠している．
- 承認済みの計画に従って実施されている．
- まだ必要とされ，期待に沿った投資利益率を出しているサービスまたは製品を提供する．

このような特性をもたなければ，プロジェクトは見直され，極端な例では中止されるかもしれない．図7.4 はポートフォリオマネジメントプロセスの IPO 図である．

7.3.1.3 入力/出力
ポートフォリオマネジメントプロセスの入力と出力を図 7.4 に示した．各入出力の記述は付録 E に掲載されている．

7.3.1.4 プロセスアクティビティ
ポートフォリオマネジメントプロセスは，次のアクティビティを含む．

- プロジェクトの定義および権限の付与
  - 組織の戦略計画に合致するように，投資機会を特定し，アセスメントし，そして優先度をつける．
  - ビジネス領域計画を確立する．それらを満足する候補プロジェクトを特定するために戦略目標を利用する．
  - プロジェクトの範囲を確定し，プロジェクトマネジメントの説明責任および権限を定義し，そして期待されるプロジェクトの成果を特定する．
  - 主要な特徴および適切な多様性により定義される，プロダクトラインの領域を確定する．
  - 適切な資金および他の資源を割り当てる．
  - 複数プロジェクトが相乗効果を発揮できるインタフェースおよび機会を特定する．
  - 組織の状況報告およびレビューを含む，プロジェクトの統治プロセスを規定する．
  - プロジェクト実行の権限を与える．
- プロジェクトのポートフォリオ評価
  - 継続，見直し，または終了に論理的根拠を与えるために，進行中のプロジェクトを評価する．

7.3 ポートフォリオマネジメントプロセス

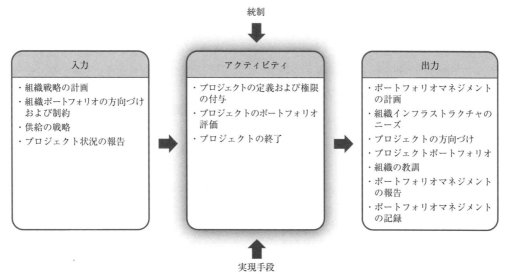

図7.4 ポートフォリオマネジメントプロセスのIPO図。INCOSE SEHの元図はShortellおよびWaldenにより作成された。INCOSEの利用条件の記載に従い利用のこと。

- プロジェクトの終了
  - 完了するか，または終了するように指定されたプロジェクトを，閉じるか，中止するか，または中断する。

一般的なアプローチとヒント：

- ビジネス領域計画を策定するプロセスは，組織が，現在と将来の戦略目標に合致するために，どこで資源に注目する必要があるかをアセスメントすることに役立つ。組織の共同体内の関連する利害関係者からの代表者を含む。
- 投資機会が現われたとき，プロジェクトが受け入れ可能な遂行能力の閾値に対して客観的に評価されるように，測定可能な基準に基づいてそれらに優先順位をつける。
- 期待されるプロジェクトの成果は，客観的な進捗のアセスメントが確実にできるように明確に定義された，測定可能な基準に基づくべきである。マイルストーンごとにアセスメントされる投資情報を規定する。正式なマイルストーンの一つとしてすべての資源がプロジェクト計画で特定されたとおりに利用可能になるまで開始しない。
- 組織のポートフォリオの中で実行中のプロジェクト間の相乗効果を管理するために，プログラムオフィスまたは他の調整組織を確立する。複雑で大規模な組織のアーキテクチャは，複数のインタフェースの管理と調整を要求し，そして投資決定に関して追加的な要望を出す。これらの相互作用は，プロジェクト内部およびプロジェクト間で起こる。
- 異なる顧客が同一の，あるいは類似の（すなわち共通の特徴をもつ）システムを，いくらかのカスタマイズ（すなわち派生）をもって必要とするとき，プロダクトラインアプローチを定める。
- 進行中のプロジェクトの評価には，リスクアセスメント（5.4節参照）を含める。将来，課題を課すことになるリスクを含むプロジェクトは，見直しを要求する可能性がある。組織へ及ぼす不利益またはリスクが投資を上まわるプロジェクトを，中止するかまたは一時的に中断する。
- 進行中のプロジェクトの評価には，機会のアセスメントを含める。プロジェクトの課題へ対処することは，組織にとってよい投資機会となることを意味する場合がある。組織の能力と組織の戦略ゴール，および目標に整合しない機会，あるいは受け入れられないほど大きな技術的リスク，資源への要求，または不確実性を含む機会の追求を避ける。
- プロジェクトの要求に基づいて資源を割り当てる。これを行わない場合，コストとスケジュー

ルの超過リスクが，プロジェクトの品質および遂行能力に負の影響をもたらすかもしれない。
・投資決定およびプロジェクトマネジメントとの意思疎通を直接的にサポートする効果的な統治プロセスを確立する。

7.3.2 詳述
7.3.2.1 ビジネスケースの定義およびビジネス領域計画の策定

ポートフォリオマネジメントは，組織内の金融資産の利用のバランスをとる。組織のマネジメントは一般的に，プロジェクトを推進するために費やされた取り組みに対して有益な見返りがあることが求められる。ビジネスケースと，関連するビジネス領域計画は，要求される資源（例えば人員および資金）およびスケジュールの範囲を確定し，合理的な予測を定める。各統制設計ゲートの重要な要素は，プロジェクトの進行にあわせて，ビジネスケースの現実的なレビューを行うことである。その結果は，ビジネスケースを検証し直すことになるか，または，おそらく書き直すことになる。3.2節で述べたイリジウムの事例は，現実的な観点を保てなくなることの危険性を表している。同様に，世界初の磁気浮上式列車の路線（3.6.3項）を実現するという技術的な勝利にもかかわらず，膨大な初期コストおよび緩慢な投資回収により，権限者たちはもう一つの路線を建設する計画に疑問を呈している。

ビジネスケースは，さまざまな方法で妥当性確認されるであろう。大規模プロジェクトでは，洗練されたエンジニアリングモデル，あるいは主要なシステム要素のプロトタイプさえもが，ビジネスケースの目標に合致し，そして本格的なエンジニアリングおよび製造開発への大量の資源の確約に先立ち，システムが計画どおりに動作することを証明するのに役立つ。非常に複雑なシステムでは，そのような実証が，おそらく開発コストの20%で実行できる。より小規模なプロジェクトでは，合計の投資額が適度なとき，ビジネスケースの仮定の妥当性を証明するために，コンセプトステージ中に概念実証モデルが作成される場合がある。

投資機会がすべて同等とは限らず，そして組織は同時並行的に進めることのできるプロジェクトの数に限りがある。さらにいくつかの投資は，組織全体の戦略計画に十分には沿っていない。こうした理由から，既存の合意および進行中のプロジェクトのポートフォリオに対して機会を評価し，その際，利害関係者要求の達成可能性を考慮する。

7.4 人的資源マネジメントプロセス

7.4.1 概要
7.4.1.1 目的
ISO/IEC/IEEE 15288 に記載されているように，

> [6.2.4.1] 人的資源マネジメントプロセスの目的は，ビジネスニーズに合わせ，組織へ必要な人的資源を提供し，そしてそれらのコンピテンシーを維持することを目的とする。

7.4.1.2 説明
プロジェクトはすべて，それらの目標に合致するために資源を必要とする。このプロセスでは人的資源を取り扱う。ツール，データベース，コミュニケーションシステム，財務システム，および情報技術を含む人的ではない資源は，インフラストラクチャマネジメントプロセスで取り扱われる（7.2節参照）。

プロジェクト計画者は，現在および将来の両方のニーズを予測することで，プロジェクトに必要な資源を決定する。人的資源マネジメントプロセスは，組織マネジメント側がプロジェクトニーズを考え，そして人員を適切に必要に応じて配置する仕組みを提供する。これは，言うにやさしいが，実行するのは言うほどに簡単ではない。不一致を解決しなければならないし，人員をトレーニングしなければならず，そして従業員には休暇および，仕事から離れる時間を得る権利がある。

人的資源をマネジメントする組織は，ニーズを集め，不一致を取り除くように交渉し，そしてそれなくしては何も達成できない人員の提供に責任をもつ。有資格者は無償ではないので，それらのコストも投資の決定に含まれる。図7.5は人的資源マネジメントプロセスのIPO図である。

7.4.1.3 入力/出力
人的資源マネジメントプロセスの入力と出力を図7.5に示した。各入出力の記述は付録Eに掲載されている。

7.4 人的資源マネジメントプロセス

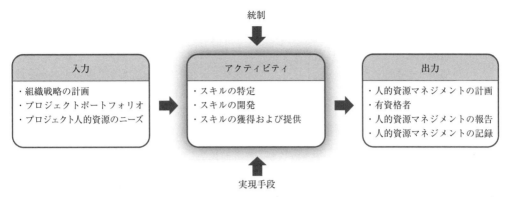

図7.5 人的資源マネジメントプロセスのIPO図。INCOSE SEHの元図はShortellおよびWaldenにより作成された。INCOSEの利用条件の記載に従い利用のこと。

7.4.1.4 プロセスアクティビティ

人的資源マネジメントプロセスは、次のアクティビティを含む。

- スキルの特定
  - 既存の人員のスキルを特定し、「スキル一覧」を確立する。
  - 一連のプロジェクトにわたって必要とされるスキルを決定するため、現在および今後予期されるプロジェクトをレビューする。
  - トレーニングまたは雇用が必要かどうかを決定するため、利用できる人員をスキル要求に照らして、スキルのニーズを評価する。
- スキルの開発
  - 特定されたプロジェクト人員の不足を埋めるため、トレーニングを獲得（または開発）し、そして提供する。
  - キャリアの前進につながる人員割り当てを特定する。
- スキルの獲得および提供
  - すべてのプロジェクトをサポートするために人的資源を提供する。
  - 現在の人員ではスキルニーズを満足できないことが示されたときには、有資格者をトレーニングまたは採用する。
  - 組織全体を通じて人的資源を効果的に割り当てられるようにプロジェクトを横断した意思疎通を維持し、そして将来起こりうる、あるいはすでにある不一致および問題を、解決案とともに特定する。
  - 他の関連する資産が予定される、あるいは必要に応じて獲得される。

一般的なアプローチとヒント：

- 人員の可用性および適切性は、重要なプロジェクトアセスメントの一つであり、改善および報酬の仕組みへのフィードバックを提供する。
- プロジェクトローテーションの頻度を低減し、進歩と達成を認識し、そして成功報酬を与える手段としてIPDT環境の利用を考え、新しく雇用された従業員および学生のためにメンタリングのプログラムを確立する。
- 従業員または臨時スタッフとして組織に加わることに興味のある有能な候補者の供給ルートを維持する。プロジェクトが要求する経験レベル、スキル、対象分野の専門性を備えた人員の募集、トレーニング、そして保有の取り組みに注目する。人員アセスメントでは、再教育、再割り当て、再配置のニーズとともにチーム環境で働くために、熟練度、モチベーション、および能力をレビューするべきである。
- 人員を依頼に基づいて割り当て、そして不一致に折り合いをつける。ゴールは、プロジェクトを計画どおり、および予算どおりに保つため、必要なときに、プロジェクトに人員を供給することである。
- 重要なことは、プロジェクト人員、特に専門スキルをもった人員が、過度なかかわりをしないようにすることである。
- スキル一覧とキャリア開発計画は、エンジニアリングおよびプロジェクトマネジメントによっ

て妥当性を確認できる重要な文書資料である。
- 有資格者および他の人的資源を，臨時に雇う場合があり，組織戦略に従って内部に求めるか，あるいは外部委託することがある。
- 新しい考えに遅れないようにし，そして組織へ新しい才能を引きつける手段として，外部のネットワークに参加することを人員に奨励する。
- プロジェクトの要望によって逸脱することのない組織のキャリア開発プログラムを保守する。すべての人員が定期的にトレーニングまたは教育上の利益を受けられるという方針を策定する。これには，大学および大学院の研究，社内のトレーニングコース，認定，チュートリアル，ワークショップ，およびカンファレンスを含む。
- 組織の方針および手続きとシステムライフサイクルプロセスに関するトレーニングを忘れずに提供する。
- 現在および将来の組織ニーズに応える資源を保守し，追跡し，割り当て，そして改善することを有効にするサポートシステムおよびサービスを備えた資源マネジメント情報インフラストラクチャを確立する。50人を超える組織には，コンピュータに基づく人的資源の割り当ておよびその他のシステムが推奨される。
- スキルのあるエンジニア，技術者，管理者，および運用の専門家が不足するのを避けるため，必要な人員の獲得およびトレーニングにプロジェクト開始時の余裕時間を用いる。
- 市場のトレンドは，プロジェクトチームの構成およびサポート用IT環境の変更を示唆することがある。
- あらゆる組織プロセスは，政府および会社の法律と法令への強制的な遵守を要求する。
- 従業員の人事考課は定期的に行われるべきであり，キャリア開発計画は管理され，そして従業員および組織の両方の目標に合わせられるべきである。キャリア開発計画は，組織内の従業員のキャリア管理を支援する仕組みを提供するために，レビューされ，追跡され，そして詳細化されるべきである。

7.4.2 詳述
7.4.2.1 人的資源マネジメントのコンセプト

人的資源マネジメントプロセスは，一連の組織のプロジェクトによって要求される人員を維持および管理する。人的資源マネジメントとは，有資格者を，必要とされる時と場所で効果的および効率的に配置することである。効率とロバスト性との間にバランスを見つけるべきである。人的資源マネジメントは，さまざまな資源の需要と供給の将来予測に強く依存する。

このプロセスの主目的は，組織へ有資格者の予備要員を提供することである。これは以下の要因によって複雑になる。要求の出所の数，他のインフラストラクチャ要素（例えばコンピュータツール）に対する労働者の予備要員のスキルバランスをとる必要性，個々のプロジェクトの予算と資源コストとのバランスを維持する必要性，スキル一覧に影響を及ぼす可能性のある新規の，あるいは修正された方針および手順を通知しつづける必要性，および無数の未知なこと。

プロジェクトマネジャーは，より大きな組織の予備要員の中で希少な才能を求めて競う人材資源の課題に直面する。プロジェクトマネジャーは，特別な研究で必要とする専門家へのアクセスと，暗黙知およびプロジェクトの記憶を備えたプロジェクトチーム内の安定性との間でバランスをとらねばならない。今日のプロジェクトはチームワークおよび好ましくは学際的なチームに依存する。そのようなチームは，チームメンバー間で直接コミュニケーションをとることにより，プロジェクトの課題をすばやく解決できる。学際的な観点がプロセスの早い段階でとらえられるので，そのようなチーム内でのコミュニケーションは，意思決定のサイクルを短縮し，そして改善された決定により帰着しやすい。

7.5 品質管理プロセス

7.5.1 概要
7.5.1.1 目的
ISO/IEC/IEEE 15288に記載されているように，

> [6.2.5.1] 品質管理プロセスは，品質管理プロセスの製品，サービス，および実装が，組織およびプロジェク

7.5 品質管理プロセス

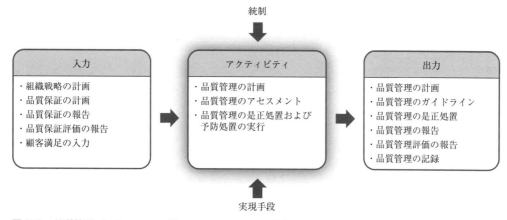

図7.6 品質管理プロセスのIPO図。INCOSE SEHの元図はShortellおよびWaldenにより作成された。INCOSEの利用条件の記載に従い利用のこと。

トの品質目標を満足し，そして顧客満足を達成することを保証することを目的とする。

7.5.1.2 説明

品質管理プロセスは，顧客満足に向けた組織のゴールを可視化する。どんなプロジェクトでも，時間，コスト，そして品質が主要な駆動源であるので，品質管理プロセスを組み入れることはあらゆる組織にとって重要である。システムライフサイクルプロセスの多くは品質の問題に関係があり，これは，組織内でこれらのプロセスを確立するための時間，資金，そしてエネルギーを投入することを正当化する理由の一部である。このハンドブックを適用することは，品質に関する規律を組織に導入するアプローチの一つである。

品質管理プロセスは，顧客満足と組織のゴールおよび目標への重点的な取り組みを，確立し，実装し，そして継続的に改善する。品質を管理することは，利益をもたらすが，同時にコストも要する。品質管理に要求される取り組みおよび時間は，そのプロセスから得られる総合的価値を上まわるべきではない。図7.6は品質管理プロセス用のIPO図である。

7.5.1.3 入力/出力

品質管理プロセスの入力と出力を図7.6に示した。各入出力の記述は付録Eに掲載されている。

7.5.1.4 プロセスアクティビティ

品質管理プロセスは，次のアクティビティを含む。

- 品質管理の計画
  - 組織の戦略計画と一致する品質ガイドラインを特定し，アセスメントし，そして優先順位をつける。品質管理ガイドラインとなる方針，標準，そして手順を確立する。
  - 組織およびプロジェクトの品質管理のゴールと目標を確立する。
  - 組織およびプロジェクトの品質管理の責任と権限を確立する。
- 品質管理のアセスメント
  - プロジェクトアセスメントを評価する。
  - 要求および目標に準拠することに対する顧客満足度をアセスメントする。
  - 品質管理ガイドラインを継続的に改善する。
- 品質管理の是正処置および予防処置の実行
  - 指示があれば，適切な処置を推奨する。
  - 組織内および利害関係者との開かれた意思疎通を維持する。

一般的なアプローチとヒント：

- 品質とは日々中心に考えるべきことであり，後からの思いつきではない！
- 品質の方針，ミッション，戦略，ゴール，および目標を含む戦略文書資料が，品質の影響，要求，および解決策の分析と総合のために欠かせない入力を提供する。既存の合意はまた，組織内で品質へ払うべき注意の適切なレベルに関する方向づけを与える。
- 品質に対するマネジメント側の約束が組織の戦略計画に反映され，他も従うことになる。組織の誰もが品質方針を知っているべきである。

- 重要な情報をもつ品質管理イントラネットおよび情報データベースを開発することにより，産業のトレンド，研究で発見したこと，および他の関連情報と同様に，一貫したガイドラインの普及および関連トピックを発表するための効果的な仕組みを提供する。これが，品質管理ガイドラインに関して継続的に意思疎通をするための単一の接点となり，そして価値のあるフィードバックの収集および組織トレンドの特定を促進する。
- プロセス監査，テストおよび評価，製品不具合報告，顧客満足の監視，事故およびインシデントの報告，そして製品項目への変更実施（例えば，製品および/または製造ラインのリコール）から得られた統計データを分析する。
- 品質管理は大仕事であり，そして大量の標準，方法，および技法が組織を支援するために存在している。ISO 9000 シリーズ，総合的品質管理（TQM），およびシックスシグマ（統計的プロセスコントロール）（Brenner, 2006）がそこに含まれる。ISO 9001（2008）によれば，品質とは「顧客および関心のある団体の要求を満足する製品，システムまたはプロセスがもつ一連の固有特性の能力」である。
- 成功に導く戦略は，要求不満足の防止を第一の手段として，顧客満足の達成を狙うことである。理想的には，顧客満足は要求への準拠に関連づけられる。プロセスが機能していない2つのケースは，①プロジェクトは品質管理プロセスに従っているのに顧客が満足していない状況，あるいは，②プロジェクトが品質管理プロセスに従っていないのに顧客は満足している状況である。
- 適時に意志決定できるトップマネジメントの一貫した関与および約束は，品質プログラムには必須である。これはプロジェクト監査員の配置およびトレーニングに反映される。
- プロジェクトアセスメントは，プロジェクトチームの遂行能力および品質成果に向けた進捗状況を判断するための評価ができる測定を含む。
- プロジェクト特有の品質計画をテーラリングする動向は，組織全体のガイドラインの潜在的な改善点を明確に指し示す。
- このプロセスで作業をする人々のチームはまた，ISO 標準および他の資源が富んでいることに気づくであろう。
- 品質プログラムは，プロジェクトによって対処されない発見/課題をシニアマネジメントへ上げられるように，エスカレーションの仕組みを備えるべきである。プロジェクトは，スケジュール/資源の制約下にあり，そして品質に関する発見には常に応じられないかもしれない。これらの状況では，これをシニアマネジメントへ上げる仕組みが必要となる。これにより，影響を受ける可能性のあることの注意を彼らに与え，そして彼らがどのように進めるかを決断することを支援する。

7.5.2　詳述
7.5.2.1　品質管理のコンセプト

品質管理の目的は，組織の内にある，究極的にはビジネス業績の改善につながるさまざまなプロセスを改善および統制するために必要な方針および手順の概要をまとめることである。

品質管理の主目的は，利害関係者の期待に応え，あるいは期待を上まわる最終結果をつくり出すことである。例えば，品質システムプログラムを用いて，製造者は，安全で効果的な製品をつくり出すための，製品のタイプまたはファミリーごとの要求を確立する。この目標を満たすために，製造者は，品質システム要求を満足する装置を，設計，製造，配布，サービスし，そして文書にするための方法および手順を確立する。品質管理はV&Vプロセスと密接に関係する。

品質保証（QA）は一般に，失敗試験，統計的コントロール，および総合的品質コントロールのような活動と関連している。多くの組織がシックスシグマレベルの品質を達成するための手段の一つとして，統計的プロセスコントロールを利用している。昔ながらの統計的プロセスコントロールは，許容値内のばらつきに照らして，出力のごく一部を試験するため，無作為抽出を用いる。これらが見つかれば，不良品をより多く製造してしまう前に，製造プロセスが是正される。

品質の専門家（Crosby, 1979；Juran, 1974）は，品質が計測できないならば，それを体系的に改善するこ

とはできないと判断した。アセスメントは，遂行能力の監視，途中の是正，問題の診断，および改善機会の特定に必要なフィードバックを提供する。品質保証の管理に広く使われるパラダイムは，plan-do-check-actionアプローチである。これは，Shewhartサイクル（Shewhart, 1939）としても知られている。

品質のパイオニアW. Edwards Demingは，ユーザのニーズを満足することが品質基準の定義を代表するということ，そして組織の全員が「恒常的および継続的な」品質改善にアクティブに参加すること，すなわち「good enough isn't（十分ということはない）」（Deming, 1986）という考えに対して約束することが必要であるということを強調した。彼の助言は，製造後の品質の検査を行うことから，組織プロセスの中へ品質への関心を組み込むことへの転換をもたらした。例として，1981年にFordが，よい労働者を獲得し，そして彼らに対して質の高いトレーニング，設備，装置，および原料でサポートする以上のことを意味する「Quality is Job 1」キャンペーンを開始した。品質を「仕事」の一つとして特徴づけることで，組織の全員が，あらゆる製品と顧客のために，品質およびその改善に関心をもつように動機づけられた（Scholtes, 1988）。

総合的品質コントロールは，利害関係者/顧客が本当に望んでいるものの理解を扱う。もし，もとのニーズの記述が，関連する品質要求を反映したものでないならば，そのときには品質を検査することも，製品の中につくり込むこともできない。例えば，オレスンド橋コンソーシアムは，橋の材料および寸法の要求だけではなく，運用，環境，安全，信頼性，そして保守性の要求も取り入れた。

製品認証とは，ある製品が性能試験または品質保証（QA）試験，あるいは建築法規および国内で認定された試験基準のように法令で定められた資格要求を合格したこと，あるいは品質要求または最小限の性能要求を統制する一連の法令に適合していることを，認証するプロセスである。今日，医療機器製造者は，彼らの品質システムを開発する場合によい判断をし，そして彼らがつくる具体的な製品および運用に適用しうる「食品医薬品安全庁品質システム法令」の該当部分を適用するように指示を受けている。法令21-CFR-820.5は，1996年の発行以来，継続的に更新されている。そのため，Therac-25プロジェクト（3.6.1項参照）の過ちを繰り返すことはないはずである。

7.6 知識マネジメントプロセス

7.6.1 概要
7.6.1.1 目的
ISO/IEC/IEEE 15288に記載されているように，

> 知識マネジメントプロセスは，組織が，現存する知識を再適用する機会を活用するための，能力および資産をつくり出すことを目的とする。

7.6.1.2 説明

知識マネジメント（KM）は，システムズエンジニアリングとプロジェクトマネジメントの境界を越える広範な領域にわたるものであり，そしてそれに注目する専門団体が多数ある。KMは，対象とする利害関係者のグループにわたる知識の特定，把握，創出，表現，普及，および交換を含む。それは，個人の，および/または組織のグループの洞察および経験から引き出される。知識は，形式知（しばしば文書化され，そして簡単に意思疎通された，知識の意識的な実現）および暗黙知（個人の中に意識的実現ではない方法で内在化されたもの）の両方を含み，そして個人から（経験を通じて）あるいは組織から（プロセス，実践，そして教訓を通じて）もたらされうる（Alavi and Leidner, 1999；Roedler, 2010）。

組織内では一般的に，形式知が，トレーニング，プロセス，実践，方法，方針，および手順の中に取り込まれる。対照的に，暗黙知は組織の個人の中にあり，もしその知識を組織内へ受け渡そうとするならば，それを特定し，そして獲得するための専門的技術が必要となる。

KMの取り組みは，典型的に，改善された遂行能力，競争的優位，イノベーション，教訓の共有，統合，および組織の継続的改善の，組織目標に注目する（Gupta and Sharma, 2004）。したがって，組織がフレームワーク，資産，そしてKMをサポートするインフラストラクチャの構築を含むKMアプローチを採用することは，一般的にいって有利なことである。

KMを利用できるようにする動機は，次のものを含む。

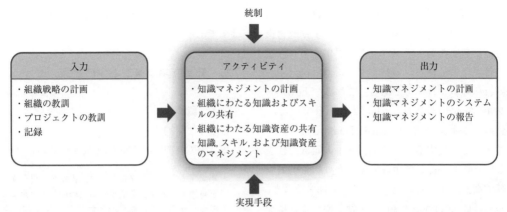

図 7.7 知識マネジメントプロセスの IPO 図。INCOSE SEH の元図は Shortell および Walden により作成された。INCOSE の利用条件の記載に従い利用のこと。

- 組織横断的な情報共有。
- 正しいタイミングで必要な情報をもっていないことによって生じる余計な仕事を削減すること。
- 「わかり切ったことを最初からやり直さない」ようにすること。
- ベストプラクティスに焦点をしぼりトレーニングを促進すること。
- 引退および人員削減により「外に出る」知識を獲得すること。

このリストの最後の項目は，われわれがシステムズエンジニアの供給が減るのを目の当たりにするとき，主要な懸念となる。経験を積んだシステムズエンジニアが引退する割合が増加するにつれ，そのままでは失ってしまう暗黙知を獲得し，そしてその知識を成長中のシステムズエンジニアが利用できるようにすることがますます重要になっている。

このハンドブックでは，KM を，組織のプロジェクトを有効にする観点から見る。すなわち，どのように組織がプログラムまたはプロジェクトの環境を，KM システムの資源を用いてサポートするかということである。プロジェクトに提供されるサポートは，次を含むいくつかの方法に基づいている。

- 技術の専門家から得られた知識
- 以前の同類のプロジェクトから得られた教訓
- プロジェクトで再利用可能な領域のエンジニアリング情報。例えばプロダクトラインの一部またはシステムのファミリー
- 共通して遭遇するアーキテクチャまたはデザインパターン
- SOI に適用可能な，他の再利用可能な資産

図 7.7 は知識マネジメントプロセスの IPO 図である。

7.6.1.3　入力/出力

知識マネジメントプロセスの入力と出力を図 7.7 に示した。各入出力の記述は付録 E に掲載されている。

7.6.1.4　プロセスアクティビティ

知識マネジメントプロセスは，次のアクティビティを含む。

- 知識マネジメントの計画
    - 組織内の組織とプロジェクトが，どのように相互作用して適切な知識レベルを確保し，有用な知識資産を提供するのかを定義するための KM 戦略を確立する。これは，費用対効果の高い方法で行われる必要があるため，その取り組みに優先順位をつける必要がある。
    - KM 戦略の範囲を確定する。組織およびプロジェクトは，獲得し，そして管理するべき具体的な知識情報を特定する必要がある。
    - 知識マネジメントプロセスに従うプロジェクトを確立する。もし知識資産が利用されない場合，その取り組みは無駄になる。知識資産から利益を得られるプロジェクトがないのであれば，それはおそらく考慮されるべきではない。
- 組織にわたる知識およびスキルの共有
    - 戦略ごとに，知識およびスキルを獲得し，維

持し，そして共有する。
- 資産を容易に特定し，アクセスする仕組みと，プロジェクトでの用途を考慮して，適用可能性のレベルを決定する仕組みとを含むように，インフラストラクチャは確立されるべきである。
- 組織にわたる知識資産の共有
  - 知識の再適用のために分類法を確立する。
  - 領域モデルおよび領域アーキテクチャ表現を確立する。この意図は，確実に領域を理解し，共通のシステム要素およびその表現の機会を特定し，そして管理することに役立てるためにある。共通のシステム要素には，例えばアーキテクチャ，デザインパターン，参照アーキテクチャ，または共通の要求がある。
  - 領域に適用可能な知識資産（システムおよびソフトウェア資産を含む）を定義または取得する。そして，それらを組織にわたって共有する。システムおよびシステム要素が技術プロセスで定義されるとき，それらの定義を表す情報項目が獲得され，そして領域の知識資産として，含まれるべきである。
- 知識，スキル，および知識資産のマネジメント
  - 領域，システムのファミリー，あるいはプロダクトラインの変更に応じて，その関連する知識資産が最新の情報を反映するように，確実に改定され，あるいは置き換えられる。加えて，関連する領域モデルおよびアーキテクチャもまた，場合によっては改定される必要がある。
  - 知識資産がどこで利用されているのかをアセスメントし，そして追跡する。このことは，固有の資産の有用性の理解を助け，同様に，それらが適用可能なところへ適用されているかどうかを判断する。
  - 知識資産が，適用可能な場合に，技術の進歩を反映しているかどうか，そしてそれらが市場のトレンドおよびニーズとともに進化しつづけているかどうかを判断する。

一般的なアプローチとヒント：

- KM のための計画は，以下を含む場合がある。
  - 有益なライフサイクルのために，知識資産を取得し，維持する計画
  - ユーザが使いやすいように資産を分類するスキームに沿って収集され，維持される資産タイプの特徴づけ
  - 知識資産を受け入れ，適格さを与え，そして運用から退かせる基準
  - 知識資産への変更を統制するための手続き
  - 知識資産を蓄積および引き出すための仕組み
- ある領域についての理解を進める際，システム要素の共通部分（例えば，特徴，能力，または機能）との差異または変化を特定し，管理することが重要である（共通のシステム要素が，具体的なシステムに依存し，異なるパラメータをもつ場合を含む）。領域の表現には次を含むべきである。
  - 境界の定義
  - その領域と他の領域との関係
  - 変化の範囲にわたる感度分析を考慮に入れた共通部分と差異部分を組み込んだ領域モデル
  - その領域内のシステムのファミリーまたはプロダクトラインのアーキテクチャ。そこには共通部分と差異部分を含む。

7.6.2 詳述
7.6.2.1 一般的な KM の実装

KM は将来，組織にわたって利用できるように組織，プロジェクト，および個人の知識を獲得することに焦点をしぼっているので，プロジェクト人員を新しい役割へ異動させる前に，プロジェクト終了時の教訓を獲得することが重要である。効果的な知識マネジメントプロセスには，最後の時点で一片を集めようとするよりも，プロジェクトの期間にわたって関連する情報を把握する知識獲得の仕組みがある。これには，プロダクトラインまたはシステムのファミリーの一部であるシステムと，そして再利用できるように設計されたシステム要素を特定することを含む。これらのシステムおよびシステム要素に対して最初に，KM システムは，その領域のエンジニアリングの成果物を，将来の利用を促進するやり方で把握する必要がある。続いて，KM システムは，領域のエンジニアリングの情報を提供し，そしてあらゆる変化，技術の更新，および教訓も把握する必要がある。組織にとって重要な課題には次のものが

ある。

- 領域のエンジニアリングおよび資産の保全のためのKM活動の定義および計画。これには領域のエンジニアリングのプロダクトラインまたはシステムファミリー、および再利用可能な資産の保全に専従するタスクを含む。
- アーキテクチャ管理のKMシステムへの統合。フレームワーク、アーキテクチャの再利用、アーキテクチャ参照モデル、アーキテクチャパターン、プラットフォームベースドエンジニアリング、およびプロダクトラインアーキテクチャを含む。
- 収集され維持される資産のタイプの特徴。利用者が、適用可能な資産を見つけ出す効果的な手段を含む。
- 資産の品質および妥当性の判断

7.6.2.2 再利用に潜在する課題

再利用には深刻な落とし穴がある。特に、市販品および開発を必要としないアイテム（NDI）要素に関してである。

- 新規のシステムまたはシステム要素の要求、および運用上の特性は、先例とまったく同じであるか。落とし穴：先例では、異なる使い方、環境、または性能レベルに対して意図されていた、あるいは、コンセプトのみで、構築されたことがなかった。
- 先例となるシステムまたはシステム要素で、正しく動作をしたか。落とし穴：完璧に動作はしたが、新しい適用は、適格さの範囲外にある（例えば、高速度で競うレースに標準的な自動車を用いる）。
- 新規のシステムまたはシステム要素は、先例と同一の環境で動作しようとしているか。落とし穴：確かではないが、検討している時間がない。あるNASAの火星探査機は、開発チームが地球の軌道にある衛星で成功したものとまったく同じラジエーターの設計を使ったために、失われてしまった。その火星探査ミッションが失敗したとき、そのチームは、地球の軌道の環境が宇宙空間にあるものの、深い宇宙空間でのミッションと異なるということを悟った。
- システム/システム要素が、定義および理解されているか（すなわち、要求、制約、運用シナリオなど）。落とし穴：開発チームは、解決策を再利用する場合（特に市販品の場合に）、システムの定義を十分にする必要がないとあまりにも頻繁に仮定してしまう。それによる問題がシステム統合段階まで現れない場合があり、大きなコストおよびスケジュールの変動を引き起こすことになる。
- その解決策は、再利用が検討された場合に、創発的な要求/振る舞いをもつだろうか。落とし穴：過去にうまくいった解決策が、解決策の進化を考えることなく再利用された。もし市販品が利用されるのならば、創発的な要求に合わせて適応あるいは修正する方法はないかもしれない。

十分に定義されたプロセスおよびエンジニアリングの規律をあわせもち、適切に機能しているKMは、これらの問題の回避に役立てることができる。

第8章

システムズエンジニアリングのテーラリングプロセスおよび適用

　標準およびハンドブックは、ある組織および/またはプロジェクトに完全に適合する場合とそうではない場合のライフサイクルモデルおよびシステムズエンジニアリング（SE）プロセスに対処している。ほとんどの場合、それを目の前の状況に適応させるための推奨を伴う。

　テーラリングの背後にある原則は、システムライフサイクルの活動が許容可能なレベルのリスクで実行できるように、プロセスの厳格さのレベルが調整されてプロジェクトのニーズを満たしていることを保証することである。テーラリングは、厳格な適用を必要に応じて適切なレベルに調整する。ライフサイクルモデルは、第3章で述べたとおりにテーラリングすることがある。ここで述べるように、プロセスはテーラリングされることがある。すべてのプロセスはすべてのステージに適合し、テーラリングは各ステージに適合するプロセスのレベルを決定する。そして、そのレベルはゼロにはならない。各ステージの各プロセスには常にいくつかのアクティビティがある。

　図8.1は、コストとスケジュールの超過リスクに対する形式的なプロセスのバランスをとった概念的な図である（Salter, 2003）。不十分なシステムズエンジニアリングの取り組みは一般的に高いリスクを伴う。しかし、図8.1に示したように、形式的なプロセスが多すぎると、リスクが高くなる。過度の厳格さ、不必要なプロセスアクティビティまたはタスクが実施された場合、増加したコストとスケジュールの影響により、付加価値はまったくないか、またはわずかとなる。テーラリングは、リスクと状況の環境に応じてシステムのライフサイクル全体にわたって動的に行われ、必要に応じて継続的に監視および調整する必要がある。

　ISO/IEC/IEEE 15288については、プロセステー

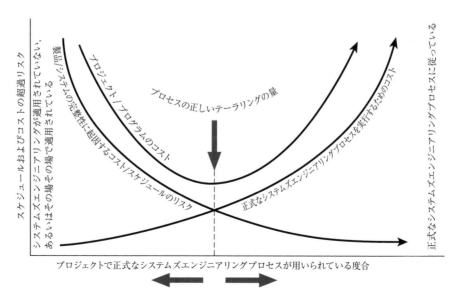

図8.1　テーラリングはリスクおよびプロセスのバランスを要求する。INCOSE SEH の元図は Michael Krueger によって作成された。出典：Ken Salter。INCOSE 利用条件の記載に従い利用のこと。

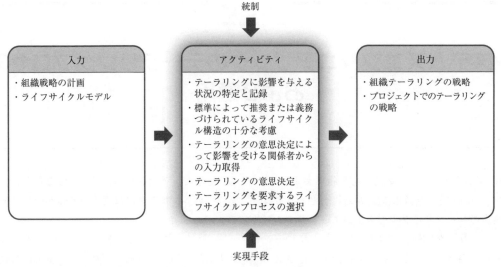

図 8.2 テーラリングプロセスの IPO 図。INCOSE SEH の元図は Shortell および Walden により作成された。INCOSE の利用条件の記載に従い利用のこと。

ラリングは，プロセスを用いて組織またはプロジェクトの特定の状況または要因を充足するためにプロセスを削除または適応させることである。ISO/IEC/IEEE 15288 のテーラリングは，不必要または根拠のないプロセス要素の削除に焦点を当てる一方，追加や変更も可能である。

この章では，組織およびプロジェクトのニーズに合致させるため，ライフサイクルモデルおよびシステムズエンジニアリングプロセスをテーラリングするプロセスについて述べる。適応およびテーラリングのさらなる情報については，ISO/IEC TR 24748-1（2010）および ISO/IEC TR 24748-2（2010）を参照されたい。この章では，さまざまな製品セクタと領域，プロダクトライン，サービス，エンタープライズ，および VSMEs でのシステムズエンジニアリングプロセスの適用についても述べる。

8.1 テーラリングプロセス

8.1.1 概要

8.1.1.1 目的

ISO/IEC/IEEE 15288 に記載されているように，

［A.2.1］テーラリングプロセスは，特定の状況または要因を充足するように，ISO/IEC/IEEE 15288 のプロセスを適応させることを目的とする。

8.1.1.2 説明

組織レベルでは，テーラリングプロセスは，組織のニーズを満たすために組織プロセスに照らして外部標準を適応させる。プロジェクトレベルでは，テーラリングプロセスはプロジェクトの固有のニーズのために組織プロセスを適応させる。図 8.2 はテーラリングプロセスの IPO 図である。

8.1.1.3 入力/出力

テーラリングプロセスの入力と出力を図 8.2 に示した。各入出力の記述は付録 E に掲載されている。

8.1.1.4 プロセスアクティビティ

テーラリングプロセスは，次のアクティビティを含む。

- テーラリングに影響を与える状況の特定と記録
  - 各ステージのテーラリング基準を特定する。各ステージに適合するプロセスレベルを決定するために基準を設定する。
- 標準によって推奨または義務づけられているライフサイクル構造の十分な考慮
- テーラリングの意思決定によって影響を受ける関係者からの入力の取得
  - コスト，スケジュール，およびリスクに関連するプロセスを判定する。
  - システムの完整性に関連するプロセスを判定する。

8.1 テーラリングプロセス

- 必要な文書資料の品質を判定する。
- レビュー，調整，および意思決定の方法の影響範囲を判定する。
・テーラリングの意思決定
・テーラリングを要求するライフサイクルプロセスの選択
- テーラリングを越えてプロセスが組織またはプロジェクトのニーズを満たすために必要な他の変更を決定する（例えば，追加の成果，アクティビティ，またはタスク）。

一般的なアプローチとヒント：

・不要な結果，アクティビティ，およびタスクを取り除き，追加的なものを加える。
・事実に基づいて意思決定を行い，独立した機関の承認を得る。
・意思決定マネジメントプロセスを用いて，テーラリングの意思決定を支援する。
・各ステージで少なくとも1回はテーラリングを実行する。
・システムライフサイクルステージの環境に基づいてテーラリングを推進する。
・組織間の合意に基づいてテーラリングを制約する。
・利害関係者，顧客，組織の政策，目的，法的要求への順守の課題に基づいてテーラリングの範囲を統制する。
・調達の方法または知的財産に基づいて，合意プロセスアクティビティのテーラリングの範囲は左右される。
・信用のレベルが関係者間で構築されることにより，余計なアクティビティを取り除く。
・テーラリングプロセスの最後に，一連の形式的なプロセスと成果/アクティビティ/タスクを特定する。これには次のものが含まれるが，以下に限定されない。
  - 文書化された一連のテーラリングされたプロセス
  - 要求されているシステム文書の特定
  - 特定されたレビュー
  - 意思決定の方法と基準
  - 用いられる分析アプローチ
・形式的なプロセスの利用を最適化するためにライフサイクル全体に合わせてテーラリングするための前提と基準を特定する。

8.1.2 詳述

8.1.2.1 組織的なテーラリング

新規または更新された外部標準を組織にいかに取り込むかを熟考するときは，以下を考慮する必要がある（Walden, 2007）。

・組織の理解
・新しい標準の理解
・標準の組織への適応（その逆ではない）
・「適切な」レベルでの標準の順守の制度化
・テーラリングの考慮

8.1.2.2 プロジェクトのテーラリング

プロジェクトのテーラリングは，プログラムおよびプロジェクトを通じて実施される作業に特に適合する。プロジェクトレベルでのテーラリングに影響を与える要因は，以下を含む。

・利害関係者と顧客（利害関係者の数，仕事上の関係の質など）
・プロジェクトの予算，スケジュール，および要求
・リスクの許容範囲
・システムの複雑さ，および優位さ

今日のシステムは，より頻繁に連帯して，多くの異なる組織によって開発されている。協力は，あらゆる組織の境界を越えなければならない。一連の一貫性のあるプロセスと標準に従うことに合意することにより，しばしば複数の供給者間の調和が最もよく保持される。一連の実践に関するコンセンサスは役立つが，テーラリングプロセスを複雑にする。

8.1.2.3 テーラリングの落とし穴

テーラリングプロセスの一般的な落とし穴には次のものが含まれるが，これに限定されない。

・テーラリングプロセスを繰り返さずに，別のシステムでテーラリングされたベースラインを再利用する。
・すべてのプロセスとアクティビティを「念のために」用いる。
・あらかじめ決められテーラリングされたベースラインを用いる。

・関係のある利害関係者を含め損ねる。

8.2　特定の製品セクタまたは領域適用のためのテーラリング

システムズエンジニアリングの規律は，あらゆるサイズおよびタイプのシステムに適用できる。しかしながら，それはすべてのシステムで同じように無分別に適用するべきであるという意味ではない。同じシステムズエンジニアリングの基本が適用されても，成功するためには，異なる領域は異なる点を強調する必要がある。

この節は，異なる領域にシステムズエンジニアリングを適用することに関心を向ける人にとっての出発点となる。この節の目的は，システムズエンジニアリングのコンセプトを新しい分野に導入する方法に関するガイダンスを提供することである。一例として，このガイダンスの読者は，すでにその分野で働いてシステムズエンジニアリングを促進したいシステムズエンジニアリング推進派の場合がある。

領域はアルファベット順に列挙されており，包括的なものではない。さらに，これらの適用でシステムズエンジニアリングの進化の成熟度を認識する必要がある。以下には実践の現状の把握の記述があるが，このハンドブックを読み，用いるときの状況を必ずしも代表するものではない。

8.2.1　自動車システム

システムズエンジニアリングは伝統的に，比較的長いライフサイクルと少量の生産量で，大規模で複雑なシステムを開発し，販売する産業で適用され成功を収めてきた。対照的に，自動車産業は，120年以上にわたってきわめて多様性のある大量の消費者製品を製造しており，かなりの成功を収めている。コスト主導の産業である自動車セクタは，費用対効果と部品およびエンジニアリング成果物の大規模な再利用を恒久的に追求するという特徴がある。

現代の商用車は，比較的短期間で製造される複雑なハイテク製品となっている。産業の関係者によって通常指摘される複雑さをもたらす要因は次のとおりである。

・ソフトウェア，エレクトロニクス，およびメカトロニクス技術によってサポートされる車両機能性の数が増加している。
・安全制約が増加している。
・大気汚染および化石燃料の備蓄の減少などの周辺環境の制約増加で，車両パワートレインの一部または全体の電動化が進んでいる。
・新興国のグローバリゼーションと自動車市場の成長が製品の定義に大きな変化をもたらし，世界的な自動車生産の異なる再分割を誘導している。
・「高度なモビリティサービス」「スマートシティとスマート交通システム」および自動運転車などの新しいトレンドが，伝統的な自動車製品の目的とスコープの変化を誘導している。

自動車産業に関与するほとんどのエンジニアリング専門分野および領域に特化した標準は，国際標準に従う。自動車関連のいくつかの重要な規格，協会，およびシステムズエンジニアリング標準を表8.1に示す。これらの標準は通常，特定の車両システムまたは製品の特定の側面のための特性，測定手順，またはテスト手順を定義し，地域ごとの機関によって規制を確立するためにしばしば適応される。

自動車業界の認証手続きは，航空宇宙のような他のセクタで適用されている手続きとは大きく異なる点に注意する必要があるが，自動車の標準は通常，製品の適合認定または「認証」目的で用いられる。通常，これらの標準のスコープは，製品または製造プロセスのいずれかであり，各車両システムに特定の規制が定められている。このタイプの規格の一つの顕著な例外は，機能安全規格 ISO 26262（2011）である。これは，完全な「安全ライフサイクル」を取り扱い，安全リスクの体系的かつトレースができる専門的技能を伴ったアクティビティおよび作業成果物を定義している。

いくつかの自動車組織では，ごく最近になって規律としてのシステムズエンジニアリングの展開が始まった。1990年代半ばから2000年代前半にかけては，主に前述の課題への対応であった。システムズエンジニアリングに興味を示した組織は，システムズアプローチを適用することによってこれらの課題の大半にてこ入れできることに同意しているが，システムズエンジニアリングは産業界ではまだ標準的

8.2 特定の製品セクタまたは領域適用のためのテーラリング

表 8.1 標準化関連団体および自動車規格

組織/標準	説明
SAE インターナショナル（以前は米国自動車技術会）	自動車産業の技術標準の策定を調整する主な組織の一つ。現在，SAE インターナショナルは，自動車，航空宇宙，商用車両などの運輸産業に主に重点を置いているさまざまな産業のエンジニアリングの専門家のための世界的に活発な専門団体および標準化機構
日本自動車技術会（JSAE）	SAE インターナショナルに類似した日本の自動車に関する標準を定める組織
自動化および測定システムの国際標準化団体（ASAM）	メンバーが主に国際的な自動車メーカー，サプライヤー，および自動車産業のエンジニアリングサービス提供者であるドイツの法律にもとづいた社団法人。ASAM の標準は，自動車の電子制御ユニットの開発とテストに用いるプロトコル，データモデル，ファイル書式，およびアプリケーションプログラミングインタフェース（APIs）を定義する。
自動車オープンシステムアーキテクチャ AUTOSAR	自動車メーカー，サプライヤー，およびツール開発者によって共同開発されたオープンで標準化された自動車ソフトウェアアーキテクチャ。重要な目標の一部には，基本的なシステム機能の標準化，さまざまな異なる車両およびプラットフォームへの拡張性，ネットワーク全体の転送性，複数のサプライヤーに基づく統合，保守性を含む。
GENIVI Alliance	自動車の車載インフォテインメント（IVI；in-vechicle infortainment）産業で世界的に競争力のある Linux ベースのオペレーティングシステム，ミドルウェア，プラットフォームを確立することを目標とする非営利コンソーシアム。GENIVI の仕様は，製品ライフサイクル全体と，車両のライフサイクルにわたるソフトウェアのアップデートとアップグレードに対応している。
ISO/TS 16949	自動車生産および関連する保守部品の組織に ISO 9001 品質管理システムを適用するための要求の国際標準
IEC 62196	IEC（国際電気標準会議）により維持されている電気自動車用の電源コネクターおよび充電モードの一連の国際標準

に実践されていない。

システムズエンジニアリングの適用は，自動車産業の中で製品を開発および販売するために強制されていない。システムズエンジニアリングの効果的なグローバルな業界全体の実現が求められている文化的および組織的な変化が起こり始めている。

自動車産業は，レガシーなエンジニアリング成果物（要求，アーキテクチャ，妥当性確認の計画）およびシステム構成要素（システム，システム要素，部品）の大規模な再利用と，巨大なプロダクトライン（車両，システム，および部品レベル）によって特徴づけられ，これらのプロダクトラインの効率的なマネジメントに関連した高い利害関係を有している。

自動車産業にシステムズエンジニアリングを適用する場合，これらの特異性を考慮する必要がある。自動車領域向けに適応したシステムズエンジニアリングプロセスは，製品駆動型と利害関係者駆動/要求駆動型のアプローチの理想的な組合せにする必要がある。前者のタイプのアプローチは，「古典的」車両システムに対してはより重要になり，そして典型的な派生マネジメント技術（製品誘導または構成）に基づく。後者のタイプのアプローチは，革新的なシステムおよび「非伝統的」車両の範囲または使用に対してより重要である。

特に，システムズエンジニアリングの技術プロセスを初めて実施する場合，上流のシステムズエンジニアリングアクティビティ（例えば，運用の分析と要求の精緻化）の重要性が強調されなければならない。これらのアクティビティがオフラインで行われる，すなわち製品の開発から「切断」されることでシステムズエンジニアリングによる成果物のベースラインが正しく定義され，検証できるようになる。

異なる車両システムの開発での自動車メーカーの関与は，自動車メーカーごとに，および車両の領域ごとに異なるので，特定のプロジェクトのコンテキストに依存する合意プロセスのテーラリングにも注意を払う必要がある。プロジェクトの存続期間中の OEM（original equipment manufacturer）とサプライヤー間の交換の形式化は，これらのプロセスのテーラリングに役立ち，将来の標準化のための基礎を築くことができる。

8.2.2 生物医学およびヘルスケアシステム

システムズエンジニアリングは，特にアーキテクチャ上の健全性，要求のトレーサビリティ，そして安全性，信頼性，および人的要因エンジニアリングのような専門分野の必要性に起因して，生物医学およびヘルスケア製品と開発の主要な貢献者として認められるようになった。生物医学およびヘルスケアシステムは，複雑さが低いものから高いものへと多岐にわたる。これらはまた，低リスクから高リスクへと多岐にわたる。これらのシステムの多くは，人体内部を含む厳しい環境で動作しなければならない。生物医学およびヘルスケア環境内のシステムズエンジニアリングは，防衛および航空宇宙領域ほど成熟していないかもしれないが，例えば，医療機器の複雑さ，それらの接続性，およびそれらの使用環境は実践の幅と深さを急速に拡大している。ISO 14971（医療機器へのリスクマネジメントの適用）およびIEC 60601（医療機器の安全性）などの規格により，安全性とその背後にあるエンジニアリングの実践についてより深く調査することが組織に求められている。米国連邦規則集（CFR）タイトル21パート820（医療機器/品質システム規制）などの他の政府規格および規制は，そこで販売される医療機器の開発プロセスを形づくるものである。したがって，ライフサイクルマネジメントスキルを活用し，最終製品が実際に利害関係者のニーズを満たしていることの妥当性を確認するため，システムズエンジニアリングがますます投入されている。

生物医学およびヘルスケア環境では，リスクマネジメントは技術的またはビジネス上のリスクではなく，一般にユーザの安全性に集中しており，トレーサビリティは規制当局による監査の重要な要素であることを理解することが重要である。したがって，システムズエンジニアリングの実践力が強い組織は，開発上の潜在的な危険を回避し，規制当局による監査が行われた場合，設計上の意思決定を効果的に守るためによりよい立場にある。いずれは，ISO/IEC/IEEE 15288およびISO 29148などのシステムズエンジニアリング標準を効果的に活用する生物医学およびヘルスケア組織が，安全で効果的な製品を開発するうえで，よりよい立場になるであろう。新興の，または成熟企業は，早期かつ効果的に採用されるために，無駄のない実装に焦点を当てたいかもしれないが，一般的にシステムズエンジニアリング標準は過度にテーラリングする必要はない。

8.2.3 防衛および航空宇宙システム

システムズエンジニアリングは古代から何らかの形で実践されてきたが，それは，20世紀の防衛および航空宇宙システムに根源をもつシステムズエンジニアリングの現代的な定義として今は知られるようになった。システムの複雑さとシステム統合の課題の増加をまねいた技術的進歩の結果として，1950年代後半から1960年代初めにシステムズエンジニアリングは，明確なアクティビティとして認識されてきた。システムズエンジニアリングの必要性は，デジタルコンピュータとソフトウェアの大規模な導入によって増加した。防衛および航空宇宙は，COTS技術の幅広い適応およびsystem of systems（SoS）アプローチの利用などの課題への全体的アプローチに対処するために進化した。

防衛および航空宇宙システムは，多くの利害関係者と圧縮された開発予定表をもつ複雑な技術システムとして特徴づけられている。システムは，また，砂漠から熱帯雨林，そして北極の辺境の地に至るまで，世界中の極度の状況下で，常に利用可能で，動作しなければならない。防衛および航空宇宙システムは，また，長いシステムライフサイクルで特徴づけられているため，ロジスティクスが最も重要である。ほとんどの防衛および航空宇宙システムは人との強い相互作用をもっているため，運用の成功にはユーザビリティとシステムへの人の統合が重要である。

システムズエンジニアリングは，防衛および航空宇宙分野で強力な地位をもっているため，このハンドブックのシステムズエンジニアリングプロセスの多くは，プロジェクトの固有の側面のための通常のプロジェクトのテーラリングだけで，そのまま直接的に用いることができる。ISO/IEC/IEEE 15288がより多くの領域および国について中立のシステムズエンジニアリング標準に進化したため，適用に際して，防衛および航空宇宙の焦点を再び確実に主張するよう，注意を払わなければならない。多くの国の防衛組織は，システムズエンジニアリングの彼らの環境での適用を導くための明確な方針，標準，ガイドブックをもっている。

8.2.4 インフラストラクチャシステム

インフラストラクチャシステムは，日用品の移動のために用いられる重要な物理的構造物（例えば，道路，橋，鉄道，大量輸送，電力，水，排水，および石油とガスの流通）であり，あるいは主要な工場（例えば，石油とガスのプラットフォーム，製油所，鉱山，製錬所，原子力再処理，水と廃水処理，および製鉄所）である。その領域は多くの専門分野にわたり，広大で多様性があり，しばしば，境界がゆるやかに定義され，システムアーキテクチャが進化し，長期の実装（数十年を超える可能性がある）と資産耐用年数，および多面的なライフサイクルをもつ大規模プロジェクトが特徴である。インフラストラクチャシステムは，ほとんどの場合，一回限りの大きなオブジェクトであり，工場内ではなく現場で建設が行われ，製造および生産と区別される。

インフラストラクチャプロジェクトは，ある程度の独自性，複雑さ，およびコストの不確実性を示す傾向がある。時間とコストのかなりの割合が建設ステージで費やされている。これらの難しさは，プロジェクト環境（経済的，政治的，立法的，技術的など）の変化，そのために長期間に及ぶことになる利害関係者の期待と設計解決策の変化によって悪化する。

他のシステムズエンジニアリング領域とは異なり，ほとんどのインフラストラクチャプロジェクトは標準化することができず，プロトタイプを伴わない。さらに，重要な外部インタフェースが存在し，ある要素の障害が他の要素に転移することがある。例えば，世界貿易センターの攻撃による落下した破片は，水処理システムを損傷し，ニューヨーク証券取引所に浸水し，インフラストラクチャシステムの相互接続システムに深刻な影響をもたらした。

インフラストラクチャ内では，多くのエンジニアリング（例えば，土木，構造，機械，化学，制御，および電気・電子）分野は，十分に確立され伝統的実践をもち，業界の作法と規格に導かれている。システムズエンジニアリングの実践は，ソフトウェア開発（例えば，最新の通信ベースの列車制御システム，高度道路交通システム，遠隔測定，およびプロセス制御）を含む高度技術サブシステム，特にシステムの安全性が最優先の産業の中でさらに発展をとげている。

システムズエンジニアリングのインフラストラクチャ領域への便益は，多くの専門分野にわたる統合された構成可能なシステムを提供し，そして運用するための構造化されたアプローチにあり，関連するプロジェクトマネジメントおよび資産マネジメントの実践と合っている必要がある。このハンドブックの中で記述されているプロセスの多くは，その複雑さを扱うために採用されているが，異なる専門用語を用いている。「大規模インフラストラクチャプロジェクトでのシステムズエンジニアリングの適用のためのガイド」(INCOSE-TP-2010-007-01, 2012) は，プロジェクトライフサイクルを通してのみならず，資産の耐用年限全体の中で，システム，作業，および組織の分解構成と，優れた構成管理の重要性との間の関係を強調している。これらの項目とそれらの間の相互作用は，最も明白であるオブジェクトとアクセスの物理的構造だけでなく，適切な請負業者と人力と機械の可用性，製作と出荷継続期間，および建設が行われる環境から生じるものなどのような，多くの他のものとともに，多数の制約によって判定される。

インフラストラクチャプロジェクトは，上位の設計解決策（例えば，高速鉄道または原子力発電所）を短期間に定義する傾向があり，それゆえに，システムズエンジニアリングの原則を適用することの最大の便益はシステム統合および建設ステージで得られる。すべての潜在的に影響を受ける組織，構造，システム，人，およびプロセスを特定するために注意深く分析することが，提案された変更が確実に他の領域に悪影響を与えず，要求されている成果につながるために求められている。

プロジェクトライフサイクルの構築ステージにつながるアクティビティのよりよい組織化と統合により，その領域は便益を得ることができる。これは，コストの見積もりおよび適用範囲の変更に伴うリスクと不確実性を管理するのに役立ち，構築の生産性を向上させ，それゆえに，業界をより費用対効果の高いものにする。インフラストラクチャプロジェクトによって特徴づけられる独自性を満たすようにテーラリングされたシステムズエンジニアリングの取り組みは，プロジェクトの内外のダイナミクス（自然事象による不確実性を含む）を統制し，プロジェクトとプロジェクト終了後の条件を考慮するこ

とができ，これによってその領域は，広範囲で，多様で，固有で，予測不能な構成で直面する固有の課題に対応することができる。

インフラストラクチャプロセスの文書資料は，ISO 9000/10000 シリーズ（品質管理），ISO 10845（建設調達），ISO 12006（建設作業に関する情報の体系化），および建設プロジェクトが組み込まれている契約上の（法的）枠組みのためのさまざまな国内および国際的な規格などのような一般的な規格に基づいているが，大部分は企業およびプロジェクトに特有である。契約上の枠組みの選択と，法的責任と商業的リスクの割り当ては，建設プロセスの設計での主要な要素である。

8.2.5 宇宙システム

宇宙システムは，地球の大気から離れる，またはそれらのサポートおよび展開に密接に関連するシステムである。宇宙システムは，有用なものを地球軌道に，またはそれを越えて展開するのに非常に高いコストと相当な労力を費やすため，通常，ソフトウェアの変更以外の保守なしで高い信頼性を要求する。このため，すべてのシステム要素が一回目で動作する，または複雑な代替の運用策によって補償される必要がある。

システムズエンジニアリングは大部分が宇宙競争と弾道ミサイルのような関連防衛技術の要求で開発された。その分野はこの領域では非常に成熟しており，適応の必要はない。

宇宙領域でのシステムズエンジニアリングの重要な強調点は，信頼性が高く，特性のよいシステムの妥当性確認と検証，テスト，および統合である。リスクマネジメントは，いつ新しい技術を組み込み，どのようにして多年にわたる開発およびプログラムの課題を通して変化する要求に対応するかを判断するうえでも重要である。伝統的なシステムズエンジニアリングのV字アプローチは，宇宙システムにその基礎をもっている。これは，宇宙システムでは，機関または主要な請負業者によって，比較的新しい設計が考案され，構築され，配備されているためである。コンソーシアムおよびパートナーシップが資源を共同出資するためにつくられると，予算の減少によりビジョンの統一が見られなくなる。

多くの標準が宇宙領域で用いられている。電磁波のスペクトルと電波障害の防止について地球規模で取り決めなければならないため，電気通信は主要な標準の源である。電気およびデータ標準もまた，宇宙および地上サポートシステムの多くの部分でも用いられている。国の宇宙機関および軍隊は，同様にしばしば標準を設定する（例えば，宇宙標準化のための欧州協力，米国の"MIL"標準）。宇宙ベースのシステムズエンジニアリングハンドブックの優れた例は，NASA（2007b）から自由に入手できる。より多くの国で宇宙システムが展開されるにつれて，一連の相互運用性の問題の増加により，ISOおよびIEEEによる標準化はますます一般的になりつつある。

8.2.6 （地上）輸送システム

システムズエンジニアリングの使用は，航空宇宙エンジニアリング，防衛，および情報技術の分野での複雑な投資計画の標準的なアプローチとして現れた。しかしながら，輸送業界では，システムズエンジニアリングの原則と方法の同化はそれらの分野より緩やかになっている。歴史的な位置づけとして大部分の輸送機関は，エンジニアリングの規律による投資プロジェクトを構成し，低価格での入札による調達方法を採用してきた。

しかし，ここ数十年の間に，いくつかの進歩的な輸送機関（英国のロンドン地下鉄とネットワークレール，オランダのProRail，米国のニューヨーク市都市交通局，シンガポールの陸運局を含む）は，システムズエンジニアリング部門，およびシステムズエンジニアリングの原則を投資計画に組み込み始めた多くの部門を設立するなど，輸送分野でのシステムズエンジニアリングの使用が増大している。

これらの機関の新たな経験によれば，システムズエンジニアリングの原則を輸送領域に適用し，テーラリングする際に考慮すべきことは，以下の側面が最も適切であると示唆される。

- 単一の専門分野になりがちな傾向を認識すること：歴史的に，運輸機関はエンジニアリングの分野によってプロジェクトを編成する。これにより，初期のエンジニアリングから調達を通じて，そして，システムの設計，構築，およびテストに至る専門分野の複数のサイロを生み出す

ことができる。システムズエンジニアリングは これらの複数のサイロにわたり機能しなければ ならず，伝統的な方法で作業していた組織に緊 張感を導入できる。

- サービス中のSoSの作業：多くの輸送システム は，大規模で分散型で，サービスのSoSであ る。これは，輸送システムズエンジニアリング としての作業はシステムのアップグレードにし ばしば焦点を当て，適切なレベルの公共のサー ビスを維持して，既存の運用と一緒に機能しな ければならないことを意味する。
- 社会経済的な便益をもたらすことはしばしば重 要な推進力となるが，その運用担当者は重要な 役割を担う：輸送システムは社会経済的な便益 を一般大衆に提供するために主に存在する。そ のため，多くの輸送機関にとって重要な推進力 は，しばしば顧客体験の向上と公共の安全に焦 点を当てている。ただし，運用の便益へ焦点を 当てることにも注意を払う必要があり，運用性 と保守性は全体として考慮する必要がある。
- システムズエンジニアリングの価値の実証：多 くの輸送機関は，資本の提供と運用の間に，今 日の組織まで持続している歴史的な隔たりがあ る。プロジェクトマネジャーは，迅速に納入す るためにコストとスケジュールの圧力に直面し ている。そして，ときにこのことは初期段階の 分析に重点を置いたシステムズエンジニアリン グがプロジェクトマネジャーのスケジュールを 遅らせると認識する人からの反発を招くことが ある。しかし一方で，分析から生じた便益は， プロジェクトマネジャーの直属の組織外にいる 運用の利害関係者からは最も強く感じられる。
- 商業的および公的圧力の考慮：より大きな輸送 インフラストラクチャプロジェクトに投資する ための民間投資への依存度が高まっており，こ れにより，投資利益率（ROI）を早く上げる要 求が高まり，その結果，問題空間を探索するた めの時間がより制限される。さらに，技術的解 決策への飛躍を選択する欲求は多くのセクタに 特有であるが，多くの輸送機関は，通常は技術 の特質で，内外の利害関係者が理解するという 点から，早い時期から進捗していることを示す という激しい圧力を一般の人々，メディア，お

よび政治家から受けている。こうした圧力は， ときにシステムズエンジニアリングをプロジェ クトに適用する機関の能力に要影響を与えるこ とがある。

8.3 プロダクトラインマネジメントのための システムズエンジニアリングの適用

プロダクトラインマネジメント（PLM）は，単独 のシステムズエンジニアリングからプロダクトライ ンアプローチに移行するための製品，プロセス，マ ネジメント，および組織の組合せである。プロダク トラインマネジメントは，開発コストを削減し，品 質を向上させ，製品カタログを拡大して，組織の競 争力を向上させる目標をサポートすることができる。

プロダクトラインアプローチにより，顧客に適応 した製品ファミリーを組織が顧客に提供できるよう になる。これにより，製品またはサービス，取得の コストと時間，システムの品質，および所有コスト の最適化につながる可能性がある。組織にとって， プロダクトラインマネジメントは商業的地位と産業 負荷の最適化につながり，通常は標準化につながる 同一の機能性を強調する。これらの関係を図8.3に 示す。

プロダクトラインマネジメントを実行する場合， 図8.4のようにドメインとアプリケーション両者の システムズエンジニアリングプロセスを変更しなけ ればならない。ドメイン製品（またはジェネリック 製品）は，プロダクトラインの要求に対処し，ドメ インのシステムズエンジニアリングの結果である。 ドメインのシステムズエンジニアリングアクティビ ティによってつくられたジェネリック製品には，ア プリケーション成果物（例えば，ジェネリック要求， ジェネリックアーキテクチャ，およびジェネリック テスト）から資本が投下される。これらの成果物は， 共通または可変である。アプリケーション成果物は アプリケーションシステムズエンジニアリングの結 果である。これらの製品は，ジェネリック製品の具 象化（すなわち再利用）の結果である。

8.3.1 プロダクトラインの適用範囲

プロダクトラインの適用範囲は，プロダクトライ ンの組織の設定または進化を正当化するのに十分な

図8.3　プロダクトラインのビューポイント。Alain Le Put の許可を得て転載。

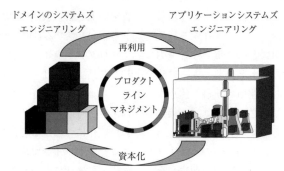

図8.4　プロダクトラインでの資本化および再利用。Alain Le Putの許可を得て転載。

再利用の可能性を提供する，プロダクトラインの主な特徴を定義する。プロダクトラインの範囲は，主に以下に基づいている。

- 市場分析：関係しているプロダクトラインの周辺と，十分な商業的可能性を提供する製品の主な外部の特徴をターゲットにする。
- システムズエンジニアリングプロセスアセスメント：プロセスの成熟度，誤りのもとになる弱点，さらには付加価値のない繰り返し作業（たとえば，一部のチームですでにプロダクトラインに類似したプロセスをもっている可能性もある。）
- 製品分析：プロダクトツリーと多くの共通の成果物の存在
- 産業プロセス分析：生産と保守（たとえば，いくつかの工場でつくることができるようにする目的は，変動性のもとになる可能性がある。）
- 取得戦略分析：供給者を多様化する要望と，異なるシステム要素（サイズ，性能など）を統合する必要性がある。
- 技術分析：技術の準備レベル，設計成熟度，およびドメイン適用性の評価

8.3.1.1　投資利益率

プロダクトラインで最初のシステムを開発することは投資である。最初の開発は，単一システムの開発よりも高価で長期間になる。しかし，同じプロダクトラインで開発された後続のシステムは，それほど高価ではなく，早期に出荷されることがある（すなわち，市場に出るまでの時間が短縮される）。いずれの場合も，投資利益率（ROI）は評価，測定，そして管理されなければならない。

図8.5の例示では，3つのプロジェクトは，単一システムズエンジニアリングの古典的アプローチ（上部）またはプロダクトラインのシステムズエンジニアリングアプローチ（中間部）のいずれかで開発されている。投資利益率（ROI）（下部）は，最初は負

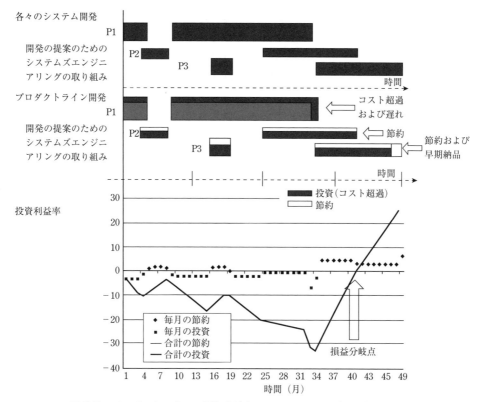

図8.5 プロダクトラインの投資利益率。Alain Le Put の許可を得て転載。

(例えば,投資段階)であり,次に正(プロダクトラインアプローチの利益)になる。この例では,3番目のプロジェクトで損益分岐点に到達している。

8.4 サービスに対するシステムズエンジニアリングの適用

この節ではサービスシステムズエンジニアリングの概念について紹介する。システムズエンジニアリングの方法論は,ほぼリアルタイムでの価値共創とサービス提供のために,異なる利害関係者と資源間での統制のとれた,全体的で,サービス指向,顧客中心のアプローチを含めるために適応される。

21世紀の技術に集約したグローバルなサービス経済は「情報により動き,顧客中心で,ネットワークでつながり,生産性に注目する」と特徴づけられる。それは,社会,科学,エンタープライズ,エンジニアリングの間の学際的な共同作業を必要とする(Chang, 2010)。何人かの研究者と複数の企業は,社会経済と技術の観点を利用して,価値共創と生産の改善のための形式化された方法論を開発することにより,エンタープライズとエンドユーザ(顧客)の相互作用を調査している。これらの方法論はサービスシステムズエンジニアリングへ発展した。そしてサービスシステムズエンジニアリングは,特定の顧客のニーズを満たすよう,サービスの処理をカスタマイズし専有化するのに役立つサービスを設計し提供を行う際に,異なる利害関係者と資源間で統制のとれた,体系的な(サービス指向,顧客中心)アプローチをとることを求める(Hipel ら,2007;Maglio and Spohrer, 2008;Pineda ら,2014;Tien and Berg, 2003;Vargo and Akaka, 2009)。

サービスシステムは SoS として見ることができ,そこでは個々,異種混合,機能的なシステムがともにつながり,メタシステムの新しい特徴/機能性を実現し,そしてロバスト性を強化し,コストを安くし,信頼性を向上する。サービスシステムでは,サービスの統治と,運用,管理,保守,および提供(OAM&P)に必要な,情報の流れを伴う弱い結合で連結したシステムとシステムエンティティの統合

ニーズを理解することは，サービスの定義，設計，および実装に際しての大きな課題である（Domingueら，2009；Maier，1998）。Cloutierら（2009）は，エンジニアリングシステムで異なるシステムエンティティを動的に結びつけ，急速に適応的なSoSを実現するNCS（network-centric systems）の重要性を説いた。サービスシステムの場合，適応的なSoSは，サービスの発見と提供に対して知識を創発しリアルタイムの振る舞いを創発する能力をもつ新しい知識の出現，サービス需要の発見と提供に対してリアルタイムに対応できることを指す。

サービスに対する指向を強めた典型的な産業界の例はIBMである。まだ，ハードウェアを生産しているが，ハードウェアはそれらのビジネスソリューションサービスの中で付帯的な役割だけを果たすと考え，彼らのビジネスが圧倒的にサービス指向であるととらえる。さらに，Apple，Amazon，Facebook，Twitter，eBay，Google，または他のアプリケーションサービス提供者は，多数による共同作業と価値の共創をもたせる，先例のない規模，柔軟性，そして品質で新しい社会・経済相互作用を可能にするため，人，メディア，サービス，そして物の統合的な利用を提供している。何人かの研究者は，製造会社でさえ，単なる製品ではない「結果」を潜在的に定義することに役立つエンドユーザとのコラボレーションにより，特定の成果物としてその「結果」をさらに生み出そうとしていると指摘する（Cook，2004；Wildら，2007）。

世界がより広く相互に接続するようになり，人が一層教育されるようになるとともに，サービスネットワーク（システムエンティティの相互作用によってつくられた）は，適切なアクセス権をもった誰もが，いつでもいかなる場所からもアクセス可能になる。

8.4.1 サービスの基本

「サービス」は，サービス提供者と顧客の間で相互に同意した項目によるあるエンティティ（人，製品，ビジネス，地域，国家）の状態の変換を引き起こす活動である。品質とタイムリーな提供を保証するため，カスタマイゼーションと多大なバックステージのサポート（例えば，知識マネジメント，ロジスティクス，意思決定分析，予測）を必要とするかもしれないが，個別のサービスは比較的単純である。「サービスシステム」は，顧客（個人またはエンタープライズ）に対してサービスおよび/またはサービス一式をアクセスできるようにする。そこでは，利害関係者は，特定の目標をもって開発され，納入されるべき固有のサービスバリューチェーンをつくるために相互作用する（Spohrer and Maglio，2010）。サービスシステムの実践では，「サービスバリューチェーン」は，NCSによって接続しているシステムエンティティ間のリンクで表現される。価値の提案は，文化背景から生まれた価値の原理に応じた複数の利害関係者の観点からのアルゴリズムを実行する（価値の提案）ための，あるサービスシステムから別のサービスシステムへの依頼としてとらえることができる（Spohrer，2011）。表8.2に示されるように，SpathとFahnrich（2007）は，9つのタイプのシステムエンティティとそれらに対応する属性で構成されるサービスメタモデルを定義した。

したがって，サービスまたはサービスの提供は，顧客に一貫して優れた価値を提供する戦略的能力にかかわるビジネスプロセスを通じて，サービスシステムエンティティ（情報の流れを含む）間の関係性によってつくられる。システムズエンジニアリングの観点からすると，システムエンティティはダイナミックに関係する4つのタイプの資源，すなわち，人，技術/環境インフラ，組織/機関，そしてサービス提供プロセスで共有される情報/象徴的な知識で構成される。

システムは，多層の階層をつくる「システム階層」（Skyttner，2006）によってしばしば表現される他のシステムの一部である。したがって，サービスシステムは，顧客間の改善された相互作用と価値共創を提供する目的をもった利害関係者との関連で異なる種類の結果を得るため，統治とマネジメントの規則により定義されたプロセスによって相互作用するサービスシステムエンティティで構成される。この概念は図8.6に示されるサービスシステム階層をつくるため拡張することができる。

サービスシステムの「基本属性」は，連帯性，構造，振る舞い，および創発を含む。前述したように，昨今の世界経済は競争が激しい。また，サービスシステムをどのように動かすかはよく統制されるべきである（Qiu，2009）。なぜなら，サービスは「元来リ

8.4 サービスに対するシステムズエンジニアリングの適用   177

表8.2 システムエンティティの属性

エンティティタイプ	属性
顧客	特徴，態度，嗜好，要求
目標	ビジネス，サービス，顧客
入力	物理，情報，知識，制約
出力	物理，情報，知識，廃棄物，顧客満足
プロセス	サービス提供，サービス納品，サービス運用，サービス支援，顧客関係，計画，および統制
人的な実現手段	サービス提供者，サポート提供者，マネジメント，所有者組織，顧客
物理的な実現手段	エンタープライズ，組織，建物，機器，顧客宅内での有効にする技術（例：デスクトップ3Dプリンタ），家具，場所など
情報科学的な実現手段	情報；知識；方法，プロセス，およびツール（MPTs）；意思決定サポート；スキル取得
環境	政治的，経済的，社会的，技術的，環境的要因

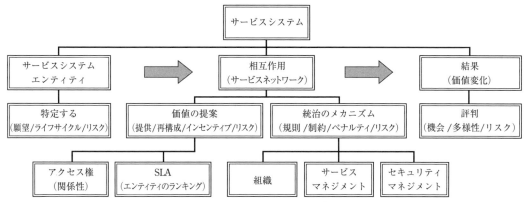

図8.6 サービスシステムの概念的フレームワーク。Dr. James C. Spohrer の許可を得て転載。

アルタイムに動き，共作された時点，すなわちサービス取引の時点で消費されるからである」(Tien and Berg, 2003)。サービスシステムは，カスタマイズされたサービスが期待どおりに振る舞うよう，ビジネス空間内の条件に適応し，発展する必要がある。サービスシステムのこの適応する振る舞いは，その設計が本当に学際的で，社会科学（例えば，社会学，心理学，哲学）から，自然科学（数学，生物学など），およびマネジメント（例えば，組織，経済学，起業）までの方法論を含んでいる必要性があることを示唆する（Hipelら，2007）。

8.4.2 サービスの特性

サービスは，価値を生み出すため，サービス提供者と消費者の間の相互作用を伴うだけでなく，サービスの品質など，他の無形の属性（例えば，救急車サービスが利用可能なこと，および緊急リクエストに対する応答時間）がある。サービスへの要望は，一日のある特定の時間，一週間のある特定の曜日，季節あるいは予期しないニーズ（例えば，自然災害，製品宣伝キャンペーン，ホリデーシーズンなど）に依存する場合があり，そしてサービスは，依頼されたときに与えられる。したがって，サービスシステムの設計および運用は「結局のところ，顧客に最善の品質のサービスが提供できるよう，システムに突きつけられた要望とシステムに充てられる資源間の適切なバランスを見つけることである」(Daskin, 2010)。

「サービスレベル合意書」(SLA)は，交渉で取り決められたサービスレベルの顧客の要求を表し，サービスプロバイダが，規定されたサービス品質，ユーザが知覚する性能，およびユーザの満足度を確実に満たし保守するため，有効で信頼できるサービス性能指標を設定する。サービスシステムのSLAは，サービスの整合性，公平性，および持続可能性を保証するために体系のレベルで評価される，これ

らの分類から構成される（Spohrer, 2011；Theilmann and Baresi, 2009；Tien and Berg, 2003）。

21世紀はすでに確立している運用モードとして，加速された技術開発および広域にわたる協働を目の当たりにしている。共通のそしてより広い市場の要求を満たすため，ゆるく絡み合ったアクターまたはエンティティが前例のない方法で協力することによって価値共創が達成されている。

この変化は，仕事の性質，エンタープライズの境界，ビジネスリーダーの責任を根本的に変える（McAfee, 2009）。Spohrer（2011）は，サービスの傾向をとらえ，異なるサービスセクターを3つの種類のサービスシステムに分類した。

- もののフローに注目するシステム：輸送とサプライチェーン，水と廃棄物の再利用，食物と製品，エネルギーと電気グリッド，情報，およびクラウド
- 人の活動および開発に注目するシステム：建築と工事，小売り，もてなし/メディア，娯楽，銀行取引と金融，ビジネスコンサルティング，ヘルスケア，家族生活，教育，労働生活/仕事および起業
- 統治（都市，州，国家）に注目するシステム：分類することは，サービスシステム（例：予算制限のある中での戦略的政策，教育，迅速対応の戦略準備，国防，コスト最小化と利益最大化）の設計と運用のため異なる目的と制約を特定すること，異なるサービスエンティティの重複とシナジーを特定すること，そして必要な科学分野を特定することに役立つ。

8.4.3 サービスシステムズエンジニアリングの適用範囲

現在のエンタープライズは，それらのインフラ，製品，およびサービスを計画，開発，および管理する必要がある。サービスには，マーケティング戦略が含まれ，明確に価値が区別された，新しい，突拍子もない，または未開拓の顧客ニーズに基づいた製品とサービスの提供を含む。サービスシステムズエンジニアリングアプローチをとることは，サービス指向，顧客中心，全体的なビューで，サービスシステムエンティティを選択して結合し，そして，価値を計画し，設計し，適応させ，または価値を共創するために自己適応させるためのサービスシステムエンティティ間での関係性を定義し，発見するために非常に重要である。サービスシステムズエンジニアリングが直面する主な課題は，サービスシステムの動的な性質が進化し，絶えず変わる運用および/またはビジネス環境に適応すること，そして，縦割の知識を克服する必要性である。個々のサービスシステムエンティティのOAM&P手順の調和のため，インタフェースの取り決めを通じてのサービスシステムエンティティ間の相互運用性はサービスシステムズエンジニアリング設計プロセスで最も優先されることでなければならない（Pineda, 2010）。さらに，サービスシステムは，すべての利害関係者間でのオープンな協調を必要とする。しかし，学際的なチームのメンタルモデルに関する最近の研究は，チームが一体となり，足並みがとれたチームとして協働することには大きな課題があることを示している（Carpenterら，2010）。

異なるサービスシステムエンティティ間の「相互運用性」はサービスシステムズエンジニアリングと直結している。なぜなら，その構成しているエンティティは利害関係者のニーズに従って設計されているからである。通常，エンティティは他のシステムエンティティとは独立して，独自の目的を達成するように管理・運用される。個別のサービスシステムエンティティの目的は，必ずしもサービスシステムの全体の目的と一致するものではない。したがって，LuzeauxとRuault（2010），LinとHsieh（2011），Lefever（2005），そしてthe Office of Government Commerce（2009）が示すとおり，「サービスシステムデザインプロセス（SSDP）」は，従来のシステムズエンジニアリングライフサイクルのベストプラクティスを取り入れている。

サービスシステムズエンジニアリングのもう一つの重要な役割は，「サービス設計プロセスのマネジメント」である。それは，徹底した顧客の観点から利害関係者の要求が確実に満たされるために必要な計画，組織構造，共同作業環境，およびプログラム統制を提供することを主たる焦点としている。サービス設計管理プロセスは，ビジネス目標とビジネス運用計画を，顧客管理計画，サービス管理と運用計画，そして運用技術計画を含む端から端までのサー

ビス目標と合わせる（Hipelら，2007；Pinedaら，2014）。

8.4.4 サービスシステムズエンジニアリングの価値

サービスシステムズエンジニアリングは，優れたサービス提供を促進し，そして新しいサービスシステムの創造と価値共創を提案するための新しく出現した技術の利用を通してサービス革新を促すために，顧客への焦点をもたらす。サービスシステムズエンジニアリングは，社会の側面，統治（セキュリティを含む），環境，人の振る舞い，ビジネス，顧客対応，サービスマネジメント，運用，そして技術開発プロセスを調整/指揮することによりリスクを最小化するため，規律のあるアプローチを用いる。サービスシステムズエンジニアは，インテグレーターとしての役割を担う必要があり，サービスシステムエンティティの相互運用性のためのインタフェース要求を考慮する。それは，技術的な統合のためだけではなく，サービス運用中の最適な顧客体験に要求されるプロセスと組織のためでもある。サービス設計定義プロセスには，サービス要求の検証と妥当性確認を監視し，追跡するために必要な方法，プロセス，および手順の定義が含まれる。なぜなら，それらはすべてのサービスシステムとそのエンティティのOAM&P手順に関連しているからである。これらの手順は，どのエンティティによる障害も検知でき，障害がサービスの運用に悪影響し，妨げにならないことを保証する（Luzeaux and Ruault, 2010）。

世界経済は，より革新的なサービスの創出と提供の方向に動きつづけている。未来のリーダーを輩出させるため，異なるスキルを深く含み，こうしたグローバルサービスをサポートするための知識を創出する新しい分野が必要である。サービスシステムズエンジニアの能力は専門家のT型モデル（Maglio and Spohrer, 2008）にあてはまる。サービスシステムズエンジニアは，Chang（2010）がまとめているように，サービスシステムマネジメントとエンジニアリングスキルに加え，幅広い一連のスキルと能力とともに深い専門性を備えている必要がある。

8.5 エンタープライズに対するシステムズエンジニアリングの適用

この節は，グローバルな競争環境の中でエンタープライズが，持続的に改善し，生き残るため，エンタープライズの計画，設計，改良，そして運用に対するエンタープライズシステムズエンジニアリングへのシステムズエンジニアリングの原則の適用を説明する。エンタープライズシステムズエンジニアリングは，エンタープライズの計画，設計，改良，運用に対するシステムズエンジニアリング原則，概念，そして方法の適用である。エンタープライズシステムズエンジニアリングは新しい体系で，フレームワーク，ツール，および問題解決型アプローチに焦点をあて，エンタープライズ特有の複雑さを扱っている。さらに，エンタープライズシステムズエンジニアリングは単に問題を解決するだけではない。エンタープライズのゴールを達成するためのよりよい方法に対する機会の模索を扱っている。エンタープライズシステムズエンジニアリング全体の優れた解説はRebovichとWhite（2011）の書籍に掲載されている（このトピックに関する詳細情報は，SEBoK（2014）4章を確認されたい）。

8.5.1 エンタープライズ

エンタープライズは，相互依存のある資源（例：人，プロセス，組織，サポート技術，および資金）の目的のある組合せ（例：ネットワーク）によって構成される。それらは，地理的および時間的に複雑に相互作用する状況の中でビジネスと運用目標を達成するために，機能を調和させ，情報を共有し，資金を分配し，ワークフローを創出し，そして意思決定するために，それらの環境と相互作用する（Rebovich and White, 2011）。

エンタープライズには2つの役割がある。①社外提供によるか，またはエンタープライズの運用を達成するための内部の仕組みとして，エンタープライズ内でモノを開発すること。②エンタープライズ自体を変革させ，最も効果的かつ効率的に運用を遂行し，競争と制約がある中で生き残ること。

前述した定義のように，エンタープライズは「組織」と同意ではないことに注意されたい。これは

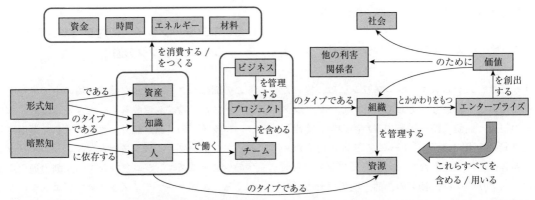

図 8.7 組織はエンタープライズ価値を創造するための資源を管理する。SEBoK (2014) より。BKCASE 編集委員会の許可を得て転載。注釈：1. 表示されているすべてのエンティティは，人を除き分解が可能である。たとえば，ビジネスは下位のビジネスを持つことができ，プロジェクトは下位のプロジェクトを持つことができ，資源は下位の資源を持つことができ，エンタープライズは下位のエンタープライズを持つことができる。2. すべてのエンティティは，他の名前を持つ。たとえば，プログラムは，すべてのサブプロジェクトを含むプロジェクトの場合がある（しばしば単にプロジェクトと呼ばれる）。ビジネスは仲介者の場合があり，チームはグループの場合があり，価値は有効性の場合があるなど。3. この図のために選んだ名前に規範的な企てはない。主な目的は，この章でこれらの用語がどのように用いられ，それらがどのように相互に関連しているかを概念的に示すことである。

「エンタープライズ」という用語で頻繁に起こる誤用である。図 8.7 は，エンタープライズにはそれに参加する組織だけではなく，人，知識，そしてプロセス，原理，政策，実践，主義，理論，信条，設備，土地，知的財産などのようなその他の資産が含まれる。

Giachetti (2010) は，組織はエンタープライズのある一つのビューであると定義し，エンタープライズと組織を区別する。組織ビューは，組織的ユニット，人，そしてエンタープライズの他のアクターの構成と関係性を定義する。この定義を用いると，どのエンタープライズも，公式，非公式，階層的，あるいは自己組織的なネットワークであるかどうかにかかわらず，ある種の組織を擁する。

より効果的かつ効率的にエンタープライズの変革を有効とするためには，情報システムまたは共有設備によって単に接続している機能の集まりとしてではなく，「システム」としてエンタープライズを見る必要がある (Rouse, 2009)。エンタープライズを取り扱うためにはシステムの観点が必要である。しかし，これは，自身をシステムズエンジニアと呼ぶ人のタスクまたは責任ではない。

8.5.2　価値の創造

エンタープライズの主たる目的は，社会，その他の利害関係者，そのエンタープライズに関与する組織のための価値を創造することである。図 8.7 に価値創造プロセスに寄与する重要な要素をすべて示している。

エンタープライズに対する興味の対象となる組織には 3 つのタイプがある。すなわち，ビジネス，プロジェクト，そしてチームである。典型的なビジネスは，一連のプロジェクトを通じて複数のエンタープライズとかかわりをもつ。大規模なシステムズエンジニアリングプロジェクトはさまざまなビジネスと連携し，それ自体でエンタープライズとなることができ，そして，複数のサブプロジェクトとして編成される場合がある。

8.5.3　エンタープライズ中の能力

エンタープライズはシステムあるいはシステムの個々の要素を取得または開発する。また，エンタープライズは，システムまたはシステム要素をつくり，供給し，利用し，そして運用することができる。エンタープライズベンチャーにはいくつかの組織がかかわっている可能性があり，それぞれの組織は特定のシステムまたはある種のシステム要素に責任を負っているかもしれない。それぞれの組織は独自の能力をもち，これらの組織の特有の組合せでエンタープライズ全体の運用能力を導く。これらの概念

8.5 エンタープライズに対するシステムズエンジニアリングの適用

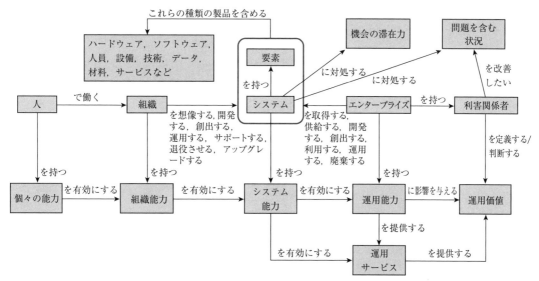

図 8.8 個々のコンピテンシーは、組織的、システム的、および運用的な能力をもたらす。SEBoK（2014）より。BKCASE 編集委員会の許可を得て転載。

は図 8.7 に示されている。

「能力」という用語はシステムズエンジニアリング分野では「特定の条件である有益なことを遂行できる能力」のことを指す。この項では、3 つの異なる種類の能力について議論する。すなわち、組織能力、システム能力、そして運用能力である。システムズエンジニアリングタスクに関連する人の能力を参照するために「コンピテンス」を用いる。個々のコンピテンス（「コンピテンシー」と呼ばれることもある）は、組織能力に寄与するが、必ずしもその唯一の決定要素ではない。コンピテンスは組織が選ぶ仕事の実践を通じて組織能力に変換される。利害関係者の問題のある状況に関する懸念に対応して、エンタープライズの運用能力を向上させるため、新システム（新しいまたは向上したシステム能力を有する）を開発する。

図 8.8 に示されるように、運用能力はシステム能力によって有効になる運用サービスを提供する。これらのシステム能力は、エンタープライズが着想し、開発し、つくり、および/または運用するシステムに備わっている。エンタープライズシステムズエンジニアリングは、さまざまな利害関係者のために運用価値を最大化する取り組みを集中させる。そのうちいくらかの利害関係者はある問題のある状況の改善に興味をもつ場合がある。

しかしながら、エンタープライズシステムズエンジニアリングは単に問題解決に対処するものではない。それはまた、エンタープライズのゴールを達成するための、よりよい方法に対する機会の模索を扱う。これらの機会は、運用コストの低減、市場占有率の増加、展開リスクの減少、市販までの時間縮小、および他のあらゆるエンタープライズゴールを達成する機会を含む。エンタープライズシステムズエンジニアリングを実践するにあたり、対処する機会の潜在力を過小評価してはいけない。

エンタープライズの運用能力は、利害関係者によって認識される運用価値に貢献する。組織またはエンタープライズは、システムまたはそのシステム要素の一つまたはいくつかの要素を取り扱うことができる。これらの要素は、ハードウェアとソフトウェアのように必ずしも明確な項目ではないが、人、プロセス、原理、政策、実践、組織、主義、理論、信条などの「ソフト」な項目も含む。

8.5.4 エンタープライズの変革

エンタープライズは、従業員の個人レベル（個人は仕事の実践を変える）またはエンタープライズレベル（大規模な計画された戦略の変更）のいずれかで絶えず変化している（Srinivansan, 2010）。これらの変化は、好機および脅威の出現に対するエンタープライズの部分で生じる一つの対応である。それは単に仕事をもっとうまく遂行するのではなく、異なる

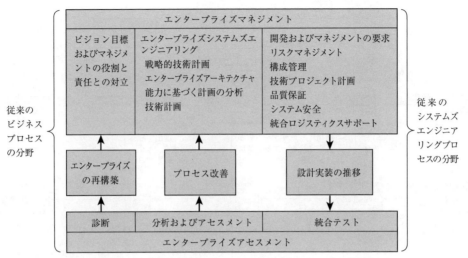

図 8.9 エンタープライズ全体の状況でのエンタープライズシステムズエンジニアリングプロセスの領域。MITRE Corporation の許可を得て転載。

仕事をすることである。それは多くの場合より重要な結果となる。価値はビジネスの実践を通じて創造される。しかしながら，すべてのプロセスが必ずしも全体的な価値に寄与するとは限らない（Rouse, 2005）。プロセスとそれがどのように全体的な価値創造の流れに寄与するかに注目することが重要である。

Rebovich は，「エンタープライズ中のシステムズエンジニアリングの成功に必要不可欠な新たに出現した思考方法が認知され始めている」（2006）と言っている。例えば，エンタープライズシステムズエンジニアリングおよび従来のシステムズエンジニアリング間の隔たりを縮めるために，MITRE は従来のシステムズエンジニアリングプロセス分野に加えて，次にあげるプロセスをエンタープライズ中のシステムズエンジニアリングプロセスに含めている（DeRosa, 2005）。

・戦略的技術計画
・エンタープライズアーキテクチャ
・能力に基づく計画の分析
・技術計画
・エンタープライズ分析とアセスメント

これらのエンタープライズシステムズエンジニアリングプロセスが，全エンタープライズとの関連で図 8.9 に示されている。エンタープライズシステムズエンジニアリングプロセスは中央に，ビジネスプロセスは左に，そして従来のシステムズエンジニアリングプロセスは右に示されている。エンタープライズを変革するためにシステムズエンジニアリングの実践を用いることに関しては，「Transforming the Enterprise Using a Systems Approach」（Martin, 2011）に詳細が記述されている。

8.6 VSME に対するシステムズエンジニアリングの適用

VSME（very small and micro enterprise）は，少数の従業員，多くの場合 50 人未満，最低 1 人で構成される組織と定義される。VSME の世界経済に対する影響は十分な裏づけがある。ある推定では，グローバルには 98% 以上の経済価値が 25 人未満のエンタープライズによって生み出されている。加えて，VSME は大規模なエンタープライズシステムと SoS に寄与し，システムの成功にとって重要で不可欠である。VSME のガイダンスは包括的で，どの分野のシステムズエンジニアリング機能にも適用できる。

すべてのプロジェクトにとって，システムズエンジニアリングプロセスをあらゆるライフサイクルステージまたは分野にテーラリングすることは一般的であるが，小さなエンタープライズにとってはきわめて重要である。当然ながらプロセスに対するどのプロジェクトのテーラリングも，テーラリングはリスク駆動であるべきで，プロジェクトの重大な属性

8.6 VSME に対するシステムズエンジニアリングの適用

などを考慮する。小規模なため，VSME はしばしば，ビジネスニーズに国際標準を適用し，ビジネスの実践への標準の適用が正当であることを証明するのが難しいことを見い出す。典型的な VSME には包括的なインフラがなく，数少ない従業員が通常複数の役割を担っている。

ISO/IEC/IEEE 29110 標準シリーズは VSE（very small entities）のためのシステムズエンジニアリングライフサイクルプロセスを定義する。この標準は ISO/IEC/IEEE 15288 に由来し，このハンドブックと整合性がとれている。ISO/IEC/IEEE 29110 シリーズ（2014）標準は，それほど重要ではないプログラムに関する標準の使用のための VSME ガイダンスを提供するため，プロファイルを定義する。プロファイルは製品開発にどれだけ関与するかによって方向づけされている。プロファイルは既存の標準からどの要素を用いるべきかを特定する一種のマトリクスである。4つのプロファイル（基礎編，初級編，中級編，上級編）は，先進的なアプローチを VSME に提供することができる。

プロファイル基礎編は，スタートアップしたばかりの VSME と，小さなプロジェクト（例：6人・月未満のプロジェクト）に取り組むそれを対象とする。プロファイル初級編は，特別なリスクまたは状況を考慮する必要のない，単一のプロジェクトチームが取り組む単一のアプリケーションのシステム開発の実践を記述する。プロファイル中級編は，複数のプロジェクトに取り組む VSME を対象とする。プロファイル上級編は，独立したシステム開発のビジネスとして成長したい VSME に適用される。

ミッションまたは安全が非常に重大であるプログラムには，このガイダンスは適用されない。なぜなら，重大なプログラムにはより高いレベルの厳格で包括的なシステムズエンジニアリングを必要とするからである。

第9章

横断的なシステムズエンジニアリング手法

　これまでの章では，システムライフサイクルを通して用いられる一連のシステムズエンジニアリング（SE）プロセスを説明してきた．この章では，システムズエンジニアリングの反復性と再帰性のさまざまな側面を反映して，システムズエンジニアリングプロセスを横断する方法への洞察を紹介する．

9.1　モデリングおよびシミュレーション

　システムズエンジニアリングライフサイクルの利害関係者は彼ら自身の考えをチェックし，他者に概念を伝えるためにモデルとシミュレーションを利用してきた．その便益は2つある．①実際のシステムの開発を進める前に，モデルとシミュレーションでシステムへのニーズと予測されるシステムの振る舞いを確認する，②モデルとシミュレーションは，システムを開発し，テストし，展開し，そして進化させる者に明確で理路整然とした設計を提示し，その結果，生産性を最大化し，まちがいを最小化する．プロジェクトの初期段階でのシステムモデルとシミュレーションによって限界と不適合を検出する能力はプロジェクト後半，特にシステムの運用中でのプロジェクトコストの高騰とスケジュールの超過を避けることに役立つ．モデリングとシミュレーションの価値は開発中のシステムまたはSoSの物理的な大きさまたは複雑さの高さとともに拡大する．

　システムズエンジニアリングライフサイクルの初期のモデリングおよびシミュレーションの目的は，設計，開発，構築，検証，または運用に対する主要な資源を確約する前にシステムについての情報を得ることである．そのために，モデリングおよびシミュレーションは，意志決定をサポートするためのコスト的に妥当で適時の形で，既存の資源からは得られない，分析者またはレビューアのためのデータを生成するのに役立つ．適切で正確で適時なモデルとシミュレーションは，利害関係者に彼らに適した情報を与え，代替案を評価するための観点を提供し，システムが提供する能力への信頼を築く．また，開発，展開，そして運用のスタッフが設計要求を把握し，技術およびマネジメントから課せられた制限を理解し，そして適度な持続性を確保するのにも役立つ．最後に，適切で正確で適時なモデルとシミュレーションは，組織とその供給者がシステムを実現するために必要かつ十分な人員，手法，ツール，およびインフラストラクチャを用意することに役立つ．

　モデリングおよびシミュレーションの長期的な便益は，問題の範囲，多様性，および曖昧さと下流工程のスタッフの能力との間のギャップを埋めることができる．能力の高いスタッフには，意図するシステムの比較的シンプルなモデルで十分かもしれないが，一方，能力がそれほど高くないスタッフには，より精緻なシミュレーションが必要となるかもしれない．予期していないミッションの状況で自律的に対処する能力のある新しく大規模なシステムをつくることに能力の高くないスタッフが直面している場合には特にそうである．最終的に，モデリングおよびシミュレーションの便益はモデルまたはシミュレーションの適時性，信頼性，および利用と保守のしやすさに関する利害関係者の認識に比例する．したがって，モデルの開発，検証，妥当性確認，認証，運用，および保守にかかると予想されて計画された資源は，モデルを利用することで得られると期待される情報の価値と一致している必要がある．

9.1.1　モデル対シミュレーション

　モデルとシミュレーションという用語は議論の中でまちがって置き換えられることがある．それぞれの用語は独自の特定の意味をもっている．用語「モ

9.1 モデリングおよびシミュレーション

デル」には多くの定義があるが，一般的には対象とするシステム，エンティティ，現象，またはプロセスの抽象または表現を意味する（DoD 5000.59, 2007）。モデルの他の多くの定義は，一般にモデルを物理的な世界でのいくつかのエンティティの表現としている。その表現は幾何形状，機能，または性能のように，エンティティの選択された側面を記述することを意図している。システムズエンジニアリングとの関連では，システムとその環境を表すモデルは，他の利害関係者と情報を共有するとともに，システムの分析，特定，設計，および検証をしなければならないシステムズエンジニアにとって特に重要である。異なるモデリングの目的のためのシステムの表現には，異なる種類のモデルが用いられる。

用語「シミュレーション」は，時間経過に伴うモデルの実行（または利用）を可能とする，特定の環境でのモデル（またはモデル群）の実装である。一般に，シミュレーションは，システム，ソフトウェア，ハードウェア，人，および物理現象の複雑で動的な振る舞いを分析するための手段を提供する。

コンピュータシミュレーションには実行可能なコードで表された分析モデル，入力条件とその他のデータ，そして計算のためのインフラストラクチャが含まれる。計算のためのインフラストラクチャとしては入出力装置とともに，モデルを実行するために必要な計算エンジンが含まれる。コンピュータシミュレーションのためのアプローチにはさまざまな種類があり，コンピュータシミュレーションの設計者が選ばなければならない。

システムとその環境を表現することに加えて，シミュレーションは方程式を解くための効率的な計算方法を提供しなければならない。特にそのループの中にオペレーターが存在する場合には，シミュレーションはリアルタイムで動作することが要求されることがある。その他，統計的に有効なシミュレーション結果を提供するために，シミュレーションではリアルタイムよりもさらに速く動作し，数多くシミュレーションを実施することが要求される場合がある。

9.1.2 モデリングの目的

システムモデルはさまざまな目的に用いられる。モデリングの第一の原則の一つは，モデルの目的を明確に定義することである。モデルがシステムライフサイクルを通して果たす目的には次のものがある。

- 既存のシステムを特徴づけること：既存のシステムの多くは文書化されておらず，システムをモデリングすることで既存システムのアーキテクチャおよび設計を把握する簡潔な方法を提供できる。この情報はシステムの保守を容易にするため，または改善することを目的としたシステムのアセスメントのために用いることができる。これは耐震性の新しい基準にあわせて建物を改修する前に，電気，配管，および構造を含んだ古い建物のアーキテクチャモデルを作成することに似ている。

- ミッションおよびシステムコンセプトの定式化と評価：ミッションおよびシステムコンセプトの候補を総合および評価するため，モデルをシステムライフサイクルの初期段階で適用できる。このことは，システムのミッションと，受益者に届くことが期待される価値に曖昧さを残さず明確に定義することを含む。システム設計候補をモデリングして，質量，速度，精度，信頼性，およびコストの重要なシステムパラメータの影響を利益指標の全体にわたりアセスメントすることで，トレードオフ空間を探索するためにモデルを用いることができる。システム設計パラメータの範囲を設定することに加えて，アーキテクティングおよび設計のような後のライフサイクルのアクティビティ前に，モデルを用いてシステム要求が利害関係者のニーズに合致していることの妥当性確認ができる。

- システムアーキテクチャ定義と要求のフローダウン：ミッションおよびシステム要求をシステム要素に落とし込み，システム解決策をアーキテクティングすることをサポートするためにモデルを用いる。システム設計のさまざまな側面に対処し，広範囲なシステム要求に対応するために，さまざまなモデルが必要となる場合がある。これには，機能，インタフェース，性能，および物理的な要求，さらに信頼性，保守性，安全性，およびセキュリティのような非機能要求を特定するモデルが含まれる。

- システムの統合と検証のサポート：システムの

中へのハードウェアおよびソフトウェア要素の統合をサポートし，システムが要求を満たしていることの検証をサポートするため，モデルを用いることができる。これには下位レベルのハードウェアおよびソフトウェア設計モデルとシステムレベルの設計モデルとの統合も含まれ，それによってシステム要求が満たされていることを検証する。システムの統合と検証にはシステム要求が満たされていることを逐次的に検証するために，選択したハードウェアと設計モデルを実際のハードウェアおよびソフトウェア製品で置き換えることも含まれることがある。これはhardware-in-the-loopテストおよびsoftware-in-the-loopテストと呼ばれる。テスト計画および実施で支援するためのテストケースとテストプログラムの他の側面を定義するため，モデルを用いることができる。

- トレーニングのサポート：システムと相互作用するユーザを訓練する支援のため，モデルを用いることによってシステムのさまざまな面をシミュレートすることができる。ユーザはオペレーター，保守員，またはその他の利害関係者の場合がある。異なる利用シナリオでのユーザの相互作用を表現する，さまざまな忠実度のモデルはシステムのシミュレーター開発のための基礎となる。

- 知識の獲得およびシステム設計の進化：モデルはシステムに関する知識を獲得し，組織の知識の一部として保つための有効な方法を提供することができる。この知識は，再利用され，進化することができ，新たな関連技術，新しい適用，そして新しい顧客に直面してシステム要求が変更するような，システムの進化をサポートするための基礎を提供する。モデルはまた，製品ファミリーを把握することを可能とする。

モデルは，対象システム（SOI）の本質的な特性，システムが運用される環境，そしてシステムとオペレーターを有効にし，つなぐ相互作用を表す。モデルとシミュレーションは，ほとんどのシステムライフサイクルプロセスの中で用いることができる。

- ビジネスまたはミッション分析：問題のある状況の記述モデルは，正しい問題に対処できていることを保証する。

- （利害関係者およびシステムの）要求定義：要求を正当なものとすることができ，過大/過小なシステムの規定を避ける。

- アーキテクチャ定義：選択基準に対して，選択肢となっている候補を評価し，他システムとの統合を含め関与者が最善のアーキテクチャを見つけることを可能にする。

- 設計定義：システム要素の実データが利用可能になると，必要な設計データを取得し，最適化のためにパラメータを調整し，システムモデルの忠実度を更新する。

- 検証および妥当性確認：システムの環境をシミュレートし，検証および妥当性確認データを評価し（直接観測することができない重要なパラメータの計算のために，シミュレーションでは観測されたデータを入力として用いる），そしてシミュレーションの忠実度の妥当性確認を行う（誤検出/検出漏れ）。

- 運用：計画，妥当性確認，およびオペレーターのトレーニングに先立って，シミュレーションは，実際の振る舞いを反映し，運用をシミュレートする。

9.1.3 モデルの適用範囲

モデルは意図した目的に対処するように適用範囲を決めなければならない。特にモデルの種類と選択された関連するモデリング言語は満たすべき特定のニーズをサポートしなければならない。例えば，航空機の開発をサポートするため構築されたモデルを考えてみよう。システムアーキテクチャモデルは航空機の部品間の相互接続を記述し，軌道解析モデルは航空機の軌道を解析し，フォルトツリー解析モデルは航空機故障の潜在的な原因をアセスメントできる。それぞれのモデルの種類に対して，モデルの意図した目的に対処するために適切な幅，深さ，および忠実度を決定しなければならない。

モデルの幅は，機能，インタフェース，性能，および物理要求，さらには非機能要求に対処しなければならないモデルの程度に関して，システム要求の対象範囲を反映する。航空機の機能モデルでは，モデルの幅は，パワーオン，離陸，着陸，電源オフ，そして航空機の環境を維持するための機能要求の一

9.1 モデリングおよびシミュレーション

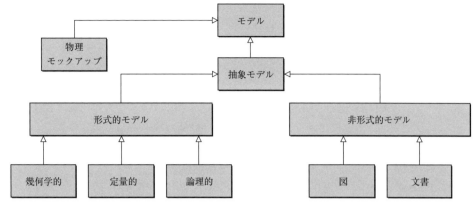

図9.1 モデル分類法の一つ。Sandy Friedenthal の許可を得て転載。

部またはすべてに対処する必要がある。

モデルの深さは，システムコンテキストからシステム要素までのシステムの分解の対象範囲を示す。図 2.2 に示した航空輸送 SoS の事例では，モデルの範囲は，航空機，管制塔，そして物理環境からナビゲーションシステムおよび慣性測定ユニットのようなシステム要素，そしておそらく慣性測定ユニットのさらに下位レベルの部品にまで広がるシステムコンテキストを定義する必要がある。

モデルの忠実度は，与えられた部分について，モデルが表現しなければならない詳細さのレベルを示す。例えば，システムインタフェースを規定するモデルはかなり抽象的で，航空機の状態を示すデータのような理論的な情報内容のみを表す場合がある。あるいは，より忠実な情報（例えば，ビット，バイト，および信号特性の観点からのメッセージのコード化）をサポートするようにさらに詳細なものであるかもしれない。忠実度はシミュレーションに要求される時間ステップのような計算モデルの精度を表すこともできる。

9.1.4 モデルおよびシミュレーションの種類

システムのさまざまな面とさまざまな種類のシステムに対処するために，多くの異なったモデルおよびシミュレーションがある。システムライフサイクルのある段階のために選択される特定の種類のモデルまたはシミュレーションは，興味の対象であるシステムの意図された利用および特有の性質と要求されるモデル精度のレベルに依存する。別の言葉でいうと「目的に対する適切性」である。一般に，特定のモデルまたはシミュレーションは，タイミング，プロセスの振る舞い，またはさまざまな性能指標のような全システム特性の一部に焦点を当てている。

9.1.4.1 モデルの種類

「われわれが頭に持ち込んでいるわれわれのまわりの世界のイメージは，まさにモデルである」（Forrester, 1961）。多くのシステムはメンタルモデルからスタートし，それは精緻化され，いくつかの段階で変換されて最終モデルまたはシミュレーション製品を形成する。モデルは選択された概念のメンタルイメージおよびそれらの関係の場合があり，スケッチ，テキスト仕様，グラフィック/イメージ，モックアップ，縮尺模型，プロトタイプ，またはエミュレーションに変換することができる。しばしば，機能，性能，信頼性，生存性，運用可用性，およびコストのような明確に区別される視点に対して別々のモデルが用意される。

意図する目的と適用範囲に対して適切な種類のモデルの選択を支援するために，モデルを分類することは有効である。モデルはさまざまな方法で分類することができる。図 9.1 はモデルの分類法の一つであり，具体的な役立つ分類を図的に提供している。必ずしも網羅的なモデルの一連のクラスを提供しているわけではなく，他のクラスも存在する可能性がある。

- 物理モックアップ：航空機モデルまたは風洞モデルのような実際のシステムを表現するモデル，またはコンピュータを用いて表現されることが多いモデルのような，より抽象的な表現。

- 抽象モデル：抽象モデルは，形式化の度合の異なるシステム，エンティティ，現象，またはプロセスを表現するためのさまざまな表記がある。したがって，非形式的モデルと形式的モデルを最初に区別するモデルの分類が記されている。このガイダンスでは形式的モデルに焦点を当てている。
- 非形式的モデル：簡単な描画ツールまたは文書でシステムを表現することができる。しかしながら，あまり形式的でない表現で用語の意味の明確な同意がない場合には，表現上潜在的に正確さに欠け曖昧となる可能性がある。そのような非形式的な表現は役に立つが，システムズエンジニアリングのためのモデリングおよびシミュレーションの範囲の中で考慮することができるように，モデルはある程度の期待値を満たすことが必要である。
- 形式的モデル：形式的モデルはさらに，幾何学的，定量的（すなわち，数学的），および/または論理モデルに分類される。幾何学的モデルではシステムまたはエンティティの幾何学的または空間的関係を表す。定量的モデルでは数値的な結果を生じるシステムまたはエンティティの定量的な関係（例えば，数学的方程式）を表す。論理モデル，これは概念モデルと呼ばれ，全体－部分の関係，部分間の相互関係，またはアクティビティ間の先行関係のようなシステムの論理的な関係を表す。論理モデルはグラフ（ノードと弧）またはテーブルで表される。

以下の例では，上述の分類法を示している。航空機は航空機の詳細な幾何形状を指定する三次元幾何学的モデルによって表すことができる。また，加速度，速度，位置，および方向に関して可能な飛行軌道を表す定量的モデルによって表すこともできる。航空機はさらに，航空機間の信号の発信元と送信先，またはどのようにエンジンの故障によって電力喪失および航空機が高度を失うかのような航空機故障の潜在的な原因を記述する論理モデルによって表すこともできる。多くの異なるモデルを用いて，SOIを表す場合のあることは明らかである。

幾何学的，定量的，および論理モデルを含む上述の形式的モデルのそれぞれの種類の意味論は数学的な形式を用いて定義することができる。

システムモデルはシステムとその環境を表すために用いられる。システムモデルは，計画，要求，アーキテクチャ，設計，分析，検証，および妥当性確認をサポートするためにシステムのさまざまなビューを含む。システムモデルは，幾何学的，定量的，および論理モデルの組合せを含めることができる。それらは，異なるシステム（例えば，熱，電力），異なる技術領域（例えば，ハードウェア，ソフトウェア），そして異なる特性（例えば，物理，性能）のような複数のモデリング領域に及ぶことがある。それらのモデルはそれぞれ一貫性があり，まとまりのあるシステム表現を保証するために統合される必要がある。そのため，システムモデルは，モデリング領域間で共有できる振る舞いおよび構造のような用途の広いシステムモデリングの概念を表現できるようにする必要がある。

Wayne Wymore は「Mathematical Theory of Systems Engineering；The Elements」(1967) で，数学的なフレームワークを用いてシステムモデルを形式的に定義するための初期の取り組みにより高い評価を得ている。Wymore はモデルベースの文脈でシステムを設計するための厳密な数学のフレームワークを確立した。

システムモデルのいくつかの例を下記に示す (ISO/IEC/IEEE 15288 より)。

- システムの機能および機能間のインタフェースをとらえる「機能モデル」
- システムの機能の振る舞い全体をとらえる「振る舞いモデル」
- アーキテクチャの時間的な側面をとらえる「時間モデル」
- システム要素とそれらの物理的インタフェースをとらえる「構造モデル」
- システムの質量的な側面をとらえる「質量モデル」
- システム要素の絶対的および相対的空間位置をとらえる「レイアウトモデル」
- 適用可能なシステムの機能または要素間の資源の流れをとらえる「ネットワークモデル」

9.1.4.2 シミュレーションの種類

シミュレーションは次の一つ以上の種類で記述す

- 物理シミュレーションは，物理モデルを利用し，比較的少ない数の属性を高い正確さ（忠実度）で再現することを目的とする。たいていの場合，そのようなシミュレーションは同様の忠実度の特定の環境属性の物理モデルを要求する。そのようなシミュレーションを構築するためにはコストがかかることが多く，システムと環境の属性の数が制限されるため，答えることができる問題の範囲が限定される。この種のシミュレーションは安価なコンピュータベースのシミュレーションでは質問に対して答えることができない場合に用いられる。物理シミュレーションの例としては，風洞テスト，環境テスト，および製造プロセスを明らかにするモックアップがある。
- コンピュータベースのシミュレーションは，計算モデル（MoC）に基づいてサブタイプに分けることができる。たとえば，離散事象，連続時間解法，または有限要素がある。それぞれある構造に合うように数学モデルが必要となり，その中のいくつかが組み合わされて複合MoCができる。確率的な過程をモデル化する，またはシステムの入力に不確定性が含まれる場合，多くのシミュレーション実行の出力から統計的な分析を実施するためにモンテカルロシミュレーションを用いることができる。シミュレーション環境では実行アーキテクチャ（実際にはMoCアルゴリズムを実装する）と対象システムのモデルを分離する傾向があり，後者はモジュール形式で実装される。これにより複雑なモデルを扱うことができ，異なるシミュレーションでモデルを再利用する可能性が向上する。コンピュータベースのシミュレーションはシステム属性の広い範囲を網羅するために行われる。実際にはさまざまな形で相互作用するシステムの多くの種類のモデルを含むためコンピュータベースのシミュレーション自体が非常に複雑なものになる。シミュレーション全体のさまざまな部分の目的にあったモデルを作成するための専門知識が多くの対象分野の専門家の間で分配されるほどの複雑なレベルになると，そのようなシミュレーションの構築それ自身がシステムズエンジニアリングの課題となる。
- ハードウェアおよび/またはhuman-in-the-loopシミュレーションは，リアルタイムで実行され，コンピュータベースモデルを利用し，システムのハードウェアおよび/または人間という要素で入力と出力のループを閉じる。例えば運動または視覚シーンの生成のような物理シミュレーションが要求される場合には，そのようなシミュレーションは高いレベルの忠実度が必要となり，コストがかかる。

米国の防衛関係者は，シミュレーションを実演，仮想，または構成的という。

- 実演シミュレーションは，実オペレーターが実システムを操作することを指す。
- 仮想シミュレーションは，実オペレーターが模擬されたシステムを操作することを指す。
- 構成的シミュレーションは，模擬したオペレーターが模擬されたシステムを操作することを指す。

仮想および構成的シミュレーションにはまた，ループ内に実際のシステムハードウェアおよびソフトウェアを含むこともあり，実システム環境からの外的刺激を含むことがある。

9.1.5 モデルとシミュレーションの開発

完成したモデルまたはシミュレーションは，それ自体がシステムまたは製品と考えられる。したがって，モデルまたはシミュレーションの開発および適用の一般的なステップは，この本の中で紹介しているシステムズエンジニアリングプロセスに近接して並べられる。他での開発の取り組みと同じように，モデルは計画され，追跡されなければならない。

モデルおよびシミュレーションの開発に並行して実施される重要な取り組みは，モデルまたはシミュレーションが特定の目的に用いるのに適切であることを証明する検証，妥当性確認，および認証評価（VV&A）プロセスである。モデルまたはシミュレーションから得られる知識を利用することの結果を考えると，その知識をもったユーザは知識が十分信頼に足るものであること（すなわち，目的に合っ

ていること）を確信しなければならない。このことは，意思決定プロセスでモデルまたはシミュレーションを用いることに関連するリスクが最小化され，モデルおよびシミュレーションが役立つことに気づくことを意味する（すなわち，モデルまたはシミュレーションを利用しないことのリスクは，モデルまたはシミュレーションを利用することのリスクより大きなものとなるということ）。米国の DoD Modeling and Simulation Coordination Office は VV&A に関する包括的なガイダンスを作成するために多大な資源を投入してきた（M&SCO, 2013）。

9.1.6 モデルとシミュレーションの統合

モデルベースのアプローチの一部として，多くの異なる種類のモデルおよびシミュレーションが用いられることがある。主要な活動は複数の領域および専門領域にまたがるモデルとシミュレーションの統合を促進することである。例として，システムモデルはシステム要素を特定するために用いることができる。システムアーキテクチャの論理モデルは，システム要素を特定して分割し，それらの相互接続または要素間の関係を定義するために用いることができる。システム要求を満足するための特定の要素に要求される値を決定するために，性能，物理，および信頼性のようなその他の品質特性のための定量的モデルが採用されることがある。システム要素の相互作用を表す実行可能なシステムモデルを用いることで，要素への要求がシステムの振る舞いの要求を満たしているか妥当性を確認できる。前述のモデルはそれぞれ同じシステムの異なる面を表している。電気，機械，そしてソフトウェアの各エンジニアリング領域では，それぞれ同じシステムの異なる面を表す独自のモデルをもつ。これらのさまざまなモデルは十分に統合させて，まとまりのあるシステム解決策を確保しなければならない。

統合をサポートするためには，モデルとシミュレーションは意味論的相互運用性を確立し，一つのモデルで構成することが別のモデルで対応する構成と同じ意味を確実にもたなければならない。簡単な例としては，より上位のシステムモデル，信頼性モデル，および電気設計モデルに現れる特定の要素の名前がある。このモデリング情報はモデリングツール間で交換することができ，異なるモデルでも一貫性をもって表されなければならない。

意味論的相互運用性に対する一つのアプローチは，異なるモデル間でのモデル変換を用いることである。変換は一つのモデルの概念と別のモデルの概念との間の対応関係を確立するものと定義される。対応関係の確立に加えて，ツールはモデルデータを交換して情報を共有する手段をもたなければならない。ファイル交換，API の利用，および共有されたリポジトリを含むツール間でのデータ交換のための複数の手段がある。

モデリング言語，モデル交換，およびデータ変換のためのモデリング標準の利用は，モデリング領域間での統合のための重要な実現手段となる。

9.1.7 モデル管理

システムモデルとシミュレーションはシステムズエンジニアリングの取り組みでの主要な成果物であるため，それらを管理することは特に重要である。システムライフサイクルを通したモデルおよびシミュレーションの管理には，バージョンおよび変更統制に関連した構成管理の懸念が含まれる。特に分散したチームが異なる要素の異なる側面を更新する場合にはそれ自身が複雑なプロセスとなる。ブランチおよびマージのような変更管理手法は他の統合アプローチと併用することができる。モデルとシミュレーション管理の他の重要な側面は継続的な妥当性確認である。モデルおよびシミュレーションの変更が取り入れられると，チームはそれらが意図した目的に対するシステムの十分な表現となっていることを保証する必要がある。

9.1.8 モデリング標準

システムの分析，規定，設計，および検証をサポートするために異なる種類のモデルが必要となる。モデリング標準は，対象の特定領域に対して表現可能であり，対象領域にわたる異なる種類のモデルの統合を可能にする見解の一致する，システムモデリングの概念を定義するうえで重要な役割を果たす。

システムモデリング言語の標準は，専門領域間，プロジェクト間，さらに組織間のコミュニケーションを可能にする。このコミュニケーションにより，あるプロジェクトから他のプロジェクトに移動する

際の実践者に対するトレーニングの要求を低減し、プロジェクトおよび組織の内部およびそれらを越えたシステム成果物の再利用を可能とする。標準モデリング言語はまた、他のシステムズエンジニアリング標準と同様に、システムズエンジニアリングの実践を進めるための共通基盤を提供する。

モデリング標準には、モデリング言語、モデル間のデータ変換、および意味的な相互運用性を達成するための一つのモデルから別のモデルへの変換が含まれる。代表的なモデリング標準の部分的なリストは「SEBoK」(2014) のモデリング標準の章にある。

9.1.9 モデリング言語

モデリング言語は一般に人が理解でき、コンピュータも理解できることを意図しており、構文と意味の両方に関して規定される。

抽象的な構文ではモデルの構成を規定し、その構成からモデルを構成する規則を規定する。英語のような自然言語の場合には、構成には動詞、名詞、形容詞、および前置詞のような種類の単語が含まれ、規則は適切な文章を形づくるためにそれらの単語をどのように組み合わせて利用するかを規定する。数学モデルのための抽象的な構文は、数学的機能、変数、そしてそれらの関係を定義するための構成を規定することがある。論理モデルのための抽象的な構文は、論理エンティティと部品間の相互関係またはアクションの先行関係のような関係を定義するために構成を規定する。正しくつくられた文章が自然言語の文法規則に従っているのと同様に、正しくつくられたモデルはその規則に従う。

具体的な構文はモデルの構成を表すために用いる記号を規定する。英語またはドイツ語のような自然言語はテキストまたはモールス信号で表現することができる。モデリング言語は図示記号および/またはテキスト記述を用いて表現されることがある。例えば、機能フローモデルは、テキストで注釈をつけた図的なノードと弧の組合せからなる図示記号を用いて表されることがある。一方で、シミュレーションモデル記号は Fortran または C 言語のようなプログラミング言語のテキスト構文を用いて表現されることがある。

言語の意味論は構成の意味を定義する。例えば、英単語は単語が定義されるまで明示的な意味はもっていない。文章が文法的に正しかったとしても、単語が定義されるまでは意味のわからないものであり、単語を利用するコンテキストの中でその意味が曖昧であれば誤解される。言語は動詞または名詞の概念、および動詞または名詞である特定の単語の意味の両方に対して意味を与えなければならない。同様に、フローチャート上のボックスまたは矢印のような記号として表されるモデリング構成は、それが定義されるまで意味をもたない。ボックスおよび矢印はそれぞれ異なる概念を表す。それらの概念は定義しなければならず、そして、特定のボックスと矢印も定義されなければならない。その定義は自然言語または他の形式で表現できる。例えば、記号 $\sin(x)$ と $\cos(x)$ は正弦関数と余弦関数を表し、数学で厳密に定義されている。振子の位置が $\sin(\theta)$ および $\cos(\theta)$ で定義されている場合、これらの形式から振子位置の意味が理解される。

SysML™はシステムのための重要なモデリング言語として OMG から発行された (OMG, 2013b)。図9.2に示す SysML ダイアグラムの種類の概要説明は以下のとおりである。

- パッケージ図 (pkg) は他のモデル要素が含まれるパッケージにモデルを編成するために用いられる。これによりアクセスと変更の統制とともに、モデルのナビゲーションおよび再利用を容易にする。
- 要求図 (req) はテキストベースの要求をとらえる。モデルの中に要求をもつことで、要求から要求、および要求と設計、分析、および検証の要素間でのきめ細かいトレーサビリティを確保できるようになる。
- システムの構造はブロック図によって表される。
  - ブロック定義図 (bdd) はシステム階層とシステム要素の分類を記述する。
  - 内部ブロック図 (ibd) では、システム内の部品がポートとコネクターを用いてどのように相互接続されているかという観点からシステムの内部構造を図示している。システム内の部品の相互接続を記述する。
- 振る舞いは、ユースケース図、アクティビティ図、シーケンス図、およびステートマシン図でとらえられる。

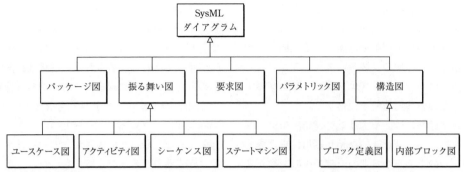

図 9.2 SysML ダイアグラムの種類。Friedenthal ら (2012) の図 3.2 より。Sandy Friedenthal の許可を得て転載。

- ユースケース図 (uc) は目標を達成するためにユーザおよび外部システムがシステムをどのように利用するかという観点からシステムの機能性を高いレベルで記述する。
- アクティビティ図 (act) ではアクションの統制されたシーケンスを通して入力から出力への変換を表す。
- シーケンス図 (sd) ではシステムの協調する部品間での時間順のメッセージ交換の観点から相互作用を表す。
- ステートマシン図 (stm) ではシステムまたはその部品の状態、状態間の遷移、状態の中で、または遷移、エントリー、または終了時に生じるアクション、そして遷移を引き起こす事象を記述する。
- パラメトリック図 (par) では詳細なエンジニアリング分析をサポートするために必要となるシステムのプロパティの値に関する制約を表す。これらの制約には、性能、信頼性、および質量プロパティなどが含まれることがある。SysML^{TM}は他のエンジニアリング分析モデルと解析を実行するツールとを統合することができる。

SysML^{TM}は、機能の要素への割り当て、論理要素の物理要素への割り当て、そしてその他の割り当てを表す割り当ての関係を記述する。SysML は、構造分析手法およびオブジェクト指向法のような多くの異なるモデルベースの手法をサポートすることを意図した汎用モデリング言語である。特別の手法ではダイアグラムの一部のみを要求することがある。例えば、単純な機能分析手法では、bdd、ibd、およびおそらく要求図で補強されたアクティビティ図のみを要求する。

SysML^{TM}に関する一般的な情報については、ツールベンダー、記事、および書籍へのリンクとともに、OMG SysML^{TM}の公式ウェブサイト (http://www.omgsysml.org) を参照されたい。

9.1.10 モデリングとシミュレーションのツール

モデルとシミュレーションは、モデリングとシミュレーションのツールを用いて、モデラーによって作成される。物理モデル(例えば、物理モックアップ)では、モデリングツールにドリル、旋盤、そしてハンマーが含まれるかもしれない。抽象モデルではモデリングツールは通常コンピュータ上で動作するソフトウェアプログラムである。これらのプログラムは、特定のモデリング言語を用いてモデリング構成を表現する能力を提供する。ワードプロセッサは自然言語を用いて、テキスト文章を作成するために用いられるツールとみなすことができる。同様に、モデリングツールはモデリング言語を用いて、モデルを作成するために用いられるツールである。ツールは、記号を選択するためのツールパレットと図示記号または具体的な構文からモデルを構築するためのコンテンツエリアを提供することが多い。モデリングツールは通常、モデルをチェックして言語のルールに従っているかどうかを評価する。そのようなルールを適用することで、モデラーが適切なモデルを作成することを助ける。これは、ワードプロセッサが、テキストが自然言語の文法ルールに従っているかをチェックすることに似ている。

モデリングおよびシミュレーションツールには市販の製品があり，また固有のモデリング手法を提供するために作成されたものまたはカスタマイズされたものがある。モデリングおよびシミュレーションツールは，システム開発環境を構成する広範囲なエンジニアリングツールの一部として用いられることがある。モデルおよびモデリング情報をさまざまなツール間で互換性をもたせる標準モデリング言語のためのツールサポートの重要性が増してきている。

9.1.11 モデル品質の指標

モデルの品質をモデルが表す設計の品質と混同してはいけない。例えば，椅子の設計を正確に表すための高品質な計算機支援設計による椅子モデルがあったとしても，設計には欠陥があり椅子に座るとバラバラになってしまうかもしれない。高品質モデルは，設計チームが設計の品質をアセスメントし，設計上の問題を見つけることを支援するのに十分な表現を提供しなければならない。

モデル品質は，モデルガイドラインへのモデルの順守とモデルが意図された目的に対処する度合でアセスメントされることが多い。モデリングガイドラインの典型的な例としては，命名規則，適切なモデル注釈の適用，モデル構成の適切な利用，そしてモデルの再利用の考慮がある。特定のガイドラインはモデルの種類によって異なる。例えば，計算機支援設計ツールを用いた幾何形状モデルを開発するためのガイドラインは，座標系，寸法，および許容誤差の定義のための規則を含む場合がある。

9.1.12 モデルおよびシミュレーションをもとにしたメトリクス

モデルおよびシミュレーションは，モデリングとシミュレーションの取り組み，多くの場合，システムズエンジニアリング全体の取り組みをアセスメントするための技術およびマネジメントのメトリクスの両方に用いることができる豊富な情報を提供できる。異なる種類のモデルおよびシミュレーションは異なる種類の情報を提供する。一般に，モデルおよびシミュレーションは，次のことを可能にする情報を提供する。

・進歩のアセスメント
・取り組みとコストの見積
・技術的な品質とリスクのアセスメント
・モデル品質のアセスメント

モデルの進捗は，定義されたモデルの適用範囲に対するモデリングの取り組みの完全性の観点からアセスメントされる。モデルはまた，要求が設計によって満足されたか，またはテストにより検証されたかという観点で，進捗のアセスメントのために用いることができる。生産性基準を追加することにより，モデルは，システムを提供するために必要となるシステムズエンジニアリングの取り組みを実行するためのコストの見積もりに用いることができる。

モデルおよびシミュレーションはシステムの重要なパラメータを特定して，それらのパラメータに内在する不確実性の観点から技術リスクをアセスメントするために用いることができる。モデルおよびシミュレーションはまた，目的に関連する追加のメトリクスを提供するために用いることもできる。例えば，モデルの目的がミッションとシステムコンセプトの定式化と評価をサポートすることである場合，主要なメトリクスは指定された時間の中で探索される候補となるコンセプトの数となる場合がある。

9.2 モデルベースシステムズエンジニアリング

本節では，従来のドキュメントベースのアプローチに対するモデルベースのアプローチでの利点の概要，MBSEアプローチの目的と，MBSEを実施するためのMBSE手法の概説の参照，およびモデル管理についての簡潔な考察を含むモデルベースシステムズエンジニアリング（MBSE）の概要を紹介する。

9.2.1 MBSE 概要

多くのモデルおよびシミュレーションの実践がシステムズエンジニアリングプロセスに形式化された。これらのプロセスがMBSEの基礎である。「INCOSE Systems Engineering Vision 2020」(2007)ではMBSEを「概念設計フェーズから始まり，開発に続くライフサイクルフェーズを通してのシステム要求，設計，分析，検証，および妥当性確認のアクティビティをサポートするモデリングの形式化され

た適用」と定義している。

MBSEは製品の仕様に関連した情報の獲得，分析，共有，および管理する能力を高め，結果として以下の利点をもたらす。

- コミュニケーションの改善：開発の利害関係者（例えば，顧客，プログラムマネジャー，システムズエンジニア，ハードウェアおよびソフトウェア開発者，テスター，および専門エンジニアリング分野の担当者）間でコミュニケーションを改善する。
- システムの複雑さを管理する能力向上：システムモデルを複数の観点から見ることができ，変更による影響を分析できるようにする。
- 製品品質の改善：一貫性，正確性，および完全性を評価することができるシステムの曖昧でなく正確なモデルを提供する。
- 知識の獲得の強化：より標準的な方法での情報の獲得とモデル駆動型アプローチに内在する組み込まれた抽象化メカニズムを利用することによる知識の獲得およびその情報の再利用の強化。これによりサイクルタイムを短縮し，設計を修正するための保守費用を抑制する。
- システムズエンジニアリングの基礎を教えそして学ぶための能力の改善：コンセプトの明確で曖昧さのない表現を提供する。

MBSEはシステムズエンジニアリングに対する従来からあるドキュメントベースのアプローチと対照的である。ドキュメントベースのシステムズエンジニアリングアプローチでは，文章および仕様，インタフェース統制文書，システム記述文書，トレードオフ検討，分析レポート，および検証計画，手順，そしてその他種々の報告のような成果物に含まれるシステムについて作成されたかなりの情報がある。これらの文書の中の情報を管理し，同期することは難しい場合が多く，また品質（正確性，完全性，および一貫性）の観点からアセスメントすることも難しい。

MBSEアプローチでは，これらの情報の多くはシステムモデルまたはモデル一式によってとらえられる。システムモデルはシステムズエンジニアリングプロセスの主要な成果物である。MBSEは，モデルを利用することを通してシステムズエンジニアリ

ングの適用を形式化している。これらの情報がモデルに獲得され，ライフサイクルを通して維持される度合はMBSEの取り組みの適用範囲に依存する。MBSEアプローチをシステムズエンジニアリングに活用することは，システム要求，アーキテクチャ，および設計の品質を大きく改善することを意図している。また，システム定義の初期段階で課題を表面化することで，システム開発のリスクとコストを低減し，システム成果物を再利用することで生産性を向上し，そしてシステム開発チーム間でのコミュニケーションを改善する。

9.2.1.1　MBSE方法論の概説

一般的には，方法論とは特定の分野をサポートする関連するプロセス，手法，およびツールの集合と定義できる（Martin, 1996）。より一般的な方法論の考えはMBSE方法論に特化でき，モデルベースまたはモデル駆動を用いる状況の中でシステムズエンジニアリング分野をサポートするための関連するプロセス，手法，およびツールの集合として，これを分類することができる（Estefan, 2008）。

2008年にINCOSE技術出版物としてMBSE方法論候補の概説が出版された（Estefan, 2008）。6つのMBSE方法論の候補が調査された。INCOSEオブジェクト指向システムズエンジニアリング手法（OOSEM），IBM Rational Telelogic Harmony—SE，システムズエンジニアリングのためのIBMラショナル統一プロセス（RUP-SE），Vitech MBSE手法，JPL状態分析（SA），およびDoriオブジェクトプロセス方法論（OPM）。これらの方法論についてのさらなる情報は「INCOSE MBSE Initiative Wiki」（INCOSE, 2010a）を参照されたい。

このハンドブックに載っている2つの方法の例は9.3節の機能ベースシステムズエンジニアリング（FBSE）手法と9.4節のOOSEMである。機能ベースの手法はモデルベースとは呼ばれないが，明示的にモデルをもとにしているVitechのMBSE方法論のような機能ベースの手法もある。OOSEMは徹底したMBSE手法として定義され，手法の成果物はシステムズエンジニアリングプロセスを通して管理，統制される。

9.3 機能ベースのシステムズエンジニアリング手法

9.3.1 はじめに

FBSEはシステムの機能アーキテクチャに着目したシステムズエンジニアリングのアプローチである。「機能」は要求された結果を達成するために実行されなければならない特有のタスク、アクション、またはアクティビティである。機能は装置（ハードウェア）、ソフトウェア、ファームウェア、設備、人員、および手順データからなる一つまたはそれ以上のシステム要素によって達成できる。

FBSEの目的は、システム製品およびプロセスを設計できるように機能アーキテクチャを作成すること、そして機能およびサブ機能をハードウェア/ソフトウェア、データベース、設備、および操作（例えば人員）に割り当てることにより、システムアーキテクチャを定義するための基礎を提供することである。

FBSEではシステムが何を行うかを記述する。どのように行うかは記述しない。理想的には、このプロセスはすべてのシステム要求が完全に明らかになったあとに開始される。たいていの場合、これは実現できず、これらのタスクを反復して実行しなければならず、システム要求が進展するのに伴って機能アーキテクチャがさらに定義される。

9.3.1.1 手法概要

FBSEプロセスはシステムライフサイクルの単一のステージの中でも反復的である。機能アーキテクチャは適用される要求文書または仕様に定義されている機能の集合として上位から開始され、それぞれの機能、性能、および制約要求がそれらに割り当てられる（最上位のケースは、唯一の機能がシステムであり、すべての要求がそこに割り当てられる）。図9.3に示すように、次の下位レベルの機能アーキテクチャが開発され、さらなる分解が必要かを判断するために評価される。必要であれば、機能アーキテクチャが完成するまでプロセスは一連のレベルを通して反復される。

FBSEは反復して行わなければならない。

- 上位レベルの機能要求を満たすために要求される連続する下位レベルの機能を定義し、さらに一連の機能要求の候補を定義する。
- 要求定義により、ミッションおよび環境駆動型の遂行能力を定義し、より上位レベルの要求を満足しているかを判断する。
- 性能要求と設計制約を下位へ落とし込む。
- アーキテクチャと設計により、製品とプロセス解決策の定義を詳細化する。

プロセスの各レベルで、分解と割り当ての候補を検討し、それぞれの機能と選んだ一つの案について評価する。機能のすべてが特定されたあと、分解されたサブ機能のすべての内部および外部のインタフェースが確立される。これらのステップを図9.4に示す。

FBSEでは機能を達成するために必要なすべてのサブ機能を特定するために、定義された機能を分析する。分析にはすべての利用のモードが考慮されなければならない。この活動は、要求されたアーキテクチャおよび設計の取り組みをサポートするために必要な深さのレベルまで行われる。特定された機能要求は分析され、親の要求を達成するために要求される下位レベルの機能を決定する。運用時の要求に合致するためにシステムによって実行されなければならないすべての機能は、割り当てられた機能、性能、および他の限界要求の観点から特定され、定義される。それぞれの機能はサブ機能に分解され、そして機能に割り当てられた要求がそれぞれ分解される。このプロセスはシステムが基本サブ機能に完全に分解されるまで反復され、最下位レベルのそれぞ

図9.3 機能分析/割り当てプロセス。INCOSE SEH v1の図4.3-1より。INCOSEの利用条件の記載に従い利用のこと。

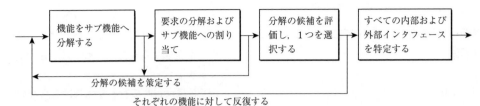

図 9.4 機能分解の候補の評価および定義。INCOSE SEH v1 の図 4.3-2。INCOSE の利用条件の記載に従い利用のこと。

れのサブ機能はその要求によって完全に，わかりやすく，そして一意に定義される。このプロセスで各機能およびサブ機能間のインタフェースは，外界に対するインタフェースと同様に完全に定義される。

特定されたサブ機能が機能アーキテクチャに配置され，それらの関係およびインタフェース（内部および外部）が示される。機能要求はそれらの論理シーケンスに配置され，下位レベルの機能要求はより上位の要求の一部として認識される。機能は，始めから終わりまでの状況で定義され，そしてトレースできる入力，出力，および機能インタフェース要求（内部および外部の両方）をもたなければならない。タイムクリティカルな要求も分析されなければならない。

性能要求は，最上位レベルから最下位レベルに至るまで，それぞれの機能要求およびインタフェースを連続的に確立しなければならない。上位レベルの性能要求は下位レベルへ落とし込まれ，サブ機能に割り当てられる。ある機能，または一連の機能の前提条件であるタイミング要求が決定され，割り当てられなければならない。結果として得られる一連の要求は，設計基準として用いることができるように測定可能かつ十分詳細に定義されなければならない。性能要求は現在の機能アーキテクチャの下位レベルから，それらが割り当てられた分析を通して，サポートしようと意図している上位レベルの要求までトレースされなければならない。すべての種類の製品要求はまた，検証されなければならない。

性能要求は分解され，機能分解の各レベルに割り当てられるが，性能要求を割り当てる前に複数のレベルに進むことが必要になることがある。さらには候補の機能アーキテクチャを策定し，より望ましいものを決めるためのトレードオフ検討をする必要がある。FBSE の各反復で，分解の候補を評価し，すべてのインタフェースが定義される。

FBSE の成果物は，プロジェクトの特定のステージと機能アーキテクチャを開発するために用いられる特定の手法に依存して，さまざまな形式をとることができる。以下にFBSEからの主要な出力を示す。

1. 入力-プロセス-出力（IPO）図：特定のレベルでのシステムの分解に関連するデータフローの最上位レベルのダイアグラム。このダイアグラムはシステムのすべての入力および出力を表現するが，分解については示していない。

2. 振る舞い図：時間シーケンス，同時並行性，条件，同期ポイント，状態情報，および性能を規定する構成を用いて，システムレベルでの刺激応答を規定する振る舞いを記述する。

3. 制御フロー図：システムまたはソフトウェアプログラムにより操作が実行できる一連のすべての可能なシーケンスを示す。ボックスダイアグラム，フローチャート，および状態遷移図を含む，さまざまな種類の制御フロー図がある。

4. データフロー図（DFDs）：システムが実行しなければならない振る舞いのそれぞれの相互接続を提供する。振る舞いの識別子へのすべての入力，および生成されるべきすべての出力は，それらがアクセスしなければならないそれぞれのデータストアとともに特定される。各DFDは，IPO図またはより上位レベルのDFDとの一貫性を検証するため，チェックしなければならない。

5. エンティティ関係（ER）図：一連のエンティティ（例えば，機能またはアーキテクチャ要素）およびそれらの論理的な関係を示す。

6. 機能フローブロック図（FFBDs）：入力と出力

を関係づけ，システム機能間のフローに対する洞察を与える。
7. 機能モデリングのための統合定義(IDEF)図：順次に起きる入力と出力のフローによって機能間の関係を示す。プロセス制御はそれぞれ示されている機能の上部に入力し，下部に入力する線では機能が必要とするサポートメカニズムを示す。
8. データ辞書：開発組織間でのコミュニケーションを支援するために，データフロー，データ要素，ファイルなどの標準的な定義を提供する文書。
9. モデル：システムを理解し，伝え，設計し，そして評価するための方法として用いられるシステムの関連のある特性の抽象化。それらはシステムの構築前，検証中，または運用中に用いられる。
10. シミュレーション結果：一連の統制された入力が提供されたとき，SOIと同様に振る舞い，または動作するシステムのシミュレーションからの出力。

機能分解アクティビティの目的はシステムのすべての機能要求に合致するFFBDの階層を策定することである。しかし，この階層は機能アーキテクチャの一部にすぎないことに留意するべきである。先に述べたように，すべての性能および限界要求が適切に分解され，階層の要素に割り当てられるまで，アーキテクチャは完成しない。

階層中の各機能の記述は以下の内容を含むようにつくられなければならない。

1. そのレベルでの他の機能との相互関係を特徴づけるネットワーク（例えば，FFBDまたはIDEF0/1図）内での位置
2. 機能に割り当てられ，機能が何かを定義している一連の機能要求
3. 内部および外部両方の入力および出力

これらのさまざまな出力は機能アーキテクチャを特徴づけ，この分析をサポートする望ましい出力はない。多くの場合，これらのうちのいくつかは機能アーキテクチャおよびシステムアーキテクチャに内在する可能性があるリスクを理解するために必要である。これらの形式を複数用いることにより，分析プロセスの「チェックとバランス」を考慮でき，システム設計チーム間でのコミュニケーションに役立つ。

9.3.2　FBSEツール

FBSEを実施するために用いることができるツールは以下のとおりである。

・分析ツール
・モデリングおよびシミュレーションツール
・プロトタイピングツール
・要求トレーサビリティツール

9.3.3　FBSE指標

以下の指標を用いてFBSE全体のプロセスおよび製品を評価することができる。

・割り当てに関連する完了したトレードオフ検討の数（特定された数の割合）
・完了した分析の割合
・要求割り当てが行われていない機能の数
・分解されていない機能の数
・分解の代替案の数
・完全に定義されていない内部および外部インタフェースの数
・目標の深さに対する機能階層の深さの割合
・機能階層の最下位レベルで割り当てられた性能要求の割合

9.4　オブジェクト指向システムズエンジニアリング手法

9.4.1　はじめに

OOSEM（Estefan, 2008）は，進化する技術および変化する要求に対応することができる柔軟で拡張可能なシステムのアーキテクティングを支援するために，モデルベースおよび伝統的なシステムズエンジニアリング手法にオブジェクト指向の概念を統合している。OOSEMでは，システムの仕様決定，分析，設計，および検証をサポートする。OOSEMはまた，オブジェクト指向ソフトウェア開発，ハードウェア開発，そして検証と妥当性確認手法の統合を容易にすることができる。

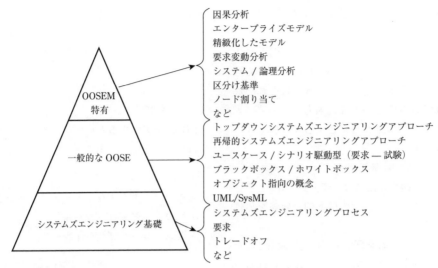

図 9.5 確立されたシステムズエンジニアリング基礎をもとに構築される OOSEM。Howard Lykins の許可を得て転載。

オブジェクト指向システムズエンジニアリングは，1990 年代中頃に，Lockheed Martin 社と協力したソフトウェア生産性コンソーシアムから生まれた。この方法論は，ハードウェア，ソフトウェア，データベース，および手作業の要素を含む Lockheed Martin 社での大規模，分散情報システム開発の一部に適用された。INCOSE チェサピーク支部は手法をさらに発展させるために，2000 年 11 月に OOSEM のワーキンググループを設立した。OOSEM は，INCOSE および業界論文（Friedenthal, 1998；Lykins ら，2000）そして Friedenthal らによる「A Practical Guide to SysML：The Systems Modeling Language」(2012) に記述がある。

OOSEM の目的は以下のとおりである。

・ライフサイクルを通して，システムを特定，分析，設計，検証，そして妥当性確認するのに十分な情報をとらえる。
・MBSE 手法をオブジェクト指向ソフトウェア，ハードウェア，およびその他の工学手法と統合する。
・システムレベルの再利用および設計の進化をサポートする。

図 9.5 に OOSEM を構成する手法および概念を示す。OOSEM は基本的なシステムズエンジニアリングの実践，オブジェクト指向の概念，そしてシステムの複雑性に対処するための特有の手法を組み込んでいる。システムズエンジニアリングにとって本質であると認識される実践は OOSEM の中核の教義としている。これらには，要求分析，トレードオフ検討と，統合製品およびプロセスの開発（IPPD）を含む。開発プロセスでの複数分野のチームワークを強調する IPPD については 9.7 節を参照されたい。

OOSEM で活用されているオブジェクト指向の概念は，カプセル化と継承の概念とともに，ブロック（すなわち，UML のクラス）およびオブジェクトを含む。これらの概念は SysML で直接サポートされている。OOSEM に特有の手法にはパラメトリックフローダウン，システム/論理分解，要求変動分析などが含まれる。

9.4.2 手法の概要

OOSEM は図 9.6 に示される開発プロセスをサポートする。

この開発プロセスは以下のサブプロセスを含む。

・システム開発管理：計画，リスクマネジメント，構成管理，および測定を含む技術的な取り組みの計画と統制
・システム要求および設計の定義：システム要求の特定，システムアーキテクチャの開発，およびシステム要求のシステム要素への割り当てを

9.4 オブジェクト指向システムズエンジニアリング手法

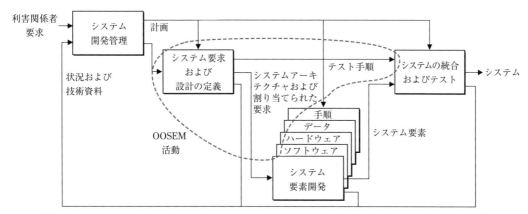

図9.6 システム開発プロセスコンテキストでのOOSEM活動。Howard Lykinsの許可を得て転載。

含む。
- システム要素開発：割り当てられた要求を満たす要素を設計し，実装し，そしてテストする。
- システムの統合およびテスト：システム要素を統合し，それらが部分として，そして全体としてシステム要求を満たしていることを検証する。

このプロセスは第3章で紹介した典型的なV字プロセスと整合している。これはシステム階層のそれぞれのレベルで，再帰的および反復的に適用できる。例えば，システム階層に複数のシステム要素レベルが含まれる場合，V字プロセスはシステムレベルに適用され，システム要素要求の第1レベルを特定する。そして，V字プロセスは第1レベルの各システム要素に再び適用され，第2レベルのシステム要素に対する要求が特定され，こうして先へ進む。

効果的にするため，OOSEM開発の活動は，（計画，リスクマネジメント，構成管理，および測定のような多分野のチームおよび規則に従ったマネジメントプロセスの利用を含めて）システムズエンジニアリングの基本的な考え方によりサポートされなければならない。OOSEM開発の活動およびそれに伴うプロセスの流れは，Object-Oriented Systems Engineering Method (OOSEM) Tutorial (LMCO, 2008) および Tutorial Material—Model-Based Systems Engineering Using the OOSEM (JHUAPL, 2011) により詳細に記述されている。

図9.7に示すように，システム要求および設計のプロセスは以下のOOSEMの上位レベルのアクティビティに分解される。

9.4.2.1 利害関係者ニーズの分析

このアクティビティは，エンタープライズの「現在」と「将来」の両者の分析をサポートする。OOSEMでは，エンタープライズはミッションを達成するために協働する他の外部システムとシステムを集約する。「現在」のシステムとエンタープライズはそれらの限界と必要とされる改善を理解するのに十分な詳細さでとらえられる。因果分析手法を利用して決定される「現在」のエンタープライズの限界は「将来」のエンタープライズのミッション要求を導くための基礎となる。

OOSEMは「将来」のエンタープライズのミッション要求を規定し，顧客および他の利害関係者ニーズを反映する。ミッション要求は，因果分析で特定された限界に対処するための新しい，そして改善された能力の定義を含む。「将来」のエンタープライズの能力は対応するMOEをもつユースケースとして表される。「将来」のエンタープライズは，開発されるシステム，またはシステムのコンテキストを設定する。

ユースケース，シナリオ分析，因果分析，およびコンテキスト図を含む，分析をサポートするモデリング成果物は，顧客の「現在」および/または「将来」のコンセプトの文書中に獲得できる。

9.4.2.2 システム要求分析

このアクティビティではミッション要求をサポートするシステム要求を特定する。システムは外部システムおよび顧客と作用するブラックボックスとしてモデルで記述される。ユースケースとシナリオは，システムがどのようにミッションをサポートす

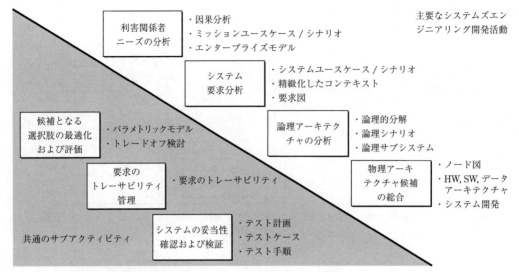

図9.7 OOSEM活動およびモデリング成果物。Howard Lykinsの許可を得て転載。

るために用いられるかという運用コンセプトを反映している。シナリオは，ブラックボックスとしてのシステム，ユーザ，および外部システムを表現するスイムレーンを伴ったアクティビティ図を用いてモデルで記述される。各ユースケースのシナリオは，機能，インタフェース，データおよび性能要求を導くために用いられる。要求管理データベースは，ユースケースおよび関連するミッション要求に対するシステム要求のトレースをとるために更新される。

開発の進行につれて，要求が変更されることがある。例えば，システムの外部インタフェースが変更される，あるいは性能要求が厳しくなるかもしれない。要求の変動は，要求が変更される可能性およびその変更がミッションに与える影響の観点から評価される。これらの要因はリスクアセスメントに含まれ，のちに潜在的な要求変更に順応するよう，どのようにシステムを設計するかを決定するために用いられる。

9.4.2.3 論理アーキテクチャの定義

このアクティビティはシステムの論理要素への分解および区分けを含む。例えば，ウェブブラウザによって実現されるユーザインタフェース，または赤外線センサによって実現される環境モニターがある。要素はシステム要求を満たし，システムの機能性を獲得するために相互作用する。論理アーキテクチャ/設計をもつことにより，システム設計への要求および技術変更の影響を緩和する。

OOSEMはシステムをその論理要素に分解するためのガイドラインを提供する。論理要素に対する機能はブラックボックスのシステム機能をサポートするために論理シナリオから導出される。論理要素の機能性およびデータは，凝集，結合，設計変更，信頼性，および性能のような他の基準に基づいて再分割される。

9.4.2.4 物理アーキテクチャ候補の総合

物理アーキテクチャは，ハードウェア，ソフトウェア，データ，人，そして手順を含む物理システム要素間の関係を記述する。論理要素は物理要素に割り当てられる。分散システムに対して，OOSEMは，性能，信頼性，およびセキュリティのような関心事に対処するためにシステムノードにわたり物理要素を分散するためのガイダンスを含む。ソフトウェア，ハードウェア，およびデータアーキテクチャに関係する関心事に対処するために，システムアーキテクチャを詳細化しつづける。それぞれの物理要素に対する要求はシステム要求までトレースをとり，要求管理データベースの中で管理される。

9.4.2.5 候補となる選択肢の最適化および評価

このアクティビティはすべての他のOOSEMアクティビティを通して呼び出され，アーキテクチャ案を最適化し，アーキテクチャを選択するためのトレードオフ検討が行われる。性能，信頼性，可用性，ライフサイクルコスト，人，および専門エンジニアリングの関心事のためのパラメトリックモデルは，

選択肢の比較が必要となるレベルまで，アーキテクチャ案を分析し，最適化するために用いられる。トレードオフ検討を実施するために用いられる基準および重み係数はシステム要求および MOE に対してトレースがとられる。TPM が監視され，潜在的リスクが特定される。

9.4.2.6 要求のトレーサビリティ管理

このアクティビティは他の OOSEM アクティビティを通して実行され，要求，アーキテクチャ，設計，分析，および検証の要素間のトレーサビリティを確保する。要求の関係性が確立され，維持される。システムモデル中の要求は要求管理データベースと同期する。ギャップまたは不足をアセスメントし，そして満たすため，トレーサビリティが継続的に分析される。要求の変化に伴い，トレーサビリティは要求の変化によるシステム設計，分析，および検証の要素への影響をアセスメントするために用いられる。

9.4.2.7 システムの妥当性確認および検証

このアクティビティによってシステム設計が要求を満たしていることを検証し，それらの要求が利害関係者ニーズに合致していることの妥当性を確認する。検証計画，手順，および手法（例えば，検査，分析，実証，およびテスト）が策定される。テストケースおよび関連する検証手順の開発の主要な入力はシステムレベルのユースケース，シナリオ，および関連する要求である。検証システムは，運用システムのモデリングのために先に記述したのと同じアクティビティおよび成果物を用いてモデルで記述することができる。システム検証方法，テストケース，および結果に対してシステム要求および設計情報のトレースをとるため，このアクティビティの間，要求管理データベースは更新される。

9.4.3 OOSEM の適用

OOSEM はシステムを規定し設計するために用いられる MBSE 手法である。システムには，航空機または自動車のような運用システムだけではなく，製造，サポート，および検証システムのようなライフサイクルを通して運用されるシステムを有効にするシステムも含む。この手法は個々のシステムまたはシステム要素をアーキテクティングするのと同様に，SoS またはエンタープライズを構築するためにも適用できる。

OOSEM は特定のアプリケーション，プロジェクトニーズ，および制約をサポートするためにテーラリングする必要がある。特定のライフサイクルモデルに適合するために，テーラリングには特定のアクティビティおよびモデリング成果物および／またはアクティビティの順序の注力度合の変更を含む。

プロダクトラインおよび進化的開発アプローチをサポートするために，モデリング成果物はまた，他の適用で詳細化され，再利用できる。プロダクトラインモデリングは変動に関するモデリングに関連する。「モデルベースプロダクトラインシステムズエンジニアリング」と呼ばれるアプローチを確実なものにするために，次の 3 つの改善が考慮されるべきである。

・変動に関するモデリングと，ニーズ，要求，アーキテクチャ，テストおよびその他の成果物ごとの変動間の制約のモデリング
・アクティビティ図，ユースケース図，およびその他の SysML ダイアグラムの変動に関するモデリング
・成果物間の関係を説明するため，これらの成果物間の依存関係およびこれら変動間の制約のモデリング：給湯器のプロダクトラインを一例とすると，電気抵抗器の電力の変動は給湯器の容量の変動に依存するか，または依存しないかのモデリング

OOSEM は，アジャイルソフトウェア開発のようなさまざまな学派からの原則および実践とともに利用できる。さらに，OOSEM を他のアプローチと統合するための適用方法を，適応およびテーラリングする必要がある。

9.5 プロトタイピング

プロトタイピングは，ユーザのニーズを満足するシステムの提供の可能性を著しく向上できる技法である。加えて，プロトタイプは，ユーザのニーズおよび利害関係者の要求の意識と理解の両方を促進できる。2 つのタイプのプロトタイピング，ラピッドおよび伝統的プロトタイピングが一般に利用される。

ラピッドプロトタイピングは，ユーザの遂行実績データを得て，候補となるコンセプトを評価するための，おそらく最も容易で，最も速い方法である。ラピッドプロトタイプは，既存の物理的，図的，あるいは数学的な要素のメニューからすばやく組み立てられるシミュレーションの固有のタイプである。レーザーリソグラフィーまたはコンピュータシミュレーションシェルのようなツールが，その例である。それらは目的によく合った形，人とシステムとのインタフェース，運用，あるいは生産可能性の考慮を調査するのにしばしば用いられる。ラピッドプロトタイプは，広く利用され，非常に便利である。しかし，まれな場合を除いては，それらは本当の「プロトタイプ」ではない。

伝統的プロトタイピングは，リスクまたは不確かさを低減できるツールである。部分的プロトタイプは，SOIの重要な要素を検証するために利用される。完全プロトタイプは，システムの完全な表現である。それは関心のある側面で完全かつ正確でなければならない。目的および実行時間と誤り率の定量データが，これらの高度に忠実で双方向なプロトタイプから得られる。

プロトタイプは元来，他のすべてをそこから複製する最初の製品として使われていた。しかしながら，プロトタイプは製造された実体の「最初のドラフト」ではない。プロトタイプは，学習を向上させることを意図したものであり，この目的が達成されたときには脇に退けられるべきものである。一度，プロトタイプが機能すると，性能の向上あるいは製造コストの低減のための変更が加えられるであろう。したがって，その製造された実体は，異なる振る舞いを要求するかもしれない。磁気浮上列車システム（3.6.3項参照）は，より長い距離のシステムのためのプロトタイプ（この場合は概念実証）と考えることができる。それは，短距離の特性すべてではなく一部を示すものである。伝統的プロトタイプの存在のおかげで，次のシステムを創造するために必要となる改良を評価するために，科学者とエンジニアはたいへんよい立場にいる。

9.6 インタフェース管理

インタフェース管理は，システムズエンジニアリングプロセスを横断する一連の実績のある活動である。いくつかの組織はインタフェース管理を単独のプロセスとして取り扱っているが，これらは技術的な横断的活動であり，プロジェクトチームがシステムの特定のビューとして適用および追跡すべき技術的なマネジメントプロセスである。インタフェース管理が，技術プロセス特定の目的および焦点として適用されるとき，それはしばしばプロジェクトに内在する，そうでなければ，もっと遅くに明らかになっていたであろう重要な課題を照らし出すための助けとなる。そのときにこれは，プロジェクトのコスト，スケジュール，そして技術的な性能に影響を与えるであろう。

アーキテクチャモデルがつくられているとき，インタフェースはアーキテクチャ定義プロセス（4.4節）の中で特定される。インタフェース要求は，システム要求定義プロセス（4.3節）を通じて定義される。要求が定義されるとともに，インタフェースの記述と定義とが，アーキテクチャ定義プロセス（4.4節）の中で，アーキテクチャ記述に必要とされる程度にまで定義される。インタフェース定義のさらなる詳細化および詳述化は，特定のシステムの実装の細部が定義されるにつれて，設計定義プロセス（4.5節）により与えられる。システム定義の進展は，これらのプロセス間での反復を含んでおり，そして，インタフェース定義はその重要な一部となっている。インタフェースの特定および定義がアーキテクチャ定義プロセスの中で進展する際，インタフェースをできるかぎり単純なものに保つ目的をもつ（図4.8）。

インタフェース定義の一部として，多くのプロジェクトが，インタフェース標準を適用するためのニーズまたは便益を見い出す。例えば，オープンシステムを横断するプラグアンドプレイの要素またはインタフェースの場合には，プロジェクトチームが統制できないシステム間に必要とされる相互運用性を保証するために，インタフェース標準を厳密に適用することが必要となる。これらの標準の例には，インターネットプロトコル標準およびモジュラオープンシステムアーキテクチャ標準がある。インタフェース標準はまた，新しいシステム要素の追加を許す標準化されたインタフェース定義の利用を通じ，能力を進展させることによって，おそらく現れてくる新しい要求をもつことになるシステムにとっ

9.6 インタフェース管理

ての利益となりうる。

よいコミュニケーションは，システムのインタフェース管理を保証する重要な部分である。多くのプロジェクトが，インタフェース要素の各々に責任があるメンバーを含むインタフェース統制ワーキンググループ（ICWG）の利用を組み込んでいる。ICWG は，単一システムの中の内部インタフェース，または相互運用できるシステムまたは有効にするシステムの間の外部インタフェースに集中できる。ICWG の利用は，プロジェクトチーム内部またはプロジェクトチーム/組織間の協業を正式なものとし，そして向上させる。ICWG の利用は，インタフェースのあらゆる側面の適切な考慮を保証することを支援するための効果的なアプローチである。

インタフェース管理の活動の目的の一つは，他の利害関係者との合意を促進することである。これには構造化されたプロセスを通じて，プロジェクトの初期に，役割と責任，インタフェース情報を提供するタイミング，および重大なインタフェースの特定を含む。これはプロジェクト計画プロセス（5.1節）を通じて行われる。リスクマネジメントプロセス（5.4節）の一部として特定のインタフェースに注目することで，課題，リスク，および機会を早期に特定できるようになり，それらが及ぼしうる影響（特に統合中）を回避できるようになる。インタフェース管理はまた，異なる組織間の関係を向上させ，課題および協力について開かれたコミュニケーションができるシステムをもたらす。そこでは，課題がより効果的に解決できるようになる。

最後に，要求，アーキテクチャ，および設計の成果物のベースラインが確立されたのち，構成管理プロセス（5.5節）は関連するいかなる成果物（例えば，インタフェース統制文書，インタフェース要求仕様書，およびインタフェース記述/定義文書）とともに，インタフェースの要求と定義との継続的な管理と統制を提供する。

インタフェース管理は，ライフサイクルプロセスが遂行されるに従って，情報の交換を公式に文書化し，追跡するため，単純であるが効果的な方法を提供するように意図されている。

9.6.1 インタフェース分析方法

インタフェース定義を支援するいくつかの分析方法とツールがある。これらの方法は，システム，システム要素，および/またはインタフェースシステムのコンテキストの中で，インタフェースを特定し，理解するのを助ける。一般に，システム分析プロセス（4.6節）は，インタフェース分析を遂行するシステム要求定義，アーキテクチャ定義，または設計定義プロセスによって呼び出される。

N^2 ダイアグラム（図9.8参照）は，インタフェースを分析する体系的なアプローチである。N^2 ダイアグラムは，システムインタフェース，装置（例えばハードウェア）インタフェース，またはソフトウェアインタフェースへ適用される。N^2 ダイアグラムはまた，開発プロセスの後のステージで，システム要素間の物理的インタフェースを分析し，文書化するために利用できる。N^2 ダイアグラムは視覚的に示した行列で，システムズエンジニアはこれを利用することで効果的に，すべてのシステムインタフェースを双方向の形の固定フレームワークでもれなく定義することができる。

システムの機能または物理的要素が行列の対角に置かれる。$N×N$ 行列の残りのマス目は，インタフェースの入力および出力を表現している。機能間のインタフェースは時計回りの方向に流れる。例えば，機能 A から機能 B へ渡されるエンティティは，適切なマス目の中に定義できる。空白のところは，各々の機能の間にインタフェースがないことを表す。すべての機能を他のすべての機能と対照したとき，図は完成する。より下位の機能が，対応する下位のインタフェースを伴って特定されたならば，続いてそれらを拡張された図で，あるいは下位の図で記述できる。ときどき機能間で受け渡されるエンティティの特性が，そのエンティティが特定されたマス目に含まれることがある。インタフェースを特定することに加え，この図の主要な機能の一つに，開発サイクルのあとに来るシステム統合を効率的に進められるように，機能の矛盾が発生しうる場所の指摘がある（Becker ら，2000；DSMC，1983；Lano，1977）。

代わりに，あるいはさらに加えて FFBD と DFD は，機能間および機能と外界との間での情報の流れを特徴づけるために利用できる。システムアーキテクチャをより下位へと分解するにつれ，インタフェース定義が遅れをとっておらず，そして下位の

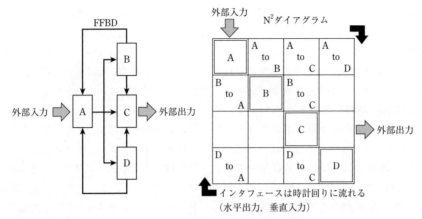

図 9.8 FFBD および N²ダイアグラムのサンプル。Krueger と Forsberg により INCOSE SEH 専用に作成された図。INCOSE SEH の元図は Krueger および Forsberg により作成された。INCOSE の利用条件の記載に従い利用のこと。

分解を無視したインタフェースの定義がないということを確認することが重要になる。

インタフェース定義に有用な他の分析方法に，デザインストラクチャマトリクス（DSM）と ibd（SysML ダイアグラムの内部ブロック図）がある。

- デザインストラクチャマトリスク（DSM）は，複雑なシステムの設計，開発，および管理に利用できる，直接的で柔軟なモデリング技法である。「DSM は，システム要素とそれらの相互作用を表すネットワークモデリングツールを提供し，これにより，システムのアーキテクチャ（あるいは設計された構造）を強調する」。DSM の見た目および使用法は N²ダイアグラムに非常に似ているが，典型的には入力と出力の異なる表し方が用いられる（水平行に入力を，そして垂直列に出力を書く）(Eppinger and Browning, 2012)。
- ibd は，SysML 中で，システムのパート間の相互接続を規定する。ibd は，パート，ポート，およびコネクタを用いてシステムの内部構造を記述するのに用いられる(9.1.9 項参照)。ibd は，システムのホワイトボックス，あるいは内部のビューを与え，主たるシステムブロック内の全ブロックを最終的に組み上げたものを表現する(Friedenthal ら，2012)。

9.7 統合製品およびプロセスの開発

統合製品開発（IPD）は，構想から廃棄までにわたる製品ライフサイクルの全要素を考慮する必要性を認識したものであり，ライフサイクルの開始と同時に始まる。考慮すべき重要項目には，品質，コスト，スケジュール，ユーザ要求，製造，およびサポートが含まれる。IPD はまた，製品ライフサイクルを通じ，エンジニアリング，製造，検証，およびサポートを含む製品チーム全体の継続的な統合の意味をもつ(DoD, 1998)。

伝統的な階層化された管理構造から脱し，統合製品チーム（IPTs）へと組織化されることで，同時並行に進められる製品開発に内在するリスクは低減される。生産性の向上は，プロセスの非集中化，以前にあった課題の回避，およびエンジニアリングと製造のよりよい統合を通じてもたらされる。アクティビティが直列に並べられた伝統的な開発は，製品が完成する前に時代遅れになってしまうほどに長くなるかもしれない。インタフェースを正しく定義し正しく統制することにより，チーム全体を含む IPD が開発プロセスを加速しうる。

IPPD はさらに，プロセスの重要性を認識する。次の定義が IPPD に当てはまる。

- 統合製品開発チーム（IPDT）：ある定められた製品またはプロセスを提供する責任を担う人々

9.7 統合製品およびプロセスの開発

の学際的なグループ

- IPPD：ある製品またはシステムの設計と，その製品またはシステムを製造する方法とを同時に開発するために，IPDTsを用いたプロセス。プロセスの検証は，IPDTによるプロセス記述のレビューからなっていてもよい。また，それはあるプロセスのIPDTに対する実証を含んでいてもよい。
- コンカレントエンジニアリング：あらゆる分野（例えば，設計，マーケティング，製造エンジニアリング，プロセス計画，およびサポート）の人員が，製品ライフサイクルの全ステージを通じて一緒に働き，データを共有する環境をつくることによって，製品設計，製造，運用，および保守改善することを目的とする管理／運用のアプローチである。

統合開発では，上流の活動で設計およびインタフェースの要求を満たすという前提に立ち，下流の活動が開始されるため，開発プログラムへ，より大きなリスクをもたらしうる。しかしながら，機能横断的なIPDTの階層を導入することにより，各階層で製品の開発および出荷を行うことで，リスクを低減させ，よりよい製品をより早く提供できる。

IPPDはまた，IPDTsを通じてチームコミュニケーションを改善し，先を見越してリスクのあるプロセスを実行し，IPDTから適時受け取った入力に基づいて決定を下し，顧客の関与を改善する。

9.7.1 IPDTの概要

IPDTは，適切な資源を与えられ，製品，またはプロセス，および／またはサービスを定義し，開発し，生産し，そしてサポートする責任と権限を与えられた，プロセス指向の複数の機能横断的な一連の統合チーム（すなわち多数の小さなチームが集まって構成される一つの全体チーム）である。各チームには，任されたプロセス（これには開発と生産の全ステップ，またはそのいくつかを含むこともある）を完了するために必要なスキルをもった要員が割り当てられる。

その一般的なアプローチは，すべての製品およびサービスの機能横断的IPDTsを形成することである。IPDTsの典型的な型は，システムズエンジニアリングと統合チーム（SEIT），製品統合チーム（PIT），および製品開発チーム（PDT）である。これらのチームは各々，個々の要素および／またはそれらのより複雑なシステム要素への統合に注目した小規模で独立したプロジェクトを模倣する。SEITは，製品チーム間の要求のバランスをとり，他のIPDTsの統合を助け，統合されたシステムおよびシステムプロセスに注目し，そしてシステムの課題に対処する。これらは性質上，他のIPDTsが十中八九，優先度が低いとみなす課題である。チームはプロセスに基づいて組織されているが，そのチームの中のあるチームの組織的構成は，製品が組み立てられ統合される方法に依存し，製品の階層構造に似てくるかもしれない。

これらのIPDTチーム型に対して注目するエリアと，それらの一般的な責任が，表9.1に要約されている。このような整理はしばしば，大規模で，多要素で，多重的なサブシステムプログラムに当てはまるが，個別のプロジェクトにも適応していなければならない。例えば，より小さなプログラムでは，PITチームの数は低減または削減できる。サービス指向のプロジェクトでは，システムの階層，注目点，およびチームの責任は，適切なサービスに適応していなければならない。

チームメンバーの参加は，製品ライフサイクル全体で異なり，要求開発からライフサイクルのさまざまなステージに移行する取り組みとして，異なるメンバーには，主か，二次的か，あるいはマイナーなサポートの役割をもつ場合がある。例えば，製造と検証の代表者は，初期の製品定義のステージの間は主要ではない，パートタイムで助言を与える役割かもしれないが，のちの製造と検証の間は主たる役割を担うだろう。チームメンバーは，あとでコストが変化するのを避けるために，彼らのニーズと要求が全体のプロジェクト要求および計画に反映されていることを保証するために，最初から必要な程度の参加をする。いくつかのチームにとっては，プロジェクトサイクルの間ずっととどまることは，そのチームの「プロジェクトの記憶」として残るので，これもまたよいことである。

IPDTは，製品とシステムに対するライフサイクルを通じた責任と，仕事を終える権限とで，力を与えられなければならない。IPDTは，上位マネジメ

表 9.1　IPDT の型とその焦点および責任

システム階層	チームの型と責任の焦点
外部インタフェースおよびシステム	システムズエンジニアリングと統合チーム（SEIT） ・統合されたシステムおよびプロセス ・外部およびプログラムの課題 ・システムの課題および完整性 ・チームの統合および監査
上位レベルの要素	製品統合チーム（PIT） ・統合 H/W および S/W ・成果物の課題および完整性 ・他のチーム（SEIT および PDT）へのサポート
下位レベルの要素	製品開発チーム（PDT） ・ハードウェアおよびソフトウェア ・製品の課題および完整性 ・主要参加者（設計および製造） ・他のチーム（SEIT および PIT）へのサポート

ントに重要な意思決定を求めるべきではない．しかしながら，IPDT は，インタフェースチーム，システム統合チーム，およびプロジェクトマネジメントを含む他のものに対して，IPDT の行動と意思決定を正当化することが求められることになる．

9.7.2　IPDT プロセス

IPDT の基本原則は，製品のライフサイクル全体にわたってニーズおよび要求が完全に理解されることを保証するために，製品開発の最初にすべての分野に関与させることである．要求は最初にシステムレベルで策定され，要求が下流へ降りていくと，続いて下位レベルで策定される．システムズエンジニアの率いるチームは，各々のレベルで最前線のシステムズエンジニアリングアクティビティを遂行する．

IPDT は，IPPD 環境で，それ自身の内部統合を行う．SEIT の代表は，各々の（またはいくつかの）製品チームに，内部および外部のチームに対する責任をもって所属する．要求と設計概念を収束させるために，製品チームと SEIT との間で広範囲な繰り返しが行われる．しかしながら，この取り組みは，予備的な設計レビューを終え，設計が固まっていくにつれて，目に見えてゆっくりになっていく．

システムズエンジニアは，SEIT と PIT に深く参加するが，PDT への参加はそれよりもずっと少ない．それとは関係なく，このハンドブックに記述された反復するシステムズエンジニアリングプロセスは，IPPD 環境のすべてのチームにまったく同じように適用できる．すべてのチームにシステムズエンジニアが日常的にいるため，そのプロセスをプログラム全体を通して適用することは，なおさら容易なことである．

IPDT は多くの役割をもち，それらを統合する役割はチームの型および統合レベルに基づいて，重複する．図 9.9 は，プログラムプロセスおよびシステムアクティビティの例を示している．

左側にある 3 つのバーは，システムの異なるレベルでの製品チームの型の役割を示している．例えば，影のついたバーで示されるように，SEIT は外部の統合およびシステムインテグレーションの活動で，先導と監査とを行う．下位レベルの要素（例えば，部品，コンポーネント，あるいはサブアセンブリ）を含むプログラムプロセスについては，適切な PDT は，SEIT と PIT にサポートされた，積極的な先導と監査への参加者である．

基本的なシステムレベルでの活動は，システム要求の導出，システム機能の分析，要求の割り当ておよびフローダウン，システムのトレードオフ分析，システムの総合，システムの統合，TPM 定義，およびシステムの検証である．図のシステム機能 1，2，および 3 は，要素チームが参加する間，SEIT が異なるシステム活動上のアクティビティを先導し，監査することを示している．下位のシステム要素チームは，要求されれば追加的なサポートをする．

図 9.9 の右側の列は，すべてのチームがある程度関与する他の統合領域を示している．さまざまな

9.7 統合製品およびプロセスの開発

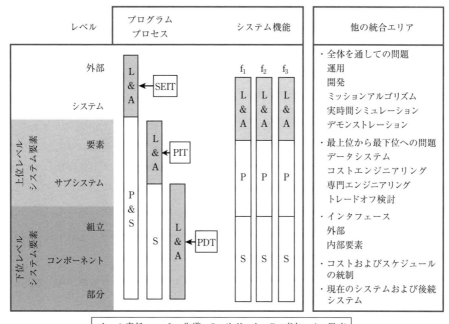

図 9.9 IPDT の補足的な統合活動の例。INCOSE SEH v1 の図 6.3 を Bob Lewis が改良した図。INCOSE の利用条件の記載に従い利用のこと。

チームの役割もまた，これらの活動に向けて調整されなければならないが，それはこの例のようであればよい。

9.7.2.1　高い能力をもつ IPDT の編成および運営

IPDT を組織し，運営するための基本ステップと主要な活動は以下のとおりである。

1. プロジェクトに対する IPDT チームの定義：全プロジェクト領域を網羅する IPDT チームをつくる。
2. IPDT リーダーへの責任および権限の委譲：開発プロセスの初期に経験のあるリーダーを選定し，ライフサイクルを通じた頻繁な予算変更を回避する。
3. IPDT へ要員を割り当てる：候補者はチーム環境でよく働き，コミュニケーションを十分にとり，以下の責務を果たさなければならない。

- コアチームのコンピテンシー，可用性，およびフルタイムの責務でのバランスをとること
- いつコンピテンシーが必要で，いつ必要でないかを計画すること
- 専門家が必要となる課題を特定すること

4. チームの運営環境の理解：チームがどのように直接的または間接的に，他のチームおよびプロジェクトに全体として影響するかを認識する。
5. 「キックオフ会議」の計画および実行：2つのキックオフ会議を推奨する。1つはプロジェクト全体の会議で，もう1つは個々の IPDT の会議である。よく計画されたキックオフ会議により，プロジェクトを正しく踏み出すことができる。
6. チームのトレーニング：プロジェクトのためのトレーニングは重大な要素である。次のトピックを網羅するように推奨する。

- プロジェクトに合わせてテーラリングされたシステムズエンジニアリングプロセス
- プロジェクトの記述，利害関係者，目的，ミッション，組織，スケジュール，および予算
- 用語と命名法
- プロジェクト成果物へのアクセス
- コミュニケーションスキル
- プロジェクトの IPDT の手順，対策，および報

告

要員の入れ替えがあったとき，新しいチームメンバーが早期にプロジェクトへ追いつくのを助けるために，追加のトレーニングが行われ，自習の手引きが策定されるべきである。

7. チームのビジョンおよび目的の定義：チームのビジョンおよび目的を，メンバーの各々が自分ごととして考えられるように策定するめ，最初のIPDT会議で一緒にブレインストーミングを行う。チームのビジョンおよび目的を肉づけするには，おそらく，他のIPDTのメンバーと，マネジメント，そして顧客を参加者に加える必要がある。

8. 各チームにそれぞれの仕事の定義を行き届かせること：上位のプロジェクト計画がレビューされ次第，各チームはチームおよびそのメンバーの，タスク，役割，責任，およびマイルストーンを特定しなければならない。メンバーは，個々のタスクがどのように上位のプロジェクトプログラムのタスクに適合しているのかを理解する必要がある。

9. 定められたプロセスアセスメントと継続的改善への期待の確立：各チームは，利用中のプロセスと監視されるべき主要な指標とを文書化しなければならない。チームは継続的改善のマインドセットをもち，自身の活動を監視し，道を外れないように修正を続けなければならない。

10. 対策と報告によるチームの進捗の監視：各チームは，自身の進捗を監視するための一連の対策および報告を行う。これらの報告と対策は，他の複数のIPDTを連携させるSEITによってレビューされなければならない。これらの対策には，アーンド・バリュー報告書と，欠陥率報告書のような技術的対策とを含むこともある。選択される対策は，そのプロジェクトのチームの役割に依存する。

11. プロジェクトを通じたチームの持続と発展：チームへの人員割り当ては，プロジェクトライフサイクルにわたりチームが成長し，縮小し，求められるスキルの種類が変わるのにつれて変化する。課題が発生すると，その固有の課題への対処を助けるため，技術専門家のチームへの参加が必要になることがある。マーケティング，プログラムの統制，調達，経理，法務，および人事のようなサービスは，一般的に，着実に，少ない取り組み水準で，あるいは必要に応じてチームをサポートする。

12. チーム成果物の文書化：チーム成果物は，十分に定義されているべきである。IPDTの構造によって，組織横断的なコミュニケーションにかかるコストは変化し，低減されるべきである。複数のドキュメントが要求される場合，特定されたバックアップをもつ別のチームメンバーが，他のメンバーからの提供を受け，責任ある執筆者として任命されるべきである。IPDTは，ミッション，ビジョン，目的，成果物，会議議事録，意思決定，テーラリングされたプロセス，合意，チームプロジェクト情報，およびコンタクト情報に加え，活動の記録を保持するべきである。

13. プロジェクトの終了およびフォローアップ活動：ステップ12とあわせ，たとえプロジェクトが未来のいつかの時点で設計し直されるかもしれないとしても，IPDTは記録を保持するべきであるし，すべての完了した成果物はアクセス可能でなければならない。すべてのIPDTの記録は，可能であれば，プロジェクト全体の報告書に容易に統合できるように，同じように編成されるべきである。完了した成果物には，チームのための教訓，推奨される変更，および指標の要約が含まれるべきである。

プロジェクトマネジャーは，チームが適切に構成されていることを保証し，要員割り当てを持続できるよう努力するためのチームの要員計画をレビューすべきである。フルタイムで働く者の利点は，多数を占めるパートタイムのチームメンバーの仕事を上まわる。同様に，知識の豊富な主要のチームメンバーがいなくなると，チームは危機的状況に置かれる。十分に一緒に働きコミュニケーションをとることができる人員を有することが重要である。しかしながら，改善できるほど際立った技術専門家および熟練者がいなければ，チームが成果をあげるのは難しい。IPDTで高い能力を達成するために以下が推奨

9.8 リーンシステムズエンジニアリング

表9.2 IPDTを用いた場合の落とし穴

IPDTの落とし穴	何をすべきか
ビジョンおよび目標を定義することに時間を費やしすぎる。	集中し，先に進む。
不十分な権限—IPDTメンバーは，承認を得るために管理者と頻繁に確認しなければならない。	チームリーダーに適切な責任を与えるか，チームにマネジャーを加える。
IPDTのメンバーは，管理上の課題と過剰な約束あるいは使いすぎに鈍感である。	チームリーダーは，プロジェクト全体の目的を把握し，チームメンバーに伝えなければならない。
チームは，組織横断的なプロセス指向ではなく縦割組織的になる。	IPDTを組織化し運営する手順を見直す(前述のテキストを参照)。
プロジェクトを通してのチームメンバーの継続性が不十分になる。	管理者は，人員配置の要求をレビューすべきである。
次のステージのチームスペシャリストへの移行が早すぎるか，遅すぎる。	人員配置の要求をレビューする。
サポート担当者の重複した割り当ては彼らの有効性を損なう。	チーム数を減らす。
不十分なプロジェクトインフラストラクチャ	マネジメントが解決に関与する。

される。

- 注意深い要員選定：優れた要員が優れた仕事をする。
- 肯定的なチーム相互作用ダイナミクスの確立および維持：誰もがチームおよび個人に何が期待されているのかを知ったうえで，責任を果たす努力をすべきである。潜在的な課題を，すばやく予想し，浮上させる（内部的にも外部的にも）。相互作用は形式化されていないが効率的で，課題が修正されてチームが前進できる「非難のない」環境が整えられるべきである。よい仕事は認められ報いられるべきである。
- チームの責任と自ら取り組むことを引き受ける姿勢の生成：チームがビジョン，目的，タスク，およびスケジュールに従うこと。チームリーダーの記録簿を維持すること。
- 仕事から管理可能な活動への分解：正確にスケジュールし，割り当て，そして毎週フォローアップできるようになっていること。
- チーム間で繰り返される管理的仕事の委譲および展開：リーダーが技術的な活動へ参加できるように自由になること。すべてのチームメンバーに，管理的な/管理者としての経験をさせること。
- すばやく情報交換するための出席を必須とした高頻度のチーム会議の計画：全員が動いていることを確認すること。作業項目に担当者と期限を割り当てること。

9.7.3 潜在的なIPDTの落とし穴

チームメンバーとリーダーが，IPDTフレームワークで何度かのプロジェクトサイクルをまわして一緒に働く経験を得るよりも前に，道に迷ってしまう機会が多々ある。表9.2に，チームがよく注意すべきIPDT環境にありがちな落とし穴を記述する。

9.8 リーンシステムズエンジニアリング

システムズエンジニアリングは，確立された，健全な実践であるとみなされているが，いつも効果的に行われるわけではない。米国会計検査院（GAO, 2008）とNASA（2007a）による最近の宇宙システムの研究が，主な予算および期限の超過を文書化している。同様に，MITを基盤とするLean Advancement Initiative（LAI）による最近の研究が，政府プログラムでの膨大な無駄を特定しており，その量はかかった時間の平均88%にものぼる（LAI MIT, 2013；McManus, 2005；Oppenheim, 2004；Slack, 1998）。ほとんどのプログラムは，何らかの形での無駄を背負っている。貧弱な調整，定まらない要求，品質の課題，および管理の履行不能がそれにあたる。このような無駄は，プログラムに膨大な生産性の改善の余地があることと，プログラムの効率を改善する大きな機会を表している。

リーン開発と，リーン思考のより広い方法論は，

トヨタの「ジャストインタイム」哲学に根ざしている。それは、「生産ラインにある無駄、矛盾、および合理的でない要求を排除して、質の高い製品を効率的に生産する」(Toyota, 2009) ことを狙いとする。リーンシステムズエンジニアリングは、システムズエンジニアリングおよび組織とプロジェクトマネジメントに関連する側面への、リーン思考の応用である。システムズエンジニアリングは、複雑な技術システムの欠陥のない開発を可能にする規律に注目する。リーン思考は、顧客へ最大の価値をもたらし、無駄の多い実践を最小化することに注目する、総体的なパラダイムである。リーンの有名な記述に、「正しいことを正しく初めから行う」そして「より賢明に働くのであって、より必死にするのではない」というものがある。リーン思考は、製造業、航空機の補給所、管理業務、サプライチェーンマネジメント、ヘルスケア、および製品開発へと成功裏に適用されており、ここにはエンジニアリングも含まれる。

リーンシステムズエンジニアリングは、リーン思考とシステムズエンジニアリングが相乗効果を発揮する領域であり、技術的に複雑なシステムへ、最小の無駄で、最大のライフサイクル価値をもたらすことを目標としている。リーンシステムズエンジニアリングという用語の初期の使われ方には、ときどきこれが「よりすばやく、よりよく、より安く再設計する」という構想かもしれないと心配させるものであった。もしそうであれば、専門家がプログラムでシステムズエンジニアリングへの取り組みの水準および質を増すのに苦戦したときに、システムズエンジニアリングを省略することにつながってしまう。リーンシステムズエンジニアリングは、システムズエンジニアリングから何も取り去らないし、「省略された」システムズエンジニアリングを意味するものではない。それはより高い責任、権限、および説明責任を伴った、より多くよりよいシステムズエンジニアリングを意味しており、ミッション保証を増強したよりよく無駄のない作業の流れにつながるものである。リーンシステムズエンジニアリング哲学のもとでは、ミッション保証は交渉可能なものではなく、適切な理由で成功することが要求されるあらゆるタスクが含まれなければならないが、それは十分に計画され、最小の無駄で実行されるべきである。

リーン思考:「リーン思考は、ある定義されたエンタープライズの全人員が、価値の創造を目標に無駄を継続的に排除する、動的で、知識駆動型で、顧客に注目したプロセスである。」(Murman, 2002)

リーンシステムズエンジニアリング:システムの利害関係者へもたらす価値を向上するため、リーンの原則、実践、およびツールをシステムズエンジニアリングへ適用することである。

リーン思考を理解する基本となる3つの概念とは、価値、無駄、および無駄なく価値を創造するプロセスである(リーン原則としても知られている)。

9.8.1　価値

エンジニアリングプログラムの価値提案は、多くの場合、複数年にわたり、複雑で、そして高価な取得プロセスであり、多くの利害関係者が関与し、結果として数百あるいは数千の要求になるため安定しない。リーンシステムズエンジニアリングでは、「価値」は単純にミッション保証(すなわち、欠陥のない複雑なシステムを、欠陥のない技術的性能で、製品またはミッションの開発ライフサイクルを通じて提供すること)として定義され、顧客と、他のすべての利害関係者とを満足させるものである。ここには最小の無駄、最小のコスト、およびできるかぎり短い期間で完成させる意味を含む。

「価値とは、顧客による、そして時には他の利害関係者による、ある特定の製品またはサービスの値打ち(例えば、コスト対利益)であり、次のものの関数である。①顧客ニーズを満足するための有用性、②そのニーズが満足されることの相対的重要性、③製品が必要になったときの可用性、そして、④顧客が所有するためのコスト。」(McManus, 2004)

9.8.2　製品開発での無駄

LAIは無駄を7つのカテゴリーに分類している。過剰処理、待機、不要な動き、過剰生産、輸送、在庫、および欠陥である(McManus, 2005)。最近、8番目のカテゴリー、人の潜在能力の無駄遣いが追加された。

無駄:「顧客の目から見て製品またはサービスの価値を付加することがない作業要素。無駄はコストと時間を増やすだけである。」(Womack and Jones, 1996)

リーン思考をシステムズエンジニアリングおよび

9.8 リーンシステムズエンジニアリング

プロジェクト計画に適用するとき，無駄の各カテゴリーを検討し，実際に無駄が生じる領域を特定する。以下は，LAIによる無駄の分類の各々について，システムズエンジニアリングを実践するうえでの無駄を検討したものである。

- 過剰処理：望まれる出力を生み出すために必要な分を越えて処理すること。プロジェクトがどのように「やりすぎ」て，必要以上の時間およびエネルギーを費やすのかを検討する。
  - 「モノ」（材料または情報）に手をかけすぎる
  - 不必要な連続生産
  - 過度な/特注の整形または再整形
  - 価値のために必要な分を越えた過度な詳細化
- 待機：材料または情報をもつこと，または処理されるのを待っている情報または材料。プロジェクトがあるタスクを完了するために待っているかもしれない「コト」を検討する。
  - 材料または情報の遅配
  - あまりに早く配置され，結果的にやり直しになること
- 不要な動き：材料または情報へのアクセスまたは処理のために人員を動かすこと（または人員が動くこと）。タスクを遂行するのに不必要な動きを検討する。
  - 直接的なアクセスの欠如：必要なものを見つけるまでに浪費する時間
  - 人手の介入
- 過剰生産：材料または情報をつくりすぎること。どれだけの「モノ」（例えば，材料または情報）が必要以上につくり出されているかを検討する。
  - 誰も必要としていないタスクの実行，または役に立たない尺度の利用
  - 不要なデータおよび情報の作成
  - 情報の過剰拡散とデータの押し売り
- 輸送：材料または情報を動かすこと。プロジェクトがどのように「モノ」を場所から場所へ動かしているかを検討する。
  - 人員間での不要な手渡し
  - 不要なときに「モノ」を配送する（押しやる）こと
  - 疎通しないコミュニケーション：コミュニケーションの失敗によって起こる輸送漏れ
- 在庫：材料または情報を必要以上に維持すること。プロジェクトがどのように情報または材料を貯蔵するのかを検討する。
  - あまりに多くの「モノ」の組み立て
  - 必要な「モノ」の入り組んだ取り出し
  - 期限を過ぎ，意味のなくなった情報
- 欠陥：問題点を修正するためにやり直す取り組みを生じさせるエラーまたはまちがい。プロジェクトがどのように後戻りしてやり直すことになるのかを検討する。
  - 適切なレビュー，検証，または妥当性確認の欠如
  - まちがっているか，または貧弱な情報
- 人の潜在能力の無駄遣い：問題を解決するための人員の熱意，エネルギー，創造性，および能力，そしてすばらしい仕事を遂行しようとする意志を活用しないか，または抑圧すること。

9.8.3 リーン原則

WomackとJones（1996）は，無駄なく価値を創造するプロセスとして6つのリーン原則をとらえた。その原則（図9.10参照）は，価値，価値の流れ，流れ，引き，完璧，および人員への敬意，と省略して呼ばれ，以下のように詳細に定義される。

リーン思考をシステムズエンジニアリングに適用するとき，プロジェクト計画，人員の用意，プロセスとツール，および組織の振る舞いを，リーン原則を用いて評価する。顧客がどのようにして製品およびプロセスの中に「価値」を定義するかを考え，それから製品およびプロセスをつくり出すための「価値の流れ」を記述し，その価値の「流れ」を通じて流れを最適化して無駄を排除し，その価値の流れの各結節点から「引き」を奨励し，顧客への価値を最大化するために価値の流れを「完璧」なものとするよう努力をする。これらの活動はすべて，顧客，利害関係者，およびプロジェクトチームメンバーに対する「敬意」をもつ基盤の中で実行されるべきである。

2009年に，INCOSEリーンシステムズエンジニアリングワーキンググループが，「Lean Enablers for Systems Engineering (LEfSE) Version 1.0」という名の成果物を新しくオンラインで公表した。それ

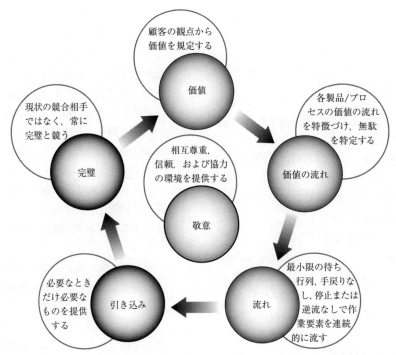

図9.10 リーン開発の原則。Bohdan Oppenheim の許可を得て転載。

は，リーン思考に基づくシステムズエンジニアリングの実践および推奨を，「するべきこと」と「するべきではないこと」という構成で集めたものである。そこにある実践は，システムズエンジニアリングおよび他の関連するエンタープライズマネジメントの実践の広い範囲を網羅し，プログラムの価値と利害関係者の満足を改善すること，そして無駄，遅延，コスト超過および履行不能を低減することに着目している。LEfSE は現在，147 の実践（サブイネーブラーと呼ばれるもの）の一覧が，イネーブラーと呼ばれる 47 の見出しのもとに整理され，以下に記述される 6 つのリーン原則にグループ化されている (Oppenheim, 2011)。

1. 価値原則のもとで，サブイネーブラーは顧客に対して最終製品またはシステムがもたらす価値を曇りなく明瞭に確立する頑強なプロセスを促進する。そのプロセスは，顧客に注目したものであるべきで，頻繁に顧客に関与して，それに応じて従業員を配置する。
2. 価値の流れ原則のもとでサブイネーブラーは，詳細なプログラム計画と無駄を防止する手段，連続する効果的なワークフローのための人員およびプロセスの確固とした準備，そして利害関係者（例えば，顧客，契約者，サプライヤー，および従業員）の間の健全な関係性を強調し，プログラムを前倒しにすること，および先行指標と品質指標を用いることを強調する。システムズエンジニアは，無駄を排除したのち，合理化された価値を実現するために必要な端から端まですべての関連するアクションおよびプロセスを準備し，計画すべきである。
3. 流れ原則は，頑強な品質業務および最初の正しい製品とプロセスの中断のない流れ，危機に瀕した場合の英雄的な振る舞いに代わる着実な能力，すばらしいコミュニケーションおよび協調，同時並行性，要求の頻繁な明確化，そしてプログラムの進捗を全員に見えるようにすることを促進するサブイネーブラーを一覧にしている。
4. 引き込み原則のもとで一覧にされたサブイネーブラーは，作業のやり直しと過剰生産からくる無駄に対する強力な防護手段である。それらは，内部および外部の顧客ニーズ（他のものを無駄として拒絶することを含む）に基づいてタスクと出力を引き込むこと，および結果が最

初から正しいものとなるように，作業が始まる前に，従業員のペア間の相互作用に対処して，よりよく協調することを促進する。
5. 完璧原則は，システムズエンジニアリングと組織プロセスの優れた点，現行のプログラムに活きる以前のプログラムからの教訓の利用，人員とプロセスにわたる完全な協調ポリシーの策定，および標準化と継続的改善を通じた無駄の排除を促進する。完璧でない点はリアルタイムに目に見えるようにされているべきであり，継続的に改善するためのツール（根本原因分析および永続的修正）が適用されるべきである。これらのサブイネーブラーのカテゴリーは，責任，説明可能性，およびプログラムの技術的成功全体への権限を伴うシステムズエンジニアリングのより重要な役割を要求する。
6. 最後に，人員への敬意の原則は，信頼，オープンであること，正直さ，敬意，権限付与，協調，チームワーク，シナジー，およびよいコミュニケーションと調和を促進し，人員をすばらしい方向へ向かわせるサブイネーブラーを含んでいる。

2011年，Project Management Institute (PMI)，INCOSE，および先導的な役割を担ったマサチューセッツ工科大学のLAIが共同して続けた主要なプロジェクトが，「Lean Enablers for Managing Engineering Programs (LEfMEP)」(Oehmen, 2012)を開発した。そこには，LEfSEのもとで全員が協力し，プロジェクトマネジメントとプログラムマネジメントのリーンイネーブラーを追加し，そしてリーンプログラムマネジメントをリーンシステムズエンジニアリングと総体的に統合している。この本の主要な節はもっぱら，エンジニアリングプログラムを管理することに関する課題の厳格な分析を扱っている。それらは次の10の課題として表される。

1. 消火：後から対処するプログラムの実行
2. 不安定で，不明瞭で，そして不完全な要求
3. 不十分な調整とエンタープライズの拡大に際しての協調
4. 局所的に最適化され，エンタープライズ全体として統合されていないプロセス
5. 不明瞭な役割，責任，および説明責任
6. プログラム文化，チームの能力，および知識の不適切なマネジメント
7. 不十分なプログラム計画
8. 不適当な尺度，単位系，および主要性能指標
9. 事前に行動を起こすプログラムリスクマネジメントの欠如
10. 貧弱なプログラムの取得と契約にかかる実践

Oehmen (2012)にある326のイネーブラーは，次の便利な方法：6つのリーン原則，10の主要な課題，この本で用いられるシステムズエンジニアリングプロセス，およびPMI (2013)で定義されたマネジメントの実行領域で一覧できる。

LEfSEとLEfMEPを義務的に実践することは意図されていない。代わりに，それらは，実践の現場で妥当性が確認された優れた総体的実践のチェックリストとして利用されるべきである。イネーブラーの気づきは，仕事の思考を改善するべきであり，プログラムの品質をきわめて大きく向上させる。リーンイネーブラーを実践した組織からの早期のフィードバックは，大きな便益を示す (Oppenheim, 2011)。

INCOSEリーンシステムズエンジニアリングワーキンググループが公開したウェブサイト (2011)は，豊富な出版物と，そしてLEfSEとLEfMEPの両方に関連したケーススタディを含んでいる。

9.9 アジャイルシステムズエンジニアリング

歴史的に，アジャイルソフトウェアエンジニアリングプロセスは，アジャイルマニフェスト(Beckら，2001)の宣言によって2001年頃から知られるようになり，スクラムおよびエクストリームプログラミングなどの名前をもつ多くの方法論に関心をもたれるようになった。しかし，これらの方法論の採用と，ソフトウェア以外のエンジニアリングに方法論がどんな情報を与えうるのか (Carson, 2013)という考察は，基礎的なフレームワークよりもむしろソフトウェアに関する具体的な実践に集中して行われてきた。これとは対照的に，1991年に行われた業界横断的研究 (Nagel, 1992)では，技術とそれが展開されている環境が速度を増しながら共進化し，ほとんどの組織的な人の企ての適応能力を上まわる速度で進ん

でいることを観測した。システム的な特性としての俊敏性は，このようにして特定され，その後，ドメイン非依存の尺度，アーキテクチャ，および設計の原則を特定するために研究された（Dove, 2001）。

俊敏性は，システムおよびプロセスが示す能力であり，予測不可能性，不確実性，および変更のある条件のもとで効果的な運用を維持するための能力である。アジャイルシステムズエンジニアリングプロセスの価値命題はリスクマネジメントができることである。これは，開発スピードと顧客満足が，システム開発を進める間に要求の理解が進展することによって影響されるおそれのある場面で適している。

要求が進展する一般的な原因は，初期の理解が不十分であること，開発の間に新たな理解が明らかになること，およびシステムを展開する環境についての知識が進展することである。要求の進展を無視すると，顧客満足度が低下するか，あるいは排除されることになる。要求の進展を軽減できない場合は，時間とコストの超過の主要な原因である手戻りおよび作業のムダを生じさせる。

アジャイルシステムアーキテクチャは，インフラストラクチャおよびモジュール方式の設計で費用がかかる。この費用は，要求の進展のための確率的コストと比較検討されるべきである。これはリスクマネジメントである。アジャイルシステムズエンジニアリングプロセスの目的は，有益な要求の進展を受け入れることに伴う技術，コスト，およびスケジュールのリスクを軽減することにある。

俊敏性は，予期せぬこと（良いもの，または悪いもの）に効果的に対応できる能力である。プロジェクトの性質との互換性と相乗効果（Carson, 2013；Sillitto, 2013），そして採用されている文化的環境を考慮して実践と技術を選択しなければならない。

9.9.1 アジャイルシステムズエンジニアリングフレームワーク

アジャイルシステムズエンジニアリング（Forsbergら, 2005）は以下のように要約される。

- システムズエンジニアリング（プロセス）のためのアジャイルアーキテクチャを活用し，予想したとおりに，目標，要求，計画，および資産の再構成を可能にする。
- アジャイルシステムズエンジニアリング（製品）のためのアーキテクチャを活用し，予想したとおりに，開発および製造中の製品（システム）に対する変更を可能にする。
- 権限が与えられ，密接に関与する「プロダクトオーナー」（チーフシステムズエンジニア，顧客，または製品のビジョンに責任ある権限をもつ人）を活用し，要求に関する理解が進むに従って，幅広いレベルのシステム思考でリアルタイムな意思決定側へ情報を与えられるようにする。
- 予測不可能かつ不確実な環境の中で，エンジニアリング，製造，および顧客満足度に影響を与える人の生産性の要因を活用する。

9.9.2 アジャイル尺度フレームワーク

俊敏性の指標は，プロセスと開発成果物の両方に関して主にアーキテクチャによって有効となり，制約される。

- 対応時間：対応が必要であることを理解するのに要する時間と，対応を達成するのに要する時間の両方によって測定される。
- 対応コスト：対応を達成するためのコストと，対応の結果として他の場所で被ったコスト。
- 対応能力の予測可能性：対応に対するアーキテクチャの準備前に測定され，対応時間およびコスト見積もりに関して再現可能な正確性を備えたあとに確認される。
- 対応能力の範囲：ミッション内でのアーキテクチャの包括的な対応準備前に測定され，幅広い対応への調整の再現性が証明されたあとに確認される。

9.9.3 アジャイルアーキテクチャフレームワーク

アジャイルシステムズエンジニアリング（agile systems engineering）とアジャイルシステムズのエンジニアリング（agile-systems engineering）は，それぞれの俊敏性を可能にする共通のアーキテクチャをもつ（Dove, 2012）が，異なるもの（Haberfellner and de Weck, 2005）である。そのアーキテクチャは，単純な意味では，ドラッグアンドドロップ，プラグアンドプレイで疎結合なモジュール性をもっており，

9.9 アジャイルシステムズエンジニアリング

モジュラー型アーキテクチャの一般的な考え方ではあまり想起されることのない，いくつかの重要な側面を備えたものとして認識される。

アジャイルアーキテクチャには 3 つの重要な要素がある。ドラッグアンドドロップで「カプセル化」されたモジュールの管理簿，プラグアンドプレイを可能とし制約する最小限ではあるが十分なルールおよび標準を提供する受動的なインフラストラクチャ（passive infrastructure），そして，俊敏な運用能力を維持する特定の責任を示す能動的なインフラストラクチャ（active infrastructure）である。

- モジュール：モジュールは，プラグアンドプレイの受動的インフラストラクチャに準拠した明確に定義されたインタフェースを備えた，自己完結型のカプセル化されたユニットである。それらは，受動的インフラストラクチャで決められた他のモジュールと関係する対応能力をもつシステムにドラッグアンドドロップされる。モジュールは，インタフェースが受動的インフラストラクチャに適合するようにカプセル化されているが，それらの機能性の方式は，受動的インフラストラクチャが指図するときを除いて，他のモジュールの機能的方式には依存していない。
- 受動的インフラストラクチャ：受動的インフラストラクチャはモジュール間のドラッグアンドドロップ接続を提供する。その価値は，予期せぬ副作用を最小限に抑え，新しい運用機能性がすばやく起こるように，カプセル化されたモジュールを分離することにある。受動的なインフラストラクチャ要素の選択は，モジュール接続を促進するための標準およびルールだけで十分であり，革新的なシステム構成を過渡に制約しないように，必要条件の多様性と単純性のバランスをとることが重要である。
- 能動的なインフラストラクチャ：アジャイルシステムは設計され，固定的な事象で展開され，その後置き去られるようなものではない。新しいシステムの構成が，ときには毎日のように非常に高い頻度で生じ，新たな要求に対応できるように組み立てられると，俊敏性はもっとも高い。必要なときに新しい構成を可能とするために，4 つの責任が求められる。すなわち，利用可能なモジュールの集合体は常に求められるものになるように進化しなければならない。利用可能なモジュールは常に展開できる状態でなければならない。新しい構成の組み立てが達成されなければならない。新しい構成が新しい標準およびルールを必要としたとき，受動的インフラストラクチャと能動的インフラストラクチャの両方が進化しなければならない。これら 4 つの活動のための責任は，いつでも効果的な対応能力をもちうるように指定され，システムに組み込まれていなければならない。
  - モジュールミックス：新しいモジュールが管理簿に追加され，既存のモジュールが対応のニーズを満たすために遅れずにアップグレードされることを保証する責任をもつのは誰か（あるいはどのようなプロセスか）。
  - モジュールの準備：十分なモジュールがいつでも展開できる準備ができていることを保証する責任をもつのは誰か（またはどのようなプロセスか）。
  - システムの組み立て：新しい状況によって何か異なる能力が必要となったとき，新しいシステム構成を組み立てるのは誰か（またはどのようなプロセスか）。
  - インフラストラクチャの進化：新しいルールおよび標準が予想され，適切とされたとき，受動的・能動的両方のインフラストラクチャを進化させるための責任をもつのは誰か（またはどのようなプロセスか）。

9.9.4 アジャイルアーキテクチャの設計原則

本項では，再利用可能・再構成可能でスケーラブルな 10 の設計原則を簡単に示す。

再利用可能性に関する原則は以下のとおりである。

- カプセル化されたモジュール：モジュールは，共有された共通の目的に向けてともに働く，明確に区別され，分離され，疎結合しており，独立したユニットであること。
- 容易にしたインタフェース（接続の互換性）：モジュールは，明確に定義された相互作用およびインタフェースの標準を共有し，簡単にシステ

ム構成に挿入され，または除去されること。
- 容易にした再利用性：モジュールは再利用可能，そして複製可能であり，適切なモジュールの検索および採用の促進をサポートすること。

再構成可能性に関する原則は以下のとおりである。

- ピアツーピアの相互作用：モジュールは，ピアツーピアの関係で直接通信すること。順次的よりも並行な関係であることが望ましい。
- 分散された制御および情報：モジュールは方法よりも目的によって方向づけられること。決定は知識が最大になった時点で行われ，情報は局所的に関連づけられ，全体的にアクセスできること。
- 保留された義務：最後の責任の瞬間まで保留される作業活動，対応の組み立て，および対応の展開は，続いて行われる効果的な対応を妨げるかもしれないコストのかかる無駄な取り組みを回避する。
- 自己組織化：モジュール間の関係は可能なかぎり自己決定的であり，モジュールの相互作用は自己調整的または自己交渉的である。

拡張性に関する原則は以下のとおりである。

- 進展する標準：受動的インフラストラクチャはモジュール間のコミュニケーションおよび相互作用を標準化し，モジュールの互換性を定義し，現在および新たに出現する関連性を維持するため，指定された責任に合わせて進化すること。
- 冗長性と多様性：モジュールの二重化は容量の適正化に関する選択肢とフェイルソフトの耐性を提供し，異なる方法を採用する類似したモジュール間の多様性は利用可能となる。
- 弾力的な性質：モジュールは，現在のアーキテクチャ内で機能的能力を増加または減少させるために，対応的な組み立てで組み合わせることができる。

第10章

専門エンジニアリング活動

本章の目的は，システムズエンジニアがさまざまなエンジニアリング分野の専門家ではなくても，その対象分野の重要性を理解するためにシステムズエンジニアへ十分な情報を提供することである。対象分野の専門家は，専門のエンジニアリング分析を実施するために，必要に応じて相談され割り当てられることが推奨される。テーマによる重要度の差をつけることを避けるため，本章のテーマは，テーマ名に従いアルファベット順に並べている。各専門分野についてのより詳しい情報は，外部のもとになる参考文献で得ることができる。

いくつかの例外を除き，本章に提示される分析手法は，システムズエンジニアリング関連のものと類似している。大部分の分析手法は，電磁両立性（EMC），信頼性，安全性，およびセキュリティといった，特化したエンジニアリング分野に対処するモデルの構築および探究に基づいている。各種の分析および関連するモデルは，あらゆる適用領域に有効であるというわけではない。

10.1 コスト妥当性/費用対効果/ライフサイクルコスト分析

BlanchardとFabrycky（2011）は次のように述べている。

> 多くのシステムは，コスト妥当性および意図されたライフサイクルにわたるシステムの総コストに対する「初期」の懸念がほとんどないまま，計画，設計，生産，および運用されている…。通常，技術（的側面）が初めに考慮され，経済（的側面）は後回しにされるものである。

本節では，コスト妥当性および費用対効果といった総括的なテーマのもと，経済性およびコストに関する要素を取り上げる。また，ライフサイクルコスト（LCC）という概念についても論じる。

10.1.1 コスト妥当性の概念

コスト妥当性のための設計手法の改善（Bobinisら，2013；Tuttle and Bobinis, 2013）は，いかなる適用領域にとっても非常に重要である。INCOSEおよび米国防衛産業協会（NDIA）は，2009年後半に開始され現在も継続中のコスト妥当性ワーキンググループを通じて「コスト妥当性」を扱ってきており，これらのワーキンググループを通じて「システムのコスト妥当性」を定義している（軍事的オペレーションズリサーチ研究会（MORS）も同様に，この定義を採用している）。両組織は，システムのコスト妥当性を次のとおりに定義している。

- INCOSEコスト妥当性ワーキンググループの定義（2011年6月）。

  コスト妥当性とは，戦略的投資および組織のニーズと同調したミッション上のニーズを満足させるとともに，システムライフ全体にわたるシステム遂行能力，コスト，およびスケジュール上の制約のバランスをとることである。

  コスト妥当性のための設計とは，戦略的投資および進化する利害関係者の価値と同調したシステム運用上のニーズを満たしながら，システムライフ全体にわたってコストおよびスケジュール上の制約がある中でシステム遂行能力とリスクの間でバランスをとるシステムズエンジニアリングの実践である。

- NDIAコスト妥当性ワーキンググループの定義（2011年6月）。

  コスト妥当性とは，長期投資および米国国防総省（DoD）の軍隊編成計画と同調したミッション上のニーズを満たし，システム遂行能力（KPPs），総所有コスト，およびスケジュール上の制約のバランスをとることを通じてプログラムの成功を保証することである。

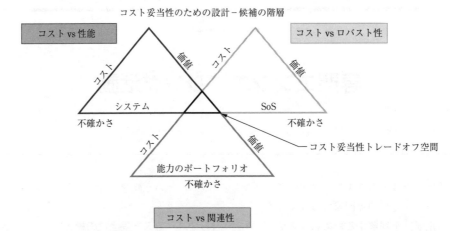

図 10.1 コスト妥当性トレードオフ空間のコンテキストの性質。Bobinis ら（2013）の図1より。Joseph Bobinis の許可を得て転載。

　コスト妥当性の概念は単純に見える。困難が生じるのは，システムのコスト妥当性を規定し，定量化しようと試みた場合である。これは，仕様を書く，あるいはコスト妥当性のトレードオフ検討を行うために，2つの妥当な価格の解決策を比較する際に顕著となる。コスト妥当性が INCOSE，NDIA，および MORS によって定義されているにもかかわらず，MORS の特別会議での討議「コスト妥当性分析はどのように行うのか？」では，コスト妥当性分析は文脈上，非常に反応しやすく，「妥当な価格のシステムとは何か」に関する誤った理解と両立不可能な観点にたどりついてしまうことがしばしばあることを，すでにあらゆる産業部門が気づいていることが指摘されている。さまざまな産業のワーキンググループが，コスト分析とコスト妥当性分析の相違を認知することも含め，コスト妥当性分析プロセスを策定し，正式なものにすることを推奨している。このような上位の討議の結果，コスト妥当性の鍵となる要点は次の事項を含む。

- 妥当な価格のシステムとは何かを理解する際，コスト妥当性のコンテキスト，システム，および（システム能力の）ポートフォリオは，一貫性をもって定義され，そして含まれている必要がある。
- 一定のコスト妥当性に関するプロセス/フレームワークが確立され，文書化される必要がある。
- ライフサイクルを通じて，コスト妥当性に関す

る説明責任（システム統治）を織り込み，これにはさまざまなコンテキストにかかわる分野からの利害関係者を含む必要がある。

10.1.1.1　コンテキストにかかわる属性「費用対効果の能力」

　「より高い購買力を目指して：防衛支出のコスト妥当性および生産性回復に向けた指令」（Carter, 2011）では，「コスト妥当性とは，国防省がある能力に対して割り当てることのできる最大限の資源によって制約されたコストでプログラムを実行することを意味する」と定義されている。コスト妥当性には，取得コストおよび平均的な運用とサポートのコストを含む。さまざまなシステムが組み込まれる階層的なコンテキストの結果として，システムのライフサイクルコスト（LCC）のために要求される追加的な要素が含まれるようにコスト妥当性が拡張される。したがってシステムズエンジニアリング領域では，属性としてのコスト妥当性は，対象システム（SOI）の境界の内側と外側の両方で定められなければならない（図10.1参照）。実質的にはこれが，システム能力，コスト，そして「コスト妥当性」と呼ぶもののつながりを定義する。このように，コスト妥当性の概念には，ポートフォリオ（例えば，自動車のファミリー）から個別のプログラム（例えば，特定の自動車モデル）まで，すべてを包含しなければならない。システムの設計属性対プログラム対専門領域のコスト妥当性は，利害関係者のコンテキスト

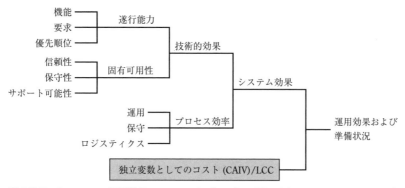

図 10.2 システムの運用効果。Bobinis ら（2013）の図 4 より。Joseph Bobinis の許可を得て転載。

および対象のシステム（SOI）のライフサイクルに左右される。

10.1.1.2　コスト妥当性のための設計モデル

先に述べたように，コスト妥当性設計モデルは，長いライフサイクルを通じてシステムを効果的に管理し，進化できるようにしなければならない。本節で焦点を当てる，導出された要求は次のとおりである。

- 環境の影響，新たな利用法，そして性能低下によるシステムの無効化で，システムが変わることを前提とした設計の観点
- システムおよびシステム要素のライフサイクルの相違の根拠（技術管理）
- 創発に対処するプロセスを備えたシステムの振る舞いのフィードバック機能および測定（ライフサイクル統制システム）
- システムの振る舞いを実行可能なエンジニアリングプロセス（適応型エンジニアリング）に帰納的に転換する手法

競合するシステム間のコスト妥当性を測定する際の重要な前提の一つである，同程度の能力を出力する 2 つのシステムがあった場合に，利害関係者にとってシステムの価値に差異を生むのは，システムの「非機能的」属性である。コスト妥当性モデルは，システムの長期的な価値および有効性を決定する運用上の属性で，一般的にシステムの"-ilities"と表現され，あるいはこのハンドブックでいうところの「専門エンジニアリング」に深くかかわっている。

これらの属性は，システム全体としてのプロパティ，すなわちそれ自体がシステムの優位な特徴を表しており，システム設計時の能力を長期にわたって提供する能力を計る指標である。「システム統合，およびそのライフサイクル中に派生する事象には，システムズエンジニアリングと設計フェーズの間にさらなる規律および長期的な視点を必要とする。このアプローチには，システムの運用，保守，およびロジスティクスに関する活動に対処するためのシステムの信頼性，保守性，およびサポート可能性といった課題について明確な検討を行うことを含む。また，要求および顧客の期待の変化，技術の変化，および標準と規制の進化に関連する，現実世界の実態に対処する必要もある」（Gallios and Verma, 発行年不明）（図 10.2 参照）。

10.1.1.3　コスト妥当性への影響

コスト妥当性のトレードオフ空間の中でシステムを管理するということは，長期コストの枠内で一つまたは複数の適切な尺度で定義された，実運用下の実際のシステム遂行能力に関心をもつことを意味する（「システム遂行能力」は，検討中のシステムに対して意味をなす方法で表現することができる）。時間の次元は，特定の「ポイント分析」（静的）から連続的なライフサイクルの観点（動的）にまで及ぶ。コスト，性能，および時間の間の関係を定量化することによって，数学的なグラフ化および解析が可能な関数空間を定義できる。このようにして，入力（コスト上の制約または予算可用性）の変化の結果，出力（性能，可用性，能力など）の変化がどのようになるのかを考察できるようになる。したがって，コストと成果の間の関数的関係を利用することで，コ

スト妥当性のトレードオフ空間が定義される。これが正しく行われれば，かかった費用とシステム遂行能力の間の関係を具体的に分析することができ，収穫逓減が生じるポイントを判定できるであろう。

しかしながら，一連の変数の値が知られている，または規定されている場合に，ある一つの変数の値を推定する必要が生じることが往々にしてある。この種の点による解決策（この意味では，空間中の「座標」）は，「平均的な」振る舞いの予測を含め，特定の相関関係を調べるのに役立つ。何らかのパラメータの「期待値」に関する問題に，その他のパラメータの観点から（しばしば時間中の特定の点で）答える場合には，たいがいこの範疇に入る。この場合，トレードオフ空間全体を，このような点による解決策の総体として考えることができる。

10.1.1.4 システムライフサイクル全体にわたるコスト妥当性トレードオフ空間

コスト妥当性のトレードオフ空間は，運用および性能上の特性を満たし，高度に信頼できるシステムの開発に着目するシステムズエンジニアリングを反映しなければならない。サポート可能性分析は，設計と連携して行うべきもので，保守性の高いシステムの開発と深く関係する。これらの規律は，エンドユーザが必要なときに利用できる，堅牢で有能なシステムを実運用するという，共通のゴールを有している。この場合，運用可用性（A_o）は，この空間のコストにかかわる関数としてとらえることが可能な，性能パラメータの一つにすぎない。合理的には，厳格な運用可用性（A_o）要求によって設計に対する改善が行われた場合，実運用下のシステムの中で運用コストおよびサポートコストを下げることができると結論できる。実際のところ，運用可用性（A_o）は，システムの想定される効果を計算する際に用いられる間接的な性能指標である。検討中のシステムの全体の費用対効果の能力を判定するには，利用/市場規模および運用上の要求とともに，運用可用性（A_o）を適用しなければならない。

システムをそのライフサイクル全体にわたりサポートするには，脅威に関する環境，資材切れ回避（DMS）の課題中，および技術の向上の変化，SoSの関係性，そしてシステム外の変数の影響といった，時間に沿った環境の変化によるシステム設計の変化を説明できるシステムズエンジニアを必要とする。

設計者は環境中の変数を管理しないので，コスト妥当性の最適化問題は，ライフサイクルのあらゆる点で異なる，あるいは異なる可能性がある。この最適化問題は，機能的臨界，急な変化，および適応的な要求によって，または一連の事前に規定された技術更新サイクルとして管理することができる。この問題は，コストまたは性能のいずれかのうち，より「価値」の高いほうにあわせて最適化できる。すなわち，この2つを運用性能効率の関数として測定できるようにすればよい。コスト妥当性モデルは，運用性能への機能的な寄与のすべてを測定する能力によって，バリューエンジニアリング（VE）分析を強化させるものでなければならない。設計者は，最適な効果およびコストに適合する機能の範囲を選択する能力を備えなければならない。

いずれの場合にも，コスト妥当性のトレードオフ空間は変化に適応できなければならないが，常に同一の重要な概念「このような変更を実施するコストはいくらか，そしてコストと引き換えに得るものは何か」によって動かされなければならない。したがって，「費用対効果の能力」を特定することが，依然としてシステムライフサイクルにわたるコスト妥当性のトレードオフ空間内で分析を行うための鍵となる。

例えば，在庫に特化し，受容できないほど低い運用可用性（A_o）に苦しんでいるシステムを考えてみよう。ここで生じる問いは，次のようなものである。更新によって，このシステムの実地性能を改善できるだろうか，そして費用対効果のある方法で改善できるだろうか。システム自体のサービス寿命はまだ何年も残っているとすると，このシステムの現状の信頼性および保守性の特性を改善し，A_oを向上させることはできるだろうか。そこで，トレードオフ空間分析は，行ったアップグレードが運用およびサポートコストの減少，能力の向上，またはその両方によって，時間とともに，もとをとっていく様子を示さなければならない。

一般的に，システムライフサイクル全体でのトレードオフ空間内で検討しなければならない要素には，次のものを含む。

・種々の設計解決策のコスト対便益
・種々のサポート戦略のコスト対便益

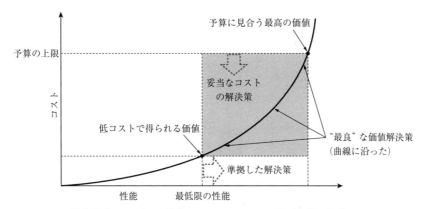

図 10.3 コスト vs 性能。Joseph Bobinis の許可を得て転載。

- これらの比較を行うのに用いた手法および根拠
- 変更分析に必要とされるデータの特定および取得の能力

プログラム上の観点からは，候補の分析は，関連リスクの特定，分類，および分析，そして実装のためのコスト計画の策定とをあわせて行わなければならない。

10.1.1.5 コスト妥当性の実装

対象システム（SOI）全体を考える場合には，主システムおよび有効にするシステムは，system of systems（SoS）として扱う必要がある。図10.3の例では，ミッション効果に対するコスト妥当性のトレードオフ空間は，主システムおよび有効にするシステムが一緒に SoS にまとめられている。SoS は，ミッション上のニーズが進化するのに伴い，要求が修正される閉ループ系として扱われることに注意されたい。これらの反復は，設計が更新されるときに，技術の導入を考慮している。コストに見合った設計（DTC）は，主システムおよび有効にするシステムを対象として，システムライフサイクル全体にわたり，たとえシステムが進化した場合でも，コスト妥当性を確実に考慮する。システムのアセスメントへフィードバックされるコスト妥当性に関する測定は，KPPs および運用可用性であり，これによって，時間とともにミッションを達成できることを保証する（例えば，システムライフサイクルにわたり，KPPs を満たす）（図 10.4）。

ある固有のプログラムまたはシステムに対してコスト妥当性を定義するため（コスト妥当性の範囲の一例としては図 10.3），コスト妥当性の構成要素の選別を定義しなければならない。構成要素として規定されうる事項を，次に列記する。

1. 要求されている能力
 (a) 要求されている能力，およびその能力を取り込むための段階的な時間を特定する。
2. 要求されている能力の性能
 (a) 各能力に対して要求されている効果指標（MOE）を特定および規定する。
 (b) 効果指標（MOE）を達成するための段階的時間を定義する。
3. 予算
 (a) コスト妥当性の評価の中に含むべき予算要素を特定する。
 (b) 時間的な段階ごとの予算
  ①予算要素ごと　②総予算

コスト妥当性要素のうち少なくとも一つを，トレードオフ検討または契約締結の前提のいずれかに用いられる意思決定基準として指定する必要がある。意思決定基準として指定されないコスト妥当性要素は制約あるいは規定されるべき制約となる。このことは，図 10.3 に例示されている。ここでは，コストまたは性能のいずれかを評価基準とし，能力およびスケジュールはすでに定められており，評価基準でないほうは制約となる。この結果，性能とコストの間の比較的単純な相関関係が得られる。予算の上限および最低限の性能が特定される。最大予算ラインのもとで，「…最大限の資源で制約されたコストで，プログラムを実行すること」という定義を満たす解決

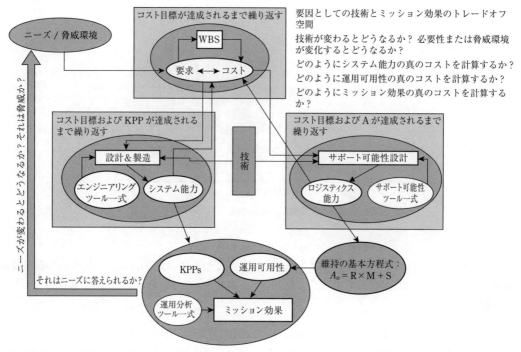

図 10.4 コスト妥当性分析フレームワーク。Bobinis ら（2010）より。Joseph Bobinis の許可を得て転載。

策が存在する。最低限の性能ラインの右側にある解決策は，閾値要求を満たす。このようにして影付きの長方形の中に，検討対象とすべき解決策が存在する。なぜなら，これらは最低限の性能を満たし，予算上限よりも低いからである。与えられたコストに対して曲線上で対応するポイントが達成しうる最高性能であるという意味で，「価値が最大」となる解決策は曲線上に置かれている（注記：現実の世界では，このカーブが滑らか，または連続的であることはまれである）。同様に，与えられた性能に対し曲線上で対応するポイントは，性能が達成しうる最小コストである。コストを意思決定基準として選択すれば，閾値で性能を達成するという結果になる。同様に，意思決定基準が性能であれば，予算全部を使い切るということになる。したがって，システムまたはプログラムに対しコスト妥当性を規定するには，どのコスト妥当性要素が意思決定基準の基礎となり，また，どのコスト妥当性要素が制約として規定されるのかを決定する必要がある。

コスト妥当性は，規律のある意思決定プロセスから得られ，最もコスト妥当性の高い技術およびシステムを選別するには，これをサポートする体系的な方法論が必要とされる。

10.1.2 費用対効果分析

前項で述べたように，コストがシステムズエンジニアリングの責任範囲の一つ，またはアーキテクチャの主要決定要因の一つである以上，もはやシステムズエンジニアには，コストを無視するという贅沢は許されない。要するに，システムズエンジニアは，エンジニアリングだけでなく，ビジネスおよび経済にも精通していなければならないということである。

費用対効果分析（CEA）は，2 つ以上の一連のアクションについて相対的なコストと性能特性を比較する，ビジネス分析手法の一つである。システムレベルでの CEA は，重要なシステム遂行能力および設計要求を導き出すのを助け，データに基づいた意思決定をサポートする。

CEA は，明確なゴールおよびこれらのゴールに到達するための一連の代替案からこれを始める。比較は，類似のゴールをもつ代替案に対してのみ行う必要がある。単純な CEA では，異なったゴールおよび目標をもつオプションを比較することはできな

い。

　実験的または準実験的な設計は，効果を判定するために用いられるが，妥当な結論を満足できる程度に正当化しうる品質である必要がある。そうでない場合，CEA の手法には，結果を挽回できるようなものは何もない。CEA によって得られるものは，異なった代替案から得られる結果を，それを達成するためのコストに対して検討する能力である。正しい効果の検討とは何かという基準が，これによって変わることはない。アセスメントされる代替案は，規定された共通のゴールに対処する必要があり，そこでは例えばマイル/ガロン，走行可能距離，または恩恵を受けた人数などのゴール達成度を測定できる必要がある。

　費用対効果分析（CEA）は，影響の尺度に金銭的価値を割り当てる費用便益分析（CBA）とは異なる。コストを計測するアプローチは両技法ともに似ているが，性能の見地から結果を計測する CEA とは対照的に，CBA は成果に金銭的尺度を用いる。後者のアプローチには，各候補についてコストと便益を金銭的価値で比較し，便益がコストを上まわるかどうかを見ることができるという利点がある。また，費用便益分析（CBA）の場合，ゴールが非常に異なったプロジェクト間であっても，両者のコストおよび便益を金銭の見地から定めることができるかぎり，比較が可能となる。

　密接に関係するが，やや異なる他の技法としては，公式のものでは，費用効用分析，経済的影響分析，財政的影響分析，および社会的投資利益率分析（SROI）がある。

　CEA および CBA のいずれも，リスクのコスト，およびコストのリスクを検討に含める必要がある。リスクは通常，確率論を用いて扱われる。リスクは，(経年とともに増加する不確かさゆえに）割引率の要因とされることがあるが，通常は別々に考えられる。ゲインを達成するよりも損失を回避することを好む非合理的な嗜好，リスク回避に対しては，しばしば特別に考慮がなされる。パラメータの不確かさ（プロジェクト失敗のリスクとは対照的）は，パラメータの変化に対してどのように結果およびコストが反応するかを示す感度分析を用いて評価される。代わりに，モンテカルロシミュレーションを用いてより形式的なリスク分析を行うこともできる。リスクおよびコストに関する専門家に相談する必要がある。

　費用対効果の概念は，いろいろなタイプの組織的な活動の立案およびマネジメントに適用される。これは，生活の多様な側面で広く用いられている。以下にいくつかの例をあげる。

1. 航空路線構造全体の総コストは最小限に抑えつつ航空会社のマーケットシェアを向上させるための，商業旅客機の望ましい性能特性の研究（例えば，乗客数の向上，燃費の向上）。
2. 市街地交通インフラストラクチャに対する最も費用対効果の高い改善に関する都市研究(例えば，バス，電車，高速道路，および大量輸送ルートおよび発着スケジュール)。
3. 健康への効果を金銭に置き換えることが不適切な可能性のある公共医療サービス（例えば，寿命，早産の回避，視力維持年数）。
4. 調達価格だけでなく，運用範囲，最高速度，身体防護服，および防護服性能のような要素も含め，競合する設計と比較する防衛装備品の取得。

10.1.3　ライフサイクルコスト（LCC）分析

　ライフサイクルコスト（LCC）とは，あるシステムまたは製品が，その寿命全体にわたって被る総コストを指す。この「総」コストは，状況，利害関係者の視点，および製品によって変動する。例えば，車両を購入する際の主なコスト要素は，取得，運用，保守，および廃棄（または下取り価格）といったコストである。取得コストとしてより高価な車が，より安価な運用および保守コストと，より高額な下取り価格のおかげで，より安価な LCC となることもある。一方，製造者の場合は，他のコスト，例えば開発コストおよび生産ラインの立ち上げをはじめとする生産コストを考慮しなければならない。システムズエンジニアは，コストを複数の側面から見る必要と，利害関係者の観点を熟知している必要がある。文献の中には，LCC を総保有コスト（TCO）または保有コストの総額（TOC）とみなすものもあるが，しかし多くの場合，これらの指標は，システムの調達または取得の完了以降のコストのみを含む。

　ときには，LCC の見積もりは，プログラムに関す

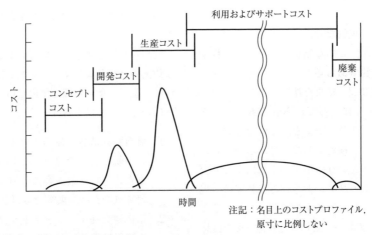

図10.5 ライフサイクルコストの要素。INCOSE SEH v1の図9.3より転載。INCOSEの利用条件の記載に従い利用のこと。

るトレードオフによる内部的な意思決定をサポートするためだけにあり，したがってトレードオフをサポートするのに必要な程度に正確（相対的な精度）であればよく，必ずしも現実的である必要はないと主張されることがある。しかしこれは悪しき慣行であり，これに倣った場合，信憑性を得るために追跡しなければならないようなリスク要素となってしまう。分析を行う者は常に，できるかぎり正確なコスト見積もりを準備し，必要に応じてリスクを織り込むべきである。これらの見積もりは，しばしば，経営幹部および利害関係者となる可能性のある人々によってレビューされる。レビューアが自身の過去の経験から，当該コストを「おおむね正しい」と感じた場合，結果の信憑性は格段に向上する。将来のコストは，未知であるとはいえ，前提および織り込まれたリスクに基づき予測できる。LCC分析を行う際の前提はすべて文書化する必要がある。

LCC分析は，コスト妥当性およびシステムの費用対効果のアセスメントに用いることができる。LCCは，（将来の前提に基づいた）「見積もり」であり，設計情報の詳細がいまだ不十分なプログラムのライフサイクルの初期に準備されることがよくあるため，プログラムに対する最終的なコスト提案ではない。プログラムの早期ステージに行ったライフサイクルコスト（LCC）見積もりを，後になって実コストをもって更新する必要があり，そうすればシステムを伴う実践的な経験によって，より決定的で正確なものとなる。LCCの検討の主目的は，最大限にコストを削減するため，原価を増減させる要因および後のサブステージ中で重点が置かれうる領域の特定を支援することである。システムが進展し，計算に用いられるデータの不確実さが減るに従って見積もりの正確性は向上する。

LCC分析の助けにより，プロジェクトチームは，ある意思決定がもたらすコストへの全体の影響度を理解し，候補となるプログラム間で比較し，そしてシステムのライフサイクル全体を通して行われる意思決定のためのトレードオフ検討をサポートすることができる。LCCは通常，図10.5に示す次のコストを含む。

- コンセプトコスト：開始時のコンセプト策定の取り組みにかかるコスト。通常，平均工数およびスケジュール期間に基づいて見積もり，間接費，一般管理費（G&A），および必要な場合には報酬を含む。
- 開発コスト：システム開発の取り組みにかかるコスト。コンセプトコストと同様に，通常，工数およびスケジュール期間に基づいて見積もり，間接費，一般管理費（G&A），および必要な場合には報酬を含む。
- 生産コスト：通常，大規模システムでは，機械設備および材料のコストによって決定される。人件費見積もりは，初回生産単位のコストを見

積もり，そこから学習曲線の数式を適用して，以降の生産単位に対して低減したコストを決定する。90％の学習曲線をもって生産される製品の場合，生産ロットサイズが2倍になる（2, 4, 8, 16, 32, …など）たびに，ロットの単位あたり平均コストが，直近ロットの単位あたり平均コストの90％となる。生産コストの専門家は，常に適切な学習曲線の要因を推定することが求められる。

- 利用およびサポートコスト：通常，進行中のシステム運用およびシステム保守に関する将来的な前提に基づく。例えば，燃料コスト，人員配置水準，および予備部品である。
- 廃棄コスト：システムを運用から取り除くための費用で，下取りまたは回収コストの見積もりを含む。これはプラスであることもあればマイナスであることもあり，処分時の環境への影響を配慮する必要がある。

LCC分析を実行するための一般的な手法/技法は，次のとおりである。

- 専門家による判断：1人以上の専門家に相談する。健全性チェックにはよいが，十分ではないことがある。
- 類推：提案されたプロジェクトを，一つ以上の，類似していると判断される完了プロジェクトと比較し，わかっている相違があればその分の修正を加え推論する。初期の見積もりでは受け入れ可能なこともある。
- パーキンソン法：利用できる資源に見合うよう，作業を定義する。
- プライスツーウィン法：契約を獲得するために必要と判断された価格以下で，見積もりおよび関連の解決策を提供することに的を絞る。
- トップフォーカス法：アーキテクチャの最上位から，プロジェクトの全特性をもとにしたコスト策定に基づく。
- ボトムアップ法：各要素を別々に特定し，見積もりし，それらを合計する。
- アルゴリズム（パラメトリック）法：コストを見積もるにあたり，過去データに基づき，原価を増減させる要因変数の関数として数学的アルゴリズムを用いる。この技法は，商業的なツールおよびモデルによってサポートされている。
- DTC法：事前に決定した生産コストに見合った設計解決策に基づき作業をする。
- デルファイ法：複数の技術および領域の専門家からの見積もりを組み立てる。見積もりは，専門家の質に依存する。
- 分類法：アーキテクチャに対する階層構造または分類体系による。

10.2 電磁両立性（EMC）

電磁両立性（EMC）は，電磁環境のあるシステムの振る舞いにかかわるエンジニアリング分野である。あるシステムが，電磁環境で他のシステムまたはシステム要素と共存して機能不全を起こすことなく運用でき，そして，これが環境に加わったことで他のシステムまたはシステム要素に対して機能不全を起こさなければ，電磁的に両立可能であると考えられる。システムが干渉を起こした場合，電磁干渉（EMI）という用語がしばしば用いられる。EMCでは，電磁環境は，従来の電磁気学に帰するあらゆる現象および影響（例えば放射）だけでなく，電気的影響（伝導）も含む。

システム開発中に電磁両立性（EMC）を成功裏に達成するには，図10.6に示す典型的なシステムズエンジニアリングプロセスが必要となる。

10.2.1.1 電気および電磁環境影響分析

電気および電磁環境影響（E^4）分析は，システムがライフサイクル中に直面しうる，あらゆる脅威（自然および人為）を説明するものである。システムの電磁両立性（EMC）要求を定義するのに必要な，すべての情報が含まれなければならないこの分析に指針を与えるために，MIL-STD-464C（米国国防省（DoD），2010）を用いることができる。

10.2.1.2 電磁両立性（EMC）要求（標準および仕様）

EMCに関する標準および仕様は，システムが稼働する電磁環境を規制するために用いることができる。通常，意図する電磁環境の範囲内でシステムが機能する能力（感度または感受率），および当該システムが環境に与える負担（放射）の両方を対象とする。

標準および仕様は，伝導性放射，伝導感受性，放

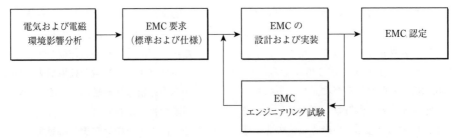

図10.6 電磁両立性（EMC）を達成するプロセス。Arnold de Beer の許可を得て転載。

射妨害波，および放射感受性に対して利用できる。

あるシステムが，既存の標準および仕様に準拠していない，専用に策定された EMC 要求をもつということは，ごくまれである。一方，既存の標準および仕様（商用，防衛，航空電子工学，自動車，または医療の別を問わない）は，潜在的な機能不全の深刻度に依存して，ある要求をクラスまたはカテゴリーに分類している。E^4 分析の結果に応じたクラスまたはカテゴリーとあわせて正しい EMC 要求を決定するのが，システムズエンジニアリングの役割の一つである。

10.2.1.3　電磁両立性（EMC）の設計および実装

EMC 要求は，コンセプトステージおよび開発ステージへの入力である。電磁両立性（EMC）設計は，他の機能要求にはない機械的ハードウェアおよび電気電子的ハードウェア両方の実装を含むので，EMC 要求を物理設計のはじめに決定することは重要である。

EMC 設計を行う場合には，EMC を容易に管理できるようにシステムをゾーンごとに分割するゾーニングのプロセスに従うのが最良である。一般的に主要なシステム要素は，放射が低い，または類似の放射のゾーン内にグループ化しておく。極度に感度の高い回路（一般的にアナログ/測定回路）はグループ化し，保護する。ゾーン間のインタフェースは統制され，ゾーン間の接続インタフェースでは，フィルターが用いられる。干渉の放射に変化が生じる地点では，スクリーニングおよび/または物理的な分離を採用する。

システムの設計ステージ中に干渉統制に対する構造化されたアプローチで，EMI 統制計画を策定する。一般的に EMI 統制計画は，すべての EMC 要求，ゾーニング戦略，フィルタリング，およびシールディング，配線，そして EMC に関連する機械的および電気的設計の詳細を含む。

10.2.1.4　電磁両立性（EMC）エンジニアリング試験

事前認定試験が開発ステージ中に求められることがある。これは，一般的にシステム要素のレベルで行われるが，一枚のプリント回路基板の組立てのような，下位レベルで行われることさえある。EMC の結果は予測が難しく，設計の成功を確実にする最良の方法は，システムの適合性を最大化するため，より低いシステムレベルで適合試験を行うことである。

10.2.1.5　電磁両立性（EMC）認定

EMC 認定試験は，システムの EMC 設計を，システムの要求に対して検証するために実施される。この活動の最初の部分は，それぞれの要求を試験および試験手順へ関係づける EMC 試験計画をまとめることである。

試験結果は手順に応じて変動しうるものであるため，EMC 試験の手順は，EMC システムズエンジニアリングからは切り離せない部分である。この試験手順は，課題ともなりうる。なぜなら，試験対象のシステムまたはシステム要素は，エミッション試験中に運用モードに置かれなければならず，そして感受性試験中に機能不全が検出されることが十分にありうるからである。システムまたはシステム要素とのインタフェースは，これらが試験される電磁ゾーンを損なわずに，接続されなければならない。これには，システムに関連づけられた特別な EMC 試験機器が必要となることがある。大規模なシステムそのもの（例えば，船，飛行機，または工業プラント全体など）をテストするのが非現実的である場合は，システム要素の認定試験が，より大きなシステムを認定するために用いられる。

10.3 環境エンジニアリング/影響分析

欧州連合，米国をはじめその他多くの政府は，システムが生物圏に及ぼしうる環境影響を統制および制限する規制を認め，そして強化している。環境影響とは，空気，水，および土壌への排出物を含み，富栄養化，酸性化，土壌の浸食，および栄養素の枯渇，生物多様性の喪失，そして生態系への害などの問題を引き起こす原因と考えられている（UNEP, 2012）。環境影響分析が焦点を当てるのは，提案されたシステムの開発，生産，利用，サポート，および廃棄のステージでの有害な影響の可能性である。環境への懸念を受け，法的措置を講じたすべての政府は，人間の疾患，または生息場所の欠如あるいは繁殖不全による絶滅危惧種への脅威を引き起こす可能性のある有害物質（例えば，水銀，鉛，カドミウム，六価クロム，放射性物質）を用いることを制限している。懸念は，用いる材料，生産プロセス，システム交換部品の運用，そしてシステムの消耗品およびその容器からの廃棄物からシステムの最終廃棄に至る，システムライフサイクル全体に及んでいる。これらの懸念は，欧州連合2006年決議で表明され，同決議でシステム開発者およびその供給者が，構築および販売するシステムの廃棄までその責任を持ちつづけるという法的規制を採択した。

環境マネジメント規格ISO 14000シリーズ（ISO, 2004）は，各組織が運用および環境への影響を分析および評価する手法に関する優れた資源となる。環境保護法規の遵守を怠ると罰則が適用されるので，要求分析の最も早いフェーズでこれを扱う必要がある（Keoleian and Menerey, 1993）。Øresund Bridge（3.6.2項参照）は，よい結果をもたらす環境保護のための設計および構築で確実に計測を行うことを，早期の環境影響分析がどのように保証するかという一つの例である。このイニシアティブを成功させる鍵となった2つの要素は，環境ステータスの継続的な観測，およびオーナーからの要求へ環境に関する懸念を統合したことである。

環境影響分析の中でも，廃棄分析は，意義ある分析の分野である。非有害物の固形ごみのための従来の埋立地は，大都市圏内では利用が困難になってきており，しばしば廃棄には，少なからぬ費用をかけての，遠く離れた埋立地へのごみ運搬が伴う。焼却処理の残灰は有害ごみに分類されることがあるため，廃棄のための焼却処理の利用は，しばしば地元のコミュニティおよび市民委員会に大反対され，残灰処分の問題をもたらす。地元コミュニティおよび世界中の政府は，非有害ごみおよび有害ごみの廃棄に対処するための，有意義な新しい政策を策定してきた。

アーキテクチャ定義のゴールの一つは，システムの残留物の経済的価値を最大化し，処分にまわされる廃棄物の発生を最小化することである。有害物質および放射性物質の廃棄には潜在的に責任が伴うため，これらの物質の使用は入念にレビューされ，いついかなるときでも，可能であれば代替品が用いられる。有害廃棄物を取り扱う際の基本原則は，「発生以前から廃棄後も続く」統制と，そして，このような物質が許可なく環境に放出されるのを予防することである。これには，再利用，リサイクル，または転換（例えば，合成，生分解）を考えた設計を含むことがある。

米国および欧州連合の法に従えば，システム開発者およびこれをサポートする製造者は，自身が構築するシステムの潜在的影響を分析しなければならず，システムを構築するためのレビューおよび許可を得るには，政府当局に対し，かかる分析結果を提出しなければならない。環境影響分析の実施および分析結果の提出を怠った場合，システム開発者に重い罰則が科されることがあり，システムを構築または展開することができなくなることもある。環境影響分析を実施する際には，この種のアセスメントを実施し，政府のレビューに向けてアセスメント結果を提出したことのある経験豊富な，対象分野の専門家を採用するのが最良である。ライフサイクルアセスメント（LCA）およびライフサイクルマネジメント（LCM）に関連した手法はますます高精度になってきており，ソフトウェアによってもサポートされている（Magerholmら，2010）。政府による取得は，グリーン公共調達（GPP）に関する法令に従っている（Martin, 2010）。商業製品の顧客は，環境製品宣言，およびノルディックスワン，およびブルーエンジェルなどのラベルを，購入時の意思決定の助けとすることができる（Salzman, 1997）。ISOコミュニティのもう一つの取り組みは，製品の世界全体の環境へ

の影響を炭素排出相当量で表す指標とする，製品のカーボンフットプリント標準の策定である(Drauckerら，2011)。

10.4 相互運用性分析

相互運用性は，単一のエンティティとして機能する大規模で複雑なシステム（SoSまたはfamily of systems（FoS）の場合がある）の要素間の両立性に依存している。この特徴は，システムのサイズおよび複雑さが増えていくに従い，いっそう重要になっていく。電子デジタルシステムへ否応なしに向かうトレンドに押され，加速的なペースで行われるデジタル技術の発明に牽引されつつ，全世界をカバーする営利企業および国立機関はその数を増やしている。範囲を広げるに従い，このような営利企業および国立機関は，将来に向けて構想する新しいシステムの中で過去から引き継いだ要素に蓄積した投資が無駄にならないよう，そして時間とともに新たに追加される要素が過去から引き継いだ要素と一体化したシステムとして，シームレスに動作してくれるよう保証したい。

標準もまた，時間とともに数および複雑さが増しているが，標準への準拠は，依然として相互運用性に対する鍵の一つである。ピアツーピア通信システム用のISO-OSI参照モデルの各階層に対応する標準は，以前は，ほどほどのサイズの一枚の壁掛け図に収まる程度のものであった。今日では，グローバルな通信ネットワークに適用される標準の数を特定することはもはや不可能に近く，どのようなサイズの壁掛け図をもってしても収まりきらない。拡張しつつある通信ネットワークの結果，世界がよりせまくなるにつれ，また国々が商業組織または国の防衛機関の国際的連携を通じたシームレスな通信の必要性を実感していくに従って，相互運用性の重要性は増大しつづけるであろう。

Øresund Bridge（3.6.2項参照）は，一つのプロジェクトで2カ国のみが協力するだけでも直面することになる，例えば，健康と安全にかかる規制の調和，および2系統の電力供給システムを鉄道に送る問題の解決といった相互運用性の課題の例を示している。

10.5 ロジスティクスエンジニアリング

ロジスティクスエンジニアリング（Blanchard and Fabrycky, 2011）は，システムの運用および保守を維持するのに必要なすべてのサポート資源の特定，取得，調達，および提供にかかわるエンジニアリング分野であり，製品サポートエンジニアリングと呼ばれることもある。ロジスティクスは，ライフサイクルの観点から扱い，プログラムのすべてのステージで考慮する必要があり，特にシステムコンセプトの定義および策定の，本来備わっている部分として考慮すべきである。これらのステージでロジスティクスを扱うことを重要視しているのは，システムのライフサイクルコスト（LCC）のかなりの部分が，実地でのシステムの運用およびサポートに直接起因するものであり，そして，そのコストの大部分は，早期のステージであるシステム開発中に行われる設計およびマネジメント側の意思決定に由来するという（過去の経験を通じた）事実に基づいている。さらに，ロジスティクスへのアプローチは，サポート可能性を考えた設計，サポート要素の取得および調達，必要とされるサポート材料の供給と分配，および計画された利用期間全体を通じたシステムの保守およびサポートにかかわるあらゆる活動を含む一つのシステムとしての観点から行う必要がある。

すなわち，ロジスティクスエンジニアリングの範囲は，①ロジスティクスサポート要求を決定する，②サポート可能性を考えた設計をする，③サポートを取得または調達する，そして，④利用およびサポートのステージ（すなわち運用および保守）中，システムに費用対効果の高いロジスティクスサポートを提供する，ことである。ロジスティクスエンジニアリングは，例えば，商業部門のサプライチェーンマネジメント（SCM），および防衛部門の統合ロジスティクスサポート（ILS）などの，多数の関連要素へと進化を遂げてきた。また，ロジスティクスエンジニアリング開発には，取得に関するロジスティクスおよび遂行能力ベースでのロジスティクスを含む。ロジスティクスエンジニアリングは，信頼性，可用性，および保守性（総称RAM）とも密接に関連する（10.8節参照）。これらの属性は，システムのサポート可能性で重要な役割を果たす。

10.5 ロジスティクスエンジニアリング

10.5.1 サポート要素

利用およびサポートのステージ中のシステムサポートには，人員，予備部品および修理部品，輸送，テストおよびサポート機器，設備，データおよび文書資料，そしてコンピュータ資源などが必要となる。サポート計画の立案は，サポートおよび保守のコンセプトの定義（コンセプトステージ中）から始まり，そしてサポート可能性分析（開発ステージ中）へと続き，最後に保守計画の策定となる。計画立案，組織編成，およびマネジメントの活動は，あらゆる既定のプログラムのロジスティクス要求が適切に調整および実施され，次のサポート要素がシステムに完全に統合されることを確実にするために必要となる。

- 製品サポートの統合およびマネジメント：コンセプトステージから廃棄ステージに至る，製品サポートの価値連鎖の全体にわたるコストおよび性能を計画および管理する。
- 設計とのインタフェース：開始からライフサイクル全体を通じて，設計に影響を与えるシステムズエンジニアリングプロセスに参加する。最低限のライフサイクルコスト（LCC）で可用性，効果，および能力を最大化するため，サポート可能性を促進する。設計インタフェースは，サポートの影響に対する製品の運用コンセプトおよびサポートインフラストラクチャの適切性を含む設計から実運用までの製品のあらゆる面を評価する。ロジスティクス要求の設定に先立ち，ロジスティクス担当者は，サポート要求およびそれ以降の資源の設定に根拠を提供するため，計画立案，トレードオフ，および分析を遂行する。これには，システムの仕様およびゴールに入力するサポートシステムの効果，そして信頼性および保守性に関するプログラム要求の統合を含む。サポートの候補および設計を概念的なプログラムに考慮することは，問題を効果的に特定し解決するため，このような早期のステージで始めなければならない。ロジスティクス担当者は，生産サポート上の潜在的な問題の特定を助け，見込まれるライフサイクルコスト（LCC）およびサポートに関する解決策に寄与するため，分析を実行する。

- 維持エンジニアリング：この取り組みは，先に述べた各種技術タスク（エンジニアリングおよびロジスティクスにかかる調査および分析）に広がりをもち，管理下にある（すなわちすでに知られている）リスクを伴ったシステムの継続的な運用および保守を保証する。実運用時のシステムに対して認証への適合を継続的に保証するための，重要安全項目の技術的監視，同項目の承認済み情報源，および設計構成ベースラインの監視（設計パッケージ，保守手順，および利用プロファイルを含む，構成全体に対する基本的な設計エンジニアリングの責任）は，同じく維持エンジニアリングの取り組みの一部である。基準となる要求に対する稼働中のシステム遂行能力の定期的な技術レビュー，トレンドの分析，そして運用上の課題の解決のためのマネジメントオプションおよび資源要求の策定は，維持の取り組みの一部でなければならない。
- 保守の計画立案：最大限優れたシステム能力が，運用にあたり必要な場合には，できるかぎり低いライフサイクルコスト（LCC）で利用可能となるよう保証するため，保守コンセプトを特定し，計画立案し，資金供給し，そして実施する。サポートコンセプトは，システムが稼働するサポート環境を記述している。これには，次のシステム保守コンセプトにかかわる情報である，サポートインフラストラクチャ，期待されるサポート期間，信頼性率および保守性率，そしてサポートの配置を含む。サポートコンセプトは，保守計画立案プロセスを決定する基礎である。「修理か交換か」の基準のような，一般的で全般的な修理方針を定める。
- 運用および保守人員：システムを運用，保守，およびサポートするのに必要なトレーニング，経験，およびスキルとともに人員について特定し，計画し，資金供給し，そして取得する。
- トレーニングおよびトレーニングサポート：システムライフサイクルを通じてオペレーターおよび保守員をトレーニングする戦略について計画し，資金供給し，そして実施する。戦略の一部として，最低限のライフサイクルコスト（LCC）でシステムの機器を運用および維持するため，人員の効果を最大化するトレーニング支

援，機器，シミュレーター，およびシミュレーション（TADSS）について特定し，策定し，そして取得する活動について，計画し，資金供給し，そして実施する。
- サプライサポート：予備部品，修理部品，および補給品について，取得し，分類し，受領し，保管し，移動し，支給し，そして処分する要求を決定するために必要な，すべての活動，手順，および技法からなる。これは，正しい予備部品，修理部品，およびあらゆる種類の利用可能な補給品を，正しい数だけ，正しい場所に，正しいときに，正しい価格でもつことを意味する。このプロセスには，初期サポート用の提供機能，そして取得，流通，および在庫の補充を含む。
- コンピュータ資源（ハードウェアおよびソフトウェア）：すべてのロジスティクス機能をサポートするために必要なコンピュータ，関連ソフトウェア，ネットワーク，およびインタフェース。長期にわたるデータのマネジメントおよび保管をサポートするのに必要な資源および技術を含む。
- 技術資料，レポート，および文書資料：科学的または技術的な性質の記録情報（機器の技術マニュアルおよびエンジニアリング図面など，その形状および性格は問わない），エンジニアリングデータ，仕様，および標準を示す。システムの適切な運用および保守に必要な手順，ガイドライン，データ，およびチェックリストとして次を含む。
  - システムの導入手順
  - 運用および保守の指示書
  - 検査および較正手順
  - エンジニアリング設計データ
  - ロジスティクスの提供および調達データ
  - 供給者のデータ
  - システムの運用および保守データ
  - これらを支えるデータベース
- 設備およびインフラストラクチャ：運用および保守をサポートするために求められる，設備（例えば，ビル，倉庫，格納庫，水路など），およびインフラストラクチャ（例えば，ITサービス，燃料，水，電気設備，機械工場，乾ドック，試験場など）。
- 梱包，取扱い，保管，および運送（PHS&T）：すべてのシステム，機器，およびサポート品目が適切に維持，梱包，取扱い，および運送されることを保証するための資源，プロセス，手順，設計，検討，および手法の組合せ。この中には，環境への配慮，長短期の保管のための機器の保持，および運送可能性が含まれる。いくつかの品目は，修理および保管設備へ，またはそこから何らかの運送方法（陸路，鉄道，海路，空路，および宇宙空間）で輸送される際，環境的に規制された特別な衝撃吸収容器を必要とするものもある。
- サポート機器：サポート機器は，システムの運用および保守を維持するために必要なすべての機器（移動式または固定式）からなる。これには，空港地上サポートおよび保守のための機器，トラック，空調機，発電機，工具，計測機器および較正機器，そしてマニュアルおよび自動試験機器を含むが，ただしこれらには限定されない。

10.5.2　サポート可能性分析

サポート可能性分析は反復的な分析プロセスで，これによりシステムのためのロジスティクスサポート要求が特定され，そして評価される。サポート可能性分析は，次の①〜④をサポートするため，定量的な手法を用いる。①設計への入力としてのサポート可能性要求の初期決定および設定，②種々の設計候補の評価，③種々の保守およびサポート要素の特定，取得，調達，および提供，および，④利用およびサポートステージ全体を通じた，システムのサポートインフラストラクチャの最終アセスメント。

サポート可能性分析は，システムズエンジニアリング作業全体の一部である設計分析プロセスを構成している。機能分析は，コンセプトステージの早期に，そしてシステム階層中の適切なレベルに対して，システムの全機能を定義するために用いられる。その結果得られる機能分解構成は，システム要求と，サポートおよび保守コンセプトとともに，図10.7に示すとおり，サポート可能性分析の出発点となる。

サポート可能性分析には，故障モード影響致命度解析（FMECA），フォルトツリー解析（FTA），信

10.5 ロジスティクスエンジニアリング

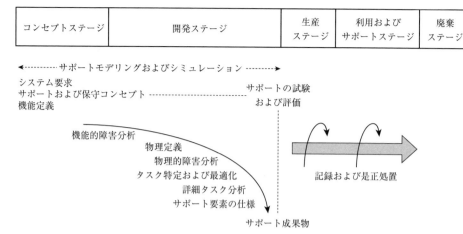

図 10.7 サポート可能性分析。Corrie Taljaard の許可を得て転載。

頼性ブロック図（RBD）分析，保守タスク分析（MTA），信頼性中心保守（RCM），および修復分析のレベル（LORA）などの分析を含むことがある。図10.7で特定された成果物および活動は次のとおりである。

- 機能的障害分析：機能分解構成は，機能に関する故障モード影響致命度解析（FMECA）および/またはフォルトツリー解析（FTA），そして信頼性ブロック図（RBD）分析を実施する際の参照として用いられる。これらの分析は，機能的な故障モードを特定し，致命度（すなわち障害の影響の深刻度および発生確率）に応じて分類するために用いられうる。機能的障害分析は，またシステム設計への重要な入力（例えば，冗長性要求）を提供することができる。
- 物理定義：システム設計中に，システム中のアイテムの実際の位置を特定するのを支援するため，システムの物理分解構成を作成する必要がある。この分解構成は，システムライフサイクル全体を通じたさまざまなステージで，基準として用いられる。また，要求される詳述さのレベルに対して，常に更新および詳細化を行う必要がある。
- 物理的障害分析：潜在的な故障モードに対するすべての保守タスクを特定する目的で，ハードウェアの故障モード影響致命度解析（FMECA）および/またはフォルトツリー解析（FTA），および信頼性ブロック図（RBD）分析を実施するために参照情報として物理分解構成が用いられる。故障モードの致命度は，是正保守および予防保守のタスク要求の優先度を決めるために用いられる。
- タスクの特定および最適化：是正保守タスクを特定するには主に故障モード影響致命度解析（FMECA）を用い，一方，予防保守タスクを特定するには信頼性中心保守（RCM）を用いる。最適化された保守戦略を達成するため，トレードオフ検討を必要とすることがある。
- 詳細タスク分析：是正保守および予防保守のタスクの詳細手順を策定し，各タスクに対して特定され割り当てられた資源をサポートする必要がある。これらのタスクを実行するのに最適な配置を決定するために，修復分析のレベル（LORA）が用いられることがある。
- サポート要素の仕様：すべてのサポート提供物に対し，サポート要素の仕様を策定する必要がある。システムによっては，トレーニングサポート，サポート機器，出版物，および梱包材に対して仕様が必要となることがある。
- サポート提供物：すべてのサポート提供物は，個別仕様に基づいて取得または調達する必要がある。また，サポート要素のマネジメント手順を記述したサポート要素計画も，策定する必要がある。
- サポートモデリングおよびシミュレーション：

信頼性，可用性，および保守性（総称RAM），そしてライフサイクルコスト（LCC）のモデリングおよびシミュレーションは，サポート可能性分析に欠くことのできない部分であり，最適化されたシステム設計を施し，保守戦略を定め，そしてサポートシステムを開発するため，早期のステージで開始する必要がある。

- サポートの試験および評価：サポート提供物は，サポート要素の仕様およびシステム要求全体の双方に照らして，試験および評価を行う必要がある。
- 記録作成および是正処置：利用およびサポートステージ中の障害記録および是正処置は，継続的な改善の基礎をなす。不具合が特定された箇所のサポートを改善するためにシステムの継続的観測を行うには，システム可用性の尺度を用いる必要がある。

10.6　製造および生産可能性分析

システム要素を製造または生産する能力は，これを適切に定義および設計する能力と同様に，必要不可欠なものである。設計成果物が製造不可能であった場合，設計はやり直しとなり，プログラムの遅れ，ひいてはコスト超過が起こる。このような理由により，各設計候補に対する生産可能性分析およびトレードオフ検討は，アーキテクチャ定義プロセスに欠くことのできないものとなっている。これは最小のリスクおよび最大の費用対効果が得られるアプローチとなりうるため，既存の検証済みプロセスが十分であることを判定するのが一つの目的である。前述のリニアモーターカーの請負業者（3.6.3項参照）は，科学的な理論から前例のないシステムをつくり出すための急激な学習曲線を経験した。

生産可能性分析は，低コストで高品質の製品を開発する際に，鍵となるタスクである。リスク，製造コスト，リードタイム，およびサイクルタイムを下げ，戦略物資または希少物質の利用を最小化するには，学際的なチームで，設計を簡素化し，製造プロセスを安定させるのがよい。重要な生産可能性要求は，システム分析および設計中に特定され，そして必要な場合はプログラムのリスク分析に含める。同様に，リードタイムの長いアイテム，材料の制限，特別なプロセス，および製造上の制約の評価を行う。保守を容易にし，リサイクル用の材料を保守するため，簡単に組立ておよび解体ができるようなデザインにすることも，設計の簡素化の一つである。生産エンジニアリング要求により設計上の制約が生じた場合は，これを通達し文書化する。製造手段および製造プロセスの選択を，早期の意思決定に含める。

製造分析は，生産コンセプトおよびサポートコンセプトをもとにして行う。製造試験の検討をエンジニアリングチームと共有し，組み込み型および自動化テスト機器の場合にもこれを考慮に入れる。

IKEA®は，しばしば，卓越したサプライチェーンの例として取り上げられる。IKEA®は，低価格およびショッピングの楽しみと引き換えに，顧客が家具組立ての最終ステージを実施するように動機づけるところから始まる，価値創造連鎖を練り上げてきた。IKEA®は，低コスト生産および輸送可能性（例えば，本棚は平らな梱包で引き渡され，それを車の屋根に乗せて帰宅する）をサポートする設計を通してこれを達成している。

10.7　質量プロパティエンジニアリング

質量プロパティエンジニアリング（MPE）では，システムまたはシステム要素が，要求に適合する適切な質量プロパティをもつことを保証する（SAWE）。質量プロパティは，荷重，重心位置，重心まわりの慣性，および軸まわりの慣性相乗モーメントを含む。

一般的に，物理的システムの初期寸法は，他の要求，例えば，最小のペイロード，最大運用荷重，または人的要因による制限などによって決定される。質量プロパティの概算は，システムライフサイクルのあらゆるステージで，そのときに利用できる情報に基づき行う。この情報は，三次元プロダクトモデルのパラメトリック方程式から，稼働中の製品の実際の在庫にまで及ぶことがある。不確かさ分析またはモンテカルロ法のような技法を利用し，システムの予測される質量プロパティが要求に適合し，システムが設計上の限界の範囲内で稼働することを検証するため，リスクアセスメントを実行する。納品されたシステムが要求に適合することをすべての当事

者が確信を得るため，また，利用ステージ中に数回，システム，システム要素，またはオペレーターの安全を保証するため，質量プロパティエンジニアリング（MPE）は，生産ステージの最後に実行される。石油プラットフォームまたは護衛艦のような大規模プロジェクトにとっては，MPEレベルの取り組みは非常に重要である。

質量プロパティエンジニアリング（MPE）の落とし穴の一つは，システムまたはシステム要素の質量プロパティを概算する際に，三次元モデリングツールのみを使えばよいと考えることである。これには問題がある。その理由は，①すべての部品が同一スケジュールでモデリングされるわけではない，②大部分の部品が「余計なものなしに」，すなわち，製造上の公差，塗装，絶縁体，取付け金具などのアイテムを含まずにモデリングされており，これらによってシステムの荷重は10から100％まで増加しうる，ということである。例えば，配管とタンクの中にある液体は，それを格納する金属製配管またはタンクより重いということもありうる。

通常，質量プロパティエンジニアリング（MPE）は，代替手法を用いたすべての見積もりの合理性チェックを含む。最も簡便な手段は，現況の概算と，別のプロジェクトの同一システム，または同一システム要素で過去に行った見積もりの差の正当性を示すことである。他のアプローチは，他の比較的簡便な見積もり手段を用いて再び見積もりを行い，その差の正当性を示すことである。

10.8 信頼性，可用性，および保守性

信頼できるものであるためには，システムはロバストでなければならない。過酷な環境，運用上の要求の変化，および内部の劣化をはじめ，条件が多岐にわたってもなお，故障モードを回避しなければならない（Clausing and Frey, 2005）。したがって，信頼性とは，システムがその想定寿命中に実運用で経験する条件の全範囲に対して，システムが適切に機能することであるとみなされる。

信頼性エンジニアリングとは，全ライフサイクルに及ぶシステムの信頼性を対象とする専門的なエンジニアリング分野を指し，システムの可用性および保守性といった，関連する側面を含む。そのため信頼性エンジニアリングは，しばしば，システムの信頼性，可用性，および保守性（総称RAM）に関連するエンジニアリング分野の総称として使われる。

RAMは，与えられたシステムの重要な属性，または特性である。しかし実際には，RAMは特性として見るべきではなく，非機能要求として見るべきものである。そのためシステムズエンジニアリングプロセスに，他の技術プロセスと統合された方法で選択，計画，および実行されるRAM活動を含めることが不可欠である。

信頼性エンジニアリングは他のシステムズエンジニアリングプロセスを2つの方法でサポートする。1つは，システム設計に影響を与えるために信頼性エンジニアリング活動を実施する（例えば，システムのアーキテクチャは信頼性要求に依存している）ことである。もう1つは，信頼性エンジニアリング活動をシステム検証の一部として実施すること（例えば，システム分析またはシステム試験）である。

10.8.1 信頼性

信頼性エンジニアリングの目的は，優先順位に従い，次のとおりとなる（O'Connor and Kleyner, 2012）。

- 障害を予防する，または障害の可能性あるいは頻度を減らすために，エンジニアリングの知識および専門家の技法を適用すること
- 予防への取り組みに反して発生する障害の原因を特定，および是正すること
- 原因を是正できない場合には，発生した障害の対処方法を定めること
- 新規設計の信頼性見込みの推定，および信頼性データの分析を行うための手段を適用すること

上記の優先度に重点を置くことは重要である。なぜなら，積極的に障害予防の手を打つことは，受け身で障害を修正するより常に費用対効果が高いからである。適切な信頼性エンジニアリング活動を適時に実行することは，運用中に要求される信頼性を達成するために最も重要となる。

従来，信頼性とは「あるアイテムが，要求された機能を，規定した条件下で，規定した期間の間，障害なしに遂行する確率」と定義されてきた（O'Connor and Kleyner, 2012）。信頼性を定義する際に確率に重点を置いたことにより（信頼性を定量化するた

に），誤解を招く可能性があり，または誤った実践となることさえある（例えば，電子システムの信頼性予測および信頼性実証）．

信頼性に対する現代的なアプローチは，システムの想定寿命中の障害を予防（すなわち無障害運用）するために要求されるエンジニアリングプロセスに，より重点を置いている．最近，「信頼性を考えた設計」のコンセプトは，受け身の「試験-分析-修理」アプローチから，信頼性をシステムに設計で織り込む積極的なアプローチに焦点が移ってきている．「故障モード回避」アプローチは，他のシステムズエンジニアリングプロセスと同調し，開発ステージで早期にシステムの信頼性を改善しようとするものである（Clausing and Frey, 2005）．それは，システムの機能，技術の成熟度，システムのアーキテクチャ，冗長性，設計選択肢などを，潜在的故障モードの観点から評価することによって実施される．システムの信頼性の最も意義ある改善は，初期の段階で物理的な故障モードを回避することによって達成されうるものであり，システムが着想され，設計され，生産されたあとの小規模な改善によって達成されるものではない．

「信頼性を考えた設計」での信頼性は，要求分析時に十分な注意が払われるように要求として規定されるべきであることを意味している．信頼性要求は，産業の種類に応じて，定性的または定量的な方法のいずれかで規定される．信頼性の検証はしばしば実用的ではない（特に高度の信頼性要求の場合）ため，定量的な要求については注意が必要である．信頼性の測定基準（例えば，平均故障間隔（MTBF））の誤用によって，信頼性を達成するのに必要なエンジニアリングの取り組みに集中する代わりに，システム開発中に「数字ゲームをやっている」ことになることがある（Barnard, 2008）．例えば，平均故障間隔（MTBF）はしばしば「平均寿命」の指標として使われるが，完全にまちがっていることがある．したがって，定量的要求には他の信頼性測定基準を用いることが推奨される（例えば，特定の時間の（成功確率としての）信頼性）．

10.8.1.1 信頼性プログラム計画の策定

信頼性エンジニアリング活動は，システム開発中にしばしば無視され，プロジェクトの失敗または顧客の不満といったリスクが大幅に上昇する結果を招く．そのため，信頼性エンジニアリング活動を，他のシステムズエンジニアリングの技術プロセスに正式に統合することが推奨される．統合を達成する実践的な方法の一つは，プロジェクトの最初に信頼性プログラム計画を策定することである．

特定のプロジェクトの目的に従い，適切な信頼性エンジニアリング活動を選択し，テーラリングしなければならない．これらの活動は，信頼性プログラム計画に取り込まなければならない．計画には，何の活動を実施するか，活動を予定するタイミング，活動に必要とされる細部のレベル，各活動の実行責任者を示されなければならない．

このためには，ANSI/GEIA-STD-0009-2008「システム設計，開発および製造のための信頼性プログラム標準」を参照するとよい．この標準では，ハードウェアおよびソフトウェアの障害のみでなく，製造，オペレーターの過失，オペレーターによる保守，トレーニング，品質などのその他一般的な障害の原因が取り扱われている．標準の主軸は，系統的な「信頼性をあらかじめ考えた設計」のプロセスであり，次の3つの要素を含む．

- システムレベルでの運用上および環境上の負荷，そしてその結果としてシステムの構造全体を通じて起こる負荷およびストレスを，段階的に理解していくこと
- 結果として生じた故障モードおよびメカニズムを，段階的に特定していくこと
- 表面化した故障モードを，積極的に緩和すること

ANSI/GEIA-STD-0009-2008は，信頼性エンジニアリングに対するシステムライフサイクルにわたるアプローチをサポートするもので，次の目的から構成されている．

- 顧客/ユーザの要求および制約を理解すること
- 信頼性のための設計および再設計を行うこと
- 信頼できるシステム/製品をつくること
- ユーザの信頼性を監視およびアセスメントすること

信頼性プログラム計画では，このように，信頼性の目的をいかに達成するかについて，先を見越して考えていく．信頼性プログラム計画の補助として，信

10.8 信頼性，可用性，および保守性

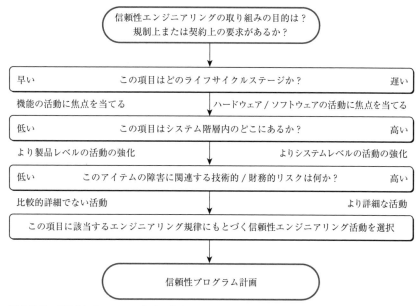

図10.8 信頼性プログラム計画の策定。Albertyn Barnard の許可を得て転載。

頼性ケースがあり，これはシステムライフサイクル中の目的が達成された事例の，過去を振り返った（そして文書で記録した）ビューを提供する。

図10.8は，特定のプロジェクトに対し，信頼性プログラム計画を策定するために使われたいくつかの関連のある質問事項を示したものである。

10.8.1.2 信頼性エンジニアリング活動

信頼性エンジニアリング活動は，エンジニアリング分析および試験，そして障害分析の2つのグループに分けられる。これらの活動は，さまざまな信頼性マネジメント活動(例えば，設計手順，設計チェックリスト，設計レビュー，電子部品ディレーティングガイドライン，推奨部品リスト，推奨供給者リストなど）によってサポートされている。

エンジニアリング分析および試験は，従来実施されてきた設計分析および試験の手法，例えば設計中の耐荷重分析を指す。このグループに含まれるのは，有限要素解析，振動および衝撃解析，熱解析および熱測定，電気ストレス解析，摩耗寿命予測，高加速寿命試験（HALT）などである。

障害分析とは，設計および運用中の因果関係についての理解を向上するための，従来のRAM分析を指す。このグループに含まれるのは，故障モード影響解析（FMEA），フォルトツリー解析（FTA），信頼性ブロック図（RBD）分析，システムのモデリングおよびシミュレーション，障害根本原因分析などである。

10.8.2 可用性

可用性は，規定条件下で用いられるシステムが，いずれかの時点でも要求を充足するように稼働する確率として定義される。したがって可用性は，システムの信頼性および保守性と，利用およびサポートステージのサポート環境に依存している。これは，固有可用性，達成可用性，あるいは運用可用性として表現され，そして定義されることがある (Blanchard and Fabrycky, 2011)。

- 固有可用性 (A_i) は，システムに固有の信頼性および保守性に基づいている。これは，理想的なサポート環境（例えば，直ちに利用できる工具，スペア，保守員）を前提とし，予防保守，ロジスティクスによる遅延時間，および管理による遅延時間は含まれない。
- 達成可用性 (A_a) は固有可用性に類似しているが，予防（すなわち計画的）保守を含むことだけが異なる。これには，ロジスティクスによる遅延時間および管理による遅延時間を含まない。
- 運用可用性 (A_o) は，実際の運用環境を前提とし，したがってロジスティクスによる遅延時間

および管理による遅延時間を含む。

10.8.3 保守性

システムズエンジニアリングの目的の一つは，効果的かつ安全に，最短時間かつ最小コストで，そしてサポート資源の出費は最小限でありながらシステムのミッションには支障を与えないように，システムの設計および開発を行うことである。保守性とはシステムが保守される「能力」であり，一方，保守は，システムを有効な運用状態に回復または保持するためにとられる一連の活動から構成される。保守性は設計に備わる，または「内蔵された」ものであるのに対し，保守は設計の結果である。

保守性は，保守時間，保守頻度因子，保守作業時間，および保守コストの観点から表すことができる。保守は，是正保守（すなわち，障害の結果として遂行される，規定された性能レベルまでシステムを「回復させる」ための非計画的保守），および予防保守（すなわち，規定された性能レベルにシステムを保持するために遂行される計画的保守で，体系的な検査およびアフターサービスを提供することによって，または定期的なアイテム交換により近い将来の障害を予防することによって行う）に分けることができる（Blanchard and Fabrycky, 2011）。

10.8.4 他のエンジニアリング分野との関係

信頼性エンジニアリングは，安全のエンジニアリングおよびロジスティクスエンジニアリングのような他のエンジニアリング分野と密接に関係している。信頼性エンジニアリングの主目的は，障害の予防である。安全のエンジニアリングの主目的は，正常および異常な条件の両方で，危害を予防および緩和することである（10.10節参照）。ロジスティクスエンジニアリングの主目的は，効率的なロジスティクス上のサポートの策定である（例えば予防保守および是正保守）（10.5節参照）。

これら3つの分野は，共通のテーマが「障害」であるだけでなく，ビューポイントは異なるが類似の活動を用いることがある。例えば，故障モード影響解析（FMEA）は，信頼性エンジニアリング，安全のエンジニアリング，およびロジスティクスエンジニアリングに対し適用可能である。しかし，設計の故障モード影響解析（FMEA）と，安全またはロジスティクスの故障モード影響解析（FMEA）とではその目的が異なるため，相違がある。すべての分野に共通するのは，システムライフサイクルの早期に実施する必要があることである。

信頼性が障害（というよりも障害がないこと）と深くかかわっている一方で，保守性は，システムが保守される能力（または保守の容易さ）を対象とする。可用性は，信頼性および保守性両方に関する機能であり，ロジスティクス的側面を含むことがある（運用可用性の場合のように）。システムのライフサイクルコスト（LCC）は信頼性および保守性に大きく左右され，これらはサポートの資源および関連する稼働コストの最大の因子と考えられる。

10.9 レジリエンスエンジニアリング

10.9.1 はじめに

レジリエンスの一般的な定義は，「復元する，または跳ね返る振る舞い」（Littleら, 1973）である。エンジニアリングされたシステムに関して，本書では，レジリエンスは次の意味で用いられる（Haimes, 2012）。

> レジリエンスは，実際のまたは潜在的な逆に作用する事象に対し準備および計画を行い，これを吸収または緩和し，そこから復元し，あるいは成功裏に適応する能力である。

この定義は，物理的な資産および人の両方を含め，あらゆるエンジニアリングされたシステムでのレジリエンスに適用されうるが，初期の研究（Hollnagelら, 2006）は，組織システムのレジリエンスに焦点を当てたものであった。この定義は広く用いられているが，ある種の領域，例えば防衛（Richards, 2009）ではレジリエンスを，ある破壊されたことの復旧フェーズのみに定義している。

レジリエンスは，政府レベル（原子力規制委員会（NRC), 2012；ホワイトハウス, 2010）で特に重要なものとみなされ，インフラストラクチャシステムのレジリエンスは最優先事項となっている。インフラストラクチャシステムには，防火，警察，電力，水道，医療，運輸，電気通信，およびその他のシステムが含まれる。ここで概要を述べる原則および実践は，あらゆるエンジニアリングされたシステムに適用可

能である。一般的にインフラストラクチャシステムは，2.4 節に定義されたように，SoS であり，SoS 特有の特徴に由来するレジリエンスを達成するという，特別な課題を抱えている。対象システム（SOI）は，安全上重要なシステムとは限らない。ここでいうレジリエンスは，水道，電力，医療などのサービスの修復に適用されることがある。水道，電力，医療は，スプリンクラーシステム（水道），救急システム（医療），および電力（送電網のような安全上重要なシステムおよび重要なインフラストラクチャを支える）のような安全機能に寄与する安全上重要なシステムとなる場合がある。

10.9.2 説明

レジリエンスは，人為的脅威および自然の脅威の双方により引き起こされるさまざまな破壊を予期し，その際に生き延び，そしてそこから復旧することに関係する。外的な人為的脅威には，テロリストによる攻撃も含む。内的な人為的脅威には，オペレーターおよび設計上の誤りを含む。自然の脅威には，異常気象，地質学上の事象，山火事などが含まれる。脅威は，単体あるいは複合的な場合がある。複合的脅威の場合，最初の脅威に続いて直面する脅威は，最初の脅威を修正する試みの結果であることがある。複合的脅威は，連鎖的に起こる障害の結果であることもあり，これはインフラストラクチャシステムによく見られる。

レジリエンスは，システムの創発的かつ非決定的なプロパティである (Haimes, 2012)。これが創発的であるのは，システムの個別要素の検査からは決定できないからである。システム全体および要素間の相互作用を調べなければならない。レジリエンスが非決定的であるのは，破壊時に起こりうるシステム状態の多様さが，決定論または確率論のいずれの方法によっても特徴づけることができないからである。統計データ分析（極限量）によって，確率論的アセスメントが可能なことはある。例えば，福島に関しては，定量的予測を行うための地震および津波に関するデータが存在する。さらに，冷却システムの構成と，地震および津波の状況での障害確率についてデータが入手可能であり，これらの事象を確率的基準に基づき評価することが可能である。こういった創発的および非決定的なプロパティにより，脅威およびシステム構成に関して分析的な試行を繰り返し行わないかぎり，レジリエンスは測定することも，また固有の脅威による結果を正確に予測することもできない。

レジリエントなシステムをエンジニアリングする際の目的は，破壊または複合的破壊を予知し，その際に生き延び，そしてそこから復旧するアーキテクチャ，および/または他のシステム特性を決定することである。図 10.9 は破壊のモデルである。

図 10.9 は，3 つの状態で生じる破壊発生を表している。すなわち，事象が起こる前の初期状態，事象発生中の中間状態，および事象後の最終状態を示している。図には，複合的脅威のシナリオを表すフィードバックループも示している。このような望ましい結果を達成するためのシステムの能力は，一つ以上の原則を適用することにかかっている (Jackson and Ferris, 2013)。ここでいう原則は抽象的で，システム開発者が特定の実装設計を行うことを許容し，結果として特定のレジリエンス特性を得ることになる。これらの原則は，科学的に妥当性が確認できているルール，または経験則的なもののいずれで

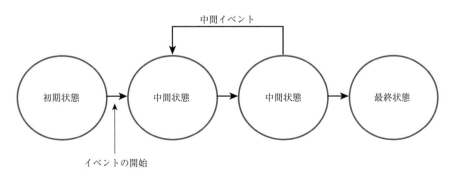

図 10.9 レジリエンスに関するイベントモデル。Scott Jackson の許可を得て転載。

もよい。このような原則を抽象レベルで特性づけることにより，いかなる分野にも適用することができるようになる。この原則は，図10.9中の一つ以上のフェーズ中に呼び出されなければならない。システム開発者は，ある特定の状況下でいずれの原則がより望ましいかを，設計上の解決策を提供しその影響をモデリングすることによって決定すればよい。さらに，原則が適切な組合せで実行された場合にのみレジリエンスが達成されることがすでにわかっている（Jackson and Ferris, 2013）。したがって，この後に述べる原則は，適切な組合せで実行されて初めて，レジリエンスの統合モデルとみなすことができる。システム開発者は，「抽象は具象の単純化された複製である」（Lonergan, 1992）という論法に従って具体的な設計案を策定することができる。最上位の抽象的原則およびこれに関連する支配的な特性を，この後の文章に記述する。これらの原則に対する副原則は，この分野の主要な資料で確認することができる（Jackson and Ferris, 2013）。

　レジリエンスのあるシステムのエンジニアリングは，独立した学問分野ではない。このあとの文中にあげるその原則は，他の分野，例えば，アーキテクチャ定義，信頼性，および安全性の中で認められたものである。信頼性は，安全性で考慮すべき重要なことである。信頼性と安全性は，一つの共通事項をもっている。それは，エンジニアリングされたシステムのレジリエンスを向上する能力である。各原則のゴールは，レジリエンスを向上させるシステムの固有の属性または特徴をサポートすることである。次の原則は，サポートする属性ごとに整理されたものである。

- 属性：許容力：脅威に耐える能力
  - 吸収：設計レベルの脅威を吸収することのできるシステム。
  - 物理的冗長性：システムは，2つ以上の同一で独立した分岐から構成される。
  - 機能的冗長性：階層化された多様性とも呼ばれ，2つ以上の異なる独立した分岐から構成され，共通原因の障害に対して脆弱でない。
- 属性：緩衝：安全でない操作または倒壊の境界から距離を保つ能力
  - 階層化された防御：システムは単一点障害をもたない。
  - 複雑性を減らす：要素およびインタフェースの数および/またはシステムの要素間での変動性を減らすことのできるシステム。
  - 隠れた相互作用を減らす：システムの要素間での望ましくない相互作用を検出することのできるシステム。
- 属性：柔軟性：曲がるまたは再構築する能力
  - 再編成：脅威に直面して，自身を再構築できるシステム。
  - 修復性：破損の後で自身を修復できるシステム。
- 属性：適応性：安全でない振る舞いにシステムが陥ること（ドリフト）を防ぐ能力
  - ドリフト是正：近づきつつある脅威を検出し，是正処置を実施することのできるシステム。
  - ニュートラル状態：意思決定ができるよう，ニュートラル状態に入ることのできるシステム。
  - ループ内の人の介在：システムは，必要な場所に人という要素をもつ。
  - 疎結合：システムは，ノードの緩みおよび遅延による連鎖的な障害に対する抵抗力をもつ。
- 属性：耐久力：優美に劣化する能力
  - 局所化された許容力：システムの個別要素は，他の要素の障害のあとで，独立した運用を行うことができる。
- 属性：凝集度：一つのシステムとして一緒に運用できる，システムの要素の能力
  - ノード間相互作用：システムは，そのすべてのノード間で接続をもつ。

レジリエンスエンジニアリングで鍵となる入力は，次のとおりである。

- 脅威：数，種類，特性
- 目的および優先順位
- 対象システム（SOI）：種類および目的
- 候補の原則：対象システム（SOI）にとって潜在的に適切であること
- 解決策の提案

レジリエンスエンジニアリングで鍵となる出力は，

次のとおりである。

- 望ましいシステム特性
- 選択された脅威に対する，システムの予測された反応
- 機能，サービス，および財政的影響による損失およびその復旧
- 復旧時間

レジリエンスエンジニアリングプロセスの鍵となる活動は，次のとおりである。

- システムの特性および脅威を含めてモデルを作成する。
- 関連するシナリオに適した，候補となるレジリエンス原則および原則の組合せを選択する。
- 効果指標（一つまたは複数）を選択する。
- 各システム要素に対する入力および出力を含め，各原則に対応する候補となる解決策を提案する。
- シナリオに関する，種類および重大さの一定の選択範囲に対する脅威をモデリングする。
  - 予知していない脅威の潜在的影響を特定する。
- 脅威および関連するシステム状態の範囲に対応するモデルを実行する。
- 評価対象システムの機能，サービス，または財政的影響による損失およびその復旧について判定するため，影響分析を実行する。

10.10 システム安全のエンジニアリング

　システム安全のエンジニアリングは，システムズエンジニアリングを適用して派生したものであり，正しいシステム思考の基礎の上に建ち，システムライフサイクルの各フェーズを通じてこれらの基礎を分析的に応用するものである。システム安全のエンジニアリングの中核は，潜在的安全リスクを特定し，除去または制御するための，開発，運用，および維持されるシステムのコンテキスト中の各要求，各システム要素，および各マクロからミクロに及ぶ振る舞いの分析である。潜在的安全リスクとは，システムへの損害，システムの運用およびサポートに関与する人への危害，または環境上の被害につながるシステムの望ましくない状態を生みうるいずれかの条件と定義される。

　システム安全のエンジニアリングの主目的は，安全なシステムの開発，生産，利用，サポート，および廃棄ステージでの，安全関連要求をもって，設計に影響を与えることである。安全なシステムから受けるメリットは数多くあり，これに限らないが，コスト，スケジュール，運用効率，システムの可用性，および法的責任に関連するリスクを軽減することがあげられる。

10.10.1 システム安全のシステムズエンジニアリングの役割

　今日のシステムはサイズおよび複雑性が増大しているため，システムズエンジニアリングによるアプローチがより重要になってきている。安全のようなシステムレベルのプロパティは，システムとして設計しておかなければならない。これを後で付け足した場合，安全は期待できない。システムは，要求および制約を満たすため，規定されたゴールを達成するよう設計される。システムズエンジニアリングは，システム安全のゴールを確実に含むようエンジニアリング設計プロセスを編成する方法を策定しなければならない。

　システムズエンジニアリングは，システム安全のエンジニアリングの取り組みを最初からエンジニアリングプロセスに組み込み，エンジニアリング設計の意思決定が行われる際，安全がシステムとして設計されなければならない。システム安全のエンジニアリングは，システムズエンジニアリングがシステムのゴールを決定し，回避すべき潜在的なハザードを特定し文書に記録することに関与する。この情報から，一連のシステム機能要求，安全要求，および制約が特定され，文書に記録される。これらの要求は，安全がシステムとして確実に設計されるよう，システムの設計および運用の基盤を構築する。システムズエンジニアリングは，コンセプトステージの早期からシステム安全のエンジニアリングを確立しなければならず，このプロセスをシステムのライフサイクル全体を通じて継続しなければならない。システムズエンジニアリングは，システムの要求および制約を考慮すると同時に，設計の意思決定が安全を配慮して導かれることを保証しなければならない。

10.10.2　システムの安全要求の特定および統合

システム安全のエンジニアは，連邦，軍，国家，産業界での規則，規格，標準，および設計および開発するべきシステムのためのその他の文書(例えば，連邦自動車安全基準（FMVSS），米国軍用標準（MIL-STDs），米国電気工事規格（NEC），および化学物質の登録，評価，認可，および制限に関する規則（REACH））をレビューし，「ベストプラクティス」であるシステム安全設計要求およびガイドラインを特定する。これら初期の要求を利用して，付加的なシステム安全設計要求を導き出し，これらの要求を，ハザードリスクをなくすか，あるいは受け入れ可能なレベルにまで下げるため，設計エンジニアに提供する。これらの要求は，上流のシステム要求および設計文書に統合される。次に，システム安全要求を，システム内で特定されたハザードに関連づける。

システム安全のエンジニアリングはシステムズエンジニアリングとともに，システムの安全設計要求およびガイドラインが確実に策定および詳細化され，完全かつ正確に規定され，そして適切にシステム要素の要求に変換されるように保証し，これらがシステムのハードウェア，ソフトウェア，およびユーザインタフェースの設計および開発で実装されるようにすることである。これに加え適用可能な安全要求を特定し，操作マニュアル，ユーザマニュアル，および診断マニュアルに，利用上の手順，プロセス，警告，および注意を取り込む。

10.10.3　ハザードの特定，分析，および分類

システム安全のエンジニアリングの規律には，ベストプラクティスとみなされ，業界に受け入れられた多数の分析手段，技法，および製品が存在する。例えばSAEインターナショナルは，SAE ARP 4754および4761に定義された特定の手段をもっており，これは航空業界で広く利用されている。米国国防省MIL-STD-882も同様に，特定の分析技法を定義しており，防衛分野に有用である（米国国防省（DoD），2010b）。利用される標準または指針にかかわらず，次に例として列記する分析技法および安全エンジニアリング成果物はすべてを網羅しているわけではないが，システムズエンジニアリングのベストプラクティスを反映したものである。

- 予備的ハザード分析（PHA）
- 機能的ハザード分析（FHA）
- システム要素ハザード分析（SEHA）
- システムハザード分析（SHA）
- 運用およびサポートハザード分析（O&SHA）
- 健康ハザード分析（HHA）
- フォルトツリー解析（FTA）
- 確率論的リスクアセスメント（PRA）
- イベントツリー分析（ETA）

システム安全のエンジニアは，システムのコンセプト定義のはじめに，ハザードの特定を始める。検討中のコンセプトに内在するかもしれないハザードの可能性およびハザードが事故につながる可能性を特定するため，ハザード分析を開始する。システム安全のエンジニアはこのリストを策定するため，事故/インシデントハザード追跡ログ，習得した安全に関する教訓，および設計ガイドラインを含めた，類似のシステムの安全に関する経験を拠り所とする。開発サイクルを通じてシステムが成熟するに従い，設計変更から生じる新規ハザードの特定および分析のため，ハザード分析を更新する。

特定された各ハザードに対し，綿密な因果分析を実行する。この分析では，すべてのハードウェア，ソフトウェア，および操作を行う人間をはじめとする，ありとあらゆる制御エンティティによる，ハザードを発生させかねないあらゆる関与を特定する。各要因の特定によって，システム安全のエンジニアおよびシステムズエンジニアは，ハザードを緩和しリスクを受け入れ可能なレベルに下げるために必要なシステム安全要求/制約を特定できる。

各ハザードを分析して，それぞれの深刻度および発生確率を判定する。このハザード深刻度および発生の確率によって，そのリスク分類が決定される。MIL-STD-882Eの表A-Ⅰは事故深刻度のカテゴリー（米国国防省（DoD），2010b）を表し，そして表A-Ⅱは事故確率レベルを表す。事故リスクの分類は，事故リスクアセスメントマトリクスを用いて実施する。このマトリクスはハザードの事故リスク可能性をランクづけするために用いられる。MIL-STD-882Eの表A-Ⅲは，事故リスクアセスメントマトリクス（米国国防省（DoD），2010b）の一例である。このマトリクスを，システムハザードを緩和す

るためのエンジニアリングの取り組みの優先順位づけに用いる。

ソフトウェアに関連するハザードの場合は，MIL-STD-882Eの表A-Ⅱ（米国国防省（DoD），2010b）に特定されているように，ハザード確率のみに依存しない。ソフトウェア障害の分類は通常，ハザード深刻度およびソフトウェアがハードウェアに対し機能的に働かせる指令，制御，および自律性の程度によって判定する。ソフトウェアの制御カテゴリーには次の内容を含む。①自律制御，②ソフトウェアが制御を実施，または情報を表示し，独立した安全システムまたはオペレーターのいずれかが介入する時間を与える，③ソフトウェアが指令を出す，または情報を生成し，オペレーターに制御を完了するための行動を要求する，そして，④ソフトウェアは安全上重要なハードウェアを制御しない，または安全上重要な情報を提供しない。ここでソフトウェアの致命度インデックスを，深刻度カテゴリーおよび制御カテゴリーを用いて定める。この際に前述のマトリクスを，システムの設計，コード，およびテストに割り当てられる厳格さレベル（LOR）の優先順位づけに用いることができる。ソフトウェアが機能的に期待するとおりに実行され，意図しない機能を実行しないという確信を得るため，特定の厳格さレベル（LOR）に対しては，安全確保のためのソフトウェアを開発する。

ハザードを優先順位づけし，是正処置の取り組みが最も深刻なハザードにまず集中するようにする。システム安全の取り組みのゴールは，エンジニアリングと協調し，いかなるハザードも含まないシステムを設計することである。まったくハザードを含まないシステムを設計することは不可能または非現実的なため，この取り組みでは，受け入れ不可能なレベルの事故リスクを伴ったハザードが内在しないシステム設計を実施することに焦点を当てる。ハザードに関連するリスクを受け入れ可能なレベルまで下げるため，特定した各ハザードを分析し，設計に取り込むべき要求を決定する。システム安全の優先順位を用いて，事故リスクを減少させるシステム安全要求の実装時に従うべき順番を定義する。優先順位は次のとおりである。

1. 設計の選択によりハザードを除去する。
2. 設計の修正によりリスクを減少させる。
3. 安全デバイスを組み込む。
4. 警告デバイスを提供する。
5. 手順およびトレーニングを策定する。

ベストプラクティスにより，壊滅的（死亡，恒常的完全障害，不可逆的な環境への重大影響，または1000万ドル以上の金銭上の損失）あるいは致命的（少なくとも3名の入院，可逆的な環境への重大影響，または100万ドル以上1000万ドル未満の金銭上の損失）のいずれかの事故に直接つながる操作上の機能障害または機能の不適切な操作を明らかにしている。深刻度は手順による緩和だけでは緩和されない。

ハザード分析活動の結果を，ハザード追跡システム（HTS）に取り込む。HTSを利用し，安全要求の実装，検証結果，および残存事故リスクを文書に記録することによって，各ハザードを追跡する。HTSをシステムのライフサイクルを通じて更新する。

10.10.4 システム安全要求の検証および妥当性確認

システム安全のエンジニアは，システムズエンジニアとともに，特定されたシステム安全要求へのシステムの準拠を検証するため，すべての試験，実証，モデル，および検査に対する入力を提供する。これは，設計によって除去されなかったすべてのハザードに対し設計の安全が適切に実証されるよう，確実を期すために行われる。一般的には，システム安全のエンジニアが，壊滅的および致命的と類別されたハザードに対する検証/妥当性確認活動に立ち会う。システムの安全要求を妥当性確認/検証するために実施したすべての試験活動の結果を，システム安全のエンジニアがレビューし，ハードウェアまたはソフトウェアについての試験および評価レポートと合わせてHTSに取り込む。

10.10.5 安全リスクのアセスメント

システム安全のエンジニアは，プログラムの鍵となる各マイルストーン（予備的設計レビュー，最終設計レビュー，プログラム完了など）に先立ち，前提とした事故リスクの包括的な評価を実施し，文書に記録する。また，鍵となる試験または運用活動に

ついても同様である．安全アセスメントでは，ハードウェア，ソフトウェア，およびシステム設計のすべての安全性の特徴を特定する．安全アセスメントは，また各マイルストーン，試験，または運用活動ごとに，システムに存在しうる手順上，ハードウェア関係およびソフトウェア関係のハザードを特定する．システムにいまだ存在する前述のハザードに対し，明確な手順管理および注意事項を特定する．安全アセスメントはまた，システムの設計，運用，または保守に用いられる有害物質，およびシステムから発生する有害物質を特定し，文書に記録する．無害または比較的有害でない物質を用いることができなかったのはなぜかというアセスメントも実施し，文書に記録する．

10.10.6 まとめ

システムズエンジニアリングに欠くことができない部分として，システム安全エンジニアリングは，開発，生産，利用，サポート，および廃棄のステージ中のシステムの潜在的安全リスクを最小化するため，設計エンジニアに対し完全な安全関連の要求一式を確実に提供することに強く焦点を当てている．その最終目標は，システムを受け入れ可能な安全リスクで，展開，運用，および保守することである．理想的には無事故が目標となる．

10.11 システムセキュリティのエンジニアリング

システムセキュリティのエンジニアリングは，システムが誤使用および悪意のある振る舞いに関連した破壊的な条件下で機能できるよう，保証することに焦点を当てる．システムセキュリティのエンジニアリングは，システムに対する脅威および脆弱性を分析する際，ならびにライフサイクル中のシステムの情報資産に対するリスクをアセスメントおよび緩和する際に，システムズエンジニアリング原則をある規律をもって適用する．システムセキュリティエンジニアリングは，技術，マネジメント原則および実践，そして運用ルールを組み合わせて適用し，システムが常時十分な保護を受けられるよう保証する．

システムセキュリティエンジニアリングは，システムおよびそれに関連づけられた環境を検討し，説明責任を負う．潜在的破壊的な条件（脅威）の原因は多種多様である．自然物（例えば気象現象）によることもあれば，人為によることもある．外的なこと（例えば政治または電力の中断）がもとで発生することもあれば，内的な作用（例えばユーザまたはサポートするシステム）で引き起こされることもある．破壊は，本質的に故意ではないこともあれば，故意である（悪意のある）こともある．設計，方針，または実践のいずれかによるとしても，実装されたセキュリティ能力は，ユーザの観点から有用なものでなければならない．

システムセキュリティエンジニアリングを有効にするため，システムのライフサイクル全体を通じてこれを適用する．システムセキュリティのエンジニアリング活動は，ライフサイクルの各ステージで適用できる．

- コンセプト：システムセキュリティのエンジニアリングは，将来見込みのある技術および有望なセキュリティ戦略を特定するため，技術のトレンドおよび進歩を探索する．これは，現行および将来の脅威へ対処し，そして運用上のニーズのサポートと保護を目的としたセキュリティを提供する，アーキテクチャ上および運用上のコンセプトをサポートするためである．
- 開発：システムセキュリティのエンジニアリングは，セキュリティコンセプトが検証可能な機能上の要求に反映されるよう保証し，本ステージ中のセキュリティレベルの効果を定義する．
- 生産：システムセキュリティのエンジニアリングは，製造，構築，および組立ての期間中のサポートを行い，本ステージ中にセキュリティ設定が適切に初期化されて最終システムとともに納品され，セキュリティレベルの効果が確立されるよう保証する．
- 利用：システムセキュリティのエンジニアリングは，運用環境，ユーザ環境，および脅威に関する環境の変化を考慮に入れることによって，利用期間中のセキュリティの効果を保守する．
- サポート：システムセキュリティのエンジニアリングは，保守後もセキュリティ特性が更新され有効でありつづけるよう保証し，またセキュリティイベントを観測してセキュリティの効果

を保守する。
- 廃棄：システムセキュリティのエンジニアリングは，システムおよび関連情報の廃棄時に，有効なセキュリティの実践が採用されるよう保証する。

10.11.1 システムズエンジニアおよびシステムセキュリティエンジニアの役割および責任

システムセキュリティのエンジニアリングは，システムズエンジニアリングのプロセスへセキュリティに焦点を絞った規律，技術，および配慮をもたらし，システムに関する意思決定の中に，保護への配慮に適切な重要性が置かれるよう保証する（Doveら，2013）。システムズエンジニアがシステムセキュリティ分析を実施し，有効なセキュリティ上の提言を得るためには，セキュリティに関する対象分野の専門家およびセキュリティエンジニアを適時に採用しなければならない。

システムセキュリティのエンジニアリングは，複数の副専門分野から構成されている。例えば，改ざん防止，サプライチェーンリスクマネジメント，ハードウェア保証，情報の保証，ソフトウェア保証，システム保証，およびシステムセキュリティのエンジニアがバランスのとれたシステムセキュリティのエンジニアリングのビューを提供するためにトレードオフする必要のあるその他の事項などである。システムズエンジニアリングおよびシステムセキュリティのエンジニアリングと，セキュリティ専門領域との関係性は，例えばユーザニーズを満たすためのあるエンジニアリング上の解決策を定義および展開することにどのように共同して関与するかにより説明される。このような共同作業の成果物は以下を含む。

- システムセキュリティ計画
- 脆弱性アセスメント計画
- セキュリティリスクマネジメント計画
- システムセキュリティアーキテクチャのビュー
- セキュリティ試験計画
- 展開計画
- 災害からの復旧および継続の計画

10.11.2 要求に対するシステムセキュリティのエンジニアリング活動

利害関係者のセキュリティ上の関心事には，知的財産，情報の保証，セキュリティ法，サプライチェーンに関する遵守，およびセキュリティ標準を含む。標準の例としては，ISO/IEC 27002，情報セキュリティ標準（2013），国防調達ガイド第13章（DAU, 2010），およびシステム保証ガイドのためのエンジニアリング（NDIA, 2008）がある。システムズエンジニアは，利害関係者ニーズおよび要求定義プロセスの中で利害関係者のセキュリティ上の関心事を考慮し，利害関係者要求の中に取り入れる必要がある。

システム要求定義プロセスの中では，重要な機能およびデータは，保護のニーズが特に高いものとして特定する。致命度解析のリスクに基づいた分析パターン，脅威のアセスメント，脆弱性アセスメント，および潜在的保護の制御および緩和の特定を，費用便益分析（CBA）への入力として利用する。費用便益分析（CBA）では，システム遂行能力，コスト妥当性，および利用互換性への影響を考慮に入れる。システム要求定義を支援するため，セキュリティのシナリオは，通常のセキュリティ処理および誤用／悪用の状況の両方を対象に策定する。また，これらのシナリオを，検証および妥当性確認のプロセスの中で用いることも重要である。

システム要求定義では，システムセキュリティ保護を考慮する必要がある。システムセキュリティ保護は，予防，検出，および対応の3つのカテゴリーに分けることができる。予防には，アクセス制御および重要機能の隔離および分離を含む。検出には，セキュリティに関連した振る舞いを観測しログをとる機能を含む。対応には，一次機能またはデータが不正にアクセスを受けたときに低下モードに切り替える緩和を含む。

これらの活動の結果，システムセキュリティ要求（プロセス要求を含む）一式，セキュリティ運用コンセプト（OpsCon）およびサポートコンセプト，そして検証および妥当性確認に用いるシナリオ一式が得られる。

10.11.3 アーキテクチャ定義および設計定義に対するシステムセキュリティエンジニアリング活動

システムアーキテクチャは，システムセキュリティを有効にする，または妨げることがあるので，アーキテクチャ定義および設計定義プロセスでは，システムセキュリティのエンジニアリングの取り組みが重要である。侵入者は，システムの防御手段を学習し，いち早く自身の手法を変える。アーキテクチャは，防御手段の迅速な変更を可能とし，運用時間中のエンジニアリングによる介入を容易にする。これは，アーキテクチャ構造およびセキュリティ機能の詳細を修正することによって達成され，システム運用コンセプト（OpsCon）に明記されたアジャイルなアーキテクチャ上の戦略によって可能となる。脅威の進化には，交換が可能で，機能追加により拡張が可能で，そして別の相互接続へと再構成が可能なゆるい結合のカプセル化されたセキュリティの機能的システム要素から構成されるセキュリティアーキテクチャで対抗できる（Doveら，2013）。順応性がなく融通の利かないセキュリティアーキテクチャの場合，システムに長い寿命を見込むことは特に脆弱性を高める。

アーキテクチャは，対象システム（SOI）の種々のシステム要素間での，上位での責任の割り当てに焦点を当て，これらのシステム要素間の相互作用および接続性を定義する。要求定義プロセス中に確立されたセキュリティ要求に対する責任は，アーキテクチャ定義プロセス中，必要に応じて，機能的システム要素およびセキュリティに特化したシステム要素に割り当てられる。

レジリエンスエンジニアリングは，システムセキュリティエンジニアリングと緊密に機能する。システムのレジリエンスは，システムが攻撃下および攻撃後の復旧中，おそらく性能は劣化することになるが，重要な機能性を提供しつづけて運用することを許す。レジリエンスは，開発ライフサイクルが進んでから後で備えるのが難しく，展開後では非常にコストがかさむアーキテクチャ上の特徴である。

寿命の長いシステムは，そのライフサイクルを通じて機能的な更新およびシステム要素の交換を行う。内部の脅威およびサプライチェーンの脅威は，埋め込まれた悪意ある能力とともに発達したシステム要素として顕在化することがあり，これは要求によって作動するまでは眠っていることもある。この点から推奨されるのは，システムの境界の防御または信用できる環境の期待に依存するのではなく，相互に接続されたシステム要素の通信および振る舞いを疑うような，自己防御を行うシステム要素である。

10.11.4 検証および妥当性確認に対するシステムセキュリティエンジニアリング活動

検証および妥当性確認プロセスでは，対象システム（SOI）を検証および妥当性確認するための戦略を策定する。セキュリティ関連要求および有効にするシステムへのセキュリティ影響を検証するには，システムセキュリティエンジニアリングの関与が必要である。検証方法を，検査，分析，実証，およびテストに対する客観的な合否判定基準をもって，各セキュリティ要求に対し特定する。マイルストーンでレビューを実施し，対策が計画され，脅威および脆弱性のアセスメントが現在も有効で，そしてテスト中のシステムセキュリティ要求が包括的な致命度解析の中に位置づけられていることを確認する。運用環境の中で進化している脅威に焦点を当てたアセスメントシナリオを用い，システムの妥当性確認を実施する。リスク評価および致命度アセスメントを，現行の脅威および脆弱性に基づき更新する。また，新規の脆弱性および脅威に対処するため，端から端までのシナリオを更新する。

10.11.5 保守および廃棄に対するシステムセキュリティエンジニアリング活動

システムセキュリティのエンジニアリングの責任は，システムが納品されたときに終わるのではない。保守の一環として，作業指示書は，脆弱性の侵入を防ぐため，承認を得た保守活動を指示する必要がある。維持の運用の一部として，既存のシステムに新規の脆弱性が存在するかどうかを判定するため，脅威およびセキュリティの特性を再評価する必要がある。いずれの能力の更新または技術更新の場合も，その一環として，新規の脅威，保護が有効であることを確認するため再評価された端から端までのシナリオ，そして更新された機器について再評価されたサプライチェーンの脆弱性の状況下でのある状況にて致命度解析を繰り返さなければならない。シ

ステムの廃棄の前には，ハードウェアおよびソフトウェアを，リバースエンジニアリングが不可能な状態にしなければならない。

10.11.6 リスクマネジメントに対するシステムセキュリティエンジニアリング活動

ミッション致命度の分析，脅威のアセスメント，および脆弱性のアセスメントは，リスクマネジメントプロセスへのセキュリティに関する入力として，リスクの特定およびリスクレベルの判定の客観性を向上させるために用いることができる。システム遂行能力全般，コスト，およびスケジュールという状況の中でのセキュリティリスク低減の均衡点を探すには，客観的な費用便益分析（CBA）が必要となる。セキュリティリスクの特定および分析の実施が早期であればあるほど，設計，開発プロセス，およびサプライチェーンへのセキュリティの組み込みがより効果的に行われる。脅威は動的かつ常に刷新されていく性質のものであり，脆弱性は継続的に発見されるものであることから，リスク特定および分析はシステムライフサイクル全体を通じて頻繁に繰り返す必要がある。

10.11.7 構成管理および情報マネジメントに対するシステムセキュリティエンジニアリング活動

構成管理および情報マネジメントは，システムの構成および能力を理解することが許可された者のみに，確実にシステムの状態が全体的にわかるようにする。コンセプトから納品までの間にシステムが進展するのに伴い，システムについて矛盾のない正確なビューを保守するために，構成管理および情報マネジメントは，設計チームのメンバーに対し閲覧を許可されたシステムの一部分と相互に関与することを許容する。構成に対する変更は，システム変更のためのアクセスを制限するため規制され，そして攻撃または脆弱性の発見という事象があった場合にフォレンジック分析に対する洞察を与えるために文書に記録しなければならない。

10.11.8 取得および供給に対するシステムセキュリティエンジニアリング活動

システムセキュリティが考慮するのは，対象システム（SOI）だけにとどまらない。有効にするシステムおよびサプライチェーンを保護しなければならず，解決策を組み立てる際のすべての側面を知っていなければならない。取得したシステムまたはシステム要素が，受け入れ可能なリスクで納品されることを保証するため，システムセキュリティの分析，評価，保護の実装，および更新は提案依頼書の一部に含める必要がある。

脆弱性のアセスメントはライフサイクル全体を通じて行い，更新しなければならない。しばしばコスト妥当性が考慮されて，市販品（COTS）となるハードウェアおよびソフトウェア製品は，悪意ある介入が確実にないとは保証されていない場合がある。またCOTSは，対象システム（SOI）外で用いられることがあるが，対象システム（SOI）に対して悪用されうる脆弱性の発見を招く。

システムセキュリティのエンジニアは，安全なサプライチェーンをもったシステム要素を選択するために，ビジネス/ミッションの能力を喪失するような結果および可能性を評価する。場合によっては，COTSのシステム要素が最も高い性能であっても，サプライチェーン上のリスクが対策によって受け入れ可能レベルまで下がりえない場合は，選択すべきでないかもしれない。

10.12 トレーニングニーズの分析

トレーニングニーズの分析は，システムのユーザ，保守員，およびサポート要員をトレーニングするための製品およびプロセスの開発をサポートする。トレーニング分析は，システムライフサイクルのどの時点にでも人員が自身に課されたレベルまでタスクを達成するための，能力開発および習熟度開発を含む。これらの分析は，システムの利用および保守に関連した要求タスクを実行するのに必要な初期トレーニング，およびそれに続くトレーニングを対象としている。有効なトレーニング分析は，コンセプト文書および対象システム（SOI）に対する要求を完全に理解することから始まる。前述の情報源から機能またはタスクのリストを特定し，これをオペレーター，保守員，管理者，およびその他のシステムユーザの学習目標として示すことができる。この学習目標では，トレーニングモジュールを設計お

よび開発し，その提供手段を決定する。

　トレーニング設計の際に考慮すべき重要なことは，誰が，何を，どのような状況下で，各ユーザをどの程度までトレーニングするべきか，そして，目的に合致するトレーニングは何かである。特定された必要スキルの一つ一つが，肯定的な学習経験につながり，適切な提供メカニズムに結びついたものでなければならない。正規の教室での環境は，例えばシミュレーター，コンピュータベースのトレーニング，インターネットベースの遠隔配信，およびシステム内電子サポートなどに迅速に置き換え，あるいは拡張される。トレーニング内容を更新する際には，トレーニング効果を向上させるため，受講者がある程度の経験を積んだあとでの彼らからのフィードバックを用いる。

10.13　ユーザビリティ分析/HSI

　システムへの人の統合（HSI）は，すべてのシステム要素の中およびすべてのシステム要素にまたがった，人を考慮した統合のための，学際的な技術およびマネジメントプロセスである。HSI は，各システムのシステムライフサイクルを通じ不可欠な要素としての人に焦点を当てている。HSI は，システムズエンジニアリングの実践で必須となっている実現手段である。なぜならこれは，人，技術（例えば，ハードウェア，ソフトウェア），運用のコンテキスト，そして要素間および要素内で必要となるインタフェースを含み，これらの全要素が調和して働くための「トータルシステム」アプローチを促進するものだからである（Bias and Mayhew, 1994；Blanchard and Fabrycky, 2011；Booher, 2003；Chapanis, 1996；ISO 13407, 1999；Rouse, 1991）。HSI の「人」には，何らかの能力としてシステムに相互的に関与するあらゆる人員，例えば次のような者を含む。

- システムオーナー
- ユーザ/顧客
- オペレーター
- 意思決定者
- 保守員
- サポート要員
- トレーナー
- 周辺の人員

　人はほとんどのシステムの一要素であるため，多くのシステムが，HSI の適用から恩恵を受ける。HSI は，人中心の規律を確立し，システムズエンジニアリングプロセスに関与して，システム設計および遂行能力を全体的に向上させる。HSI の主目的は，システムの中で人が，個人，仲間，チーム，部署，または組織のいずれの立場で運用を行うかにかかわらず，人の能力および限界が重要なシステム要素として扱われるよう保証することである。システムの技術要素が固有の能力を有しているのと同様に，人も，固有の知識，スキル，および能力（KSAs），専門知識，および文化的経験を有している。技術要素と，運用環境中でシステムが想定するユーザ，オペレーター，保守員，およびサポート要員との間の質の高いインタフェース開発を保証するには，思慮ある設計の取り組みが不可欠である。システムの運用によりシステム外の人が影響を受けることを認識することも重要である。

　オペレーターおよび保守員が開発中のシステムの一部であることは，多くのシステムズエンジニアおよび設計エンジニアが直感的に理解しているが，しばしば彼らには，人の能力を完全に規定し，取り入れるのに必要な専門知識あるいは情報が欠けている。HSI は，この技術的専門知識をシステムズエンジニアリングプロセスに持ち込み，システムコンセプト，開発，生産，利用，サポート，および廃棄ステージ中の，人を考慮することに対する着眼点として役立つ。システムの開発，設計，および調達へ HSI を包括的に適用することは，システム全体の遂行能力（例えば，人間，ハードウェア，およびソフトウェア）の最適化を意図しており，その際，システムを利用，運用，保守，およびサポートし，またライフサイクルコスト（LCC）を下げる取り組みをサポートする人々の特性を考慮に入れている。

　HSI の重要な手法の一つは，トレードオフ検討およびトレードオフ分析である。HSI 分析，特に人が引き起こす課題および影響を含む要求分析は，しばしば他の方法では得られない洞察を結果として得ることができる。人に関する課題を含むトレードオフ検討は，最も効果的，効率的，適正（有益で理解しやすいことも含む），便利，安全およびコスト的に妥

10.13 ユーザビリティ分析/HSI

当な設計を決定するために，きわめて重要である。

HSI は，システムズエンジニアが長期的コストに焦点を当てる助けとなる。なぜなら長期的コストの大部分は，人という要素の領域に直結しているからである。一つの例（不幸にも多数存在するうちの一つ）が，米国スリーマイル島の原子力発電所事故である。

> 事故は，人員の過失，設計上の欠陥，およびコンポーネントの障害の組合せで発生した。当時行われた事故に関する徹底的な分析により特定された問題から，原子力規制委員会（NRC）のライセンスの規制方法の中で恒久的かつ広範囲にわたる変更を行うこととなり，その結果として，国民の健康および安全に対するリスクは減少した。（原子力規制委員会（NRC），2005）

HSI を包括的なシステムズエンジニアリングフレームワークの中に含めるのに失敗したことが，米国の原子力発電の信用喪失につながり，この分野の発展が 30 年近くも遅れることになった。除染コスト，法的責任，およびこの大惨事への対処に要した多大な資源は，高度に複雑なシステムの，人という要素への配慮の欠如に起因し，これが結果として欠陥のある運用技術および作業手段につながっている。またこれにより，人の能力は単位時間あたりの達成タスクおよび正確性という面で低効率であるにもかかわらず，システム遂行能力全体に直接かつ大きく影響するものであることが強く認識された。

10.13.1 システムズエンジニアリングプロセスに必須の HSI

プログラム成功の基盤は要求の策定に根づいている。人の能力に関する要求は，システム中にある他の遂行能力の要求から導き出され，制限される。システム要求を作成し，HSI 関連の要求を組み込むには，フロントエンド分析（FEA）を用いる。効果的なフロントエンド分析は，新規システムのミッションおよび実施される作業，前例となる何らかのシステムの成功事例または問題，および提案されたシステム技術と相互に関与すると思われる人々に関連した「知識，スキル，および能力（KSAs）」およびトレーニングの完全な理解から始まる。HSI のモデリングは，共有された組織の原則に従って振る舞う相関する要素の集合体としてシステムをみなしている。この観点は，他のエンジニアリング分野の数学的で厳密なアプローチとともに，モデルおよびシミュレーションの土台を支持する（SEBoK, 2014）。また，HSI の紛れもない事実，すなわち人のいないシステムは存在しないということが明らかになる。開発プロセスの早期のシミュレーション，特にシステムのハードウェアおよびソフトウェア要素が開発される前にシミュレーションを行うことで，要求定義，トレードオフ空間の分析，および反復のある設計活動にすべてのインタフェースを確実に取り込む。HSI 分析は，システムの中に人を中心とした機能を割り当て，人（またはシステム）の潜在的な能力差を特定する。例えば，人は帰納的な問題を解決するのに優れており，機械は演繹的な解決に優れている（Fitts, 1954）。帰納的または演繹的な意思決定に対する要求は，システム設計の構造中に固有である。

HSI をシステム開発の早期（利害関係者要求の作成中）から開発プロセス中を通じて継続して含めておくことは，最終のシステム解決策およびライフサイクルコスト（LCC）の大幅削減に対して最大限の便益をもたらすためにたいへん重要である。粗悪で，正しく規定されていない，または定義されていないヒューマンインタフェースが引き起こす効果のないユーザビリティおよび運用上の非効率を是正するための高価につく「トレーニングに次ぐトレーニング」，またはステージ後期になってからの修正の必要がないシステムを保証するために，IPPD の中で HSI をフルに利用することは役立つ。システムズエンジニアは，IPDT をサポートするための HSI に関する専門知識を取り込む際に重要な役割を果たす。知識豊富な学際的な HSI チームは，一般的に，人の考慮の全範囲に対処することが求められ，システムズエンジニアが，システムライフサイクル全体を通して HSI を含めていくことを保証する鍵となる。プログラムマネジャー，チーフエンジニア，およびシステムズエンジニアは，HSI の実践者が積極的に設計レビュー，ワーキンググループ，および IPDT に参加することを保証する必要がある。顧客，ユーザ，開発者，科学者，試験者，ロジスティクス専門家，エンジニア，および設計者（人，ハードウェア，およびソフトウェア）との一貫性のある関与およびコミュニケーションはきわめて重要である。

10.13.2 技術的およびマネジメント HSI プロセス

あらゆるプログラムレベルの IPDT は，システムライフの全体にわたり，プログラム，技術，設計，および意思決定レビューで，HSI に取り組まなければならない。HSI は，あらゆるシステムおよびシステム変更の設計と調達に影響し，システムの遂行能力およびコストの中で人が担う役割，およびこれらの要素が設計の意思決定によってどのように形成されるかを明確にする。さらに，HSI はシステム開発に際してのエンジニアリングの実践に必須の構成要素の一つであり，開発プロセス自体への技術的およびマネジメント上のサポートに貢献する。

10.13.2.1 HSI の領域

HSI プロセスは，個別領域での活動，責任，または報告の経路を置き換えることなく，相互に依存する人を中心とする領域間でのトレードオフ検討を促進する。一般的に，種々の組織があげる人を中心とする領域の名称または数は異なることがあるが，対処する人の考慮についてはかなり類似している。次にあげる人を中心とする領域は，HSI への適用が広く知られており，システムの設計および開発で対処すべき人の考慮の適切な基盤として役立つ。もちろん，これに限るものではない。

- マンパワー：展開されたシステムをトレーニング，運用，保守，およびサポートするために必要であり，潜在的に利用可能な人員の数および種類，そして種々の職業的な専門分野に対処する。
- 人員：あるシステムを運用，保守，およびサポートするために必要とされる「知識，スキル，および能力（KSAs）」の種類，経験値，および適性（例えば，認知的，物理的，および感覚的能力），そしてこれを満たす人物を供給する手段（例えば，新規採用および継続雇用）を検討する。
- トレーニング：システムを適切に運用，保守，およびサポートするのに必須の「知識，スキル，および能力（KSAs）」を備えた人員を供給するために必要とされる指示および資源を含む。トレーニング団体は，次にあげる選択肢に重点を置き，個別および集団的な資格認定トレーニングプログラムを策定および提供する。
  - オペレーター，保守員，およびサポート人員を含め，ユーザの能力を向上させる。
  - トレーニングおよび再トレーニングの継続を通じ，スキル習熟度を保守する。
  - スキルおよび知識の獲得を迅速化する。
  - トレーニング資源の利用を最適化する。

  シミュレーターおよびトレーニング機器のようなトレーニングシステムは，最新のシステム技術にあわせて開発する必要がある。

- ヒューマンファクターエンジニアリング（HFE）：人の能力（例えば，認知的，身体的，感覚的，およびチーム力学）の理解，そしてコンセプト化から始まりシステムの廃棄まで続く，これらの能力のシステム設計への包括的な統合に関与する。HFE の重要な目標の一つは，実施される実作業を明確に特徴づけること，そしてその情報を，効果的，効率的，かつ安全な人／ハードウェア／ソフトウェアインタフェースをつくるために用いて，最適な全体としてのシステム遂行能力を達成することである。この「最適性能」とは，次の事項を達成することである。
  - 人の活動を最適化するため，ワークフローをつくり，タスク分析を実行し，トレードオフ検討を設計すること。
  - システムを利用，運用，保守，およびサポートする人にとって直感的なシステムであることを確実とするため，人のゴールおよび遂行能力を設計の決定要因とすること。
  - 周到に設計された一次，二次，バックアップおよび非常時のタスクと機能を備えること。
  - システムに対し設定された遂行能力のゴールおよび目的を達成する，または超えること。
  - 想定された運用，保守，およびサポートのあらゆる環境にわたり，タスクエラー，およびシステム事故につながる遂行能力および安全上のリスクを除去／最小化するため，分析を実行すること。

  HFE は，システムの機能およびインタフェースを定義するため，より高度なツールと手法でサポートされたタスク分析および機能分析（認知タスク分析を含む）を用いる。これらの取り組

みの際には，人の能力および限界を慎重に考慮し，技術のいっそうの複雑化およびそれに伴う人に対する要求を認識する必要がある。設計の際には，利用不可能な，または達成不可能なスキルを要求するべきではない。HFE では，目標範囲にあるユーザ/顧客のためのユーザビリティを最大化し，頻繁な，または重大なエラーを誘発する設計上の特性を最小化することを目指す。情報アーキテクチャのようなシステム設計要素に直接組み入れることのできるデータは，HSI/HFE のツールが提供する。

IPDT が HFE を利用すれば，想定したミッションの負荷および耐久条件のすべての局面での作業時に，悪環境の中で人がシステムを運用，保守，およびサポートできるかどうかを判定するために，代表的な関係者をさまざまな状況で確実に試験することができる。

- 環境：HSI のコンテキストとしてこの領域は，運用および要求，特に人の能力に影響しうる環境上の配慮に関与する。
- 安全：オペレーター，保守員，およびサポート人員の死亡または傷害を引き起こす，システム運用を脅かす，あるいは他のシステムに連鎖的に障害を起こさせる事故のリスクを最小化するシステム設計特性および手順を促進する。広く知られている課題は次のとおりである。
  - 人員の安全および人員によるシステム運用を脅かす要素
  - 歩行/作業面，非常時の避難経路，および人員保護器具
  - 極端な気圧および気温
  - 有害エネルギー放出の予防/管理（例えば，機械的エネルギー，電気的エネルギー，圧力による液漏れ，電離/非電離放射線，火事，および爆発）
- 労働衛生：傷害，急性または慢性の疾病，および障害のリスクを最小化し，システムの運用，保守，またはサポートを行う人員の仕事の遂行能力を向上させるのに役立つ，システム設計の特徴および手順を促進する。広く知られている課題は次のとおりである。
  - 騒音および聴覚保護
  - 化学物質への暴露および皮膚の保護
  - 空気関連ハザード（例えば，閉鎖空間への立ち入りおよび酸素不足）
  - 振動，衝撃，加速，および動作中の物体からの保護
  - 電離/非電離放射線および人員の保護
  - 慢性の疾病または不快感を引き起こしうる人的要素の考慮（例えば，動きの繰り返しによる傷害，またはその他エルゴノミクスに関連した問題）
- 居住適性：次のような，システムの居住環境および労働環境の特性に関係する。
  - 照明および換気
  - 空間の適度な広さ
  - 医療および/または飲食サービスの利用可能性
  - 適切な仮眠所，衛生設備，およびフィットネス/娯楽設備
- 存続可能性：ミッションの劣化または終了，傷害または死亡，およびシステムまたは何らかのシステム要素の部分的または完全な喪失に対するシステム全体の感度を減少させる，あるシステムの人に関連する特性への対処（例えば，救命措置，身体防御服，ヘルメット，装甲，脱出装置，エアバッグ，シートベルト，電子シールド，警報など）。

上記の各領域は，並行して考慮しなければならない。なぜなら一つの領域で行われた決定は，他の領域に重大な影響を与えうるからである。個別領域での意思決定の際には毎回，正式なプログラム上の意思決定を行う前に，すべての領域をまたいで，そしてミッション遂行能力に対して HSI 上の課題を同時にアセスメントする必要性が生じる。このアプローチは，技術リスクおよび技術コストの上昇を含む，意図しない不利な帰結となる可能性を軽減する。

10.13.2.2 重要な HSI の活動および原則

HSI プログラムからは，次のような HSI の活動と，それに関連して重要な実行可能な原則が導き出されている。

- HSI を早期かつ有効に開始する：HSI は，フロントエンド分析（FEA）および要求定義とともに，システムコンセプトの策定の早期に開始する必要がある。HSI に関連する要求には，個別

領域の要求のみならず，HSI領域間の相互作用から生じる要求も含む。

　HSI要求は，他のシステム要求と調和して策定する必要があり，あらゆる制限または能力差を考慮しなければならず，プログラム文書およびシステム要求を更新する際に再考し，詳細化し，見直しを行わなければならない。ユーザ，オペレーター，保守員，および他の人員は，システムと，そしてシステム内で相互作用するため，要求の中で特定される人への考慮では，彼らの能力と限界に対処しなければならない。これを早期に，継続的かつ包括的にシステムズエンジニアリングプロセスの一部として行うことは，プログラムの意思決定に関連するリスクおよびコストを特定する機会を提供する。先に列記した領域で訓練を受けた専門家であり，適切なツールを備え，同時進行のIPDT活動からのデータを利用できる者がHSIを実行する必要がある。

- 課題を特定し分析を計画する：プロジェクト/プログラムでは，分析を行い徹底的に検討する必要があるHSIに関連する課題を特定しなければならない。システムズエンジニアは，取得プロセスの早期にHSIに対する包括的な計画を立てなければならず，そして取得戦略の中に，HSI計画をまとめなければならない。これは単体で計画してもよいし，あるいはSEMPの中に統合して計画することもでき，そして，HSIトレードオフ検討をサポートするためのシステムズエンジニアリング言語で，その分析に関連する詳細を含めることができる。システムズエンジニアは，システムズエンジニアリングプロセスの一部として，取得サイクル全体を通じてHSIを取り扱わなければならない。

　効率的，適時かつ有効な立案/再立案，およびフロントエンド分析（FEA）は，HSIの取り組みに不可欠であり，能力に関する要求，システムコンセプトの策定，および取得の中に，人の考慮が有効に統合されることを保証する。HSIのフロントエンド分析（FEA）は，成功の基準を確立してアセスメントし，さらにシステム設計の変更がいつ必要となるかを決定する助けとなる。

- HSIに関する要求を文書にする：システムズエンジニアは，必要に応じてシステム階層の各レベルのHSIに関する要求を導出する。その際，HSI計画，分析，およびレポートを，導出された要求の情報源（または根拠）として用いる。HSIに関する要求は，他の文書，計画，およびレポートと相互参照できるようにし，要求のトレーサビリティ文書の中に取り込み，他のすべてのシステムに関する要求と同じ方法でシステムに関する要求のデータベースの中に保管する必要がある。

- HSIを，外注による開発の取り組みにあたって選択の一要素とする：HSIに関する要求は，業務記述書（SOW）での適切な優先順位とともに，外注先選択の立案および実施に際して明確にしなければならない。

- 統合技術プロセスを実行する：HSI領域の統合は，システムコンセプトの策定の早期にフロントエンド分析（FEA）および要求定義とともに開始し，開発，運用，維持，改修，および最終的にシステム廃棄に至るまでの全工程を通じて継続する。

　HSIの活動およびその考慮を，それぞれの重要なプロジェクトの立案文書（例えば，取得戦略，SEMP，テスト計画，検証など）およびシステムのアーキテクチャフレームワークの中に含めなければならない。

　システムズエンジニアおよびHSI担当者は，技術資料の交換ができるように，そして，いつでも削減されたLCCを立証でき，正確で統合されたコストデータを提出できるように，準備しておかなければならない。そうすることで設計コストおよび取得コストを増加させるトレードオフ検討の決定に十分な根拠を示すことができる。

- 先を見越したトレードオフ検討を実行する：HSI領域およびシステム全体の両方でトレードオフ検討を実行する際，その最重要ゴールは，残存可能性，環境，安全，労働衛生，および居住性を損なうことなく，システムが遂行能力に関する要求を満たす，またはそれを超えることである。

- HSIアセスメントを実行する：HSIアセスメン

トプロセスの目的は，システムライフサイクル全体を通じて，HSI原則の適用を評価することである。評価プロセスは，取得プログラムの評価の際に，分野を相互にまたいだHSIの協調を可能にし，HSIに関する課題の特定および解決への完全な道筋を提供する。

HSIアセスメントは，システムライフサイクルの早期に開始し，システム開発プロセス全体を通じて，特にシステムズエンジニアリング技術レビュー中およびワーキンググループミーティング，設計レビュー，ロジスティクスアセスメント，検証，および妥当性確認の際に取り組む必要がある。

HSIアセスメントは，確実な根拠のあるデータ収集および分析に基づく必要がある。欠陥をとらえ，欠陥の詳しい説明，その運用上の影響，推奨される是正処置，および現行ステータスを含める必要がある。

10.14 バリューエンジニアリング

バリューエンジニアリング（VE），バリューマネジメント（VM），およびバリュー分析（VA）はすべて，バリューエンジニアリングプロセスの適用に関係する用語である（Boltonら，2008；Salvendy，1982；SAVE，2009）。本節では，どのようにバリューエンジニアリングが，システムズエンジニアリング分野をサポート，補完，および「バリュー（価値）を付加する」かについて論じる。

バリューエンジニアリングは，第二次世界大戦中の材料の欠乏に起因する製品変更の研究を起源としている。その時期に，設計で特定した材料に関し，品質および遂行能力を犠牲にせずに代替することが行われた。Lawrence D. Milesはこの成功事例に注目し，ゼネラルエレクトリック社が製造した製品の機能を検査するチームを利用し，正式な方法論に発展させた。

バリューエンジニアリングは，体系的なプロセス（例えば形式的な実施手順），バリューエンジニアリングの認証ファシリテータ/チーム統率者，およびプロジェクト，プロセス，またはシステムのライフサイクルの複雑な問題に対する解決策を特定および評価するための複数の専門分野からなるチームアプローチを用いる。バリューエンジニアリングプロセスでは，いくつかの産業標準となっている問題解決/意思決定技法を利用し，プログラム，プロジェクト，組織，プロセス，システム，機器，設備，サービス，および供給の機能を独立して分析する方向性で組織化された取り組みを行う。その目的は，要求される遂行能力，信頼性，可用性，品質，および安全性と調和する最小限のライフサイクルコスト（LCC）で，本質的な機能を達成することである。バリューエンジニアリングは，コスト削減活動"ではなく"，製品のバリュー（価値）を向上させるための機能指向の手段である。バリューエンジニアリングが適用されうる分野に制限はない。

バリューエンジニアリングを実施する目的は，次の事項を達成するための要素をレビューすることによる，プロジェクト，製品，またはプロセスの経済的バリュー（価値）の向上である。

- 本質的な機能および要求を達成する。
- 総ライフサイクルコスト（資源）を下げる。
- 要求される遂行能力，安全性，信頼性，品質などを達成する。
- スケジュール目標を達成する。

バリュー（価値）とは，商品，サービス，または金銭の正当な対価または等価物と定義される。言い換えれば，バリュー（価値）とは「モノの値段」に対し「あなたが何を得るか」に基づいたものである。これは次の相関関係で表される。

$$バリュー（価値）＝機能/コスト$$

機能は，利害関係者からの要求によって計測される。コストは，この機能を達成するのに必要とされる材料，労働，価格，時間などから計算される。

米国VE協会（SAVE）によれば，バリュー（価値）の検討が行われたとみなすには，次の条件を満たさなければならない。

- バリュー（価値）検討チームは，組織化された，6フェーズからなるバリューエンジニアリング実施計画（後述）に従い，機能分析を実施していること。
- バリュー（価値）検討チームは，複数の専門分野からなるグループであり，各自の専門知識に

基づき選出されていること。
・バリュー（価値）検討チームリーダー（すなわちファシリテーター）は，バリュー（価値）方法論のトレーニングを受けていること。

10.14.1 システムズエンジニアリングの適用性

バリューエンジニアリングは，システムズエンジニアリングプロジェクト開始への包括的なアプローチであると同時に，システムズエンジニアリングの種々の側面および技法をサポートしている。バリューエンジニアリングは，次の事項をはじめとする一連のチームベースの技法からなる，体系的かつ論理的なプロセスを通じて実施される。

・現行および将来の状態を判定するための，ミッション定義，戦略計画，または問題解決技法。上流の要求定義を，これらのプロセスで開始することができる。
・システムまたはシステム要素が何をするか，あるいはその存在意義を定義するための機能分析。この技法は，技術的，機能的および/または運用的な要求の基準あるいは構造として役立つ。
・新規の代替案を生み出すための革新的，創造的，または推論的な技法。トレードオフ検討は，しばしばVEワークショップにて，より「実行可能な」代替案から定義される。実現可能性調査，コスト見積もりなどのような綿密な分析を実行するには，時間をかけてもよい。のちに(例えば1～6カ月後) VEワークショップを再開し，より好ましい代替案を決定すればよい。
・より好ましい候補を選択するための評価技法。候補は，厳格さレベル（LOR）および必要とされる根拠づけに応じて，完全に主観的なものから定量的なものまで，複雑に分布している。

バリューエンジニアリングは，システムズエンジニアリングプロジェクトを効果的かつ効率的に開始するのに用いられる。チームアプローチは，顧客およびその他の利害関係者を，エンジニアリング，立案，財務，マーケティングなども含めてまとめ，プロジェクトの戦略的要素を検討または策定する。利害関係者のニーズは特定され，そして要求として確立することができる。機能についてはブレインストーミングを行い，その候補を策定する。一般的に作業範囲の境界は，影響を受けるすべてのグループで特定され明確化される。システムズエンジニアリングの取り組みは，すでに確立されている初期計画および統合した利害関係者からの入力で進めることができる。バリューエンジニアリングの利用法およびメリットをいくつか次にあげる。

・目的を明確にする。
・問題を解決する(解決策に対し「賛同」を得る)。
・品質および遂行能力を向上させる。
・コストを削減しスケジュールを短縮する。
・法令遵守を保証する。
・付加的なコンセプトおよびオプションを特定し，評価する。
・プロセスおよび活動を合理化し，妥当性を確認する。
・チームワークを強化する。
・リスクを削減する。
・顧客の要求を理解する。

10.14.2 バリューエンジニアリング実施手順

バリューエンジニアリングプロセスでは，ここ50年間にわたって最適化されてきた問題解決の科学的な手段である正式の実施手順を用いる。バリューエンジニアリングの前提は，最終的に変更または価値の付加による改善を生むように，始めから終わりまで続く機能を分析するプロセスを用いることである。6フェーズからなる典型的なバリューエンジニアリングの実施手順は次のとおりである。

・フェーズ0：準備/立案：バリューエンジニアリングの取り組みの適用範囲を計画する。
・フェーズ1：情報収集：解決すべき問題または作業範囲の目標を明確に特定する。これには，目標達成にかかわる背景情報の収集と，顧客/利害関係者の要求およびニーズを特定し理解することを含む。
・フェーズ2：機能分析：能動詞および測定可能な名詞を用いてプロジェクトの機能を定義し，その後に機能のレビューおよび分析を行い，重要なもの，改善が必要なもの，または不必要であるものを判定する。機能分析を強化するのに，いくつかの技法を用いることができる。機能は，作業分解構成（WBS），FAST (function

10.14 バリューエンジニアリング

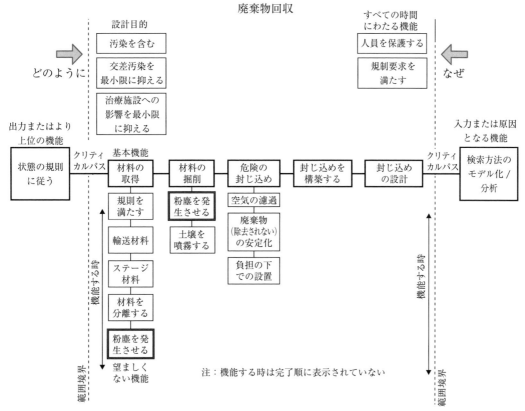

図 10.10 FAST（function analysis system technique）図の例。Doug Hamelin の許可を得て転載。

analysis system technique，機能分析システム技法）図（後述），またはフロー図の中で編成することができる。

　機能にはコストを割り当てることができる。バリューエンジニアリング検討の目的に依存して，コスト/機能の関係を判定することは，検討範囲中のどこに不要なコストが存在するのかを特定する一つの方法である。改善が必要な領域を特定する別の基準には，人員，環境，安全性，品質，信頼性，構築時間などがある。コスト/機能の関係は，プロジェクトにコスト改善への最大限の機会および最大限の利益を与えてくれる領域はどこかという方向性を，チームに示してくれる。これは，コスト/機能ワークシート上でとらえることができる。

- フェーズ3：創造性：諸機能を達成するためのさまざまな方法，特にコストが高くつくもの，または価値が低いものに関し，ブレインストーミングを行う。
- フェーズ4：評価：最も有望な機能または概念を特定する。このフェーズで，これらの機能を用いて全体目標達成のためのすべての代替案を出してもよい。その際，適切な体系化された評価技法を用いてこれらの候補を評価することができる。
- フェーズ5：開発：実現可能なアイデアを発展させて候補とし，進路を決定するために意思決定者に提案する。代わりに，フェーズ4で評価した候補すべてをさらに発展させ，コストのおおまかな見積もり，推定スケジュール，資源などを含む提案としてもよい。
- フェーズ6：提案/実施：代替案/提案を，経営陣または追加の利害関係者に提示し，最終的な意思決定を行うのが望ましいこともある。このフェーズで，実装計画の概念が特定され，行動を管理する担当者が割り当てられる。

10.14.3 FAST 図

　FAST 図技法は，機能間の依存および相関関係を特定する助けとするため，1964 年に Charles W.

Bytheway が開発した。FAST 図（図 10.10）は，PERT（program evaluation review technique）図またはフローチャートのような時系列形式のものではない。これは，クリティカルパスを形づくる機能を検証するための，直感的な論理を適用した機能指向性モデルである。

FAST 図には，いくつかの異なったタイプがあり，複雑さのレベルもさまざまである。その目的は，検討中の項目またはプロセスの各部分あるいは要素に対し，機能の記述（動詞および名詞で）を策定することである。機能は，基本機能および二次機能に分類される。クリティカルパスは，アクティビティまたはプロジェクト範囲内の主要機能から構成される。一般的に基本機能とは，成果物または取り組み終了時の状態である。より上位の機能は最終的なゴールであり，「なぜ」基本機能が実施されるのかに対する答えである。クリティカルパス上で「同時に起こる」，またはいくつかの機能から「引き起こされる」機能は，「時」の機能として知られており，クリティカルパス機能の下に置かれている。安全性，審美的機能などの「常時」起こる機能は，クリティカルパス機能の上に置かれている。

望ましくない機能は，太線で囲まれたボックスの中に記載されている。これらは対象とする性能の本質にかかわるものではないが，選択された設計上の解決策がもたらす結果の一つである。望ましくない機能を制限し，基本/クリティカルパス機能のコストを最小化することから，遂行能力，信頼性，品質，保守性，ロジスティクスサポート，および安全要求のすべてと一貫性をもった「ベストバリュー」アイテムという結果が得られる。

「正しい」FAST モデルというものは存在しない。最終的なダイアグラムに関するチームでの討議およびコンセンサスがゴールである。FAST 図をつくりあげるためにチームを利用することは，次のいくつかの理由により有益である。

・機能の検証に直感的な論理を適用する。
・図またはモデル中で機能を表示する。
・機能間の依存関係を特定する。
・チームの共通言語をつくる。
・機能の妥当性を試験する。

10.14.4　バリューエンジニアリングの認証

VE ワークショップを進めるには，認証されたバリュー専門家を活用する必要がある。バリュー専門家はチームを管理し，方法論を実行し，そして顧客の利益を最大化するためのトレーニングおよび経験を積んでいる。

認証プログラムは，2 つの主要要素から構成され，個別専門家認証および教育プログラムによる承認である。最高位は CVS（Certified Value Specialist）であり，これは技術的にも経験のうえでも認証要求のすべてを満たす，職業の専門分野がバリューエンジニアリングである個人の認証である。

AVS（Associate Value Specialist）プログラムは，専門のバリューエンジニアになることを決心したが，CVS に期待される経験または技術スキルのすべてをいまだ取得していない個人を認証するものである。VMP（Value Methodology Practitioner）プログラムは，バリューエンジニアリング/バリュー分析の基本スキルを取得したが，職業の専門分野がバリューエンジニアリングでない個人を認証するものである。

CVS および VMP は，4 年ごとに再認証を行わなければならない。AVS は，入門レベルの認証とみなされているものの，認証維持費を払いつづけるかぎり，無期限で維持される。個人に対する認証または教育プログラムによる承認の場合は，米国 VE 協会の会員であることは要求されない。

10.14.5　結論

バリューエンジニアリングは，ベストプラクティスの一つであり，ライフサイクルステージの早期にバリューエンジニアリングを用いるプロジェクトは高い成功率となることを証明してきた。バリューエンジニアリングの検討は，一般的なプロジェクトレビューよりも厳密である。バリューエンジニアリングの各検討から，プロジェクトのバリュー（価値）を向上および最適化するという共通の目標をもった，偏りのない技術専門家の各チームが結集することになる。バリューエンジニアリングは，システム，設備，およびその他の製品の「投資利益率」を高めるための，体系的および創造的なアプローチとみなされている（バリューエンジニアリングの詳細については米国 VE 協会のウェブサイトを参照されたい）。

付録 A　参考文献

- Achenbach, J.(2009) Mars Mission Has Some Seeing Red. *The Washington Post*, 11 February 2009.
- Adams, J. L.(1990) *Conceptual Blockbusting*, 3rd Ed. San Francisco, CA：San Francisco Book Company, Inc.
- Alavi, M., Leidner, D. E.(1999) Knowledge Management Systems：Issues, Challenges, and Benefits. *Communications of the AIS*, **1**(2).
- Albright, D., Brannan, P., Walrond, C.(2010) *Did Stuxnet Take Out 1,000 Centrifuges at the Natanz Enrichment Plant?* Washington, DC：Institute for Science and International Security. Retrieved from http://isis-online.org/isis-reports/detail/did-stuxnet-take-out-1000-centrifuges-atthe-natanz-enrichment-plant/（accessed January 26, 2015）.
- Albright, D., Brannan, P., Walrond, C.(2011) Stuxnet Malware and Natanz：Update of ISIS December 22, 2010 Report. Institute for Science and International Security. Retrieved from http://isis-online.org/uploads/isis-reports/documents/stuxnet_update_15Feb2011.pdf（accessed October 24, 2014）.
- ANSI/AIAA G-043A（2012）*Guide to the Preparation of Operational Concept Documents*. Reston, VA：American National Standards Institute/American Institute of Aeronautics and Astronautics.
- ANSI/EIA 632（2003）*Processes for Engineering a System*. Arlington, VA：American National Standards Institute/Electronic Industries Association.
- ANSI/EIA 649B（2011）Configuration Management Standard. TechAmerica.
- ANSI/GEIA-STD-0009（2008）Reliability Program Standard for Systems Design, Development, and Manufacturing. American National Standards Institute/Government Electronic Industries Association.
- Arnold, S., Lawson, H.(2003) Viewing Systems from a Business Management Perspective：The ISO/IEC 15288 Standard. *Systems Engineering*, **7**(3), 229-42.
- ARP 4754A（2010）*Guidelines for Development of Civil Aircraft and Systems*. Warrendale, PA：SAE International.
- Ashby, W. R.(1956) *Introduction to Cybernetics*. London, UK：Methuen.
- ASQ（2007）Quality Progress. In *Quality Glossary*. Milwaukee, WI：American Society for Quality Control.
- AT & T（1993）*AT & T Engineering Guides for Managing Risk*. TX：McGraw-Hill.
- Barnard, R. W. A.(2008) What Is Wrong with Reliability Engineering? *Proceedings of the 18th Annual INCOSE International Symposium*. Utrecht, the Netherlands：International Council on Systems Engineering.
- Barton, T. L., Shenkir, G., Walker, P. L.(2002) *Making Enterprise Risk Management Pay Off*：How Leading Companies Implement Risk Management. Upper Saddle River, NJ：Financial Times/Prentice Hall PTR/Pearson Education Company.
- BBC（2002）China's Supertrain Takes to Tracks. Retrieved from BBC News World Edition：Asia-Pacific：http://news.bbc.co.uk/2/hi/asia-pacific/2182975.stm（accessed May 29, 2003）.
- Beck, K., Beedle, M., van Bennekum, A., Cockburn, A., Cunningham, W., Fowler, M., ... Thomas, D.(2001) Manifesto for Agile Software Development. Retrieved from http://agilemanifesto.org（accessed October 24, 2014）.
- Becker, O., Ben-Ashe, J., Ackerman, I.(2000) A Method for Systems Interface Reduction Using N2 Charts. *Systems Engineering, Systems Engineering*, **3**(1), 27-37.
- Beer, S.(1959) *Cybernetics and Management*. New York, NY：John Wiley & Sons, Inc.
- Bellinger, G.(2013) Systems Thinking World. Retrieved from http://www.systemswiki.org/（accessed October 24, 2014）.
- von Bertalanffy, L.(1950) The Theory of Open Systems in Physics and Biology. *Science*, **111**(2872), 23-9.
- von Bertalanffy, L.(1968) *General System Theory*：Foundations, Development, Applications. New York, NY：Braziller.
- Bias, R. G., Mayhew, D. J.(1994) *Cost Justifying Usability*. Boston, MA：Academic Press.

- Blanchard, B., Fabrycky, W.(2011) *Systems Engineering and Analysis*, 5th Ed. Boston, MA：Prentice Hall.
- Boardman, J., Sauser, B.(2008) *Systems Thinking—Coping with 21st Century Problems*. Boca Raton, FL：CRC Press.
- Bobinis, J., Dean, E., Mitchell, T., Tuttle, P.(2010)INCOSE Affordability Working Group Mission. *2010 ISPA/ SCEA Joint Annual Conference & Training Workshop Proceedings*. Society for Cost Estimating and Analysis.
- Bobinis, J., Haimowitz, J., Tuttle, P., Garrison, C., Mitchell, T., Klingberg, J.(2013) Affordability Considerations：Cost Effective Capability. *Proceedings of the 23rd Annual INCOSE International Symposium*. Philadelphia, PA：International Council on Systems Engineering.
- Boehm, B.(1986) A Spiral Model of Software Development and Enhancement. *ACM SIGSOFT Software Engineering Notes, ACM*, **11**(4), 14-24.
- Boehm, B.(1996) Anchoring the Software Process. *Software*, **13**(4), 73-82.
- Boehm, B., Lane, J.(2007) Using the Incremental Commitment Model to Integrate System Acquisition, Systems Engineering, and Software Engineering. *CrossTalk*, **20**, 4-9.
- Boehm, B., Turner, R.(2004) *Balancing Agility and Discipline*. Boston, MA：Addison-Wesley.
- Boehm, B., Lane, J., Koolmanojwong, S., Turner, R.(2014) *The Incremental Commitment Spiral Model：Principles and Practices for Successful Systems and Software*. Boston, MA：Addison-Wesley Professional.
- Bogdanich, W.(2010, January 23) Radiation Offers New Cures, and Ways to Do Harm. *The New York Times*.
- Bolton, J. D., Gerhardt, D. J., Holt, M. P., Kirk, S. J., Lenaer, B. L., Lewis, M. A., … Vicers, J. R.(2008) *Value Methodology：A Pocket Guide to Reduce Cost and Improve Value through Function Analysis*. Salem, NH：GOAL/QPC.
- Booher, H. R.(Ed.) (2003) *Handbook of Human Systems Integration*. New York, NY：John Wiley & Sons, Inc.
- Brenner, M. J.(n.d.) TQM, ISO 9000, Six Sigma：Do Process Management Programs Discourage Innovation? Retrieved from Knowledge@Wharton, University of Pennsylvania：http://knowledge.wharton.upenn.edu/ article/tqmiso-9000-six-sigma-do-process-management-programsdiscourage-innovation/(accessed January 26, 2015).
- Briedenthal, J., Forsberg, K.(2007) Organization of Systems Engineering Plans According to Core and Off-Core Processes. Pasadena, CA：California Institute of Technology, Jet Propulsion Laboratory.
- Brykczynski, D. B., Small, B.(2003) Securing Your Organization's Information Assets. *CrossTalk*, **16**(5), 12-6.
- Buede, D. M.(2009) *The Engineering Design of Systems：Models and Methods* (2nd Ed). Hoboken, NJ：John Wiley & Sons, Inc.
- Carpenter, S., Delugach, H., Etzkorn, L., Fortune, J., Utley, D., Virani, S.(2010) The Effect of Shared Mental Models on Team Performance. *Industrial Engineering Research Conference*. Cancun, Mexico：Institute of Industrial Engineers.
- Carson, R.(2013) Can Systems Engineering be Agile? Development Lifecycles for Systems, Hardware, and Software. *Proceedings of the 23rd Annual INCOSE International Symposium*. Philadelphia, PA：International Council on Systems Engineering.
- Carter, A.(2011) Better Buying Power：Mandate for Restoring Affordability and Productivity in Defense Spending. *Memorandum for Defense Acquisition and Logistics Professionals*. Under Secretary of Defense for Acquisition, Technology, and Logistics.
- Chang, C. M.(2010) *Service Systems Management and Engineering：Creating Strategic Differentiation and Operational Excellence*. Hoboken, NJ：John Wiley & Sons, Inc.
- Chapanis, A.(1996) *Human Factors in Systems Engineering*. New York, NY：John Wiley & Sons, Inc.
- Chase, W. P.(1974) *Management of System Engineering*. New York, NY：John Wiley & Sons, Inc.
- Checkland, P.(1975) The Origins and Nature of Hard Systems Thinking. *Journal of Applied Systems Analysis*, **5**(2), 99-110.
- Checkland, P.(1998) *Systems Thinking, Systems Practice*. Chichester, UK：John Wiley & Sons, Ltd.
- Christensen, C. M.(2000) *The Innovator's Dilemma*. New York, NY：HarperCollins Publishers.
- Churchman, C. W., Ackoff, R. L., Arnoff, E. L.(1950) *Introduction to Operations Research*. New York, NY：

John Wiley & Sons, Inc.
- CJCS (2012) *CJCSI 3150.25E, Joint Lessons Learned Program*. Washington, DC: Office of the Chairman of the Joint Chiefs of Staff.
- Clausing, D., Frey, D. D.(2005) Improving System Reliability by Failure Mode Avoidance including Four Concept Design Strategies. *Systems Engineering*, **8**(3), 245–61.
- Cloutier, R., DiMario, M., Pozer, H.(2009) Net Centricity and Systems of Systems. In M. Jamshidi,(Ed.), *Systems of Systems Engineering*. Wiley Series in Systems Engineering. Boca Raton, FL: CRC Press/Taylor & Francis Group.
- CMMI Product Team (2010) Capability Maturity Model Integration, Version 1.3 (CMU/SEI-2010-TR-033). Software Engineering Institute, Carnegie Mellon University. Retrieved from CMMI Institute: http://cmmiinstitute.com (accessed October 24, 2014).
- Cockburn, A.(2000) Selecting a Project Methodology. *IEEE Software*, **7**(4), 64–71.
- Conrow, E. H.(2003) *Effective Risk Management*,(2 Ed). Reston, VA: American Institute of Aeronautics and Astronautics, Inc.
- Conway, M. E.(1968) How Do Committees Invent? *Datamation*, **14**(5), 28–31. Retrieved from http://www.melconway.com/research/committees.html (accessed October 24, 2014).
- Cook, M.(2004) Understanding the Potential Opportunities provided by Service-Oriented Concepts to Improve Resource Productivity. In T. Bhamra, & B. Hon (Eds.), *Design and Manufacture for Sustainable Development* (pp.123–34). Suffolk, UK: Professional Engineering Publishing Limited.
- Crosby, P. B.(1979) *Quality Is Free*. New York, NY: New American Library.
- Dahmann, J.(2014) System of Systems Pain Points. *24th Annual INCOSE International Symposium*. Las Vegas, NV: International Council on Systems Engineering.
- Daskin, M. S.(2010) *Service Science*. New York, NY: John Wiley & Sons, Inc.
- DAU (1993) *Committed Life Cycle Cost against Time. 3.1*. Fort Belvoir, VA: Defense Acquisition University.
- DAU (2010) *Defense Acquisition Guidebook*. Fort Belvoir, VA: Defense Acquisition University. Retrieved from https://acc.dau.mil/CommunityBrowser.aspx?id=22907&lan=en-US (accessed October 24, 2014).
- Deming, W. E.(1986) *Out of the Crisis*. Cambridge, MA: MIT Center for Advanced Engineering Study.
- DeRosa, J. K.(2005) Enterprise Systems Engineering. *Air Force Association, Industry Day*. Danvers, MA.
- DeRosa, J. K.(2006) An Enterprise Systems Engineering Model. *16th Annual INCOSE International Symposium*. Orlando, FL: International Council on Systems Engineering.
- DoD (1998) Integrated Product and Process Development Handbook. Retrieved from http://www.acq.osd.mil/se/docs/DoD-IPPD-Handbook-Aug98.pdf (accessed October 24, 2014).
- DoD 5000.59 (2007) *Directive: DoD Modeling and Simulation (M & S) Management*. Washington, DC: U. S. Department of Defense.
- DoD (2010a) *MIL-STD-464C. Electromagnetic Environmental Effects, Requirements for Systems*. Washington, DC: U. S. Department of Defense.
- DoD (2010b) *MIL-STD-882. System Safety Program Requirements*. Washington, DC: US Department of Defense.
- DoDAF (2010) DoD Architecture Framework, Version 2.02. Retrieved from http://dodcio.defense.gov/dodaf20.aspx (accessed October 24, 2014).
- DoD and US Army (2003) PSM Guide V4.0c, Practical Software and Systems Measurement: A Foundation for Objective Project Management. Picatinny Arsenal, NJ.
- Domingue, J., Fensel, D., Davies, J., Gonzalez-Cabero, R., Pedrinaci, C.(2009) The Service Web: A Web of Billions of Services. In G. Tselentis, J. Domingue, A. Galis, A. Gavras, D. Hausheer, S. Krco, … T. Zeheriadis (Eds.), *Toward the Future Internet — A European Research Perspective*. Amsterdam, the Netherlands: IOS Press.
- Dove, R.(2001) *Response Ability: The Language, Structure, and Culture of the Agile Enterprise*. New York, NY: John Wiley & Sons, Inc.

- Dove, R.(2012) Agile Systems and Processes : Necessary and Sufficient Fundamental Architecture (Agile 101). *INCOSE Webinar*. Retrieved from http://www.parshift.com/s/AgileSystems-101.pdf (accessed September 19).
- Dove, R., Popick, P., Wilson, E.(2013) The Buck Stops Here : Systems Engineering is Responsible for System Security. *Insight*, **16**(2), 6-10.
- Draucker, L., Kaufman, S., Kuile, R. T., Meinrenken, C.(2011). Moving Forward on Product Carbon Footprint Standards. *Journal of Industrial Ecology*, **15**(2), 169-71.
- DSMC (1983) *Systems Engineering Management Guide*. Fort Belvoir, VA : Defense Systems Management College.
- Edwards, W., Miles Jr., R. F., Von Winterfeldt, D.(2007) *Advances in Decision Analysis : From Foundations to Applications*. New York, NY : Cambridge University Press.
- Eisner, H.(2008) *Essentials of Project and Systems Engineering Management*. Hoboken, NJ : John Wiley & Sons, Inc.
- Elm, J., Goldenson, D.(2012) The Business Case for Systems Engineering Study : Results of the Systems Engineering Effectiveness Study. Software Engineering Institute, Carnegie Mellon University. Retrieved from http://resources.sei.cmu.edu/library/asset-view.cfm?assetID=34061 (accessed January 26, 2015).
- Engel, A.(2010) *Verification, Validation, and Testing of Engineered Systems*. Hoboken, NJ : John Wiley & Sons, Inc. Retrieved from INCOSE Systems Engineering Center of Excellence : http://www.incose.org/secoe/0105.htm (accessed September 23).
- Eppinger, S., Browning, T.(2012) *Design Structure Matrix Methods and Applications*. Cambridge, MA : MIT Press.
- Estefan, J.(2008) Survey of Model-Based Systems Engineering (MBSE) Methodologies, Rev. B, Section 3.2. NASA Jet Propulsion Laboratory.
- FAA (2006) Systems Engineering Manual, Version 3.1. Federal Aviation Administration.
- Failliere, N. L.(2011) W32.Stuxnet Dossier Version 1.4. Wired. Retrieved from http://www.wired.com/images_blogs/threatlevel/2011/02/Symantec-Stuxnet-Update-Feb-2011.pdf (accessed October 24, 2014).
- Fairley, R. E.(2009) *Managing and Leading Software Projects*. Los Alamitos, CA : IEEE Computer Society ; John Wiley & Sons, Inc.
- Fitts, P. M.(1954) The Information Capacity of the Human Motor System in Controlling the Amplitude of Movement. *Journal of Experimental Psychology*, **47**(6), 381-91.
- Flood, R. L.(1999) *Rethinking the Fifth Discipline : Learning with the Unknowable*. London, UK : Routledge.
- Flood, R. L., Carson, E. R.(1993) *Dealing with Complexity : An Introduction to the Theory and Application of Systems Science* (2 Ed). New York, NY : Plenum Press.
- Forrester, J. W.(1961) *Industrial Dynamics*. Waltham, MA : Pegasus Communications.
- Forsberg, K.(1995) If I Could Do That, Then I Could... : Systems Engineering in a Research and Development Environment. *Proceedings of the Fifth Annual INCOSE Symposium*. St. Louis, MO : International Council on Systems Engineering.
- Forsberg, K., Mooz, H.(1991) The Relationship of System Engineering to the Project Cycle. *Proceedings of the National Council for Systems Engineering (NCOSE) Conference*, Chattanooga, TN, pp.57-65. October.
- Forsberg, K., Mooz, H., Cotterman, H.(2005) *Visualizing Project Management*,(3 Ed). Hoboken, NJ : John Wiley & Sons, Inc.
- Fossnes, T.(2005) Lessons from Mt. Everest Applicable to Project Leadership. *Proceedings of the Fifteenth Annual INCOSE Symposium*. Rochester, NY : International Council on Systems Engineering.
- Friedenthal, S.(1998) Object Oriented Systems Engineering. *Process Integration for 2000 and Beyond : Systems Engineering and Software Symposium*. New Orleans, LA : Lockheed Martin Corporation.
- Friedenthal, S., Moore, A., Steiner, R.(2012) *A Practical Guide to SysML : The Systems Modeling Language*, (2 Ed). New York, NY : Morgan Kaufmann Publishers, Inc.
- Gallios, B., Verma, D.(n.d.) System Design and Operational Effectiveness (SDOE) : Blending Systems and Supportability Engineering Education. *Partnership in RMS Standards*, **5**(1), 2.

- GAO (2008) Best Practices――Increased Focus on Requirements and Oversight Needed to Improve DOD's Acquisition Environment and Weapon System Quality. Washington, DC：U.S. Government Accountability Office. Retrieved from http://www.gao.gov/new.items/d08294.pdf（accessed October 24, 2014）.
- Giachetti, R.E.(2010)*Designing of Enterprise Systems：Theory, Architecture, and Methods*. Boca Raton, FL：CRC Press.
- Gilb, T.(2005) *Competitive Engineering*. Philadelphia, PA：Elsevier.
- Gilb, T., Graham, D.(1993) *Software Inspection*. Reading, MA：Addison-Wesley-Longman.
- Grady, J.O.(1994) *System Integration*. Boca Raton, FL：CRC Press.
- Gupta, J., Sharma, S.(2004) *Creating Knowledge Based Organizations*. Boston, MA：Ida Group Publishing.
- Haberfellner, R., de Weck, O.(2005)Agile SYSTEMS ENGINEERING versus AGILE SYSTEMS Engineering. *Proceedings of the 15th Annual INCOSE International Symposium*. Rochester, NY：International Council on Systems Engineering.
- Haimes, Y.(2012) Modelling Complex Systems of Systems with Phantom System Models. *Systems Engineering*, **15**(3), 333-46.
- Hall, A.(1962) *A Methodology for Systems Engineering*. Princeton, NJ：Van Nostrand.
- Heijden, K., Bradfield, R., Burt, G., Cairns, G., Wright, G.(2002) *The Sixth Sense：Accelerating Organizational Learning with Scenarios*. Chichester, UK：John Wiley & Sons, Ltd.
- Herald, T., Verma, D., Lubert, C., Cloutier, R.(2009) An Obsolescence Management Framework for System Baseline Evolution――Perspectives through the System Life Cycle. *Systems Engineering*, **12**, 1-20.
- Hipel, K., Jamshidi, M., Tien, J., White, C.(2007) The Future of Systems, Man, and Cybernetics：Application Domains and Research Methods. *IEEE Transactions on Systems, Man and Cybernetics――Part C：Applications and Reviews*, **13**(5), 726-43.
- Hitchens, D.K.(2003) *Advanced Systems Thinking, Engineering, and Management*. Boston, MA：Artech House.
- Hollnagel, E., Woods, D.D., Leveson, N.(Eds.).(2006) *Resilience Engineering：Concepts and Precepts*. Aldershot, UK：Ashgate Publishing Limited.
- Honour, E.(2013) Systems Engineering Return on Investment. Ph.D. Thesis, Defense and Systems Institute, University of South Wales. Retrieved from http://www.hcode.com/seroi/index.html（accessed January 26, 2015）.
- Hughes, T.(1998) In *Rescuing Prometheus*（pp.141-95）. New York, NY：Pantheon Books.
- Hybertson, D.(2009) *Model-Oriented Systems Engineering Science：A Unifying Framework for Traditional and Complex Systems*. Boca Raton, FL：Auerback/CRC Press.
- IEEE Std 828（2012）*IEEE Standard for Configuration Management in Systems and Software Engineering*. New York, NY：Institute of Electrical and Electronics Engineers.
- IEEE 1012（2012）*IEEE Standard for System and Software Verification and Validation*. New York, NY：Institute of Electrical and Electronics Engineers.
- IIBA（2009）*A Guide to the Business Analysis Body of Knowledge*（BABOK Guide）. Toronto, ON：International Institute of Business Analysis.
- INCOSE（2004）What Is Systems Engineering? Retrieved from http://www.incose.org/practice/whatissystemseng.aspx（accessed June 14, 2004）.
- INCOSE（2006）INCOSE Code of Ethics. International Council on Systems Engineering. Retrieved from http://www.incose.org/about/ethics.aspx（accessed February 15）.
- INCOSE（2007）Systems Engineering Vision 2020. International Council on Systems Engineering, Technical Operations. Retrieved from http://www.incose.org/ProductsPubs/pdf/SEVision2020_20071003_v2_03.pdf（accessed October 24, 2014）.
- INCOSE（2010a）Model-Based Systems Engineering（MBSE）Wiki, hosted on OMG server. Retrieved from http://www.omgwiki.org/MBSE/doku.php（accessed October 24, 2014）.
- INCOSE(2010b)Systems Engineering Measurement Primer, TP-2010-005, Version 2.0. Measurement Working Group, San Diego, CA：International Council on Systems Engineering. Retrieved from http://www.

incose.org/ProductsPubs/pdf/INCOSE_SysEngMeasurementPrimer_2010-1205.pdf（accessed October 24, 2014）．
- INCOSE (2011) Lean Enablers for Systems Engineering. Lean Systems Engineering Working Group. Retrieved from INCOSE Connect https://connect.incowse.org/tb/leansw/（accessed February 1）．
- INCOSE (2012) Guide for the Application of Systems Engineering in Large Infrastructure Projects. TP-2010-007-01. INCOSE Infrastructure Working Group. San Diego, CA. June.
- INCOSE RWG (2012) *Guide for Writing Requirements*. San Diego, CA：International Council on Systems Engineering, Requirements Working Group.
- INCOSE & PSM (2005) Technical Measurement Guide, Version 1.0, December 2005, http://www.incose.org and http://www.psmsc.com（accessed October 24, 2014）．
- INCOSE UK (2010) Systems Engineering Competencies Framework. INCOSE United Kingdom, Ltd. Retrieved from https://connect.incose.org/products/SAWG%20Shared%20Documents/Other%20Technical%20Products/FRAMEWORK_WEB_Jan2010_Issue3.pdf（accessed October 24, 2014）．
- ISM (n.d.) Institute for Supply Management. Retrieved from http://www.ism.ws/（accessed October 24, 2014）．
- ISO 9001 (2008) *Quality management systems——Requirements*. Geneva, Switzerland：International Organization for Standardization.
- ISO 10007 (2003) *Quality Management Systems——Guidelines for Configuration Management*. Geneva, Switzerland：International Organization for Standardization.
- ISO 10303-233 (2012) *Industrial Automation Systems and Integration——Product Data Representation and Exchange——Part 233：Application Protocol：Systems Engineering*. Geneva, Switzerland：International Organization for Standardization.
- ISO 13407 (1999) *Human-Centered Design Processes for Interactive Systems*. Geneva, Switzerland：International Organization for Standardization.
- ISO 14001 (2004) *Environmental Management Systems——Requirements with Guidance for Use*. Geneva, Switzerland：International Organization for Standardization. Retrieved from http://14000store.com（accessed October 24, 2014）．
- ISO 14971 (2007) *Medical Devices——Application of Risk Management to Medical Devices*. Geneva, Switzerland：International Organization for Standardization.
- ISO 17799 (2005) *Information Technology——Security Techniques：Code of Practice for Information Security Management*. Geneva, Switzerland：ISO/IEC.
- ISO 26262 (2011) *Road Vehicles——Functional Safety*. Geneva, Switzerland：International Organization for Standardization.
- ISO 31000 (2009) *Risk Management——Principles and Guidelines*. Geneva, Switzerland：International Organization for Standardization.
- ISO 31010 (2009) *Risk Management——Risk Assessment Techniques*. Geneva, Switzerland：International Organization for Standardization.
- ISO Guide 73 (2002) *Risk Management——Vocabulary*. International Organization for Standardization.
- ISO Guide 73 (2009) *Risk Management——Vocabulary*. Geneva, Switzerland：International Organization for Standardization.
- ISO/IEC 16085 (2006) *Systems and Software Engineering——Life Cycle Processes：Risk Management*. Geneva, Switzerland：International Organization for Standardization.
- ISO/IEC 27002 (2013) *Information Technology——Security Techniques：Code of Practice for Information Security Controls*. Geneva, Switzerland：International Organization for Standardization.
- ISO/IEC Guide 51 (1999) *Safety Aspects——Guidelines for the Inclusion in Standards*. Geneva, Switzerland：International Organization for Standardization.
- ISO/IEC TR 19760 (2003) *Systems Engineering——A Guide for the Application of ISO/IEC 15288*. Geneva, Switzerland：International Organization for Standardization.
- ISO/IEC TR 24748-1 (2010) *System and Software Engineering——Life Cycle Management——Part 1：Guide*

- *for Life Cycle Management*. Geneva, Switzerland：International Organization for Standardization. Retrieved from http://standards.iso.org/ittf/PubliclyAvailableStandards/index.html（accessed October 24, 2014）.
- ISO/IEC TR 24748-2（2010）*Systems and Software Engineering——Life Cycle Management——Part 2：Guide to the Application of ISO/IEC 15288*. Geneva, Switzerland：International Organization for Standardization.
- ISO/IEC/IEEE 15288（2015）*Systems and Software Engineering——System Life Cycle Processes*. Geneva, Switzerland：International Organization for Standardization.
- ISO/IEC/IEEE 15939（2007）*Systems and Software Engineering——Measurement Process, ISO/IEC 2007*. Geneva, Switzerland：International Organization for Standardization.
- ISO/IEC/IEEE 16326（2009）*Systems and Software Engineering——Life Cycle Processes：Project Management*. Geneva, Switzerland：International Organization for Standardization.
- ISO/IEC/IEEE 24748-4（2014）*Systems and Software Engineering——Life Cycle Management——Part 4：Systems Engineering Planning*. Geneva, Switzerland：International Organization for Standardization.
- ISO/IEC/IEEE 24765（2010）*Systems and Software Engineering——Vocabulary*. Geneva, Switzerland：International Organization for Standardization. Retrieved from http://pascal.computer.org/sev_display/index.action（accessed October 24, 2014）.
- ISO/IEC/IEEE 29110 Series（2014）*Systems and Software Engineering——Lifecycle Profiles for Very Small Entities（VSEs）*. International Organization for Standardization.
- ISO/IEC/IEEE 29119（2013）*Software Testing Standard*. Geneva, Switzerland：International Organization for Standardization.
- ISO/IEC/IEEE 29148（2011）*Systems and Software Engineering——Life Cycle Processes：Requirements Engineering*. Geneva, Switzerland：International Organization for Standardization.
- ISO/IEC/IEEE 42010（2011）*Systems and Software Engineering——Recommended Practice for Architectural Descriptions of Software-Intensive Systems*. Geneva, Switzerland：International Organization for Standardization.
- Jackson, M.（1989）Which Systems Methodology When? Initial Results from a Research Program. In R. Flood, M. Jackson, P. Keys（Eds.）, *Systems Prospects：The Next Ten Years of Systems Research*. New York, NY：Plenum Press.
- Jackson, S., Ferris, T.（2013）Resilience Principles for Engineered Systems. *Systems Engineering*, **19**(2), 152-164.
- Jacky, J.（1989）Programmed for Disaster. *The Sciences*, **29**, 22-7.
- Jensen, J.（2014）The Oresund Bridge——Linking Two Nations. Retrieved from http://www.cowi.dk（accessed October 24, 2014）.
- JHUAPL（2011）Tutorial Material——Model-Based Systems Engineering Using the Object-Oriented Systems Engineering Method（OOSEM）. The Johns Hopkins University Applied Physics Laboratory. Retrieved from APL Technology Transfer http://www.jhuapl.edu/ott/technologies/copyright/sysml.asp（accessed October 24, 2014）.
- Johnson, S.（2010）*Where Good Ideas Come From：The Natural History of Innovation*. New York, NY：Riverhead Books.
- Juran, J. M.（Ed.）（1974）*Quality Control Handbook*, 3rd Ed. New York, NY：McGraw-Hill.
- Kaposi, A., Myers, M.（2001）*Systems for All*. London, UK：Imperial College Press.
- Katzan, H.（2008）*Service Science*. Bloomington, IN：iUniverse Books.
- KBS（2010）IDEF Family of Methods. Knowledge Based Systems, Inc. Retrieved from IDEF：Integrated DEFinition Methods http://www.idef.com/（accessed October 24, 2014）.
- Keeney, R. L.（2002）Common Mistakes in Making Value Trade-Offs. *Operations Research*, **50**(6), 935-45.
- Keeney, R., Gregory, R.（2005）Selecting Attributes to Measure the Achievement of Objectives. *Operations Research*, **15**(1), 1-11.
- Keoleian, G. A., Menerey, D.（1993）Life Cycle Design Guidance Manual：Environmental Requirements and the Product System, EPA/600/R-92/226. Environmental Protection Agency, Risk Reduction Engineering Laboratory. Retrieved from http://css.snre.umich.edu/css_doc/CSS93-02.pdf（accessed October 24, 2014）.

- Klir, G.(1991) *Facets of Systems Science*. New York, NY：Plenum Press.
- Kotter, J. P.(2001) *What Leaders Really Do*. Boston, MA：Harvard Business Review：Best of HBR.
- Kruchten, P.(1999) The Software Architect and the Software Architecture Team. In P. Donohue (Ed.), *Software Architecture* (pp.565-583). Boston, MA：Kluwer Academic Publishers.
- LAI MIT (2013) Lean Enterprise Value Phase 1. Retrieved from MIT Lean Advancement Initiative http://lean.mit.edu/about/history/phase-i?highlight=WyJwaGFzZSIsMV0= (accessed October 24, 2014).
- LAI, INCOSE, PSM, SEARI (2010) Systems Engineering Leading Indicators Guide, Version 2.0, January 29. Retrieved from http://www.incose.org and http://www.psmsc.com (accessed October 24, 2014).
- Langley, M., Robitaille, S., Thomas, J.(2011) Toward a New Mindset：Bridging the Gap Between Program Management and Systems Engineering. *PM Network*, **25**(9), 24-6. Retrieved from http://www.pmi.org (accessed October 24, 2014).
- Langner, R.(2012) Stuxnet Deep Dive. Miami Beach, FL：SCADA Security Scientific Symposium (S4). Retrieved from http://vimeopro.com/user10193115/s4-2012#/video/35806770 (accessed October 24, 2014).
- Lano, R.(1977) *The N2 Chart*. Euclid, OH：TRW, Inc.
- Larman, C., Basili, V.(2003, June) Iterative and Incremental Development：A Brief History. *IEEE Software* **36**(6)：47-56.
- Lawson, H.(2010) *A Journey Through the Systems Landscape*. Kings College, UK：College Publications.
- Lefever, B.(2005) ScSCE Methodology. Retrieved from SeCSE Service Centric Systems Engineering：http://www.secse-project.eu/ (accessed January 26, 2015).
- Leveson, N., Turner, C. S.(1993) An Investigation of the Therac-25 Accidents. *IEEE Computer*, **26**(7), 18-41.
- Lewin, K.(1958) *Group Decision and Social Change*. New York, NY：Holt, Rinehart and Winston.
- Lin, F., Hsieh, P.(2011) A SAT View on New Service Development. *Service Science*, **3**(2), 141-57.
- Lindvall, M., Rus, I.(2000) Process Diversity in Software Development. *IEEE Software*, **17**(4), 14-8.
- Little, W., Fowler, H. W., Coulson, J., Onions, C. T.(1973) *The Shorter Oxford English Dictionary on Historical Principles*, 3rd Ed. Oxford, UK：Oxford University Press.
- LMCO (2008) Object-Oriented Systems Engineering Method (OOSEM) Tutorial, Version 3.11. Bethesda, MD：Lockheed Martin Corporation and San Diego, CA：INCOSE OOSEM Working Group.
- Lombardo, M. M., Eichinger, R. W.(1996) *The Career Architect Development Planner*, 1st Ed. Minneapolis, MN：Lominger.
- Lonergan, B.(1992) Insight：A Study of Human Understanding. In F. E. Crowe, & R. M. Doran (Eds.), *Collected Works of Bernard Lonergan* (5 Ed, Vol. 3). Toronto, ON：University of Toronto Press.
- Long, D.(2013) The Holistic Perspective—Systems Engineering as Leaders. *INCOSE Great Lakes Regional Conference Key Note Address*. West Lafayette, IN.
- Luzeaux, D., Ruault, J. R.(Eds.) (2010) *Systems of Systems*. New York, NY：John Wiley & Sons, Inc.
- Lykins, H., Friedenthal, S., Meilich, A.(2000) Adapting UML for an Object-Oriented Systems Engineering Method (OOSEM). *Proceedings of the 20th Annual INCOSE International Symposium*. Chicago, IL：INCOSE.
- M & SCO (2013) Verification, Validation, & Accreditation (VV & A) Recommended Practices Guide (RPG). Retrieved from U. S. DoD Modeling & Simulation Coordination Office：http://www.msco.mil/VVA_RPG.html (accessed October 24, 2014).
- Magerholm, F. A., Shau, E. M., Haskins, C.(2010) A Framework for Environmental Analyses of Fish Food Production Systems Based on Systems Engineering Principles. *Systems Engineering*, **13**, 109-18.
- Maglio, P., Spohrer, J.(2008) Fundamentals of Service Science. *Journal of the Academy of Marketing Science*, **36**(1), 18-20.
- Maier, M. W.(1998) Architecting Principles for Systems of Systems. *Systems Engineering*, **1**(4), 267-84.
- Maier, M. W., Rechtin, E.(2009) *The Art of Systems Architecting*, 3rd Ed. Boca Raton, FL：CRC Press.
- Martin, B.(2010) New Initiatives in the Army Green Procurement Program. Presentation, U. S. Army Public Health Command. Retrieved from http://www.dtic.mil/dtic/tr/fulltext/u2/a566679.pdf (accessed October 24, 2014).

- Martin, J. N. (1996) *Systems Engineering Guidebook：A Process for Developing Systems and Products*. Boca Raton, FL：CRC Press.
- Martin, J. N. (2011) Transforming the Enterprise Using a Systems Approach. *Proceedings of the 21st Annual INCOSE International Symposium*. Denver, CO：International Council on Systems Engineering.
- McAfee, A. (2009) *Enterprise 2.0：New Collaborative Tools for Your Organizations Toughest Challenges*. Boston, MA：Harvard Business School Press.
- McConnel, S. (1998, May) The power of process. *IEEE Computer*, **31** (5), 100-102.
- McDonough, W. (2013) McDonough Innovations：Design for the Ecological Century. Retrieved from http://www.mcdonough.com/ (accessed October 24, 2014).
- McGarry, J., Card, D., Jones, C., Layman, B., Clark, E., Dean, J., Hall, F. (2001) *Practical Software Measurement：Objective Information for Decision Makers*, Boston, MA：Addison-Wesley.
- McGrath, D. (2003) China Awaits High Speed Maglev. Wired News. Retrieved from http://archive.wired.com/science/discoveries/news/2003/01/57163 (accessed January 26, 2015).
- McManus, H. L. (2004) *Product Development Value Stream Mapping Manual, LAI Release Beta*. Boston, MA：MIT Lean Advancement Initiative.
- McManus, H. L. (2005) *Product Development Transition to Lean (PDTTL) Roadmap, LAI Release Beta*. Boston, MA：MIT Lean Advancement Initiative.
- Michel, R. M., Galai, D. (2001) *Risk Management*. New York, NY：McGraw-Hill.
- Miller, G. A. (1956) The Magical Number Seven, Plus or Minus Two：Some Limits on our Capacity for Processing Information. *Psychological Review*, **63** (2), 81.
- MoDAF (n.d.) The Website for MODAF Users and Implementers. UK Secretary of State for Defence (run by Model Futures, Ltd.). Retrieved from http://www.modaf.org.uk/ (accessed October 24, 2014).
- Murman, E. M. (2002) *Lean Enterprise Value*. New York, NY：Palgrave.
- Nagel, R. N. (1992) 21st Century Manufacturing Enterprise Strategy Report. Prepared for the Office of Naval Research. Retrieved from http://www.dtic.mil/cgi-bin/GetTRDoc?AD=ADA257032 (accessed October 24, 2014).
- NASA (2007a) NASA Pilot Benchmarking Initiative：Exploring Design Excellence Leading to Improved Safety and Reliability. Final Report. National Aeronautic and Space Administration.
- NASA (2007b) NASA Systems Engineering Handbook. National Aeronautic and Space Administration. Retrieved from http://www.es.ele.tue.nl/education/7nab0/2013/doc/NASA-SP-2007-6105-Rev-1-Final-31Dec2007.pdf (accessed October 24, 2014).
- NDIA (2008) Engineering for Systems Assurance, Version 1.0. National Defense Industrial Association, Systems Assurance Committee. Retrieved from http://www.acq.osd.mil/se/docs/SA-Guidebook-v1-Oct2008.pdf (accessed October 24, 2014).
- NDIA (2011) System Development Performance Measurement Report. Arlington, VA：National Defense Industrial Association, December.
- Nissen, J. (2006) The Oresund Link. *The Arup Journal*, **31** (2), 37-41.
- NIST (2012) National Vulnerability Database, Version 2.2. National Institute of Standards and Technology, Computer Science Division. Retrieved from http://nvd.nist.gov/ (accessed December 19).
- Norman, D. (1990) *The Design of Everyday Things*. New York, NY：Doubleday.
- NRC (Nuclear Regulatory Commission) (2005) Fact Sheets, Three Mile Island Accident. U. S. Nuclear Regulatory Commission. Report NUREG/BR-0292. Retrieved from http://pbadupws.nrc.gov/docs/ML0825/ML082560250.pdf (accessed October 24, 2014).
- NRC (National Research Council) (2008) Pre-Milestone A and Early-Phase Systems Engineering. National Research Council of the National Academies. Washington, DC：The National Academies Press. Retrieved from http://www.nap.edu/ (accessed October 24, 2014).
- NRC (National Resilience Coalition) (2012) Definition of Resilience. National Resilience Coalition. Washington, DC：The Infrastructure Security Partnership.
- O'Connor, P. D., Kleyner, A. (2012) *Practical Reliability Engineering*, 5th Ed. Hoboken, NJ：John Wiley &

Sons, Inc.
- Oehmen, J.(Ed.) (2012) The Guide to Lean Enablers for Managing Engineering Programs, Version 1.0. Cambridge, MA : Joint MIT-PMI-INCOSE Community of Practice on Lean in Program Management. Retrieved from http://hdl.handle.net/1721.1/70495/ (accessed October 24, 2014).
- Office of Government Commerce (2009) *ITIL Lifecycle Publication Suite Books*. London, UK : The Stationery Office.
- OMG (2013a) Documents Associated with Unified Profile for DoDAF and MODAF (UPDM), Version 2.1. Object Management Group, Inc. Retrieved from http://www.omg.org/spec/UPDM/Current (accessed October 24, 2014).
- OMG (2013b) OMG Systems Modeling Language (SysML). Object Management Group, Inc. Retrieved from http://www.omgsysml.org (accessed October 24, 2014).
- Oppenheim, B. W.(2004) Lean Product Development Flow. *Systems Engineering*, **7**(4), 352-76.
- Oppenheim, B. W.(2011) *Lean for Systems Engineering with Lean Enablers for Systems Engineering*. Hoboken, NJ : John Wiley & Sons, Inc.
- Parnell, G. S., Bresnick, T., Tani, S., Johnson, E.(2013) *Handbook of Decision Analysis*. Hoboken, NJ : John Wiley & Sons, Inc.
- Patanakul, P., Shenhar, A.(2010) Exploring the Concept of Value Creation in Program Planning and Systems Engineering Processes. *Systems Engineering*, **13**, 340-52.
- Pineda, R.(2010) Understanding Complex Systems of Systems Engineering. *Fourth General Assembly Cartagena Network of Engineering*, Metz, France.
- Pineda, Martin, Spoherer (2014) in SEBoK, Part 3, Value of Service Systems Engineering.
- PLCS (2013) Product Life Cycle Support (PLCS). Retrieved from http://www.plcs-resources.org/ (accessed October 24, 2014).
- PMI (2000) *A Guide to the PMBOK*. Newton Square, PA : Project Management Institute.
- PMI (2009) *Practice Standard for Project Risk Management*. Newton Square, PA : Project Management Institute.
- PMI (2013) *The Standards for Program Management*, 3rd Ed. Newton Square, PA : Project Management Institute.
- Porrello, A. M.(n.d.) Death and Denial : The Failure of the THERAC-25, A Medical Linear Accelerator. California Polytechnic State University, San Luis Obispo, CA. Retrieved from http://users.csc.calpoly.edu/~jdalbey/SWE/Papers/THERAC25.html (accessed October 24, 2014).
- Qiu, R.(2009) Computational Thinking of Service Systems : Dynamics and Adaptiveness Modeling. *Service Science*, **1**(1), 42-55.
- Rebovich, G.(2006) Systems thinking for the enterprise : new and emerging perspectives. *Proceedings 2006 IEEE/SMC International Conference on System of Systems Engineering*. Los Angeles, CA : Institute of Electrical and Electronics Engineers.
- Rebovich, G., White, B. E.(Eds.) (2011) *Enterprise Systems Engineering : Advances in the Theory and Practice*. Boca Raton, FL : CRC Press.
- Richards, M. G.(2009) *Multi-Attribute Tradespace Exploration for Survivability*. Boston : Massachusetts Institute of Technology.
- Roedler, G.(2010) Knowledge Management Position. *Proceedings of the 20th Annual INCOSE International Symposium*. Chicago, IL : International Council on Systems Engineering.
- Roedler, G. J., Jones, C.(2006) Technical Measurement : A Collaborative Project of PSM, INCOSE, and Industry. INCOSE Measurement Working Group. INCOSE TP-2003-020-01.
- Roedler, G., Rhodes, D. H., Schimmoler, H., Jones, C.(Eds.) (2010) Systems Engineering Leading Indicators Guide, v2.0. Boston : MIT ; INCOSE ; PSM.
- Ross, A. M., Rhodes, D. H., Hastings, D. E.(2008) Defining Changeability : Reconciling Flexibility, Adaptability, Scalability, Modifiability, and Robustness for Maintaining System Lifecycle Value. *Systems Engineering*, **11**, 246-62.

- Rouse, W. B.(1991) *Design for Success : A Human-Centered Approach to Designing Successful Products and Systems.* New York, NY : John Wiley & Sons, Inc.
- Rouse, W. B.(2005) Enterprise as Systems : Essential Challenges and Enterprise Transformation. *Systems Engineering*, 8(2), 138-50.
- Rouse, W. B.(2009) Engineering the Enterprise as a System. In A. P. Sage, & W. B. Rouse (Eds.), *Handbook of Systems Engineering and Management*, 2nd Ed. New York, NY : John Wiley & Sons, Inc.
- Royce, W. W.(1970) Managing the Development of Large Software Systems, *Proceedings, IEEE WESCON*, pp.1-9. August.
- Ryan, A.(2008) What Is a Systems Approach? *Journal of Non-Linear Science*, arXiv, 0809.1698.
- Ryan, M.(2013) An Improved Taxonomy for Major Needs and Requirements Artifacts. *Proceedings of the 23rd Annual INCOSE International Symposium.* Philadelphia, PA : International Council on Systems Engineering.
- SAE Aerospace Quality Standard AS9100 : C (2009) *Quality Management Systems—Requirements for Aviation, Space, and Defense Organizations.* Warrendale, PA : Society of Automotive Engineers.
- SAE ARP 4754 (2010) *Guidelines for Development of Civil Aircraft and Systems.* Warrendale, PA : Society of Automotive Engineers.
- SAE JA 1011 (2009) Evaluation criteria for Reliability-Centered Maintenance (RCM) processes. Warrendale, PA : Society of Automotive Engineers.
- Salter, K.(2003) Presentation Given at the Jet Propulsion Laboratory. Pasadena, CA.
- Salvendy, G.(Ed.) (1982) *Handbook of Industrial Engineering.* New York, NY : John Wiley & Sons, Inc.
- Salzman, J.(1997) Informing the Green Consumer : The Debate Over the Use and Abuse of Environmental Labels. *Journal of Industrial Ecology*, 1(2), 11-21.
- SAVE (2009) Welcome to SAVE International. SAVE International. Retrieved from http://www.value-eng.org/(accessed October 24, 2014).
- SAWE(n.d.)Standards and Practices. Retrieved from Society of Allied Weight Engineers, Inc. : http://www.sawe.org/rp (accessed October 24, 2014).
- Scholtes, P. R.(1988) *The Team Handbook : How the Use Teams to Improve Quality.* Madison, WI : Joiner Associates, Inc.
- SE VOCAB (2013) Software and Systems Engineering Vocabulary. Retrieved from http://pascal.computer.org/sev_display/index.action (accessed October 24, 2014).
- SEBoK (2014) BKCASE Editorial Board. The Guide to the Systems Engineering Body of Knowledge (SEBoK), version 1.3. R. D. Adcock (EIC). Hoboken, NJ : The Trustees of the Stevens Institute of Technology. www.sebokwiki.org. BKCASE is managed and maintained by the Stevens Institute of Technology Systems Engineering Research Center, the International Council on Systems Engineering, and the Institute of Electrical and Electronics Engineers Computer Society.
- Software Engineering Institute(2010)CMMIR(Measurement and Quantitative Management Process Areas), Version 1.3, November. Retrieved from http://www.sei.cmu.edu (accessed October 24, 2014).
- Senge, P.(1990) *The Fifth Discipline : The Art & Practice of the Learning Organization.* New York, NY : Crown Business.
- Shaw, T. E., Lake, J. G.(1993) Systems Engineering : The Critical Product Development Enabler. *36th APICS International Conference Proceedings.* American Production and Inventory Control Society.
- Sheard, S.(1996) Twelve Systems Engineering Roles. *Proceedings of the 6th Annual INCOSE International Symposium.* Boston, MA : International Council on Systems Engineering.
- Shewhart, W. A.(1939) *Statistical Method from the Viewpoint of Quality Control.* New York, NY : Dover.
- Sillitto, H. G.(2012) Integrating Systems Science, Systems Thinking, and Systems Engineering : Understanding the Differences and Exploiting the Synergies. *Proceedings of the 22nd Annual INCOSE International Symposium.* Rome, Italy : International Council on Systems Engineering.
- Sillitto, H. G.(2013) Composable Capability—Principles, Strategies, and Methods for Capability Systems Engineering. *Proceedings of the 23rd Annual INCOSE International Symposium.* Philadelphia, PA : Interna-

tional Council on Systems Engineering.
- Skanska(2013)Oresund Bridge: Improving Daily Life for Commuters, Travelers, and Frogs. Retrieved from Skanska: Oresund Consortium: http://www.group.skanska.com/Campaigns/125/Oresund-Bridge/ (accessed October 24, 2014).
- Skyttner, L.(2006) *General Systems Theory: Perspectives, Problems, Practice*, 2nd Ed. Singapore: World Scientific Publishing Company.
- Slack, R. A.(1998) Application of Lean Principles to the Military Aerospace Product Development Process. Master of Science——Engineering and Management Thesis, Massachusetts Institute of Technology.
- SMTDC(2005)Shanghai Maglev Project Background. Retrieved from Shanghai Maglev Train: http://www.smtdc.com/en/(accessed January 26, 2015).
- Sols, A., Romero, J., Cloutier, R.(2012) Performance-based Logistics and Technology Refreshment Programs: Bridging the Operational-Life Performance Capability Gap in the Spanish F-100 Frigates. *System Engineering*, **15**, 422-32.
- Spath, D., Fahnrich, K. P.(Eds.) (2007) *Advances in Services Innovations*. Berlin/Heidelberg, Germany: Springer-Verlag.
- Spohrer, J. C.(2011) Service Science: Progress & Direction. International Joint Conference on Service Science. Taipei, Taiwan.
- Spohrer, J. C., Maglio, P. P.(2010) Services Science: Toward a Smarter Planet. In G. Slavendy, & W. Karwowski (Eds.), *Introduction to Service Engineering*. Hoboken, NJ: John Wiley & Sons, Inc.
- Srinivansan, J.(2010) Towards a Theory Sensitive Approach to Planning Enterprise Transformation. 5th EIASM Workshop on Organizational Change and Development. Vienna, Austria: European Institute for Advanced Studies in Management.
- Stoewer, H.(2005)Modern Systems Engineering: A Driving Force for Industrial Competitiveness. Presentation to Members of the Japan INCOSE Chapter. Tokyo, Japan.
- The White House (2010) *National Security Strategy*. Washington, DC: The White House.
- Theilmann, W., Baresi, L.(2009) Multi-level SLAs for Harmonized Management in the Future Internet. In G. Tselentix, J. Dominque, A. Galis, A. Gavras, D. Hausheer, S. Krco, ... T. Zehariadis(Eds.), *Towards the Future Internet——A European Research Perspective*. Amsterdam, the Netherlands: IOS Press.
- Tien, J., Berg, D.(2003) A Case for Service Systems Engineering. *Journal Systems Science and Systems Engineering*, **12** (1), 13-38.
- Toyota (2009) Toyota Production System: Just-in-Time——Productivity Improvement. Retrieved from http://www.toyota-global.com/company/vision_philosophy/toyota_production_system/(accessed October 24, 2014).
- Transrapid (2003, May 23) Transrapid International. Retrieved from http://www.transrapid.de/cgi/en/basics.prg?session=86140b5952535725_590396 (accessed October 24, 2014).
- Tuttle, P., Bobinis, J.(2013) Specifying Affordability. *Proceedings of the 23rd Annual INCOSE International Symposium*. Philadelphia, PA: International Council on Systems Engineering.
- UNEP (2012) GEO-5: Global Environmental Outlook. Retrieved from United National Environment Programme: http://www.unep.org/geo (accessed October 24, 2014).
- Urwick, L. E.(1956) The Manager's Span of Control. Harvard Business Review. May/June.
- Vargo, S. L., Akaka, M. A.(2009)Service-Dominant Logic as a Foundation for Service Science: Clarifications. *Service Science*, **1**(1), 32-41.
- Walden, D.(2007) YADSES: Yet Another Darn Systems Engineering Standard. *Proceedings of the 17th Annual INCOSE International Symposium*. San Diego, CA: International Council on Systems Engineering.
- Warfield, J.(2006) *An Introduction to Systems Science*. Hackensack, NJ: World Scientific Publishing Company.
- Waters Foundation (2013) Systems Thinking. Retrieved from Systems Thinking in Schools: http://watersfoundation.org/systems-thinking/overview/(accessed October 24, 2014).
- Wideman, R. M.(2002) Comparative Glossary of Project Management Terms, Version 3.1. Retrieved from

http://maxwideman.com/pmglossary/(accessed October 24, 2014).
- Wideman, R. M.(Ed.)(2004)*Project and Program Risk Management*：*A Guide to Managing Project Risks and Opportunities*. Newtown Square, PA：Project Management Institute.
- Wiener, N.(1948) *Cybernetics or Control and Communication in the Animal and the Machine.*(Hermann, & Cie, Eds.) New York, NY：John Wiley & Sons, Inc.
- Wild, J. P., Jupp, J., Kerley, W., Eckert, W., Clarkson, P. J.(2007) Towards a Framework for Profiling of Products and Services. 5th International Conference on Manufacturing Research (ICMR). Leicester, UK.
- Womack, J. P., Jones, D. T.(1996) *Lean Thinking*. New York, NY：Simon & Schuster.
- Wymore, A. W.(1967) *A Mathematical Theory of Systems Engineering*：*The Elements*. Malabar, FL：Krieger Publication Co.
- Wymore, A. W.(1993) *Model-Based Systems Engineering*. Boca Raton, FL：CRC Press.
- Yourdon, E.(1989) *Modern Structured Analysis*. Upper Saddle River, NJ：Yourdon Press.
- Zachman, J. A.(1987)A Framework for Information Systems Architecture. *IBM Systems Journal*, **26**(3), 276-92. Retrieved from http://www.zifa.com (accessed October 24, 2014).

付録B　頭字語

A_a ＜achieved availability＞　達成可用性
A_i ＜inherent availability＞　固有可用性
A_o ＜operational availability＞　運用可用性
act ＜activity diagrams [SysML™]＞　アクティビティ図 [SysML™]
AECL ＜Atomic Energy of Canada Limited [Canada]＞　カナダ原子力公社 [カナダ]
AIAA ＜American Institute of Aeronautics and Astronautics [United States]＞　米国航空宇宙工学協会 [米国]
ANSI ＜American National Standards Institute [United States]＞　米国規格協会 [米国]
API ＜application programming interface＞　アプリケーションプログラミングインタフェース
ARP ＜aerospace recommended practice＞　航空宇宙推奨プラクティス
AS ＜Aerospace Standard＞　航空宇宙標準
ASQ ＜American Society for Quality＞　米国品質協会
ASAM ＜Association for Standardization of Automation and Measuring Systems＞　自動化システムと測定システムの国際標準化団体
ASEP ＜Associate Systems Engineering Professional [INCOSE]＞
AUTOSAR ＜AUTomotive Open System ARchitecture＞　自動車オープンシステムアーキテクチャ
AVS ＜Associate Value Specialist [SAVE]＞　現在はVMA（value methodology associate）に名称変更されている
bdd ＜block definition diagram [SysML™]＞　ブロック定義図 [SysML™]
BRS ＜business requirements specification＞　ビジネス要求仕様書
CAIV ＜cost as an independent variable＞　独立変数としてのコスト
CBA ＜cost-benefit analysis＞　費用便益分析
CBM ＜condition-based maintenance＞　状態基準保全
CCB ＜Configuration Control Board＞　構成管理委員会
CE ＜Conformité Européenne [EU]＞　CEマーキング [EU]
CEA ＜cost-effectiveness analysis＞　費用対効果分析
CFR ＜Code of Federal Regulations [United States]＞　連邦法令集 [米国]
CI ＜configuration item＞　構成要素
CMMI® ＜Capability Maturity Model® Integration [CMMI Institute]＞　能力成熟度モデル統合 [CMMIインスティチュート]
CMP ＜configuration management plan＞　構成管理計画
ConOps ＜concept of operations＞　運用上の概念
COTS ＜commercial off-the-shelf＞　市販品
CSEP ＜Certified Systems Engineering Professional [INCOSE]＞
CVS ＜Certified Value Specialist [SAVE]＞
DAU ＜Defense Acquisition University [United States]＞
DFD ＜data flow diagrams＞　データフロー図
DMS ＜diminishing material shortages＞　資材切れ回避
DoD ＜Department of Defense [United States]＞　国防総省 [米国]
DoDAF ＜Department of Defense Architecture Framework [United States]＞　国防総省アーキテクチャフレームワーク [米国]
DSM ＜Design Structure Matrix＞　デザインストラクチャマトリクス
DTC ＜design to cost＞　コストに見合った設計
ECP ＜engineering change proposal＞　エンジニアリング変更提案
ECR ＜engineering change request＞　エンジニアリング変更要求
EIA ＜Electronic Industries Alliance＞　米国電子工業会
EM ＜electromagnetic＞　電磁
EMC ＜electromagnetic compatibility＞　電磁両立性
EMI ＜electromagnetic interference＞　電磁干渉
EN ＜engineering notice＞　エンジニアリング通知
ER ＜entity relationship diagram＞　エンティティ関係図
ESEP ＜Expert Systems Engineering Professional [INCOSE]＞
ETA ＜event tree analysis＞　事象の木分析
FAST ＜Function Analysis System Technique＞　機能分析システム技法

頭字語

FBSE ＜functions-based systems engineering＞ 機能ベースのシステムズエンジニアリング

FEA ＜front-end analyses＞ フロントエンド分析

FEP ＜fuel enrichment plant＞ 燃料濃縮工場

FFBD ＜functional flow block diagram＞ 機能フローブロック図

FHA ＜functional hazard analysis＞ 機能的ハザード分析

FMEA ＜failure mode and effects analysis＞ 故障モード影響解析

FMECA ＜failure modes, effects, and criticality analysis＞ 故障モード影響致命度解析

FMVSS ＜Federal Motor Vehicle Safety Standards［United States］＞ 連邦自動車安全基準［米国］

FoS ＜family of systems＞ システムのファミリー

FTA ＜fault tree analysis＞ フォルトツリー解析（故障の木解析）

G&A ＜general and administrative＞ 一般管理費

GAO ＜Government Accountability Office［United States］＞ 会計検査院［米国］

GEIA ＜Government Electronic Industries Alliance＞

GENIVI ＜Geneva In-Vehicle Infotainment Alliance＞ GENIVI アライアンス

GNP ＜gross national product＞ 国民総生産

GPP ＜Green Public Procurement＞ グリーン公共調達

HALT ＜highly accelerated life testing＞ 高加速寿命試験

HFE ＜human factors engineering＞ ヒューマンファクターエンジニアリング

HHA ＜health hazard analysis＞ 健康ハザード分析

HSI ＜human systems integration＞ システムへの人の統合

HTS ＜hazard tracking system＞ ハザード追跡システム

ibd ＜internal block diagram［SysML™］＞ 内部ブロック図［SysML™］

IBM ＜International Business Machines＞

ICD ＜interface control document＞ インタフェース統制文書

ICS ＜industrial control system＞ 産業制御システム

ICSM ＜Incremental Commitment Spiral Model＞

ICWG ＜Interface Control Working Group＞ インタフェース統制ワーキンググループ

IDEF ＜integrated definition for functional modeling＞ 機能モデリングのための統合定義

IEC ＜International Electrotechnical Commission＞ 国際電気標準会議

IEEE ＜Institute of Electrical and Electronics Engineers＞ 電気電子学会

IFWG ＜Interface Working Group＞ インタフェースワーキンググループ

IID ＜incremental and iterative development＞ 反復型開発

ILS ＜integrated logistics support＞ 統合ロジスティクスサポート

INCOSE ＜International Council on Systems Engineering＞ システムズエンジニアリングに関する国際協議会

IPD ＜integrated product development＞ 統合製品開発

IPDT ＜Integrated Product Development Team＞ 統合製品開発チーム

IPO ＜input-process-output＞ 入力-プロセス-出力

IPPD ＜integrated product and process development＞ 統合製品およびプロセスの開発

IPT ＜Integrated Product Team＞ 統合製品チーム

ISO ＜International Organization for Standardization＞ 国際標準化機構

IT ＜information technology＞ 情報技術

IV&V ＜integration, verification, and validation＞ 統合，検証，および妥当性確認

JSAE ＜Japan Society of Automotive Engineers［Japan］＞ 日本自動車技術会［日本］

JPL ＜Jet Propulsion Laboratory［United States］＞ ジェット推進研究所［米国］

KDR ＜key driving requirement＞ キーとなる要求

KM ＜knowledge management＞ 知識マネジメント

KPP ＜key performance parameter＞ 主要性能パラメータ

KSA ＜knowledge, skills, and abilities＞ 知識，スキル，および能力

LAI ＜Lean Advancement Initiative＞

LCA ＜life cycle assessment＞ ライフサイクルアセスメント

LCC ＜life cycle cost＞ ライフサイクルコスト

LCM ＜life cycle management＞ ライフサイク

ルマネジメント
LEfMEP ＜Lean Enablers for Managing Engineering Programs＞
LEfSE ＜Lean Enablers for Systems Engineering＞
LINAC ＜linear accelerator＞ 線形加速器
LOR ＜level of rigor＞ 厳格さレベル
LORA ＜level of repair analysis＞ 修復分析のレベル
MBSE ＜model-based systems engineering＞ モデルベースシステムズエンジニアリング
MIT ＜Massachusetts Institute of Technology＞ マサチューセッツ工科大学
MoC ＜models of computation＞ 計算モデル
MODA ＜multiple objective decision analysis＞ 多目的意思決定分析
MoDAF ＜Ministry of Defense Architecture Framework [United Kingdom]＞ 国防省アーキテクチャフレームワーク [英国]
MOE ＜measure of effectiveness＞ 効果指標
MOP ＜measure of performance＞ 性能指標
MORS ＜Military Operations Research Society＞ 軍事的オペレーションズリサーチ研究会
MOS ＜measure of suitability＞ 適合指標
MPE ＜mass properties engineering＞ 質量プロパティエンジニアリング
MTA ＜maintenance task analysis＞ 保守タスク分析
MTBF ＜mean time between failure＞ 平均故障間隔
MTBR ＜mean time between repair＞ 平均修理間隔
MTTR ＜mean time to repair＞ 平均修理時間
N² ＜N-squared diagram＞ N²ダイアグラム
NASA ＜National Aeronautics and Space Administration [United States]＞ 米国航空宇宙局 [米国]
NEC ＜National Electrical Code [United States]＞ 米国電気工事規格 [米国]
NCOSE ＜National Council on Systems Engineering (pre-1995)＞ INCOSE の 1995 年までの名称
NCS ＜Network-Centric Systems＞ ネットワークセントリックシステム
NDI ＜nondevelopmental item＞ 開発を必要としないアイテム
NDIA ＜National Defense Industrial Association [United States]＞ 国防産業協会 [米国]
O&SHA ＜operations and support hazard analysis＞ 運用およびサポートハザード分析
OAM&P ＜operations, administration, maintenance, and provisioning＞ 運用, 管理, 保守, および提供
OEM ＜original equipment manufacturer＞
OMG ＜Object Management Group＞ オブジェクトマネジメントグループ
OOSEM ＜Object-Oriented Systems Engineering Method＞ オブジェクト指向システムズエンジニアリング手法
OPM ＜Object-Process Methodology＞ オブジェクトプロセス方法論
OpsCon ＜operational concept＞ 運用コンセプト
OSI ＜Open System Interconnect＞ ISO-OSI Reference Model は, ISO OSI 参照モデルと訳す
par ＜parametric diagram [SysML™]＞ パラメトリック図 [SysML™]
PBL ＜performance-based logistics＞ 性能ベースのロジスティクス
PBS ＜product breakdown structure＞ 製品分解構成
PDT ＜Product Development Team＞ 製品開発チーム
PERT ＜program evaluation review technique＞
PHA ＜preliminary hazard analysis＞ 予備的ハザード分析
PHS&T ＜packaging, handling, storage, and transportation＞ 梱包, 取り扱い, 保管, および運送
PIT ＜Product Integration Team＞ 製品統合チーム
pkg ＜package diagram [SysML™]＞ パッケージ図 [SysML™]
PLC ＜programmable logic controller＞ プログラマブルロジックコントローラ
PLCS ＜product life cycle support＞ 製品ライフサイクルサポート
PLM ＜product line management＞ プロダクトラインマネジメント
PMI ＜Project Management Institute＞ プロジェクトマネジメント協会
PRA ＜probabilistic risk assessment＞ 確率論的リスクアセスメント
PSM ＜practical software and systems measurement＞ 実践的なソフトウェアとシステムの測定
QA ＜quality assurance＞ 品質保証
QM ＜quality management＞ 品質管理
R&D ＜research and development＞ 研究開発
RAM ＜reliability, availability, and maintainability＞ 信頼性, 可用性, および保守性
RBD ＜reliability block diagram＞ 信頼性ブ

ロック図
RCM ＜reliability-centered maintenance＞ 信頼性中心保全
REACH ＜Registration, Evaluation, Authorization, and Restriction of Chemical Substances＞ 化学物質の登録，評価，認可および制限に関する規則
req ＜requirement diagram[SysML™]＞ 要求図[SysML™]
RFC ＜request for change＞ 変更要求
RFP ＜request for proposal＞ 提案依頼書
RFQ ＜request for quote＞ 見積もり依頼書
RFV ＜request for variance＞ 分散要求
RMP ＜risk management plan＞ リスクマネジメント計画
ROI ＜return on investment＞ 投資利益率
RUP ＜Rational Unified Process[IBM]＞ ラショナル統一プロセス[IBM]
RUP-SE ＜Rational Unified Process for Systems Engineering[IBM]＞ システムズエンジニアリングのための Rational Unified Process[IBM]
RVTM ＜requirements verification and traceability matrix＞ 要求の検証とトレーサビリティに関するマトリクス
SA ＜state analysis[JPL]＞ 状態分析[JPL]
SAE ＜SAE International[formerly the Society of Automotive Engineers]＞ SAE インターナショナル[以前は米国自動車技術会]
SAVE ＜Society of American Value Engineers＞ 米国 VE 協会
SCM ＜supply chain management＞ サプライチェーンマネジメント
SCN ＜specification change notice＞ 仕様変更通知
sd ＜sequence diagram[SysML™]＞ シーケンス図[SysML™]
SE ＜systems engineering＞ システムズエンジニアリング
SEARI ＜Systems Engineering Advancement Research Institute＞
SEBoK ＜Guide to the Systems Engineering Body of Knowledge＞ システムズエンジニアリング知識体系
SEH ＜Systems Engineering Handbook[INCOSE]＞ システムズエンジニアリングハンドブック
SEHA ＜system element hazard analysis＞ システム要素ハザード分析
SEIT ＜Systems Engineering and Integration Team＞ システムズエンジニアリングと統合チーム
SEMP ＜systems engineering management plan＞ システムズエンジニアリングマネジメント計画
SEMS ＜systems engineering master schedule＞ システムズエンジニアリングマスタースケジュール
SEP ＜systems engineering plan＞ システムズエンジニアリング計画
SHA ＜system hazard analysis＞ システムハザード分析
SLA ＜service-level agreement＞ サービスレベル合意書
SOI ＜system of interest＞ 対象システム
SoS ＜system of systems＞ 複数のシステムから構成されるシステム
SOW ＜statement of work＞ 作業文書
SROI ＜social return on investment＞ 社会的投資利益率
SRR ＜System Requirements Review＞ システム要求レビュー
SSDP ＜service system design process＞ サービスシステムデザインプロセス
STEP ＜Standard for the Exchange of Product Model Data＞ 製品モデルデータの交換標準
stm ＜state machine diagram[SysML™]＞ ステートマシン図[SysML™]
StRS ＜stakeholder requirements specification＞ 利害関係者要求仕様書
SWOT ＜strength-weakness-opportunity-threat＞ SWOT 分析
SysML™ ＜Systems Modeling Language[OMG]＞ システムズモデリング言語[OMG]
SyRS ＜system requirements specification＞ システム要求仕様書
SYSPG ＜Systems Engineering Process Group＞ システムズエンジニアリングプロセスグループ
TADSS ＜training aids, devices, simulators, and simulations＞ トレーニング支援，機器，シミュレータ，およびシミュレーション
TCO ＜total cost of ownership＞ 総保有コスト
TOC ＜total ownership cost＞ 保有コストの総額
TOGAF ＜The Open Group Architecture Framework＞
TPM ＜technical performance measure＞ 技術性能指標
TRL ＜technology readiness level＞ 技術的準備レベル
TRP ＜technology refreshment program＞ 技術回復プログラム

TQM ＜total quality management＞ 総合的品質管理

TR ＜technical report＞ 技術報告書

uc ＜use case diagram [SysML^{TM}]＞ ユースケース図 [SysML^{TM}]

UIC ＜International Union of Railways＞

UK ＜United Kingdom＞ 英国

UL ＜Underwriters Laboratory [United States and Canada]＞ UL マーキング [米国とカナダ]

UML^{TM} ＜Unified Modeling Language^{TM} [OMG]＞ 統一モデリング言語 [OMG]

US ＜United States＞ 米国

USB ＜Universal Serial Bus＞ ユニバーサルシリアルバス

USD ＜US dollars [United States]＞ 米ドル

V&V ＜verification and validation＞ 検証および妥当性確認

VA ＜value analysis＞ バリュー分析

VE ＜value engineering＞ バリューエンジニアリング

VM ＜value management＞ バリューマネジメント

VMP ＜Value Methodology Practitioner [SAVE]＞ 米国 VE 協会の資格の一つ

VSE ＜very small entities＞

VSME ＜very small and micro enterprises＞

VV&A ＜verification, validation, and accreditation＞ 検証，妥当性確認，および認証

WBS ＜work breakdown structure＞ 作業分解構成

WG ＜working group＞ ワーキンググループ

付録 C　用語と定義

この用語集に含まれていない単語は，一般的な辞書の定義と一致している。その他の関連用語は「SEVOCAB」(2013) にある。

"-ilities"　プログラムが対処しなければならない開発，運用，およびサポートの要求。これらは一般的に"ility"で終わるので，このように呼称される。可用性，保守性，脆弱性，信頼性，サポート可能性など。

IPO 図　＜IPO diagram＞　対象とするプロセスの上位のビューを与える本ハンドブックの図。ダイアグラムは，プロセスのアクティビティとそれらの外部アクターから/への入出力をまとめたものである。一部の入力は「統制」と「実現手段」に分類される。「統制」はプロセスの成果を決定し，「実現手段」はプロセスを実行する手段である。

N^2 ダイアグラム　＜N^2 diagrams＞　対象のシステム（SOI）の内部の動作関係または外部インタフェースを定義するために用いられる図的表現。

system of systems　略語 SoS。システム要素群それ自体がシステムである対象のシステム（SOI）。典型的には，これらは多数の異種の分散したシステムによる大規模な学際的な問題を伴う。

アーキテクチャ　＜architecture＞　システム要素とその関係性の中で具体化された，ある環境中のシステムの基本概念または特性であり，そしてシステムを設計し進化させるその原則である（ISO 42010 参照）。

アクティビティ　＜activity＞　プロセスの中にある一連のまとまったタスク。

アジャイル　＜agile＞　プロジェクトの実行方法は，「適応型」から「予測型」まで連続したつながりの上で言い表すことができる。「アジャイル型」は，この中では「適応型」に近いが，「アジャイル型」は「計画されない」または「規律のない」という意味ではない。

意思決定ゲート　＜decision gate＞　意思決定ゲートは承認行為である（レビュー会に関連することが多い）。各意思決定ゲートに入退室基準が設定される。意思決定ゲートを超える継続は，意思決定者の合意次第である。

インタフェース　＜interface＞　機能特性，一般的な物理的相互接続の特性，信号特性，または適切なその他の特性によって定義された 2 つの機能ユニット間で共有される境界（ISO 2382-1）。

エンタープライズ　＜enterprise＞　ビジネスおよび運用上のゴールを達成するために相互作用する独立した資源を目的をもって組み合わせたもの（Rebovich and White, 2011）。

オペレーター　＜operator＞　システムの機能性に貢献する個人または組織。機能に貢献するための知識，スキル，および手順を利用する。

概念実証　＜proof of concept＞　実現可能性を実証するためのアイデアまたは技術の単純な実現。

価値　＜value＞　顧客および潜在的な他の利害関係者による特定の製品またはサービスの価値の指標（例えば，利益をコストで割ったもの）。①顧客のニーズを満たすうえでの製品の有用性，②満足されるべきニーズの相対的重要性，③必要に応じた製品の可用性，および，④顧客の所有コストの関数である（McManus, 2004）。

環境　＜environment＞　対象のシステム（SOI）が利用およびサポートされる，あるいはシステムが開発，生産，および廃棄される際に周囲にあるもの（自然または人工的）。

技術性能指標　＜technical performance measures＞　システムまたはシステム要素が技術要求またはゴールを満たすかまたは期待されているかを決定するために，システム要素の属性を定義する指標。

機能構成監査　＜functional configuration audit＞　製品が基準となる機能および遂行能力を満たすことを保証するための評価（出典：ISO/IEC/IEEE 15288）。

機能モデリングのための統合化定義　＜integration definition for functional modeling＞　略語 IDEF。機能および，情報または製品の流れを表すシステムの複数ページ（ビュー）モデルを提供するシステムおよびソフトウェアエンジニアリングの分野中のモデリング言語ファミリー。ボックスが機能を示し，矢印が情報および製品の流れを示す（KBS, 2010）。ビューを示すために英数字コーディングが使用されている。IDEF0：機能モデリング手法，IDEF1：情報モデリング手法，IDEF1X：データモデリング手法，IDEF3：プロセス記述キャプチャ手法，IDEF4：オブジェクト指向設計手法，IDEF5：オントロジー記述キャプチャ手法。

供給者　＜supplier＞　製品またはサービスを供給するため取得者と契約を結ぶ組織または個人。

共通性　＜commonality＞　（プロダクトラインに関係）プロダクトライン内のすべての製品群と共有できる機能的および非機能的な特性を指す（ISO 26550 CD 第 2 版）。

検証　＜verification＞　客観的な証拠を提供する

ことにより，特定の要求が満たされていることの確認（ISO/IEC/IEEE 15288）（注：検証は，システムまたはシステム要素を要求された特性に対して比較する一連のアクティビティである。これには，特定の要求，設計の記述，およびシステム自体が含まれることがあるが，これに限定されない）．

合意 ＜agreement＞ 仕事上の関係が成立する契約条件の相互に行う承認．

効果指標 ＜measure of effectiveness＞ 略語MOE．運用上の期待に合致するシステムの効果に関して意思決定者の情報ニーズを定義する指標．

構成 ＜configuration＞ システム要素またはプロジェクト成果物の特性．成熟度または遂行能力を記述する．

構成要素 ＜configuration item＞ 略語CI．構成管理のために指定されたシステム階層内の任意のレベルのハードウェア，ソフトウェア，または複合したもの（システムとその各要素は個別のCIである）．CIには4つの共通の特徴がある．①定義された機能性，②エンティティとして交換可能，③独自の仕様，④形，適合，および機能の正式な統制．

再利用 ＜reuse＞ [1]さまざまな問題の解決に際しての資産の使用（IEEE 1517-1999 (R2004)）．[2]新しいアプリケーションを実行するために，既存の要素から部分的に少なくともあるソフトウェアシステムを構築する（ISO/IEC/IEEE 24765 (2010)）．

資源 ＜resource＞ プロセスの実行中に利用または消費される資産．

システム ＜system＞ ある定義された目的を達成する，要素，サブシステム，またはアセンブリを統合したまとまり．これらの要素には，製品（ハードウェア，ソフトウェア，ファームウェア），プロセス，人，情報，技術，設備，サービス，およびその他のサポート要素を含む（INCOSE）．一つ以上の定められた目的を達成するために編成された相互作用する要素の組合せ（ISO/IEC/IEEE 15288）．

システムズエンジニアリング ＜systems engineering＞ 略語SE．システムズエンジニアリングは，システムを成功裏に実現するための複数の分野にまたがるアプローチおよび手段である．システムズエンジニアリングでは，開発の初期段階で顧客のニーズおよび要求される機能性を定義し，要求を文章化し，そのうえで設計のための総合とシステムの妥当性確認を進める．そこでは，運用，コストおよびスケジュール，遂行能力，トレーニングおよびサポート，テスト，製造，および廃棄といった問題すべてを検討する．システムズエンジニアリングは，ユーザニーズに合致した品質の製品を提供することを目的とし，ビジネスとすべての顧客の技術的要求を考慮する（INCOSE）．

システムズエンジニアリングの取り組み ＜systems engineering effort＞ システムズエンジニアリングの取り組みは，コンセプトから製造，そして運用に至る一連の活動に，複数の専門分野および専門グループを統合する．システムズエンジニアリングは，すべての利害関係者のニーズに合致した品質のシステムを提供することを目標として，彼らのビジネスニーズと技術ニーズの両方を考慮する．

システムズエンジニアリングマネジメント計画 ＜systems engineering management plan＞ 略語SEMP．テーラリングされたプロセスおよびアクティビティの形で，一つまたは複数のライフサイクルステージのためのシステムズエンジニアリングの取り組みが，実際のプロジェクトのための組織中でどのように管理され実施されているかを記述した構造化情報．

システムへの人の統合 ＜human systems integration＞ すべてのシステム要素の内部およびそれにわたっての人の考慮を統合するための学際的な技術的プロセスおよび管理プロセス．システムズエンジニアリングの実践に不可欠な実現手段である．

システム要素 ＜system element＞ システムを構成するひとまとまりの要素．

システムライフサイクル ＜system life cycle＞ 構想着手から廃棄までの対象のシステム（SOI）の時間的な進展．

市販品 ＜commercial off-the-shelf＞ 略語COTS．調達組織のニーズを満たすために，製品のライフサイクルにわたって取得者独自の変更または保守を必要としない商用品．

取得者 ＜acquirer＞ 供給者から製品またはサービスを取得または調達する利害関係者．

取得ロジスティクス ＜acquisition logistics＞ サポートコストを最小限に抑え，現場でシステムを維持するための資源をユーザに提供するために，取得プロセスの初期段階および全体を通して慎重に考慮され，サポート可能性を保証するために実施される技術的およびマネジメントのアクティビティ．

障害 ＜failure＞ ある製品のいずれかの部分が，その仕様によって要求されたとおりに動作しない事象．障害は，仕様で要求される最小値を超えた値にあるとき，すなわち過去の設計限界または安全のマージンを超えた値で発生しうる．

遂行能力 ＜performance＞ プロセス，機能，アクティビティ，またはタスクの実行に関連する物理的または機能的属性を特徴づける量的な測定値．遂行能力の属性は，量（数値または数量），質（どの程度），適時性（どの程度の応答性，どの程度の頻度），および準備状況（いつ，どの状況に応じて）を含む．

ステージ ＜stage＞ エンティティのライフサイ

クル内の期間であり，その記述または実現の状態に関係する。

性能指標 ＜measures of performance＞ 略語MOP。意図された運用環境に導入され，運用されるときにシステムがもつべき重要な性能特性を定義する指標。

設計上の制約 ＜design constraints＞ コンセプトおよび開発ステージでプロセスを実行する際に，組織が関与すべき対象のシステム（SOI）に対して，外部または内部に課される設計上の条件。

設備 ＜facility＞ 作業の実行を容易にするための物理的手段または装備。例えば，建物，機器，およびツール。

専門エンジニアリング ＜speciality engineering＞ システムの特徴の分析。要求を特定し，システムライフサイクルへのそれらの影響をアセスメントするための特別のスキルが求められる。

組織 ＜organization＞ 責任，権限，および関係性のそろった一人または人のグループおよび施設（出典：ISO 9001：2008）。

対象のシステム ＜system of interest＞ 略語SOI。ライフサイクルが検討中にあるシステム。

妥当性確認 ＜validation＞ 客観的な証拠を提供することにより，特定の意図された用途または応用に対する要求が満たされていることの確認（ISO/IEC/IEEE 15288）（注：妥当性確認は，意図された運用環境中にシステムがその意図された使用，ゴール，目的（すなわち，利害関係者の要求を満たす）を達成できるという確信を確実に得る一連のアクティビティである）。

テーラリング ＜tailoring＞ 特定のプロジェクトの中で選択した課題に対処する方法。テーラリングは，プロジェクトのさまざまな側面に適用される。プロジェクトの文書化，各ライフサイクルステージで実施されるプロセスおよびアクティビティ，レビューの時間と範囲，分析，そして適用されるすべての法的要求に整合する意思決定を含む。

投資利益率 ＜return on investment＞ 開発および生産コストに対する出力（製品またはサービス）による収入の比率。組織が何かを生産するために行動を起こしてそこから便益を得るかどうかを決める（ISO/IEC 24765.5 FCD；ISO/IEC/IEEE 24765, 2010）。

導出された要求 ＜derived requirements＞ 対象のシステム（SOI）の詳細な特性で，典型的には，利害関係者の要求の抽出，要求分析，トレードオフ検討，または妥当性確認の間に特定される。

トレードオフ ＜trade-off＞ 利害関係者に対する正味の便益に基づいて，さまざまな要求および候補となる解決策から選択する意思決定アクション。

認定の限度 ＜qualification limit＞ 意図された環境で，設計にマージンが残されていることを証明する。今後起こりうる集積された受け入れテスト環境，期待される処理，保存および運用の環境，そして特定の認定されたマージンを，設計が無事に乗り越えることを証明するため，このプロセスにはハードウェアとソフトウェアの構成部品のテストおよび分析が含まれる。

能力 ＜capability＞ 定められた条件のもとで特定の目的を達成するためのシステム，製品，機能，またはプロセスの能力の表現。

ヒューマンファクター ＜human factors＞ 人の能力，特性，振る舞い，動機，および遂行能力に関連する情報の体系的な適用。人に関連するエンジニアリング，身体測定，人間工学，職務実行スキルと支援，および人の遂行能力の評価に関する領域中の原則とその適用を含む。

物理的な構成の監査 ＜physical configuration audit＞ 運用システムまたは製品が運用および構成文書に従っていることを保証する評価（出典：ISO/IEC/IEEE 15288）。

ブラックボックス/ホワイトボックス ＜black box/white box＞ ブラックボックスは，システムの外部ビュー（属性）を表す。ホワイトボックスは，システムの内部ビュー（要素の属性および構造）を表す。

プロジェクト ＜project＞ 規定された資源および要求に従って製品またはサービスを創出するために開始および終了の基準が定義された企て。

プロセス ＜process＞ 入力を出力に変換する相互関係のある，または相互作用をする一連のアクティビティ（出典：ISO 9001：2008）。

プロダクトライン ＜product line＞ [1]ある選択された市場またはミッションの特定のニーズを満足する共通の管理された一連の特徴を共有する製品群またはサービス群（ISO/IEC/IEEE 24765（2010）；システムおよびソフトウェアエンジニアリングの用語集）。[2] 単一領域のアーキテクチャから潜在的に導き出されるシステムの集合（IEEE 1517-1999（R2004）IEEE 標準—情報技術ソフトウェアライフサイクルプロセス—再利用プロセス（3.14）（ISO/IEC FCD 24765.5））。

プロダクトラインの範囲 ＜product line scoping＞ プロダクトラインを構成する製品と，製品間の主要な（外部から見える）共通および変更可能な特徴とを定義し，経済的観点から製品を分析し，プロダクトラインとその製品の開発，製造，およびマーケティングを統制し計画する。製品管理は主にこのプロセスに対して責任がある（ISO 26550 CD 第2版）。

プロトタイプ ＜prototype＞ 仕様に準拠し，どの製造で複製するべきかを表す，エンジニアリング監督下で開発された製造可能な実証モデル。

ベースライン ＜baseline＞ 買い手と売り手で相互に合意され，そして形式的な変更統制のもとでゲートで制御されたビジネス，予算，機能，遂行能力，および物理的特性の段階的な精緻化。ベースラインは，正式の意思決定ゲート間で，変更統制プロセスを通して相互の合意により修正できる。ある時点での製品の属性の合意された記述であり，変更を定義するための基礎となる（ANSI/EIA-649-1998）。

変動性 ＜variability＞ プロダクトラインの変動性は，プロダクトラインの製品またはサービス間で異なる場合のある特性を指す（ISO 26550 CD 第 2 版）。

変動性上の制約 ＜variability constraints＞ 派生とバリエーションポイント間，2つの派生間，および2つのバリエーションポイント間の制約関係を示す（ISO 26550 CD 第 2 版）。

無駄 ＜waste＞ 顧客の視点の中で製品またはサービスに価値を付加しない作業（Womack and Jones, 1996）。

有効にするシステム ＜enabling system＞ ライフサイクルステージの間に対象のシステム（SOI）を支援するシステム。運用中に SOI の機能に直接的に貢献するとは限らない。

ユーザ ＜user＞ 利用中にシステムから便益を受ける個人またはグループ。

要求 ＜requirement＞ システム，製品，あるいはプロセスの特性あるいは制約を特定する記述。曖昧でなく，明確で，一意で，一貫性があり，単独であり（グループ化されていない），かつ検証可能であり，そして利害関係者の受容性に必要と考えられる記述。

要素 ＜element＞ →システム要素（system element）。

ライフサイクルコスト ＜life cycle cost＞ 略語 LCC。システムの取得およびシステムライフ全体にわたる所有の総コスト。コンセプト，開発，生産，利用，サポート，および廃棄のステージでのシステムおよびその使用に関連するすべてのコストを含む。

ライフサイクルモデル ＜life cycle model＞ ライフサイクルに関連するプロセスおよびアクティビティの枠組み。意思疎通と理解のための共通の参照としても働く。

利害関係者 ＜stakeholder＞ あるシステムについて，または当事者のニーズおよび期待に合致する特性をもつことについて，所有権，共有，または主張をもつ当事者。

領域資産 ＜domain asset＞ 同義語 domain artifact（領域成果物）（ISO 26550 CD 第 2 版）。領域資産は，プロダクトラインの中で2つ以上の製品をつくるために再利用される領域エンジニアリングのサブプロセスから得られる成果である。領域資産は，変動モデル，アーキテクチャ設計，ソフトウェアコンポーネント，領域モデル，要求記述または仕様，計画，テストケース，プロセス記述，または製品およびサービスを生み出すのに役立つその他の要素の場合がある（注1：システムズエンジニアリングでは，領域資産はさらなるシステム設計で再利用されるサブシステムまたはコンポーネントである場合がある。領域資産は，もととなる要求と技術的特性を通して考慮される。領域資産には，ユースケース，論理的な原則，環境挙動データ，および以前のプロジェクトから学んだリスクまたは機会が含まれるが，これらに限定されない）。領域資産は，既製品で利用可能な物理的な製品ではなく，すぐに試運転ができるようなものではない。物理的な製品（例えば，機械部品，電子部品，ハーネス，光学レンズ）はそれぞれの専門分野のベストプラクティスに従って保管および管理される（注2：ソフトウェアエンジニアリングでは，領域資産に，実装中に再利用されるソースコードまたはオブジェクトコードを含めることができる。注3：領域資産には独自のライフサイクルがある。ライフサイクルを管理するために ISO/IEC/IEEE 15288 を用いることができる）。

領域範囲の決定 ＜domain scoping＞ 機能の領域を特定し境界を定めること。機能の領域は，構想するプロダクトラインにとって重要なものであり，プロダクトラインの創出を正当化するに十分な再利用可能性を提供する。領域範囲の決定は，製品範囲の決定に基づく（ISO 26550 CD 第 2 版）。

付録D　システムズエンジニアリングプロセスのN²ダイアグラム

図D.1は，本ハンドブックに表されているさまざまなシステムズエンジニアリングプロセス間の入出力関係を図示し，本ハンドブック全体を通してIPO図上に描いた相互作用を示している。主要フローは，典型的なシステム開発プログラムを表す。

図D.1 さまざまなシステムズエンジニアリングプロセス間の入力／出力関係。David Walden氏によるINCOSE SEH用の図。INCOSEの利用条件の記載に従い利用のこと。All other rights reserved.

個々のプロセスは，以下のようにプロセス名の略語で対角線上に配置されている。EXT：external inputs and outputs（外部入出力），BMA：business or mission analysis（ビジネスまたはミッション分析），SNRD：stakeholder needs and requirements definition（利害関係者ニーズおよび要求定義），SRD：system requirements definition（システム要求定義），AD：architecture definition（アーキテクチャ定義），DD：design definition（設計定義），SA：system analysis（システム分析），IMPL：implementation（実装），INT：integration（統合），VER：verification（検証），TRAN：transition（移行），VAL：validation（妥当性確認），OPER：operation（運用），MAINT：maintenance（保守），DISP：disposal（廃棄），PP：project planning（プロジェクト計画），PAC：project assessment and control（プロジェクトアセスメントおよび統制），DM：decision management（意思決定マネジメント），RM：risk management（リスクマネジメント），CM：configuration management（構成管理），INFOM：information management（情報マネジメント），MEAS：measurement（測定），QA：quality assurance（品質保証），ACQ：acquisition（取得），SUP：supply（供給），LCMM：life cycle model management（ライフサイクルモデルマネジメント），INFRAM：infrastructure management（インフラストラクチャマネジメント），PM：portfolio management（ポートフォリオマネジメント），HRM：human resource management（人的資源マネジメント），QM：quality management（品質管理），KM：knowledge management（知識マネジメント），TLR：tailoring（テーラリング）。

非対角の四角は，与えられた四角で交差するプロセスによって共有される入力/出力インタフェースを表す。出力は水平方向に流れ，入力は垂直方向に流れ，時計回りに読み取ることができる。

注1：行と列が交差する点にxがない場合でも，任意の2つのプロセス間の関係をつくるためのテーラリングを排除するものではない。注2：これはライフサイクルプロセスの一つの事例として可能性のある結果で，プロセス関係の他の事例となる可能性がある。

付録E　入力/出力記述

これは第4章から第8章までに示したプロセスで定義されたすべての入力と出力のリストである。

MOE データ　<MOE data>　特定された測定ニーズに提供されるデータ。

MOE ニーズ　<MOE needs>　運用上の期待に合致するためのシステムの効果に関する意思決定者の情報ニーズを定義する効果指標（MOE）の特定（Roedler and Jones, 2006）。

MOP データ　<MOP data>　特定された測定ニーズに提供されるデータ。

MOP ニーズ　<MOP needs>　性能指標（MOP）の特定（Roedler and Jones, 2006）。これは，システムが意図された動作環境で運用されたときにシステムがもつべき主要な性能特性。

SEMP　systems engineering management plan（システムズエンジニアリングマネジメント計画）の略。システムズエンジニアリングの取り組みを管理するためのトップレベルの計画。プロジェクトがどのように組織化され，構造化され，実施されるか，そして利害関係者の要求を満たす製品を提供するために，全体のエンジニアリングプロセスがどのように統制されるかを定義する。必要な技術レビューおよびその完了基準の識別，変更を管理するための方法，リスクと機会のアセスメントと方法論，およびプロジェクトのために作成される他の技術計画と文書の特定を含む。

TPM データ　<TPM data>　特定された測定ニーズに提供されるデータ。

TPM ニーズ　<TPM needs>　システムまたはシステム要素がどの程度技術要求または目標を満足しているか，または満足することを期待しているかを決めるためにシステム要素の属性を測定する技術性能指標（TPM）の特定。

WBS　work breakdown structure（作業分解構成）の略。WBSは，プロジェクトをより小さなコンポーネントに分解し，詳細なコスト見積もりと統制に必要なフレームワークを提供する。データ辞書を含む。物理的最終製品（ハードウェアおよびソフトウェア）のコストと記述は，製品分解構成（PBS）でとらえられる。PBSは，ボトムアップとアルゴリズム（パラメトリック）コスト見積もりをサポートする（10.1.3項参照）。PBSは商用原価見積ツールの重要な要素である。

アーキテクチャ定義の記録　<architecture definition record>　アーキテクチャ定義に関連する永続的で読み取り可能な形式のデータ，情報，または知識。

アーキテクチャ定義の戦略　<architecture definition strategy>　要求を満たす選択されたシステムアーキテクチャを定義するために必要なアプローチ，スケジュール，資源，および特定の考慮。

アーキテクチャのトレーサビリティ　<architecture traceability>　アーキテクチャ特性の双方向のトレーサビリティ。

移行上の制約　<transition constraints>　コスト，スケジュール，および技術的制約を含む移行の戦略から生じるシステム上の制約。

移行の記録　<transition record>　移行に関連する永続的で読み取り可能な形式のデータ，情報，または知識。

移行の戦略　<transition strategy>　システムを運用環境に移行するために必要なアプローチ，スケジュール，資源，および特定の考慮。

移行の報告　<transition report>　移行活動の状況，結果，および成果を伝えるために関係者に向けて準備された報告。移行結果の文書，および制限，譲歩，そして継続中の課題などの推奨是正処置の記録を含む。移行中に発生する問題を修正する計画も含める必要がある。

移行を有効にするシステムの要求　<transition enabling system requirements>　対象システムの移行を有効にするために必要なシステムの要求。

意思決定の記録　<decision record>　意思決定マネジメントに関連する永続的で読み取り可能な形式のデータ，情報，または知識。

意思決定の状況　<decision situation>　意志決定ゲートに関連する意思決定は，あらかじめ定められたスケジュールで行われる。意思決定のための他の依頼は，任意の利害関係者から生じる可能性があり，初期の情報は状況の広範な記述にすぎない。任意のライフサイクルプロセスから始めることができる。

意思決定の戦略　<decision management strategy>　プロジェクトに対する意思決定マネジメントを行うために必要なアプローチ，スケジュール，資源，および特定の考慮。

意思決定の報告　<decision report>　意思決定マネジメント活動の状況，結果，および成果を伝えるために関係者に向けて準備した報告。繰り返し可能でトレース可能な分析結果に根ざした擁護可能な根拠に基づいて効果的なトレードオフ空間の視覚化を通して，推奨される方策，関連する実施計画，および重要な知

見を含めるべきである。意思決定者がトップレベルの観測の根本的な原因を理解し，トレードオフを理解する際，上位のトレードオフ空間の視覚化から総合したビューをサポートする下位の分析まで迅速に深掘りする能力はしばしば有用である。

インタフェース定義 ＜interface definition＞ 内部インタフェース（システムを構成するシステム要素間）と外部インタフェース（システム要素と対象システム外の要素との間）の論理的および物理的側面。

インタフェース定義の更新の特定 ＜interface definition update identification＞ もしあれば，インタフェースの要求および定義に対する更新を特定する。

インフラストラクチャマネジメントの記録 ＜infrastructure management record＞ インフラストラクチャマネジメントに関連する永続的で読み取り可能な形式のデータ，情報，または知識。

インフラストラクチャマネジメントの計画 ＜infrastructure management plan＞ 組織およびプロジェクトのインフラストラクチャを定義および維持するために必要なアプローチ，スケジュール，資源，および特定の考慮。

インフラストラクチャマネジメントの報告 ＜infrastructure management report＞ インフラストラクチャマネジメントの活動の状況，結果，および成果を伝えるために関係者に向けて準備した報告。コスト，利用，故障時間/応答への方策などを含む。これらは，今後のプロジェクトに向けた能力計画をサポートするために用いることができる。

受け入れたシステムあるいはシステム要素 ＜accepted system or system element＞ システム要素またはシステムが供給者から取得者に移され，製品またはサービスがプロジェクトで利用可能になる。

運用上の概念 ＜concept of operations＞ 略語ConOps。運用上の概念は，組織の上層部のために準備された口頭および/あるいは図的な記述。エンタープライズの全体的な，あるいは一連の運用に関する仮定または意図を記述する。新しいいかなる能力も含む（ANSI/AIAA, 2012, ISO/IEC/IEEE 29148, 2011）。

運用上の制約 ＜operation constraints＞ コスト，スケジュール，および技術的制約を含む運用戦略から生じるシステム上の制約。

運用の記録 ＜operation record＞ 運用に関連する永続的で読み取り可能な形式のデータ，情報，または知識。

運用の戦略 ＜operation strategy＞ システム運用を実行するために必要なアプローチ，スケジュール，資源，および特定の考慮。

運用の報告 ＜operation report＞ 運用活動の状況，結果，および成果を伝えるために関係者に向けて準備された報告。

運用を有効にするシステムの要求 ＜operation enabling system requirements＞ 対象システムの運用を有効にするために必要なシステムの要求。

オペレーター/保守員のトレーニング資料 ＜operation/maintainer training materials＞ トレーニング能力および資料。

関係法令 ＜applicable laws and regulations＞ 国際の，国内の，あるいは地域の法規制。

供給されたシステム ＜supplied system＞ システムまたはシステム要素（製品またはサービス）は供給条件に基づいて供給者から取得者に納入される。

供給の記録 ＜supply record＞ 供給に関連する永続的で読み取り可能な形式のデータ，情報，または知識。

供給の合意 ＜supply agreement＞ プロジェクト組織と取得者との関係および約束の理解。合意は正式な契約から，正式ではない組織間作業命令までさまざまなものがある。正式な合意は通常，契約条件を含む。

供給の戦略 ＜supply strategy＞ 経営陣の検討で候補プロジェクトを特定するために必要なアプローチ，スケジュール，資源，および特定の考慮。供給制約を決定するためのインプットも含めることができる。潜在的な取得者の識別も含めるべきである。

供給の報告 ＜supply report＞ 供給活動の状況，結果，および結果を伝えるために関係者に向けて準備された報告。

供給への支払い ＜supply payment＞ 供給されたシステムに対する支払い，またはその他の対価。領収書および受け取り確認を含む。

供給への対応 ＜supply response＞ 供給要求に対する組織の対応。

供給への要求 ＜request for supply＞ システム要素またはシステム（製品またはサービス）のニーズを満たす解決策を提案するための外部供給組織への要求。組織は，このニーズを満たす可能性のある候補者を特定することができる。ニーズをもっている組織内のプロジェクト担当者からのインプットを受け取る。

記録 ＜records＞ すべての適用可能なライフサイクルプロセスからの記録で，次のものを含む。ビジネスまたはミッション分析の記録，利害関係者ニーズおよび要求定義の記録，システム要求定義の記録，アーキテクチャ定義の記録，設計定義の記録，システム分析の記録，実装の記録，統合の記録，検証の記録，移行の記録，妥当性確認の記録，運用の記録，保守の記録，廃棄の記録，プロジェクト計画の記録，プロジェクトアセスメントおよび統制の記録，意思決定の記録，リスクの記録，構成管理の記録，情報マネジメ

ントの記録，測定の記録，品質保証の記録，取得の記録，供給の記録，ライフサイクルモデルマネジメントの記録，インフラストラクチャマネジメントの記録，ポートフォリオマネジメントの記録，人的資源マネジメントの記録，および品質管理（QM）の記録。

訓練されたオペレーターおよび保守員 ＜trained operators and maintainers＞ システムを運用し保守する訓練された人。

検証されたシステム ＜verified system＞ 移行の準備ができた検証されたシステム（またはシステム要素）。

検証の基準 ＜verification criteria＞ 検証の基準（アセスメントのための指標），検証の活動を実施する者，および対象システムの検証環境。

検証の記録 ＜verification record＞ 検証に関連する永続的で読み取り可能な形式のデータ，情報，または知識。

検証の制約 ＜verification constraints＞ コスト，スケジュール，および技術的制約を含む検証の戦略から生じるシステムに対する制約。

検証の戦略 ＜verification strategy＞ コストおよびリスクを最小限に抑え，システム動作の運用範囲を最大化する選択した検証アクションを達成するために必要なアプローチ，スケジュール，資源，および特定の考慮。

検証の手順 ＜verification procedure＞ 特定の検証方法/手法を用い，特定の検証の実現手段とともに実施される，一連の検証のアクションを含む検証手順。

検証の報告 ＜verification report＞ 検証活動の状況，結果，および成果を伝えるために関係者に向けて準備された報告。検証結果と，システムが要求，アーキテクチャ特性，および設計プロパティを満たしているかどうかを確認する客観的な証拠を含む。また，結果または結果の信頼水準のアセスメントを伝える必要がある。

検証を有効にするシステムの要求 ＜verification enabling system requirements＞ 対象システムの検証を有効にするために必要なシステムの要求。

合意 ＜agreements＞ 取得および供給の合意を含む，適用可能なすべてのライフサイクルプロセスからの合意。

更新された RVTM ＜updated RVTM＞ 要求，検証属性，およびトレースの更新されたリスト。

構成管理の記録 ＜configuration management record＞ 構成管理に関連する永続的で読み取り可能な形式のデータ，情報，または知識。

構成管理の戦略 ＜configuration management strategy＞ プロジェクトに対する構成管理を実行するために必要なアプローチ，スケジュール，資源，およ
び特定の考慮。統一され統制された方法で，どのように確立された基準に対して許可された変更を施すのかを記述し文書化する。

構成管理の報告 ＜configuration management report＞ 構成管理活動の状況，結果，および成果を伝えるために，関係者に向けて準備した報告。与えられた変更要求によって与えられたプロセス，組織，決定（必要な変更通知を含む），製品，およびサービスへの影響を文書化する。

構成のベースライン ＜configuration baselines＞ 正式な変更統制下に置かれた項目。要求される構成基準文書は，必要なシステムズエンジニアリング（SE）の技術レビュー，システムの取得，およびサポート戦略，そして生産をサポートするために適時，策定され，そして承認される。

候補となる解決策のクラス ＜alternative solution classes＞ 問題または機会に対処する可能性がある解決策のクラスを特定し，記述する。

候補となる構成要素 ＜candidate configuration items＞ 略語 CIs。構成を統制するための要素。任意のライフサイクルプロセスから始めることができる。

候補となる情報項目 ＜candidate information items＞ 情報統制のための項目。任意のライフサイクルプロセスから始めることができる。

候補となるリスクと機会 ＜candidate risks and opportunities＞ 利害関係者から生じるリスクと機会。多くの場合，リスクの状況は，プロジェクトアセスメントおよび統制プロセス中に特定される。任意のライフサイクルプロセスから始めることができる。

顧客満足の入力 ＜customer satisfaction inputs＞ 顧客満足度調査またはその他の手段に対する応答。

最終的な RVTM ＜final requirements verification and traceability matrix＞ 要求の最終リスト，それらの検証属性，およびそれらのトレース。検証アクションによってシステム要求に対して提案された変更を含む。

システムアーキテクチャの記述 ＜system architecture description＞ 選ばれたシステムアーキテクチャの記述で，通常はアーキテクチャビュー（例えば，アーキテクチャフレームワークからのビュー），モデル（役に立つモデルはさまざまあるが，例えば，論理モデルおよび物理モデル），およびアーキテクチャ特性（例えば，物理的寸法，環境抵抗，実行効率，操作性，信頼性，保守性，モジュール性，ロバスト性，セーフガード，理解可能性など）（ISO/IEC/IEEE 42010, 2010）により示される。アーキテクチャ上重要なシステム要素は，この成果物である程度特定され，定義される（設計が具体化したとき，設計定義プロセス中に他のシステム要素を追加する必要があるかもしれな

システムアーキテクチャの論理的根拠 ＜system architecture rationale＞ アーキテクチャの選択，技術システム要素の選択，およびシステム要求とアーキテクチャエンティティ（例えば，機能，入出力の流れ，システム要素，物理インタフェース，アーキテクチャ特性，情報/データ要素，コンテナ，ノード，リンク，通信資源）の間での割り当ての論理的根拠。

システム機能インタフェースの特定 ＜system functional interface identification＞ 境界外のシステムとの機能インタフェース，および対応する情報交換要求の特定および文書。

システム機能の定義 ＜system function definition＞ システムの機能的境界およびシステムが実施しなければならない機能の定義。

システム機能の特定 ＜system function identification＞ システムの機能を特定すること。

システム設計の記述 ＜system design description＞ 選ばれたシステム設計の記述。システム要素が特定され定義される。

システム設計の論理的根拠 ＜system design rationale＞ 設計の選択，システム要素の選択，およびシステム要求とシステム要素の間の割り当ての論理的根拠。主要な選択された実装オプションと実現手段の論理的根拠を含む。

システム分析の記録 ＜system analysis record＞ システム分析に関連する永続的で読み取り可能な形式のデータ，情報，または知識。

システム分析の戦略 ＜system analysis strategy＞ 方法，手順，評価基準，またはパラメータを含む，実施されるさまざまな解析を達成するために必要なアプローチ，スケジュール，資源，および特定の考慮。

システム分析の報告 ＜system analysis report＞ システム分析活動の状況，結果，および成果を伝えるために関係者に向けて準備された報告。コスト分析，リスク分析，有効性分析，およびその他の重要な特性分析の結果を含む。分析のために作成されたすべてのモデルまたはシミュレーションも含む。

システム要求 ＜system requirements＞ プロジェクトおよび設計上の制約を満たすために要求される，何をシステムがしなければならないか，どの程度，どのような条件下で。機能，性能，インタフェース，振る舞い（例えば，状態とモード，刺激応答，故障と障害の取り扱い），運用条件（例えば，安全性，信頼性，人的要因，環境条件），輸送，保管，物理的制約，実現，統合，検証，妥当性の確認，生産，保守，廃棄の制約，および規制，の要求タイプを含む。システム要求は，システム要求仕様書（SyRS）またはシステム仕様と呼ばれる文書に取り込まれることがある。これには，システム階層内のどのレベルの要求も含まれる。

システム要求定義の記録 ＜system requirements definition record＞ システム要求定義に関連する永続的で読み取り可能な形式のデータ，情報，または知識。

システム要求定義の戦略 ＜system requirements definition strategy＞ システム要求を特定し，定義し，ライフサイクルを通じて要求を管理するために使用するに必要なアプローチ，テクニック，資源，および特定の考慮。

システム要求のトレーサビリティ ＜system requirements traceability＞ システム要求の双方向トレーサビリティ。

システム要素 ＜system elements＞ 実装または取得の合意に従って提供されるシステム要素。

システム要素の記述 ＜system element descriptions＞ システムに含まれるシステム要素の設計特性記述。記述は実装技術（例えば，データシート，データベース，文書，エクスポート可能なデータファイル）に依存する。

システム要素の文書 ＜system element documentation＞ 詳細な図面，コード，および材料仕様。取得または規制への適合に起因する是正処置または適合によって必要とされる更新した設計文書。

実装上の制約 ＜implementation constraints＞ コスト，スケジュール，および技術的制約を含む実装の戦略から生じるシステム上の制約。

実装の記録 ＜implementation record＞ 実装に関連する永続的で読み取り可能な形式のデータ，情報，または知識。

実装の戦略 ＜implementation strategy＞ システム要求，アーキテクチャ，および設計を満たすシステム要素を実現するために必要なアプローチ，スケジュール，資源，および特定の考慮。

実装のトレーサビリティ ＜implementation traceability＞ システム要素の双方向のトレーサビリティ。

実装の報告 ＜implementation report＞ 実装活動の状況，結果，および成果を伝えるために関係者に向けて準備した報告。

実装を有効にするシステムの要求 ＜implementation enabling system requirements＞ 対象システムの実装を有効にするために必要なシステムの要求。

取得システム ＜acquired system＞ システムまたはシステム要素（製品またはサービス）は，取得の合意に基づく納入条件に合う供給者から取得者へ引き渡される。

取得に際しての支払い ＜acquisition payment＞ 取得したシステムに対する支払い，またはその他の補償。送金と受け取り確認を含む。

取得の記録 ＜acquisition record＞　取得に関するデータ，情報，または知識の永続的で読み取り可能な形式。

取得の合意 ＜acquisition agreement＞　プロジェクト組織と供給者との関係性と約束の理解。その合意は，正式な契約から，正式でない組織間作業命令まで，さまざまである。正式な合意には通常，契約条件を含む。

取得の戦略 ＜acquisition strategy＞　システム要素の取得に必要なアプローチ，スケジュール，資源，および特定の考慮事項。取得制約を決定するための入力も含む。

取得のニーズ ＜acquisition need＞　ニーズに直面した組織内で満たせないニーズ，あるいは供給者によって経済的な方法で満たすことができるニーズの特定。

取得の報告 ＜acquisition report＞　取得活動の状況，結果，および成果を伝えるために関係者のために準備された報告。

取得への回答 ＜acquisition reply＞　供給の要求に応じた一つ以上の候補となる供給者の応答。

主要な利害関係者の特定 ＜major stakeholder identification＞　解決策に関心をもつ正当な外部および内部の利害関係者のリスト。主要な利害関係者は，ConOps の分析からも得られる。

情報マネジメントの記録 ＜information management record＞　情報マネジメントに関する永続的で読み取り可能な形式のデータ，情報，または知識。

情報マネジメントの戦略 ＜information management strategy＞　プロジェクトに対する情報マネジメントを行うために必要なアプローチ，スケジュール，資源，および特定の考慮。

情報マネジメントの報告 ＜information management report＞　情報マネジメント活動の状況，結果，成果を伝えるために関係者に向けて準備した報告。

情報リポジトリ ＜information repository＞　適時，完全，有効，そして必要に応じて制限された方法で，関連するすべてのプロジェクト情報の成果物の使用および伝達の可用性をサポートするリポジトリ。

初期の RVTM ＜initial RVTM＞　要求の予備的なリスト，それらの検証属性，およびそれらのトレース。

人的資源マネジメントの記録 ＜human resource management record＞　人的資源マネジメントに関する永続的で読み取り可能な形式のデータ，情報，または知識。

人的資源マネジメントの計画 ＜human resource management plan＞　組織およびプロジェクトのスキルニーズを特定するために必要なアプローチ，スケジュール，資源，および特定の考慮。社内人材の育成に必要な組織的なトレーニング計画と外部人材の取得を含む。

人的資源マネジメントの報告 ＜human resource management report＞　人的資源マネジメント活動の状況，結果，および成果を伝えるために関係者に向けて準備した報告。

設計定義の記録 ＜design definition record＞　設計定義に関連する永続的で読み取り可能な形式のデータ，情報，または知識。

設計定義の戦略 ＜design definition strategy＞　選択したシステムアーキテクチャと一致し，要求を満たすシステム設計を定義するために必要なアプローチ，スケジュール，資源，および特定の考慮。

設計のトレーサビリティ ＜design traceability＞　設計特性，設計の実現手段，そしてシステム要素要求の双方向のトレーサビリティ。

戦略文書 ＜strategy documents＞　すべてのライフサイクルからの戦略で，以下を含む。ビジネスまたはミッション分析の戦略，利害関係者ニーズおよび要求定義の戦略，システム要求定義の戦略，アーキテクチャ定義の戦略，設計定義の戦略，システム分析の戦略，実装の戦略，統合の戦略，検証の戦略，移行の戦略，妥当性確認の戦略，運用の戦略，保守の戦略，廃棄の戦略，プロジェクトアセスメントおよび統制の戦略，意思決定の戦略，リスクマネジメントの戦略，構成管理の戦略，情報マネジメントの戦略，測定の戦略，取得の戦略，および供給の戦略。

測定データ ＜measurement data＞　適用可能なすべてのライフサイクルプロセスの測定データ。効果指標（MOE）データ，性能指標（MOP）データ，技術性能指標（TPM）データ，プロジェクト遂行性能指標のデータ，および組織的プロセス性能指標データを含む。

測定ニーズ ＜measurement needs＞　適用可能なすべてのライフサイクルプロセスからの測定ニーズ。効果指標（MOE）のニーズ，性能指標（MOP）のニーズ，技術性能指標（TPM）のニーズ，プロジェクト遂行性能指標のニーズ，組織的プロセス性能指標のニーズを含む。

測定の記録 ＜measurement record＞　測定に関連する永続的で読み取り可能な形式のデータ，情報，または知識。

測定の戦略 ＜measurement strategy＞　プロジェクトに対して測定を行うために必要なアプローチ，スケジュール，資源，および特定の考慮。測定の実施のための戦略に対処する。測定の目標を記述し，情報ニーズと適用可能な指標を特定し，遂行能力と評価の方法論を定義する。

測定の報告 ＜measurement report＞　測定活動

の状況，結果，および成果を伝えるために関係者に向けて準備された報告。測定活動結果，収集され分析された測定データ，および伝達された結果の文書，およびそれらをサポートするデータによる測定によってもたらされる改善または是正処置の文書を含む。

測定リポジトリ ＜measurement repository＞ 適時に，完全で，有効で，そして必要に応じて機密の形で，すべての関連する測定値の使用と伝達の可用性をサポートするリポジトリ。

組織インフラストラクチャ ＜organization infrastructure＞ 組織をサポートする資源およびサービス。ハードウェア製作，ソフトウェア開発，システム実装と統合，検証，妥当性確認などのための組織レベルの施設，人員，および資源。

組織インフラストラクチャのニーズ ＜organization infrastructure needs＞ 組織のインフラストラクチャ製品またはサービスに対する特定の依頼。外部の利害関係者に対する責任を含む。

組織戦略の計画 ＜organization strategic plan＞ ビジネスミッションまたはビジョン，そして戦略的な目標および目的を含む組織全体の戦略。

組織テーラリングの戦略 ＜organization tailoring strategy＞ 組織の標準ライフサイクルプロセス一式に新規または更新された外部標準を取り込むために求められるアプローチ，スケジュール，資源，および特定の考慮。

組織的プロセス性能指標 ＜organizational process performance measures data＞ 特定された測定ニーズに提供されるデータ。

組織的プロセス性能指標のニーズ ＜organizational process performance measures needs＞ 組織的プロセス性能指標の特定。組織がどの程度，目標を達成しているかを計測する。

組織の教訓 ＜organization lessons learned＞ 組織に関連する教訓。遂行能力の改善または能力の向上に寄与した実施された是正処置の評価または観察の結果。教訓は，持続すること以外の是正処置を必ずしも必要としない肯定的な発見の評価または観察からも得られる。

組織の方針，手順，および資産 ＜organizational policies, procedures, and assets＞ ガイドラインおよび報告メカニズムを含む組織のライフサイクルプロセスの標準セットに関連する項目。システムライフサイクルプロセスを適用し，それらを個別のプロジェクトのニーズに合うようにするための組織の方針，手順，および資産の形の組織のプロセスガイドライン（例：テンプレート，チェックリスト，書式）。組織内のすべてのシステムズエンジニアリングプロセスのための，責任，説明責任，および権限を定義することを含む。

組織ポートフォリオの方向づけおよび制約 ＜organization portfolio direction and constraints＞ 組織のビジネス目標，資金調達コストと制約，継続的な研究開発（R&D），市場の傾向など。コスト，スケジュール，および解決策の制約を含む。

妥当性確認されたシステム ＜validated system＞ 供給および運用が準備できた妥当性が確認されたシステム。また，保守と廃棄の情報を与える。

妥当性確認された要求 ＜validated requirements＞ さまざまな要求がビジネスおよび利害関係者の要求を満たすことの確認。

妥当性確認の基準 ＜validation criteria＞ 妥当性確認の基準（アセスメントのための指標），妥当性確認のアクティビティを実施する者，および対象システムの妥当性確認環境。

妥当性確認の記録 ＜validation record＞ 妥当性確認に関連する永続的で読み取り可能な形式のデータ，情報，または知識。

妥当性確認の制約 ＜validation constraints＞ 費用，スケジュール，および技術的制約を含む妥当性確認の戦略から生じるシステムに対する制約。

妥当性確認の戦略 ＜validation strategy＞ コストおよびリスクを最小限に抑え，システム動作の運用範囲を最大化する選択した妥当性確認アクションを達成するために必要なアプローチ，スケジュール，資源，および特定の考慮。

妥当性確認の手順 ＜validation procedure＞ 特定の妥当性確認技術を用いて，特定の妥当性確認の実現手段とともに実施される，一連の妥当性確認のアクションを含む妥当性確認手順。

妥当性確認の報告 ＜validation report＞ 妥当性確認活動の状況，結果，および成果を伝えるために関係者に向けて準備された報告。妥当性確認結果と，システムが利害関係者の要求およびビジネス要求を満たしているかどうかを確認する客観的な証拠を含む。また，結果または結果の信頼水準のアセスメントを伝える必要がある。

妥当性確認を有効にするシステムの要求 ＜validation enabling system requirements＞ 対象システムの妥当性確認を有効にするために必要なシステムの要求。

知識マネジメントの計画 ＜knowledge management plan＞ 組織内の組織およびプロジェクトが，どのように相互作用し，適切なレベルの知識を確実に獲得し，有用な知識資産を提供するかを確立する。適用可能な分野には次のものがある。有効な期間，知識資産を取得し維持する計画，ユーザの便宜のためにそれらを分類するためのスキームとともに収集・維持される資産の型の特徴化，知識資産の受領・適格化・廃

棄の基準，知識資産の変更を統制する手順，および知識資産の蓄積と検索の仕組みの定義。

知識マネジメントのシステム ＜knowledge management system＞　維持された知識マネジメントシステム。既存の知識の適用のためのプロジェクト適合性アセスメント結果。プロジェクトに関する組織的システムズエンジニアリングプロセスの実行から学んだ教訓。容易に資産を特定し，資産を利用可能にするためのメカニズム，およびその使用を考慮したプロジェクトの適用可能性のレベルを決定するためのメカニズムを含める必要がある。あらゆるライフサイクルプロセスで使用可能である。

知識マネジメントの報告 ＜knowledge management report＞　知識マネジメント活動の状況，結果，および成果を伝えるために関係者に向けて準備した報告。

手順 ＜procedures＞　適用可能なすべてのライフサイクルプロセスの手順。統合手順，検証手順，導入手順，妥当性確認手順，保守手順，および廃棄手順を含む。

統合されたシステムあるいはシステム要素 ＜integrated system or system element＞　検証の用意ができた統合されたシステム要素またはシステム。システム要素を組み立てた結果としての集約体。

統合上の制約 ＜integration constraints＞　コスト，スケジュール，および技術的制約を含む統合の戦略から生じるシステムに関する制約。

統合の記録 ＜integration record＞　統合に関する永続的で読み取り可能な形式のデータ，情報，または知識。

統合の戦略 ＜integration strategy＞　システム要素の統合に必要なアプローチ，スケジュール，資源，および特定の考慮。

統合の手順 ＜integration procedure＞　実装済みのシステム要素の集約体をつくるための一連の基本的な組み立て作業をグループ化する組み立て手順。特定の統合技法を用いて，特定の統合実現手段により実行される。

統合の報告 ＜integration report＞　統合活動の状況，結果，および成果を伝えるために関係者に向けて準備された報告。統合テストおよび分析の結果，不適合領域，そして妥当性が確認された内部インタフェースを含む。

統合を有効にするシステムの要求 ＜integration enabling system requirements＞　対象システムの統合を有効にするために必要なシステムのための要求。

導入済みのシステム ＜installed system＞　妥当性確認の用意ができた導入済みのシステム。

導入手順 ＜installation procedure＞　一連の導入のアクションを含む導入の手順。特定の導入技法を用いて，特定の移行実現手段により実行される。

廃棄されたシステム ＜disposed system＞　動作を停止し，解体され，そして運用から除外された廃棄されたシステム。

廃棄上の制約 ＜disposal constraints＞　コスト，スケジュール，そして技術的制約を含む廃棄戦略から生じるシステムに関する制約。

廃棄の記録 ＜disposal record＞　廃棄に関連する永続的で読み取り可能な形式のデータ，情報，または知識。

廃棄の戦略 ＜disposal strategy＞　システムまたはシステム要素が動作を停止し，解体され，そして運用から除外されることを保証するために必要なアプローチ，スケジュール，資源，および特定の考慮。

廃棄の手順 ＜disposal procedure＞　一連の廃棄アクションを含む廃棄の手順。特定の廃棄技法を用い，特定の廃棄実現手段を用いる。

廃棄の報告 ＜disposal report＞　廃棄活動の状況，結果，および成果を伝えるために関係者のために用意された報告。再利用/保管のためのシステム要素の在庫と，規制または組織の標準によって要求される文書あるいは報告書を含めることができる。

廃棄を有効にするシステムの要求 ＜disposal enabling system requirements＞　対象システムの廃棄を有効にするために必要なシステムの要求。

ビジネスまたはミッション分析の記録 ＜business or mission analysis record＞　ビジネスまたはミッション分析に関連する永続的で読み取り可能な形式のデータ，情報，または知識。

ビジネスまたはミッション分析の戦略 ＜business or mission analysis strategy＞　ビジネスまたはミッション分析を実施し，ビジネスニーズを確実にビジネス要求へ精緻化し形式化するために必要なアプローチ，スケジュール，資源，および特定の考慮。

ビジネス要求 ＜business requirements＞　利害関係者が利害関係者要求を定義するビジネスフレームワークの定義。ビジネス要求はプロジェクトを管理する。合意の制約，品質基準，そしてコストおよびスケジュールの制約を含む。ビジネス要求は，ビジネス上層部によって承認されたビジネス要求仕様書（BRS）に取り込まれる場合がある。注記：ビジネス要求は，システムライフサイクルの中で常に正式に獲得されるとは限らない。

ビジネス要求のトレーサビリティ ＜business requirements traceability＞　ビジネス要求の双方向のトレーサビリティ。

標準 ＜standards＞　このハンドブック，および関連する業界，国，軍，取得者，およびその他の規格

と標準。業界が主催する知識ネットワークからの新しい知識を含む。

品質管理のガイドライン ＜quality management guidelines＞ 組織内，個々のプロジェクト内，およびシステムライフサイクルプロセスの遂行の一環としての品質活動のガイドライン。

品質管理の記録 ＜quality management record＞ 品質管理（QM）に関連する永続的で読み取り可能な形式のデータ，情報，または知識。

品質管理の計画 ＜quality management plan＞ 組織の品質哲学および品質組織を明らかにする包括的な指針。品質管理（QM）組織と適用可能な監査，評価，およびモニタリング活動について説明する。これには，組織内のQM活動に適用される特定の手段および技法を含む一連のポリシーと手順を含む。組織内のQMの説明責任および権限への関連性とあわせて，測定可能なプロセスおよびシステムの品質目標を含む。一連のプロジェクトQM活動は，プロジェクト品質保証の基礎を形成する。

品質管理の是正処置 ＜quality management corrective actions＞ 品質目標が達成されない場合にとられるアクション。プロジェクト関連およびプロセス関連のレビューと監査からの結果である。

品質管理の報告 ＜quality management report＞ 品質管理（QM）活動の状況，結果，および成果を伝えるために関係者に向けて準備された報告。顧客満足度調査の結果および対処する必要のある問題を含む。

品質管理評価の報告 ＜quality management evaluation report＞ 組織の品質管理（QM）活動が有効かどうかの証拠を伝えるために関係者に向けて準備された報告。組織に関するすべてのプロセスのアセスメント，そして提案された改善または必要な是正処置を含む。組織のライフサイクルモデルの実装を改善するための建設的な情報を提供する。

品質保証の記録 ＜quality assurance record＞ 品質保証に関連する永続的で読み取り可能な形式のデータ，情報，または知識。

品質保証の計画 ＜quality assurance plan＞ プロジェクトに合わせ，開発およびシステムズエンジニアリングプロセスをモニターするように設計された一連のプロジェクト品質保証活動。品質保証組織および適用可能な監査，評価，およびモニタリング活動を記述する。これには，組織内および個々のプロジェクト内での品質保証の実践に適用される特定の手段と技法を含む一連のポリシーおよび手順を含む。組織内の品質管理（QM）の説明責任と権限への関連性とあわせて，測定可能なプロセスとシステムの品質目標を含む。この計画はまた，品質保証組織によってモニターまたは監査される他の組織または機能によって実行される活動を参照する。

品質保証の報告 ＜quality assurance report＞ 品質保証活動の状況，結果，および成果を伝えるために関係者に向けて準備された報告。製品のライフサイクルにおける名目上の条件からのずれと，品質保証の目標および目的が達成されない場合にとられるアクションに関する情報を含む。

品質保証評価の報告 ＜quality assurance evaluation report＞ プロジェクトの品質保証活動が有効かどうかの証拠を伝えるために関係者に向けて準備された報告。すべてのプロジェクト関連のプロセスのアセスメント，そして提案された改善，または必要な是正処置が含まれる。組織のライフサイクルモデルの実装を改善するために建設的な情報を提供する。

プロジェクトアセスメントおよび統制の記録 ＜project assessment and control record＞ プロジェクトのアセスメントおよび統制に関連する永続的で読み取り可能な形式のデータ，情報，または知識。

プロジェクトアセスメントおよび統制の戦略 ＜project assessment and control strategy＞ プロジェクトのアセスメントおよび統制を行うために必要なアプローチ，スケジュール，資源，および特定の考慮。

プロジェクトインフラストラクチャ ＜project infrastructure＞ プロジェクトをサポートする資源およびサービス。ハードウェア製作，ソフトウェア開発，システムの実装と統合，検証，妥当性確認などのためのプロジェクトレベルの設備，人員，および資源。

プロジェクトインフラストラクチャのニーズ ＜project infrastructure needs＞ プロジェクトが必要とするインフラストラクチャ製品またはサービスに対する特定の依頼。外部の利害関係者に対する責任を含む。

プロジェクト計画の記録 ＜project planning record＞ プロジェクト計画に関連する永続的で読み取り可能な形式のデータ，情報，または知識。

プロジェクト状況の報告 ＜project status report＞ プロジェクト全体の活動の状況，結果，および成果を伝えるために関係者に向けて準備された報告。プロジェクトに設定された目標を達成するための状況，プロジェクト作業の取り組みの健全さと成熟度に関する情報，プロジェクトのテーラリングと実行に関する状況，およびプロジェクトの人員の可用性と有効性に関する状況を含む。

プロジェクト人的資源のニーズ ＜project human resource needs＞ プロジェクトが必要とする人的資源の特定の依頼。外部の利害関係者に対する責任を含む。

プロジェクト遂行性能指標のデータ ＜project

performance measures data＞ 特定された測定ニーズに提供されるデータ。

プロジェクト遂行性能指標のニーズ ＜project performance measures needs＞ プロジェクト遂行性能指標の特定。プロジェクトがどの程度，目的を達成しているかを計測する。

プロジェクトスケジュール ＜project schedule＞ プロジェクトのマイルストーン，アクティビティ，および成果物と，開始日と終了日のリンクされたリスト。トップレベルのマイルストーンスケジュールと，完了基準と作業認可を含む詳細およびタスク記述の増加するスケジュールの複数のレベル（階層とも呼ばれる）を含めることができる。

プロジェクトでのテーラリングの戦略 ＜project tailoring strategy＞ プロジェクトに対して組織の一連の標準ライフサイクルプロセスを組み込み，テーラリングに必要なアプローチ，スケジュール，資源，および特定の考慮。

プロジェクト統制の要求 ＜project control requests＞ プロジェクト計画からのずれにより必要とされる行動に基づく内部プロジェクト指示。必要な場合には，新しい方向性がプロジェクトチームと顧客の両方に伝えられる。アセスメントが意思決定のゲートに関連づけられている場合，進めるか進めないかの決定がなされる。

プロジェクトの教訓 ＜project lessons learned＞ プロジェクト関連の教訓。遂行能力の改善または能力の向上に寄与した実施された是正処置の評価または観察の結果。教訓は，持続すること以外の是正処置を必ずしも必要としない肯定的な発見の評価または観察からも得られる（CJCS, 2012）。

プロジェクトの制約 ＜project constraints＞ コスト，スケジュール，および技術的制約を含む技術マネジメント戦略から生じるシステムに対する制約。

プロジェクトの方向づけ ＜project direction＞ プロジェクトの組織的な方針。アセスメント基準を満たすプロジェクトの維持，そしてアセスメント基準を満たさないプロジェクトの変更または終了を含む。

プロジェクトの予算 ＜project budget＞ 特定のプロジェクトに関連するコストの予測。リスクマネジメントのための予算とともに，労務，インフラストラクチャ，取得，および有効にするシステムのコストを含む。

プロジェクト変更の要求 ＜project change requests＞ 確立された正式なベースラインの更新の要求。多くの場合，変更要求の必要性は，プロジェクトアセスメントおよび統制プロセス中に確認される。任意のライフサイクルプロセスで起きうる。

プロジェクトポートフォリオ ＜project portfolio＞ すべての組織のプロジェクトに必要な情報。新しいプロジェクトの開始またはプロダクトラインマネジメントアプローチの設定。プロジェクトの目標，資源，プロジェクトに割り当てられた予算，そして明確に定義されたプロジェクトマネジメントの説明責任および権限を含む。

文書体系 ＜documentation tree＞ 開発中のシステムに対する一連のシステム定義成果物の階層的な表現を定義する。進展するシステムアーキテクチャに基づく。

分析状況 ＜analysis situations＞ ライフサイクルステージ，評価，コスト，サイズ，それぞれを動かす要因，チームの特性，プロジェクトの優先順位，または分析を理解し，分析される要素を表すために必要なその他の特徴づけ情報とパラメータを含む分析のコンテキスト情報。分析を呼び出すプロセスからの関連情報。分析対象の要素に関連する既存のモデル。分析中の要素に関連するすべてのデータで，履歴，現在，および予測データを含む。任意のライフサイクルプロセスから始めることができる。

報告 ＜reports＞ すべての適用可能なライフサイクルプロセスからの報告で，次のものを含む。システム分析の報告，実装の報告，統合の報告，検証の報告，移行の報告，妥当性確認の報告，運用の報告，保守の報告，廃棄の報告，意思決定の報告，リスクの報告，構成管理の報告，情報マネジメントの報告，測定の報告，品質保証の報告，取得の報告，および供給の報告（他の報告は他のプロセス領域にまわされ，ここでは集計されない）。

ポートフォリオマネジメントの記録 ＜portfolio management record＞ ポートフォリオマネジメントに関連する永続的で読み取り可能な形式のデータ，情報，または知識。

ポートフォリオマネジメントの計画 ＜portfolio management plan＞ プロジェクトポートフォリオの定義に必要なアプローチ，スケジュール，資源，および特定の考慮。

ポートフォリオマネジメントの報告 ＜portfolio management report＞ ポートフォリオマネジメント活動の状況，結果，および成果を伝えるために関係者に向けて準備された報告。

保守上の制約 ＜maintenance constraints＞ コスト，スケジュール，および技術的制約を含む保守戦略から生じるシステム上の制約。

保守の記録 ＜maintenance record＞ 保守に関連する永続的で読み取り可能な形式のデータ，情報，または知識。

保守の戦略 ＜maintenance strategy＞ 運用上の可用性要求に適合した是正保守および予防保守を実施

するために必要なアプローチ,スケジュール,資源,および特定の考慮。

保守の手順 ＜maintenance procedure＞ 一連の保守のアクションを含む保守の手順。特定の保守技法を用いて,特定の保守実現手段により実行される。

保守の報告 ＜maintenance report＞ 保守活動の状況,結果,および成果を伝えるために関係者に向けて準備された報告。

保守を有効にするシステムの要求 ＜maintenance enabling system requirements＞ 対象システムの運用を有効にするために必要なシステムの要求。

もとになる文書 ＜source documents＞ 対象システムに対する調達活動の特定のステージに関連する外部文書。組織戦略およびポリシーに関連するもとになる文書中に具体化された書面による指示を含む。

問題または機会の記述 ＜problem or opportunity statement＞ 問題または機会の記述。組織の戦略から導かれ,考慮されているギャップまたは新しい能力を理解するのに十分な詳細を提供しなければならない。

有効にするシステムの要求 ＜enabling system requirements＞ すべての適用可能なライフサイクルプロセスからの有効にするシステムの要求。実装を有効にするシステム,統合を有効にするシステム,検証を有効にするシステム,移行を有効にする,妥当性確認を有効にするシステム,運用を有効にするシステム,保守を有効にするシステム,および廃棄を有効にするシステムの要求を含む。

有資格者 ＜qualified personnel＞ 適切なスキルをもつ人材は,スキルニーズおよびタイミングごとに適切なタイミングでプロジェクトに割り当てられる。

予備的なMOEデータ ＜preliminary MOE data＞ 特定された測定ニーズに提供される予備的なデータ。

予備的なMOEニーズ ＜preliminary MOE needs＞ 運用上の期待に合致するためのシステムの効果に関する意思決定者の情報ニーズを定義する効果指標(MOE)の予備的な特定(Roedler and Jones, 2006)。

予備的なTPMデータ ＜preliminary TPM data＞ 特定された測定ニーズに提供される予備的なデータ。

予備的なTPMニーズ ＜preliminary TPM needs＞ システムまたはシステム要素が技術要求または目標をどの程度満たしているかを決めるために,システム要素の属性を測定する技術性能指標(TPM)の予備的な特定(Roedler and Jones, 2006)。

予備的なインタフェースの定義 ＜preliminary interface definition＞ (システムを構成するシステム要素間の)内部インタフェースと(システムのシステム要素と対象システム外の要素との間の)外部インタフェースの予備的な論理的および物理的側面。

予備的な妥当性確認基準 ＜preliminary validation criteria＞ 事前の妥当性確認の基準(アセスメントのための指標),妥当性確認を実施する者,および対象システムの妥当性確認の環境。

予備的なライフサイクルコンセプト ＜preliminary life cycle concepts＞ ライフサイクルコンセプト文書の形式をとって,ビジネスニーズに整合するさまざまなライフサイクルコンセプトが予備的に明示される。対象システムはライフサイクルコンセプト文書に基づき,アセスメントされ,選択される。アーキテクチャはこれらのコンセプトに基づいており,そしてそれらはシステム要求の適切な解釈のためのコンテキストを提供するために必須である。典型的なコンセプトは,取得コンセプト,展開コンセプト,運用コンセプト(OpsCon),サポートコンセプト,廃棄コンセプトである。

ライフサイクルコンセプト ＜life cycle concepts＞ ライフサイクルコンセプト文書の形式をとって,ビジネスニーズに整合するさまざまなライフサイクルコンセプトは明確化され,詳細化される。対象システムはライフサイクルコンセプト文書に基づき,アセスメントされ,そして選択される。アーキテクチャはこれらのコンセプトに基づき,それらはシステム要求の適切な解釈のためのコンテキストを提供する際に必須である。典型的なコンセプトには,取得コンセプト,展開コンセプト,運用コンセプト(OpsCon),サポートコンセプト,廃棄コンセプトがある。

ライフサイクルの制約 ＜life cycle constraints＞ 適用可能なすべてのライフサイクルプロセスからの制約。実装上の制約,統合上の制約,検証上の制約,移行上の制約,妥当性確認上の制約,運用上の制約,保守上の制約,および廃棄上の制約を含む。

ライフサイクルモデル ＜life cycle models＞ プロジェクトに適したライフサイクルモデルまたは複数のモデル。各ライフサイクルステージの開始および終了に関するビジネスの定義とその他の意思決定の基準を含む。情報と成果物が収集され,利用および再利用できるようになる。

ライフサイクルモデルマネジメントの記録 ＜life cycle model management record＞ ライフサイクルモデルマネジメントに関連する永続的で読み取り可能な形式のデータ,情報,または知識。

ライフサイクルモデルマネジメントの計画 ＜life cycle model management plan＞ 組織ライフサイクルモデル一式を定義するために必要なアプローチ,スケジュール,資源,および特定の考慮。組織戦略の観点から,新たなニーズの特定と競争力の評価を含む。アセスメントと承認/不承認の基準を含む。

ライフサイクルモデルマネジメントの報告 ＜life cycle model management report＞ ライフサイクル

モデルマネジメント活動の状況，結果，および成果を伝えるために関係者に向けて準備された報告．

利害関係者ニーズおよび要求定義の記録 ＜stakeholder needs and requirements definition record＞ 利害関係者ニーズおよび要求定義に関連する永続的で読み取り可能な形式のデータ，情報，または知識．

利害関係者ニーズおよび要求定義の戦略 ＜stakeholder needs and requirements definition strategy＞ 許容可能な要求の共通集合を確立するために，利害関係者クラス間でコンセンサスの方向を向け直すために必要なアプローチ，スケジュール，資源，および特定の考慮．利害関係者のニーズをとらえて，利害関係者の要求に変換し，ライフサイクルを通じて管理するアプローチを含む．

利害関係者のニーズ ＜stakeholder needs＞ 利害関係者の期待，ニーズ，要求，価値，問題，課題，および認識されたリスクと好機を理解する際に外部および内部の利害関係者とのコミュニケーションから決定されるニーズ．

利害関係者の要求 ＜stakeholder requirements＞ プロジェクトに影響を与えるさまざまな利害関係者からの要求．要求されるシステム能力，機能，および/またはサービス，さらに，品質基準，システムの制約，コストおよびスケジュールの制約を含む．利害関係者要求は，利害関係者要求仕様書（StRS）にてとらえられる．

利害関係者要求のトレーサビリティ ＜stakeholder requirements traceability＞ 利害関係者要求の双方向トレーサビリティ．

リスクの記録 ＜risk record＞ リスクマネジメントに関連する永続的で読み取り可能な形式のデータ，情報，または知識．

リスクの報告 ＜risk report＞ リスクマネジメント活動の状況，結果，および成果を伝えるために関係者に向けて準備された報告．合理性，前提条件，対応計画，および現状とともに，リスクは文書化され，伝えられる．選ばれたリスクについては，プロジェクトチームにプロジェクト計画の更新とリスクへの適切な対応を指示する行動計画が作成される．必要ならば，技術リスクを軽減するために変更要求が生成される．リスクプロファイルおよび/またはリスクマトリクスはリスクを要約し，リスクマネジメントプロセスの結果を含む．

リスクマネジメントの戦略 ＜risk management strategy＞ プロジェクトのリスクマネジメントを行うために必要なアプローチ，スケジュール，資源，および特定の考慮．

索引

【英字】

Associate Systems Engineering Professional（ASEP） 24
CCB　→構成管理委員会
Certified Systems Engineering Professional（CSEP） 24
CI　→構成要素
ConOps　→運用上の概念
COTS　→市販品
DSM　→デザインストラクチャマトリクス
DTC　→コストに見合った設計
EMC　→電磁両立性
Expert Systems Engineering Professional（ESEP） 24
FBSE　→機能ベースのシステムズエンジニアリング
FFBD　→機能フローブロック図
FMECA　→故障モード影響致命度解析
FoS　→システムのファミリー
HSI　→システムへの人の統合
ICWG　→インタフェース統制ワーキンググループ
IDEF　197
IFWG　→インタフェースワーキンググループ
INCOSE　5, 11, 23-25, 134, 211, 213, 217, 218
Incremental Commitment Spiral Model（ICSM） 37-40
IPDT　→統合製品開発チーム
IPPD　→統合製品およびプロセスの開発
ISO/IEC/IEEE 15288　1-4, 12, 13, 30, 165, 166
KPP　→主要性能パラメータ
LCC　→ライフサイクルコスト
MBSE　→モデルベースシステムズエンジニアリング
MOE　→効果指標
MOP　→性能指標
MOS　→適合指標
N^2ダイアグラム　70, 203, 204
NDI　→開発を必要としないアイテム
OOSEM　→オブジェクト指向システムズエンジニアリング手法
OpsCon　→運用コンセプト
PLM　→プロダクトラインマネジメント
ROI　→投資利益率
Requirements Verification and Traceability Matrix（RVTM）　85, 92
SE　→システムズエンジニアリング
SEBoK　→システムズエンジニアリング知識体系
SEIT　→システムズエンジニアリングと統合チーム
SEMP　→システムズエンジニアリングマネジメント計画
SEP　→システムズエンジニアリング計画
SOI　→対象システム
SoS　→複数のシステムから構成されるシステム
SysML　→システムズモデリング言語
TPM　→技術性能指標
V字モデル　35-37, 82
Very Small and Micro Enterprise（VSME）　182, 183
WBS　→作業分解構成

【あ行】

アーキテクチャ　6, 20, 32, 65-72, 82, 83, 86, 87, 93, 111, 112, 162, 185, 195-198, 200-204, 214-216
アーキテクチャ定義　1, 34, 49, 65, 66, 69-71, 74, 186, 244
アジャイル　28, 107, 111, 213-215
アセスメント　23, 71, 75, 76, 109, 110, 111, 114, 137, 139, 149-151, 154, 155, 157, 159-161, 174, 208
安全　20, 41, 53, 123, 239-242, 249
移行　2, 89, 90
意思決定　7, 12, 14, 22, 111-115, 132, 134, 135, 166, 167, 205, 206
意思決定ゲート　26-30, 94, 106-109, 125, 126, 132, 144, 149
意思決定マネジメント　2, 34, 68, 111-113, 167
インタフェース　10, 21, 31-33, 48, 53, 55, 57, 58, 60-64, 67-71, 73, 79-84, 95, 135, 188, 195, 196, 202-205, 207, 215, 246
インタフェース統制ワーキンググループ（ICWG）　203
インタフェースワーキンググループ（IFWG）　57
インフラストラクチャマネジメント　2, 152, 153
運用　2, 49, 96-98
運用環境　5, 21, 49, 51, 88, 89, 94, 97, 98, 101, 104, 135, 235, 242, 244, 246
運用コンセプト（OpsCon）　31, 48, 49, 51, 52, 54, 56-58, 61, 65, 76, 80, 92, 96, 97, 243, 244
運用上の概念（ConOps）　48-52, 54
エンタープライズ　48, 49, 70, 147, 178-182
オブジェクト指向システムズエンジニアリング手法（OOSEM）　194, 197-201
オペレーター　5, 32, 33, 41, 51, 53, 57, 70, 78, 87, 89, 92, 93, 96-98, 100, 101, 185, 186, 189, 229, 233, 234,

237, 241, 245, 246, 248-250

【か行】
階層　6-8, 34, 60, 62, 93, 176, 191, 197, 199, 205, 206, 235, 250
外注　62, 81, 85, 90, 97, 99, 102
開発ステージ　28, 30, 32, 33, 35, 94, 108, 231
開発モデル　33
開発を必要としないアイテム（NDI）　39, 164
価値　6, 14, 15, 22, 23, 36, 100, 103, 104, 107, 112, 113, 115, 124, 134, 147, 173-182, 184, 210-212, 214, 223, 227, 232, 251-254
カップリングマトリクス　70, 82, 84
可用性　96, 97, 130, 233, 235, 236
環境　5, 31, 32, 48, 50, 53, 57, 58, 66, 76, 80, 82, 90, 96, 100
環境エンジニアリング　227
監査　78-80, 107, 111, 126-131, 139, 140, 150, 151, 170, 206, 207
感度分析　113, 115, 223
機会　50, 52, 53, 112, 116-120, 123-125, 155, 181
技術性能指標（TPM）　60, 76, 107, 108, 133, 136, 137
機能アーキテクチャ　195-197
機能フローブロック図（FFBD）　57, 196, 197, 203, 204
機能ベースのシステムズエンジニアリング（FBSE）　194-197
機能分解構成　230, 231
機能分析　108, 195, 206, 230, 252
境界　5, 21, 46, 58, 60, 61, 67
供給　2, 144-146
供給者　13, 94, 141-145, 167
教訓　106, 110, 118, 120, 144, 146, 149, 150, 151, 161-163, 208, 213, 240
計画　33, 105, 107, 108, 122, 182, 213, 229, 250
契約　42, 43, 102, 108, 128, 132, 133, 141, 142, 144, 146, 221, 225
契約上の　84, 91, 126, 172, 235
ケーススタディ　40
検査　85-87, 91
検証　2, 22, 27, 32, 33, 35, 57-64, 70, 80, 82, 84-89
合意　2, 141-146
効果指標（MOE）　55, 60, 76, 133, 135, 136, 221
構成管理　2, 28, 125-130
構成管理委員会（CCB）　128
構成要素（CI）　126, 128-130
故障モード影響致命度解析（FMECA）　101, 118, 230, 231
コスト妥当性　28, 31, 34, 66, 75, 76, 98, 99, 108, 136, 217-222, 224
コストに見合った設計（DTC）　225

コスト見積もり　171, 214, 224, 225, 252
コンセプト　1, 11, 14, 26-32, 35, 36, 39-41, 48-50, 52, 54, 56-61, 65
コンセプトステージ　14, 30-33, 42, 44, 47, 230, 231
コンセプト文書　13, 54, 56, 57, 100, 199
コンセンサス　56, 167, 254
コンテキスト　5, 9, 10, 14, 21-23, 48, 51, 56-58, 67, 68, 75, 88, 123, 141, 187, 199, 203

【さ行】
再帰　29, 33, 34
作業分解構成（WBS）　106-108, 110, 222, 252
サービス　10, 11, 21, 24, 33, 80, 175-179, 181
サポートステージ　26, 29, 33, 40, 96, 123, 125, 228-230, 232, 235
資格をもつ（人に対する）　99
資源　21, 80, 105-110, 134, 152-154, 156-158, 179, 180, 229, 230
システム　1, 5-8, 26
システム科学　16-19, 21
システム思考　16, 18-21
システムズエンジニア　4, 21-24, 26, 53, 55, 72, 105, 107, 108, 113, 126, 132, 141, 162, 206, 243
システムズエンジニアリング（SE）　1, 11-14, 26, 53
システムズエンジニアリング計画（SEP）　106, 107
システムズエンジニアリング知識体系（SEBoK）　1, 13, 18, 20, 134, 179-181, 191
システムズエンジニアリングと統合チーム（SEIT）　205-208
システムズエンジニアリングマネジメント計画（SEMP）　106-109, 137, 250
システムズモデリング言語（SysML）　191, 192, 198, 204
システムのファミリー（FoS）　162, 163, 228
システム分析　2, 75-78
システムへの人の統合（HSI）　246-251
システム要求　32, 33, 49, 58-61, 63-67, 85, 86, 231
システム要求定義　1, 2, 58-60, 65
システム要素　6, 7, 49, 59, 68-75, 78-88, 90-96, 98, 99, 102, 103, 112, 114, 115, 125-127, 129, 136, 137, 163, 164, 180, 185-189, 191, 198-201, 203-206, 225, 226, 230, 232, 233, 239, 243-246
実証　85-87, 91
実装　2, 72-74, 78-80
質量プロパティ　192, 232, 233
シナリオ　54-57, 79, 95, 198-201, 243
市販品（COTS）　10, 73, 80, 100, 164, 170, 245
シミュレーション　19, 71, 72, 77, 80, 88, 114, 115, 184-193, 197, 232, 247
集約体　70, 71, 81-84, 88, 90, 95
取得　2, 52, 54, 56, 74, 99, 106, 141-144, 245, 250, 251

取得者　13, 89, 91-94, 126, 136, 141-146
主要性能パラメータ（KPP）　136, 217, 221, 222
仕様　48, 52, 53, 56, 57, 61, 65, 129, 130, 143, 225, 226, 231, 232
状態　6, 21, 192, 196, 236-239
情報マネジメント　2, 28, 130-132, 245
進化的開発　37, 38, 201
人的資源マネジメント　2, 156-158
信頼性　99, 101, 102, 219, 233-236
ステージ　14, 26, 28-33, 94, 123, 148, 165, 224, 231
スパイラル　33, 37-39
生産可能性　202, 232
生産ステージ　30, 33, 231, 233
製造　232
性能指標（MOP）　60, 76, 133, 135-137
制約　26, 50, 54-56, 59-63, 66, 67, 70, 72, 74, 76, 79-81, 84, 85, 91, 92, 96, 98, 101, 103, 106, 108, 177, 221, 222
セキュリティ　10, 20, 45, 46, 130-132, 177, 242-245
設計　14, 61, 65, 66, 74-76, 114, 115, 136, 137, 185, 186, 215
設計定義　2, 72-76
先行指標　134, 135, 212
専門エンジニアリング　217, 219
専門職人材　23
専門職人材開発　24
相互運用性　70, 136, 178, 179, 190, 191, 228
相似　88
創発的な振る舞い　6
創発特性　9, 12, 21, 57, 66, 69, 70, 74
属性　6, 61, 63, 64, 88, 114, 121, 176, 177, 218, 219, 238
測定　132-137
組織／組織の　37-40, 51, 52, 89, 135, 138, 139, 141, 142, 147, 166, 167, 179-181, 216
ソフトウェア　6, 20, 53, 70, 74, 80, 83, 87, 107, 181, 199, 206, 230, 235, 240, 241
存続可能性　249

【た行】
対象システム（SOI）　6-8, 10, 11
妥当性確認　2, 22, 90-95
逐次増分／逐次増分的　33, 37-40, 81, 83, 124
知識マネジメント　2, 161-163
チーム　11, 22, 23, 34, 36, 37, 39, 80, 89, 107-111, 122, 157, 158, 180, 204-209
ツール　40, 56, 57, 67, 101, 150, 153, 177, 192, 197
適合指標（MOS）　55, 60, 76
デザインストラクチャマトリクス（DSM）　204
テスト　85-87, 91
テーラリング　1, 2, 26, 106, 107, 111, 148, 150, 151, 160, 165-170, 182, 201
電磁両立性（EMC）　225, 226

統合　2, 7, 9, 32, 33, 35, 70, 80-84, 88, 185, 186, 190, 203-207, 219
統合製品およびプロセスの開発（IPPD）　198, 204-206, 247
統合製品開発チーム（IPDT）　80, 157, 204-209, 247-250
投資利益率（ROI）　15-17, 23, 27, 173-175, 223, 254
導出された要求　57, 60, 70, 219, 250
トレーサビリティ　35, 51, 55, 57, 59-61, 65, 74, 79, 82, 86, 90, 92, 97, 99, 115, 121, 128, 129, 144, 191, 197, 201
トレードオフ検討　108, 112-114, 122, 218
トレーニング　23, 24, 52, 79, 80, 89, 96-99, 101, 109, 122, 151, 154, 157, 158, 161, 162, 186, 207, 208, 229, 241, 245, 246, 248

【な行】
認定（システムに対する）　95, 161, 168, 226

【は行】
廃棄　2, 14, 31, 33, 52, 102-104, 111, 112, 126, 223, 227, 244, 245
廃棄ステージ　30, 33, 103, 123, 231
ハザード　239-242
ハードウェア　5, 21, 32, 53, 70, 79, 80, 83, 128, 181, 186, 189, 199, 206
バリューエンジニアリング　251
反復　29, 33, 34, 37, 59, 66, 196, 202, 221
ピアレビュー　77, 79, 87
ビジネスまたはミッション分析　1, 2, 34, 48-52, 186
ビジネス要求　48-50, 52
ビュー　5-7, 22, 23, 38, 39, 49, 55, 57, 58, 65-69, 72, 74, 121, 178, 180, 202, 204, 235
標準　1, 12, 13, 61, 94, 108, 149, 151, 166-170, 172, 190, 191, 202, 216, 225, 228, 243
評価基準　67, 68, 76, 221
費用対効果　108, 217, 222-224
品質管理　2, 158, 159
品質保証　2, 137-139
複雑性／複雑さ　8-10, 12, 14, 16, 18, 22, 129, 150, 167, 168, 170, 171, 194, 228
複数のシステムから構成されるシステム（SoS）　8-10, 13, 34, 37, 175, 176, 221, 237
物理アーキテクチャ　82, 200
物理分解構成　231
物理モデル　67, 69, 77, 189, 192
ブラックボックス　6, 7, 61, 198-200
ブレインストーミング　118, 120, 122, 208, 252, 253
プロジェクト　28, 36, 37, 39, 40, 48, 105-111, 113, 154-156, 167, 169
プロジェクトアセスメントおよび統制　2, 109, 110
プロジェクト計画　2, 105-107, 110

プロセス　1-4, 6, 11, 12, 14, 29, 30, 38-40, 147-151, 165-167, 204-208, 211-213
フローダウン　61, 185, 198, 206
プロダクトラインマネジメント（PLM）　173, 174
プロトタイピング　71, 197, 201, 202
文書体系　60, 66, 106
分析　85-87, 91
分類法　163, 187, 188, 225
ベースライン　27, 35, 36, 39, 60, 65, 108, 125, 126, 128-130
変更統制　37, 128, 129, 190
保守　2, 97-102, 219, 228-232, 235, 236, 244
保守員　33, 79, 89, 96, 98-101, 186, 229, 245, 246, 248-250
保守性　46, 47, 99, 101, 219, 228, 229, 233, 235, 236
ポートフォリオマネジメント　2, 144, 146, 153-156
ホワイトボックス　6, 79, 198, 204

【ま行】
マージン　71, 73, 82, 95
見積もり　147, 224, 233
モデル　67-70, 72, 75-78, 184-194, 197, 198, 200-202, 232, 239
モデルベースシステムズエンジニアリング（MBSE）　193, 194, 198, 201

【や行】
有効性　15, 99, 107, 150, 209, 219
有効にするシステム　10, 11, 29, 32, 50, 59, 67, 73, 77, 79, 81, 85, 89, 92, 97, 99, 100, 103, 106, 147, 203, 221, 244, 245
有資格者　92, 156-158
ユーザビリティ　246, 247, 249
要求　9, 10, 31-33, 48-52, 54-65, 84-88, 91-95, 126-129, 135-137, 141-146, 219, 225, 226, 243
要求分析　60, 64, 65, 227

【ら行】
ライフサイクル　1-3, 13, 14, 21, 26, 28-31, 33-37, 54-58, 98, 99, 105, 111, 112, 123, 147, 148, 151, 152, 185, 186, 204, 205, 207, 208, 227-229, 231, 232, 234, 235, 242
ライフサイクルコスト（LCC）　14, 63, 77, 96, 100, 108, 127, 217-219, 223-225, 228, 229, 232, 236, 251
ライフサイクルモデル　105, 106, 147-150
ライフサイクルモデルマネジメント　147-150
利害関係者　9, 22, 24, 26, 28, 29, 31-39, 48-58, 60, 62-69, 74, 76-79, 86, 90-93, 96, 107, 112-115, 117, 118, 120, 121, 130, 133-135, 143, 145, 148-150, 154, 155, 159-161, 167, 168, 173, 175, 176, 178, 180, 181, 184-186, 194, 199, 201, 203
利害関係者ニーズおよび要求定義　1, 2, 53-57
利害関係者の要求　32, 49, 52, 53, 55, 56, 58, 90, 92-95
リスク　23, 26-28, 35-39, 57, 60, 64, 71, 72, 75-78, 83, 84, 86, 105, 107, 109, 110, 115-124, 127, 134, 135, 137, 144-146, 155, 156, 165-168, 170, 172, 179, 183, 193, 194, 202-205, 214, 223, 224, 232, 235, 239-245, 248-250, 252
リスクマネジメント　2, 37, 115-118, 120-124
リーダーシップ　5, 9, 22, 23, 25
領域　6, 20, 50, 61, 74, 126, 154, 162-164, 168-172, 182, 188, 190, 248-250
利用ステージ　30, 33, 94, 233
リーン　209-213
倫理　24, 142, 145
レジリエンス　23, 34, 236-239
レジリエンスエンジニアリング　236, 244
レビュー　27, 28, 33, 94, 95, 106-111, 126, 127, 149-151, 156-158, 167, 244, 247, 248
ロジスティクス　98-102, 228-230

【わ行】
割り当て　58, 60, 61, 67, 68, 70, 72, 73, 78, 126, 136, 152-155, 157, 158, 192, 195-200, 206, 231, 244, 247

【監訳者紹介】
西村秀和（にしむら・ひでかず）
1963年生まれ。1990年慶應義塾大学大学院理工学研究科機械工学専攻後期博士課程修了。工学博士。千葉大学工学部助手，助教授を経て，2007年慶應義塾大学教授。2008年より大学院システムデザイン・マネジメント研究科教授。日本機械学会フェロー。INCOSE, IEEE, ASME 会員。著書に『システムズモデリング言語 SysML』（監訳：東京電機大学出版局刊），『デザイン・ストラクチャー・マトリクス DSM』（監訳：慶應義塾大学出版会刊）がある。

システムズエンジニアリングハンドブック 第4版

2019年4月25日　初版第1刷発行
2023年8月3日　初版第4刷発行

監訳者————西村秀和
発行者————大野友寛
発行所————慶應義塾大学出版会株式会社
　　　　　　〒108-8346　東京都港区三田 2-19-30
　　　　　　TEL〔編集部〕03-3451-0931
　　　　　　　　〔営業部〕03-3451-3584〈ご注文〉
　　　　　　　　〔　〃　〕03-3451-6926
　　　　　　FAX〔営業部〕03-3451-3122
　　　　　　振替　00190-8-155497
　　　　　　https://www.keio-up.co.jp/
装　丁————辻　聡
印刷・製本——三協美術印刷株式会社
カバー印刷——株式会社太平印刷社

　　　　　　Ⓒ2019　Hidekazu Nishimura
　　　　　　Printed in Japan　ISBN 978-4-7664-2574-1

慶應義塾大学出版会

Engineering Systems
エンジニアリングシステムズ
——複雑な技術社会において人間のニーズを満たす

オリヴィエ・L・デ・ヴェック他著／春山真一郎監訳　これからの通信・交通・電力といった大規模な社会基盤システムは、人や社会の多種多様な要求に応えながら、想定外の結果にも速やかに対処できなければならない。新たな取り組みを提唱する待望の邦訳シリーズ第一弾！　　　　　　　　　　◎3,600 円

Engineering Systems
デザイン・ストラクチャー・マトリクス DSM
——複雑なシステムの可視化とマネジメント

スティーブン・D・エッピンジャー他著／西村秀和監訳　デザイン・ストラクチャー・マトリクス（DSM）法の基礎知識や基本的な考え方を解説し、あわせてすでに DSM 法を導入して成功を収めている 44 の適用事例をカラー印刷によってわかりやすく詳細に紹介。　　　　　　　　◎6,000 円

システムデザイン・マネジメントとは何か

慶應義塾大学大学院システムデザイン・マネジメント研究科編　大規模化・複雑化する現代社会において、私たちはどのような問題意識をもち、どのように解決方法を考えて、未来のシステムをデザインしていくべきか。強力な学問体系である「SDM 学」の全体像を初めて紹介する。　　　　　　　　　　　　　　　　　　　　　　　　　　　　◎2,400 円

グローバルプロジェクトチームのまとめ方
——リーダーシップの新たな挑戦

ルス・マルティネリ他著／当麻哲哉監訳／長嶺七海訳　なぜ国内の優秀なプロマネたちはグローバルで失敗するのか。そこに潜むワナとグローバルチーム成功の秘訣を、インテル社のプロマネらが事例を交えて解き明かす。グローバルビジネス勝利の方程式。　　　　　◎3,600 円

表示価格は刊行時の本体価格（税別）です。